Klaus Fiedler · Effizientes Gewässergütemanagement

Springer
Berlin
Heidelberg
New York
Barcelona
Budapest
Hongkong
London
Mailand
Paris
Santa Clara
Singapur
Tokio

Klaus Fiedler

Effizientes Gewässergütemanagement

Eine Theoretische Analyse mit Praxisbezug

Mit 39 Abbildungen

Springer

Dr. Klaus Fiedler
Am Kohlberg 4
D-51643 Gummersbach

ISBN-13: 978-3-642-64454-2   e-ISBN-13: 978-3-642-60553-6
DOI: 10.1007/978-3-642-60553-6

Die Deutsche Bibliothek - CIP-Einheitsaufnahme
Fiedler, Klaus: Effizientes Gewässergütemanagement : eine theoretische Analyse mit Praxisbe-
zug / Klaus Fiedler. - Berlin; Heidelberg; New York; Barcelona; Budapest; Hongkong; London;
Mailand; Paris; Santa Clara; Singapur; Tokio : Springer, 1996
    Zugl.: Siegen, Univ., veränd. Diss

Herstellung: B. Schmidt-Löffler
Umschlaggestaltung: E. Kirchner

SPIN: 10539247   30/3136 - 5 4 3 2 1 0 - Gedruckt auf säurefreiem Papier

Vorwort

In der umweltökonomischen Literatur wird die Belastung der Umwelt durch Schadstoffe aus Produktion und Konsum als Externalitäten– und Kollektivgüterproblem analysiert. Die vorliegende interdisziplinäre Studie konzentriert sich auf das Umweltmedium Wasser. In Totalmodellen werden die theoretischen Grundlagen der Nutzungskonkurrenz und des effizienten Managements dieser erneuerbaren natürlichen Ressource sowie die Wirkungsweise von Abwasserabgabe, Entwässerungsgebühr, Gewässergütestandard und Wasserpfennig analysiert.

Diese Studie ist die überarbeitete Fassung meiner Dissertation, die vom Fachbereich 5 der Universität Gesamthochschule Siegen angenommen wurde. An dieser Stelle sei Herrn Prof. Dr. Pethig für die Betreuung gedankt, die sowohl gemeinsame Forschungsaktivitäten, Tagungsvorträge in Venedig, Tillburg, Lugano, Dublin und Kopenhagen, kritische Anmerkungen und Hilfestellungen umfaßt. Herrn Prof. Dr. Buhr danke ich für die Erstellung des Zweitgutachtens und für weitere Hinweise.

Weiter danke ich meiner Frau Petra Ullmann–Fiedler, die mich während der *effektiv* fünfjährigen Entstehungsphase der Studie, die ihr gewidmet ist, in jeder nur erdenklichen Weise unterstützt hat.

Ferner hat diese Studie erheblich von meinem Physikstudium an der Universität Oldenburg profitiert. Viele physikalische Denkweisen und Analysemethoden, die ich von den Herrn Prof. Dr. Karl Haubold und Prof. Dr. Alexander Rauh erlernt habe, sind insbesondere in das zweite Kapitel eingeflossen.

Schließlich danke ich der Firma "Opfermann Arzeneimittel" aus Wiehl bei Gummersbach für die praktische Einführung in industrielle Kuppelproduk-

tionsprozesse [die das Gewässergüteproblem zunächst auslösen] und in die
nachfolgende moderne intra–industrielle Schadstoffreduktion nach den
allgemein anerkannten Regeln der Technik einer industriellen Kläranlage.[1]

Gummersbach, im Juli 1996

---

[1]Insbesondere danke ich Herrn Brabeck für die fachlich kompetente Führung durch die
Industriekläranlage der Firma Opfermann. All meinen Kollegen aus dem Produktions–
bereich danke ich für die natürlich–freundschaftliche Einführung in industrielle
Produktionsprozesse.

Inhaltsverzeichnis

Abbildungszeichnis

Tabellenverzeichnis

Verzeichnis der wichtigsten Symbole

1	**Einführung**	1
1.1	Das Gewässergüteproblem	1
1.2	Aufbau der Studie	2
2	**Naturwissenschaftliche Grundlagen natürlicher Selbstreinigungsprozesse in Wasserressourcen**	4
2.1	Problemstellung	4
2.2	Hypothesen der umweltökonomischen Literatur über natürliche Selbstreinigungsprozesse in Wasserressourcen	4
2.3	Selbstreinigungsmodelle der naturwissenschaftlichen Literatur	7
2.3.1	Grundmodell und Modellprämissen	7
2.3.2	Chemische Selbstreinigungsmodelle	9
2.3.3	Biologische Selbstreinigungsmodelle	21
2.3.4	Kooperatives Selbstreinigungsmodell	38
2.4	Transformation des Schadstoffmeßkonzepts in ein Meßkonzept für Gewässergüte	40
2.5	Abschließende Bemerkungen zum Kapitel 2	44

3   **Effizientes Gewässergütemanagement in einem einfachen
        dynamischen Allokationsmodell** 48

3.1   Problemstellung 48

3.2   Das Modell 49

3.3   Optimale Kontrolle der Gewässergüte 55

3.4   Abschließende Bemerkungen zum Kapitel 3. 69

4   **Effizientes Gewässergütemanagement in
        statischen Allokationsmodellen** 71

4.1   Problemstellung 71

4.2   Das Gewässergütegrundmodell 72

4.2.1   Zweistufige Abwasserbehandlung 72

4.2.2   Produktionstechnologie für das Konsumgut 75

4.2.3   Produktionstechnologie für Gewässergüte 76

4.2.4   Struktur des Gewässergütegrundmodells 86

4.3   Gewässergütemodell mit vollständigen und teilweise
        fiktiven Märkten 93

4.3.1   Das Modell 93

4.3.2   Komparative Statik des Gewässergütemarktmodells 101

4.4   Gewässergütemodelle mit gewässergütepolitischen Eingriffen . 117

4.4.1   Das Laissez–faire–Modell als Ausgangspunkt für
        gewässergütepolitische Eingriffe 117

4.4.2   Gewässergütemodelle mit politisch gesetztem
        Gewässergütestandard 120

4.4.3   Modelle mit Abwasserabgabe und Entwässerungsgebühr 155

4.5   Abschließende Bemerkungen zum Kapitel 4 211

4.6   Anhang zum Kapitel 4 213

4.6.1   Herleitung des Nettoemissionsansatzes aus dem
        Bruttoemissionsansatz 213

4.6.2   Herleitung der Eigenschaften der stationären ökologischen
        Geichgewichtsfunktion 223

4.6.3   Herleitung der Eigenschaften der
        Gewässergüteproduktionsfunktion 225

4.6.4   Zweiter Schritt des Beweises zur Proposition 4.4 mithilfe des
        Bruttoansatzes 227

5	**Effiziente Trinkwasserpreissetzung**	231
5.1	Problemstellung	231
5.2	Das Trinkwassergrundmodell	232
5.2.1	Produktionstechnologie im Industriesektor	232
5.2.2	Bereitstellung von Selbstreinigungsdiensten und Rohwassermenge und Produktion von Rohwassergüte im Rohwasserwerk	234
5.2.3	Produktionstechnologie für Trinkwasser im Wasserwerk	245
5.2.4	Struktur des Trinkwassergrundmodells	247
5.2.5	Effiziente Schattenpreise	249
5.3	Trinkwassermodelle mit vollständigen Märkten	261
5.3.1	Modell 1: Linear–homogene Rohwassergütetechnologie	261
5.3.2	Modell 2: Null–homogene Rohwassergütetechnologie	284
5.4	Der Wasserpfennig	305
5.4.1	Erhebungsausgestaltung des Wasserpfennigs	305
5.4.2	Die Literaturkontroverse um den Wasserpfennig	307
5.4.3	Ein Trinkwassermodell mit Wasserpfennig	308
5.5	Abschließende Bemerkungen zum Kapitel 5	313
6	**Abschließende Bemerkungen**	315
Literatur		317
Sachverzeichnis		343

Abbildungsverzeichnis

Abb. 1.1.   Bumerangmodell

Abb. 2.1.   Hypothesen der umweltökonomischen Literatur über den Verlauf der stationären Selbstreinigungsfunktion

Abb. 2.2.   Chemische Selbstreinigung ohne kontinuierliche Reaktionspartnerzuführung

Abb. 2.3.   Chemische Selbstreinigung mit kontinuierlicher Reaktionspartnerzuführung

Abb. 2.4.   Graphische Herleitung der stationären chemischen Selbstreinigungsfunktion

Abb. 2.5.   Stationäre biologische Selbstreinigungsfunktion im Streeter–Phelps–Modell

Abb. 2.6.   Biologische Selbstreinigung im Monod–Modell

Abb. 2.7.   Graphische Herleitung der stationären Monod–Selbstreinigungsfunktion

Abb. 2.8.   Graphische Transformation des Schadstoff– in das Gewässergütemeßkonzept

Abb. 2.9.   Stationäre chemische Gewässergüteregenerationsfunktion

Abb. 2.10.   Stationäre Streeter–Phelps–Gewässergüteregenerationsfunktion

Abb. 3.1.   Graphische Herleitung der Transformationsfunktion

Abb. 3.2.   Wirkung der Zeitdiskontrate auf das optimale stationäre Gleichgewicht

Abb. 3.3.   Optimale Zeitpfade und optimale Gleichgewichte

Abb. 4.1.   Grundmodell: Zweistufige Schadstoffreduktion

Abb. 4.2.   Beschränkung des Definitionsbereiches der Monod–Regenerationsfunktion

Abb. 4.3.   Produktion reduzierter Schadstoffmengen durch das Klärwerk

Abb. 4.4.   Graphische Herleitung der Produktionsfunktion für Gewässergüte

Abb. 4.5.   Produktionsfunktion für Gewässergüte

Abb. 4.6.   Zwei–Sektoren–Zwei–Faktoren–Struktur des Gewässergütegrundmodells

Abb. 4.7.   Erreichbare Allokationen und Paretoeffizienz im Gewässergütegrundmodell

Abb. 4.8a.   Wirkung einer Erhöhung des Faktorangebots von k_0 auf $k_{01} > k_0$ auf das gleichgewichtige Gütermengenverhältnis

Abb. 4.8b.   Wirkung einer Erhöhung c. p. der Assimilationskapazität von e_0 auf $e_{01} > e_0$ und des Arbeitsangebots von a_0 auf $a_{01} > a_0$ auf das gleichgewichtige Gütermengenverhältnis

Abb. 4.9a.   Standard–Preis–Gleichgewicht bei kostenminimaler Produktion von Gewässergüte

Abb. 4.9b.   Standardvorgabe und paretoeffizientes Gewässergüteniveau

Abb. 4.10.   Illustration zur Proposition 4.6

Abb. 4.11.   Standard–Preis–Gleichgewicht bei kostendeckender Produktion von Gewässergüte

Abb. 4.12.   Zweistufige Schadstoffreduktion, Entwässerungsgebühr und Abwasserabgabe

Abb. 4.13.   Wirkung einer Erhöhung c. p. des Abwasserabgabensatzes

Abb. 4.14a.   Funktionale Abhängigkeit der Produktionseffizienzmaße $(a_{qp}^d - a_q^0)$, $(a_y^0 - a_{yp}^d)$ und $(D^0 - T)$ von der Höhe des Abwasserabgabensatzes p_t

Abb. 4.14b.   Funktionale Abhängigkeit der Konsumgutmenge y von der Höhe des Abwasserabgabensatzes p_t

Abb. 4.15.   Wirkung einer Verschärfung c. p. des Standards q_s

Abb. 4.16.   Interregionales Standard–Preis–Gleichgewicht bei Kostendeckung in beiden regionalen Klärwerken

Abb. A4.1a.   Starre Kuppelproduktion von Konsumgut und Schadstoffmenge

Abb. A4.1b.   Intra–industrielle Schadstoffreduktionsfunktion der ersten Reinigungsstufe

Abb. A4.2.   Graphische Herleitung der Produktionsfunktion im Industriesektor

Abb. A4.3.   Produktionsfunktion im Industriesektor

Abb. 5.1.   Schadstoffstrom e_h vom Industriegebiet in das Wasserschutzgebiet

Abb. 5.2.   Struktur des Trinkwassergrundmodells

Tabellenverzeichnis

Tabelle 4.1.   Fiktive Märkte für Gewässergüte und Selbstreinigungsdienste

Tabelle 4.2.   Komparative Statik des Gewässergütemodells mit vollständigen Märkten

Tabelle 4.3.   Komparative Statik des Gewässergütestandardmodells bei kostenminimaler Gewässergüteproduktion

Tabelle 4.4.   Komparative Statik des Gewässergütestandardmodells bei kostendeckender Gewässergüteproduktion

Tabelle 4.5.   Komparative Statik des Modells mit nicht–zweckgebundener Verwendung des Abwasserabgabenaufkommens

Tabelle 5.1.   Komparative Statik des Trinkwassermodells mit linear–homogener Produktionstechnologie für Gewässergüte

Tabelle 5.2.   Komparative Statik des Trinkwassermodells mit null–homogener Produktionstechnologie für Gewässergüte

Verzeichnis der wichtigsten Symbole

a_y = Arbeitseinsatz im Industriesektor Y

a_q = Arbeitseinsatz im (zentralen) Klärwerk

a_w = Arbeitseinsatz im Wasserwerk

a_0 = konstantes Arbeitsangebot

b_h = Bodeneinsatz des Zulieferbetriebes

b_q = Bodeneinsatz des Rohwasserwerks

b_0 = konstante verfügbare Bodenfläche

e_0 = konstante Assimialtionskapazität als natürliches, maximales Angebot
an Selbstreingungsdiensten

e = Restschadstoffemission, die nach dem Durchlaufen der ersten *und* der
zweiten Schadstoffreduktionsstufe *direkt* in die Wasserressource gelangt
(siehe Abb. 4.1)

e_h = Nachfrage des Zulieferbetriebes nach Selbstreinigungsdiensten

e_p = *Brutto*schadstoffemission, die bei der Produktion des Konsumgutes als
starres Kuppelprodukt anfällt

e_q = Nachfrage des Klärwerks nach Selbstreinigungsdiensten

e_y = *Netto*schadstoffemission, die nach Durchlaufen der ersten Schadstoffreduktionsstufe dem Klärwerk zugeführt wird (Nachfrage des Industriesektors nach Selbstreinigungsdiensten, also *indirekt* in die Wasserressource gelangt (Siehe Abb. 4.1).

h = Menge des Zwischenproduktes H

$p =$ Abbauprodukt

$q =$ Gewässergüte, Rohwassergüte

$q_s =$ umweltpolitisch vorgegebener Standard für Gewässergüte

$r =$ Rohwassermenge (im Kapitel 5)

$s =$ Schadstoffbestand

$t =$ Zeit

$T =$ Transformationsfunktion zwischen Gewässergüte und Konsumgutmenge sowie Aufkommen der Abwasserabgabe

$u =$ Nutzenindex

$y =$ Menge des Konsumgutes Y

$w =$ Trinkwassermenge

$p_a =$ Preis des Faktors Arbeit

$p_e =$ Preis des Faktors Selbstreinigungsdienste, Entwässerungsgebühr

$p_b =$ Preis für Boden

$p_h =$ Preis für das Zwischenprodukt H

$p_q =$ Preis für Gewässergüte, Rohwassergüte

$p_r =$ Preis für Rohwasser

$p_t =$ umweltpolitisch vorgegebener Abwasserabgabensatz

$p_y =$ Preis für das Konsumgut Y

$p_w =$ Preis für Trinkwasser W

$\lambda_a =$ Schattenpreis des Faktors Arbeit

$\lambda_e =$ Schattenpreispreis des Faktors Selbstreinigungsdienste

$\lambda_b =$ Schattenpreis für Boden

$\lambda_h =$ Schattenpreis für das Zwischenprodukt H

λ_q = Schattenpreis für Gewässergüte, Rohwassergüte

λ_r = Schattenpreis für Rohwasser

λ_y = Schattenpreis für das Konsumgut Y

λ_w = Schattenpreis für Trinkwasser W

"Alles ist aus dem Wasser geboren,
alles wird durch das Wasser erhalten".

Johann Wolfgang von Goethe

1 Einführung

1.1 Das Gewässergüteproblem

Wasser ist die Grundlage allen Lebens auf der Erde. Die natürliche Ressource
Wasser kann dabei auf unterschiedlichste Art und Weise genutzt werden
(Young und Havemen 1985, S. 466 f.; Pethig 1988a, S. 201). Wesentliche
Nutzungsarten sind dabei z. B. die Nutzung als Aufnahmemedium für Schadstoffe und die Nutzung zur Rohwasserentnahme für Trinkwasserzwecke. Das
Gewässergüteproblem besteht darin, daß Nutzungsarten *konkurrierend* sind in
dem Sinn, daß eine jeweilige Verwendung die Nutzung des Wassers in anderer
Weise beeinträchtigt (Kneese und Bower 1972, S. 41 ff.; Hirshleifer, de Haven
und Milliman 1969, S. 30 f.; Bergmann und Kortenkamp 1988, S. 31 f.; Pethig
1989a, S. 214 ff.): Aufgabe einer *normativen* Anayse ist es, eine Antwort auf
die Frage zu geben, wie Verwendungskonkurrenzen zu lösen sind (Kneese und
Bower 1972, S. 15 ff.; Cropper und Oates 1992, S. 678). Und die *positive*
ökonomische Theorie erklärt die tatsächliche Nutzung von Wasser.

Es würde den Rahmen dieser Studie sprengen, eine vollständige Übersicht
über die Literatur zum Gewässergütemanagement geben zu wollen; nach
unserer Einschätzung ist in der umweltökonomischen Literatur (Kneese 1964;
Bain, Caves und Margolis 1966; Gawel 1991; Cropper und Oates 1992; Smith
1992; Spulber und Sabbaghi 1994) ein Gewässergütemanagement nicht genügend mithilfe von Totalmodellen analysiert worden, die zudem die Eigenschaften von Wasser, sowohl in *qualitativer* als auch in *quantitativer* Hinsicht
erneuerbar zu sein, mit in die Analyse einbeziehen. Das Ziel unserer Studie ist
es, diesen fehlenden Baustein der umweltökonomischen Literatur zu ergänzen.

1.2 Aufbau der Studie

Die Struktur der Studie orientiert sich am Bumerangmodell: Und zwar fallen im Zuge der Produktion und des Konsums, wie die Pfeile (1) und (4) der Abb. 1.1 zeigen, ökonomisch nicht verwertbare Produkte an. Wegen des *Massenerhaltungsgesetzes*[1] können diese Abfallprodukte nicht 'in das Nichts' aufgelöst werden, sondern gelangen gemäß dem Pfeil (2) in das Umweltmedium Wasser und beeinträchtigen die Gewässergüte. Der Gewässergüteminderung wirken *natürliche Selbstreinigungsprozesse*[2] entgegen. Selbstreinigungsprozesse wandeln Schadstoffe automatisch in 'umweltneutrale' Abbauprodukte um, welche die Gewässergüte nicht vermindern.

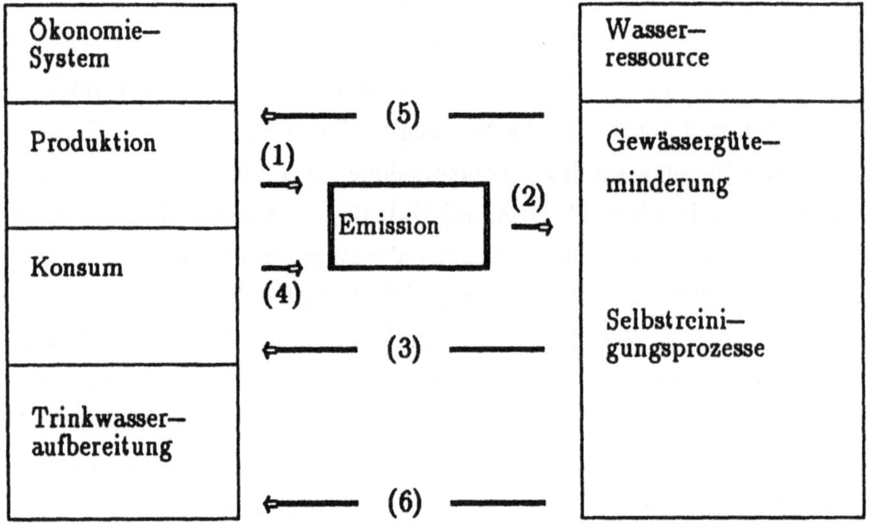

Abb. 1.1. Bumerangmodell[3]

---

[1]Dem Massenerhaltungsgesetz zufolge kann Masse weder 'aus dem Nichts' geschaffen werden, noch 'in das Nichts' aufgelöst werden.

[2]Neben natürlichen Selbstreinigungsprozessen gibt es Bonse und Metzler (1978, S. 2 f.) zufolge die selten zu beobachtenden natürlichen Selbstverschmutzungsprozesse, die harmlose Wasserinhaltsstoffe in giftige Substanzen umwandeln. Selbstverschmutzungsprozesse klammern wir aus der Analyse aus.

[3]Eine ähnliche Darstellung geben z. B. Pethig (1979, S. 5 f.); Buck (1983, S. 13 f.) und Tietenberg (1988, S. 17).

Das Bumerangmodell bezieht die natürliche Umwelt – in unseren Untersuchungen das Umweltmedium Wasser – in die ökonomische Modellbildung mit ein.[4] Und zwar resultiert im Kontext des Bumerangmodells das Gewässergüteproblem aus den 'Bumerangpfeilen' (3) und (5): Diese veranschaulichen, daß die durch Schadstoffeintrag verminderte Gewässergüte auf den Konsum und die Produktion quasi als Bumerang negativ zurückwirkt.

Im zweiten Kapitel konzentrieren wir uns im Kontext des Bumerangmodells auf natürliche Selbstreinigungsprozesse, die in einer aggregierten Wasserressource ablaufen. Dabei ist das Ökonomiesystem des Bumerangmodells zunächst nur durch die Schadstoffemission, die wir als zeitlich konstant annehmen, (Pfeil (2)) repräsentiert. Aus ökologischer Sicht ist die Schadstoffemission eine *exogene* Variable.

Im dritten Kapitel wird ein einfaches dynamisches Allokationsmodell unter Einbeziehung der natürlichen Selbstreinigungsprozesse entwickelt, mit dessen Hilfe die Nutzungskonkurrenz des Wassers als Schadstoffaufnahmemedium und als qualitatives Konsumgut analysiert wird. In diesem Modell ist die Schadstoffemission in die Wasserressource *endogen* erklärt.

Das vierte Kapitel setzt die Analyse der Nutzungskonkurrenz aus Kapitel 3 in *statischen* Totalmodellen bei vollständiger Konkurrenz unter Berücksichtigung der zweistufigen Abwasserbehandlung fort. Insbesondere wird eine neue Perspektive betont, die nicht wie z. B. Spulber und Sabbaghi (1994) auf die Internalisierung von Externalitäten abstellt, sondern einen vollständigen Markt für die Selbstreinigungsdienste als knappen Produktionsfaktor einführt. In diesem Modellkontext werden die allokative Wirkung von Entwässerungsgebühr, Gewässergütestandards und der Abwasserabgabe analysiert.

Schließlich trägt das fünfte Kapitel der Eigenschaft des Wassers Rechnung, nicht nur qualitativ, sondern ebenso *quantitativ* durch Rohwasser*entnahme* zu Trinkwasserzwecken genutzt zu werden (Pfeil (6)). Dabei wird insbesondere die effiziente Trinkwasserpreissetzung und der Wasserpfennig in Modellen mit vollständigen Wettbewerbsmärkten analysiert.

---

[4]Alle Modelle zum "linking the natural environment and the economy" (Folke und Kaberger 1991, S. 273) basieren im wesentlichen auf dem Bumerangmodell. Eine umfassende Literaturübersicht zur Einbindung der natürlichen Umwelt in die ökonomische Analyse geben Folke und Kaberger (1991, S. 297–300).

2 Naturwissenschaftliche Grundlagen natürlicher Selbstreinigungsprozesse in Wasserressourcen

2.1 Problemstellung

Die umweltökonomische Literatur verwendet über natürliche Selbstreinigungsprozesse in Wasserressourcen unterschiedliche Hypothesen, die zudem meistens *nicht* durch naturwissenschaftliche Modelle fundiert sind. Man gewinnt den Eindruck, daß die Verwendung einer Hypothese keiner Begründung bedarf — bestenfalls eines Hinweises auf eine umweltökonomische Veröffentlichung, jedoch nicht einer Fundierung durch naturwissenschaftliche Literatur. Dies ist unbefriedigend, da nämlich umweltökonomische Modellimplikationen, wie es z. B. Cesar und de Zeeuw (1994, S. 1) und Withagen und Toman (1995, 1 ff.) betonen, "Slight variations in the assimilation function can result in a dramatic change in the steady state values", oft signifikant von einer jeweils verwendeten Selbstreinigungsfunktion (assimilation function) abhängen.

Im folgenden stellen wir Selbstreinigungsmodelle aus der naturwissenschaftlichen Literatur vor, leiten aus diesen stationäre Selbstreinigungsfunktionen her und überprüfen, welche der in der umweltökonomischen Literatur verwendeteten Selbstreinigungshypothesen aus naturwissenschaftlicher Sicht haltbar sind. Schließlich ermitteln wir durch einfache lineare Transformation des Schadstoffmeßkonzepts in ein Meßkonzept für Gewässergüte aus den stationären Selbstreinigungsfunktionen die korrespondierende stationäre Regenerationsfunktion für Gewässergüte.

2.2 Hypothesen der umweltökonomischen Literatur über natürliche Selbstreinigungsprozesse in Wasserressourcen

In einem aggregierten Wasserkörper ist die zeitliche Änderung $\dot{s} := ds/dt$ eines Schadstoff*bestands* s [Masse] durch einen in der Zeit konstanten, exogenen Schadstoff*strom* e [Masse/Zeit] und durch die Schadstoffmenge S(s) [Masse/Zeit] determiniert, die pro Zeiteinheit t durch natürliche Selbstreinigungsprozesse abgebaut wird. Mithin gilt:

$$\dot{s} = e - S(s) \tag{2.1a}$$

In der Differentialgleichung (2.1) enthält der Term S(s) neben der Bestandsgröße s oft Naturkonstanten.[1] Deren Dimension ist jeweils so angepaßt, daß der Ausdruck S(s) die Dimension [Masse/Zeit] hat. Die Schreibweise S(s) bringt zum Ausdruck, daß Selbstreinigungsprozesse in der Regel vom Schadstoffbestand abhängig sind.

Dabei ist zu beachten, daß die Bewegungsgleichung (2.1) sehr speziell formuliert ist: Allgemein gilt gemäß Barbier und Markandya (1990, S. 660), Pethig (1994a, S. 5 und 1994b, S. 220) mit der Definition einer Überschußnachfrage nach Selbstreinigungsprozessen $z := e - S(s) > 0$:

$$\dot{s} = \overset{\circ}{S}(z) \quad \text{mit} \quad \overset{\circ}{S}_z(z) > 0,\ \overset{\circ}{S}_{zz}(z) > 0 \text{ und } \overset{\circ}{S}(0) = 0 \tag{2.1b}$$

Mit der vereinfachenden Annahme $\overset{\circ}{S}_z(z) = 1$, d. h. die Funktion $\overset{\circ}{S}$ ist in der Überschußnachfrage z direkt proportional steigend, resultiert aus (2.1b) unmittelbar die Differentialgleichung (2.1a).

In umweltökonomischen Modellen wird oft der *stationäre* Zustand untersucht. Mithin resultiert aus (2.1a) unmittelbar die stationäre Selbstreinigungsfunktion:

$$\dot{s} = 0 \Leftrightarrow e = S(s) \tag{2.2}$$

Gemäß (2.2) kompensiert die Schadstoffreduktion durch Selbstreinigungsprozesse S(s) in einer Wasserressource eine kontinuierliche Schadstoffemission e gerade so, daß ein dieser Emission genau entsprechender zeitlich konstanter Schadstoffbestand s langfristig aufrecht erhalten wird. Dabei steigt / stagniert / sinkt der Schadstoffbestand in einem Wasserkörper nach Maßgabe von (2.1) und (2.2) genau dann, wenn pro Zeiteinheit mehr / genauso viel / weniger

---

[1] Pethig (1979, S. 32) faßt in der Zustandsvariablen s den gesamten Umweltzustand zusammen. Dieser ist dann formal ein Vektor $s = (s_1, ..., s_v, ..., s_n)$ mit $n \in \mathbb{N}$. Dabei symbolisiert die Komponente s_v den v–ten Umweltbelastungsindikator. In unserem stark vereinfachten und aggregierten Modellen betrachten wir den Schadstoffbestand s als einzigen Umweltbelastungsindikator. D. h. der Schadstoffbestand charakterisiert den gesamten Zustand einer Wasserressource.

Schadstoff in die Ressource emittiert wird als / wie / als durch Selbstreinigungsprozesse abgebaut werden kann:

$$\dot{s} \gtrless 0 \Leftrightarrow e \gtrless S(s)$$

Die Abb. 2.1 stellt die Hypothesen der umweltökonomischen Literatur über den qualitativen Verlauf der stationären Selbstreinigungsfunktion vor.

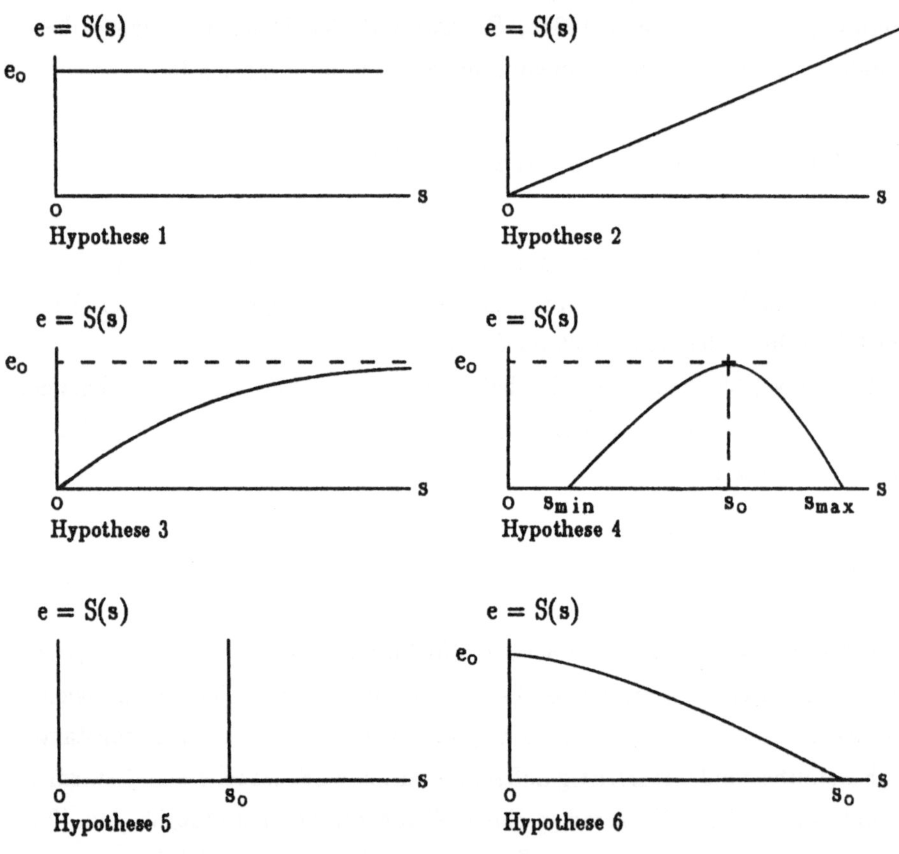

Abb. 2.1. Hypothesen der umweltökonomischen Literatur über den qualitativen Verlauf der stationären Selbstreinigungsfunktion

Die in der Abb. 2.1 aufgeführte Hypothese 1 legen z. B. d'Arge (1972, S. 32),

Siebert (1987, S. 191) und Mäler (1991, S. 73) ihrer ökonomischen Modell-
bildung zugrunde, die Hypothese 2 verwenden etwa Kneese und Bower (1972,
S. 37 ff.), Russell und Spofford (1972, S. 149), Mäler (1974, S. 64) und
Ströbele (1992, S. 21). Die dritte Hypothese findet sich z. B. in Pethig (1975,
S. 104), Gronych (1980, S. 28) und Weimann (1991, S. 124). Mit der vierten
Hypothese arbeiten Plourde (1970, S. 519), Forster (1975, S. 1 ff.), Pethig
(1989a, S. 218) und Hediger (1991, S. 53). Weiter operieren Mäler (1977, S.
36) und die in diesem Aufsatz zitierten Autoren mit der äußerst selten in
umweltökonomischer Literatur anzutreffenden Hypothese 5 und Barbier und
Markandya (1990, S. 662) verwenden die ebenfalls seltene Hypothese 6. Dieses
breite Spektrum unterschiedlicher Hypothesen über den Verlauf stationärer
Selbstreinigungsfunktionen macht die Analyse der Selbstreinigungsmodelle
der naturwissenschaftlichen Literatur erforderlich.

Wenn ein Maximum, $e_0 := \max[S(s)]$, der stationären Selbstreinigungsfunktion $S(s)$ existiert, dann wird dieses in der vorstehend zitierten umweltökonomischen Literatur als *Assimilationskapazität* bezeichnet. Die Assimilationskapazität gibt die *maximale kontinuierliche* Schadstoffemission an, die
dauerhaft auf natürlichem Weg durch Selbstreinigungsprozesse abgebaut
werden kann.

Mäler (1989, S. 1 ff. und 1990, S. 93 ff.) verwendet für den Parameter e_0 in
Anlehnung an vorwiegend skandinavische Literatur wie z. B. Nilsson (1986, S.
15) und Kuylenstierna und Chadwick (1989, S. 12) den Begriff *'kritische Ge-
wässerbelastung'* (critical load).

2.3 Selbstreinigungsmodelle der naturwissenschaftlichen Literatur

2.3.1 Grundmodell und Modellprämissen

Die folgenden auf dem Massenerhaltungsgesetz basierenden deterministischen
und auf die lange Frist hin orientierten Selbstreinigungsmodelle gehen davon
aus, daß in eine *aggregierte* Wasserressource kontinuierlich eine zeitlich konstante Emission e eines (einzigen) durch natürliche Selbstreinigungsprozesse

abbaubaren[2] Schadstoffs s gelangt. Vereinfachend unterscheiden wir nicht zwischen stehenden und fließenden Gewässern und ebenso nicht zwischen Grund– und Oberflächengewässern.[3]

Als Grundmodell zur Beschreibung zeitlicher Schadstoffbestandsänderungen in dem aggregierten Wasserkörper legen wir Markofsky (1980, S. 17 f.) und Willis und Yeh (1987, S. 16) folgend einen in der Wasserressource befindlichen *raumfesten* Massenbilanzraum, ein *Kontrollvolumenelement*, zugrunde, dessen Volumen auf $V = 1$ normiert ist.

Vereinfachend nehmen wir dabei gemäß Jorgensen (1983, S. 117) an, daß Schadstoffemissionen und alle weiteren an Selbstreinigungsprozessen beteiligten Massenbestände *homogen* in der gesamten Wasserressource vermischt werden. Diese Annahme schließt *unterschiedliche lokale* Massenbestandsverteilungen aus der Selbstreinigungsanalyse aus und charakterisiert die Wasserressource gemäß James (1993, S. 107) als einen vollständig *durchmischten Selbstreinigungsreaktor* bezüglich des Schadstoffbestands s. Da alle an den Selbstreinigungsprozessen beteiligten Massenbestände annahmegemäß homogen in der aggregierten Wasserressource verteilt werden, sind die Selbstreinigungsprozesse, die innerhalb des Kontrollvolumenelements ablaufen, *repräsentativ* für den *gesamten* Wasserkörper.

Schließlich setzen wir die Temperatur und den Druck innerhalb der Wasserressource, die den Ablauf von Selbstreinigungsprozessen beeinflussen können, als konstant voraus.

---

[2]Hutzinger u. a. (1977, S. 19) teilen die natürliche Abbaubarkeit von Schadstoffen in die Stufen von leicht abbaubar (die Abbauzeit beträgt etwa 1–3 Wochen) bis schwer abbaubar (die Abbauzeit beträgt einige Jahre) ein. Gemäß Kraft (1991, S. 17) stellen leicht abbaubare Schadstoffe, die größtenteils vom Industriesektor (Malzfabriken, Molkereien, Zuckerfabriken, Brauereien, Schlachthöfen und Zellstoffabriken) stammen, die größte Gewässerbelastungsgruppe dar. Solt (1987, S. 70 ff.) und Uhlmann (1988, S. 169) klassifizieren Schadstoffe nach Art und Herkunft.

[3]Da sich nämlich Selbstreinigungsprozesse im Grundwasser Kobus, Damrath, Schötter und Zipfel (1979, S. 50 ff.) zufolge von den Selbstreinigungsaktivitäten in Oberflächengewässern nur durch den numerischen Wert von Prozeßgeschwindigkeitskonstanten unterscheiden, braucht man qualitativ nicht zwischen diesen beiden Gewässertypen bezüglich der Selbstreinigung zu unterscheiden (Fried 1975, S. 167 ff.). Der Ablauf von Selbstreinigungsprozessen in Oberflächengewässern ist also qualitativ mit dem Verlauf der Selbstreinigungsaktivitäten im Grundwasser identisch.

2.3.2 Chemische Selbstreinigungsmodelle

Chemisches Selbstreinigungsmodell ohne dauerhafte Zuführung des Reaktionspartners. Das Prinzip der chemischen Selbstreinigung besteht darin, daß Schadstoffe mit im Wasserkörper *'von Natur aus'* vorhandenen Reaktionspartnerbeständen zu unschädlichen Abbauprodukten reagieren. Die Katalyse e. V. (1990 S. 50 ff.) gibt die nach Art und Herkunft wichtigsten Reaktionspartner natürlicher Gewässer an, mit denen anthropogene Schadstoffe zu neutralen Abbauprodukten reagieren. Habeck–Tropfke (1980, S. 70 f.) und Jorgensen (1988, S. 101 f.) geben Reaktionsbeispiele an.

In dem folgenden chemischen Selbstreinigungsmodell der Abb. 2.2, das auf Hartmann (1989, S. 109 ff.), Hartmann (1992, S. 139), Uhlmann (1988, S. 86 ff.) und Kummert und Stumm (1992, S. 167) basiert, werden von außen keine zusätzlichen Mengen eines Reaktionspartners in den Wasserkörper eingeführt. Es befindet sich bei dauerhafter Schadstoffemission e lediglich ein Anfangsbestand des Reaktionspartners im Wasserkörper:

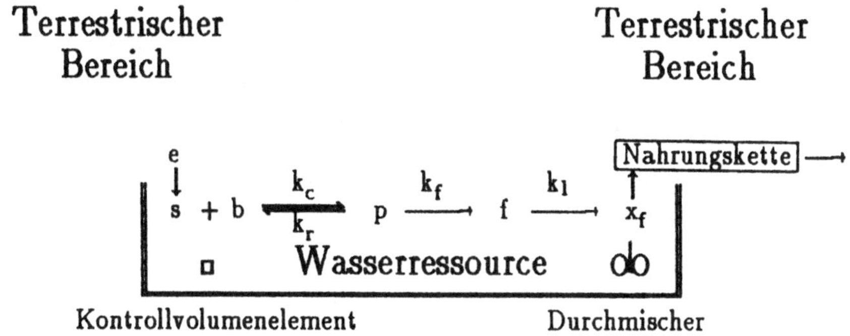

Abb. 2.2. Chemische Selbstreinigung ohne kontinuierliche Reaktionspartnerzuführung

In Wasserressourcen laufen gemäß Haken (1983, S. 276), Hartinger (1991, S. 28) und Jorgensen (1988, S. 101 f.) chemische Reaktionen *reversibel* ab. Diese Reaktionen bestehen in der Abb. 2.2 aus der *Hinreaktion*, s + b $\xrightarrow{k_c}$ p, in welcher der Schadstoff s mit einem Reaktionspartner b zum harmlosen Abbauprodukt p reagiert und der *Rückreaktion*, s + b $\xleftarrow{k_r}$ p, die das Abbauprodukt *anteilig* in den Schadstoff und den Reaktionspartner zurücktransformiert. In der Hinreaktion wird sowohl der Schadstoffbestand s als auch der Bestand b des Reaktionspartners 'verbraucht', d. h. in das Abbauprodukt p umgewandelt.

Gemäß Habeck–Tropke (1980, S. 70) und Hartinger (1991, S. 33) unterscheiden sich chemische Selbstreinigungsprozesse und solche chemische Reaktionen, die in Klärwerken ablaufen[4], von allen anderen chemischen Reaktionsprozessen in Wasserressourcen dadurch, daß das Abbauprodukt in einem weiteren Reaktionsschritt, $p \xrightarrow{k_f} f$, *ausflockt*[5] und daher einer Rückreaktion nicht mehr zugänglich ist.

Das geflockte Abbauprodukt f ist wie das ungeflockte Abbauprodukt ebenfalls 'gewässergüteneutral' und steht gemäß Uhlmann (1988, S. 86 und S. 117), Lange und Uhlmann (1989, S. 97) und Kummert und Stumm (1992, S. 41) am Anfang folgender annahmegemäß modellexogener Nahrungskette: Eine aquatische Mikroorganismenart x_f verwendet das geflockte Abbauprodukt f als Nahrung und für ihren Energiestoffwechsel und wird später von solchen höheren Organismen verzehrt, die sowohl im aquatischen als auch im terrestrischen Bereich leben. Diese höheren Organismen stellen wiederum die Nahrungsgrundlage von Landorganismen dar. Durch diese Wirkungskette, die in der Abb. 2.2 mithilfe der Reaktionsgleichung $f \xrightarrow{k_1} x_f \rightarrow \boxed{\text{Nahrungskette}} \rightarrow$ beschrieben ist, gelangt das geflockte Abbauprodukt[6] — und somit ebenso der Schadstoff, der nämlich in den 'Flocken' durch die chemische Selbstreinigungsreaktion eingebunden ist, — aus dem Wasserkörper in den terrestrischen Bereich. Gemäß Lienig (1979, S. 15 ff.), Hollemann und Wiberg (1976, S. 170), Mortimer (1983, S. 314), Lange und Uhlmann (1989, S. 97) kann man

---

[4]Die meisten in Klärwerken ablaufenden Abwasserreinigungsprozesse basieren auf den natürlichen Selbstreinigungsprozessen und sind als 'imitierte' und verstärkte natürliche Selbstreinigungsprozesse anzusehen.

[5]Unter Flockung versteht man gemäß Hartinger (1991, S. 93 f.) die Molekülvergrößerung durch Verbindung mit weiteren langkettigen Molekülen zu sogenannten Flocken. Beispiele für Flockungsprozesse geben Rüffer und Rosenwinkel (1991, S. 316 f), Drews (1986, S. 21 f.) und Hartinger (1991, S. 93 ff.) an.

[6]Dabei ist der Verzehr des Abbauproduktes durch die Mikroorganismen nicht als biologische Selbstreinigung anzusehen, da das Abbauprodukt annahmegemäß harmlos ist und die Gewässergüte durch den Abbauproduktverzehr somit nicht verbessert wird.

die Wirkungskette aus der Abb. 2.2 durch folgendes Differentialgleichungssystem modellieren:

$$\dot{s} = e - k_c \cdot s \cdot b + k_r \cdot p \qquad \begin{bmatrix} \text{Bestandsänderung des} \\ \text{Schadstoffs} \end{bmatrix} \quad (2.3a)$$

$$\dot{b} = - k_c \cdot s \cdot b + k_r \cdot p \qquad \begin{bmatrix} \text{Bestandsänderung des} \\ \text{Reaktionspartners} \end{bmatrix} \quad (2.3b)$$

$$\dot{p} = k_c \cdot s \cdot b - k_r \cdot p - k_f \cdot p \qquad \begin{bmatrix} \text{Bestandsänderung des} \\ \text{Abbauproduktes} \end{bmatrix} \quad (2.3c)$$

$$\dot{f} = k_f \cdot p - k_l \cdot f \cdot \bar{x}_f \qquad \begin{bmatrix} \text{Bestandsänderung des ge-} \\ \text{flockten Abbauproduktes} \end{bmatrix} \quad (2.3d)$$

In dem Differentialgleichungssystem (2.3) ist die chemische Selbstreinigungsreaktion durch den Hinreaktionsterm $[- k_c \cdot s \cdot b]$ und die Rückreaktion durch den Term $k_r \cdot p$ gegeben. Weiter ist in (2.3c) und (2.3d) der Flockungsprozeß durch den Ausdruck $k_f \cdot p$ repräsentiert und gemäß dem Term $k_l \cdot f \cdot x_f$ werden die Flocken von der vereinfachend als *konstant* angenommenen aquatischen Mikroorganismenart x_f als Nahrung verzehrt[7]. Dieser Sachverhalt ist durch das Subskript f am Symbol x_f kenntlich gemacht.

Der konstante Mikroorganismenbestand x_f ist das Anfangsglied der in der Abb. 2.2 dargestellten zum terrestrischen Bereich führenden Nahrungskette. Durch die Annahme, daß x_f konstant ist, wird die Nahrungskette von dem chemischen Selbstreinigungsmodell formal abgekoppelt und wirkt im Modell als *exogener* 'Naturparameter'.

Ferner symbolisiert in (2.3) k_c eine positive Hinreaktionsgeschwindigkeitskonstante der Dimension [1/Zeit·Masse], k_r eine positive Rückreaktionsgeschwindigkeitskonstante der Dimension [1/Zeit], k_f eine positive Flockungsgeschwindigkeitskonstante der Dimension [1/Zeit·Masse] und k_l ist eine Konstante der Dimension [1/Zeit·Masse]. Folglich hat die durch den Term $[- k_c \cdot s \cdot b + k_r \cdot p]$ abgebildete *Netto*selbstreinigungsreaktion die Dimension [Masse/Zeit] und gibt die Masse des Schadstoffs und des Reaktionspartners an, die *netto* pro Zeit in das Abbauprodukt umgesetzt wird. Ferner haben der

---

Flockungs– und der Verzehrprozeß ebenso die Dimension [Masse/Zeit] und geben die Masse des Abbauproduktes an, die pro Zeit ausflockt, bzw. die geflockte Abbauproduktmasse an, die in der Zeit als Nahrung verzehrt wird.

Proposition 2.1. *Beträgt der Reaktionspartnerbestand in der Wasserressource* $b > 0$ *und werden keine zusätzlichen Mengen des Reaktionspartners zugeführt, dann wächst der Schadstoffbestand s bei dauerhafter Schadstoffemission* $e > 0$ *in der langen Frist und der Bestand des Reaktionspartners wird aufgebraucht:*

$$\dot{s} = e > 0 \land b = 0$$

Beweis. Bei Betrachtung der langen Frist modifizieren sich die Gleichungen (2.3a) und (2.3b) zu:

$$\dot{s} = e > 0 \tag{2.3a}'$$

$$\dot{b} = 0 \Leftrightarrow k_c \cdot s \cdot b - k_r \cdot p = 0 \tag{2.3b}'$$

Wegen $k_c \cdot s \cdot b - k_r \cdot p = 0$ gilt gemäß den Gleichungen (2.3c) und (2.3d) $\dot{p} = \dot{f}$ $= 0$ genau dann, wenn $p = f = 0$ ist. Für $s > 0$ und $p = 0$ ist die Gleichung $k_c \cdot s \cdot b - k_r \cdot p = 0$ nur für $b = 0$ erfüllt.[8] $\square$

Wie die Proposition 2.1 zeigt, läuft *ohne Zufuhr* des Reaktionspartners die chemische Selbstreinigung bei dauerhafter Schadstoffemission *nicht* ab, und zwar auch dann nicht, wenn sich ein positiver Reaktionspartnerbestand im Wasserkörper befindet. Denn langfristig wird, wie die Bewegungsgleichung (2.3b)' des Reaktionspartners zeigt, die Hinreaktion $k_c \cdot s \cdot b$ durch die Rückreaktion $k_r \cdot p$ kompensiert, so daß in der Bewegungsgleichung des Schadstoffbestands (2.3a)' *effektiv* nur noch die dauerhafte Schadstoff– emission $e > 0$ wirksam ist und der Schadstoffbestand in der Wasserressource zeitlich ins Unermeßliche wächst. Deshalb bezeichnen wir den Reaktions–

---

[8]Der Schadstoffbestand ist zu jedem beliebigen Zeitpunkt positiv, da dieser nämlich gemäß (2.3a)' in der Zeit wächst.

partner als den *limitierenden Faktor*[9] der chemischen Selbstreinigung. Da der Schadstoffbestand nämlich ohne den Reaktionspartner *nicht* ins Abbauprodukt umgewandelt wird, kann der Schadstoff nicht — chemisch in den Flocken gebunden — durch die Nahrungskette der Abb. 2.2 aus der Wasserressource gelangen.

Weiter ist, wie aus (2.3b)' ersichtlich ist, die chemische Selbstreinigung durch die *Nullzufuhr* des Reaktionspartners determiniert, $k_c \cdot s \cdot b - k_r \cdot p = 0$. Folglich wird im chemischen Selbstreinigungsmodell (2.3) ein totaler stationärer Zustand $\dot{s} = \dot{b} = \dot{p} = \dot{f} = 0$ nur dann erreicht, wenn *kein* Schadstoff emittiert wird. Somit gilt für die stationäre chemische Selbstreinigungsfunktion

$$e = S^c(s) = 0 \qquad \begin{bmatrix} \text{Stationäre chemische} \\ \text{Selbstreinigungsfunktion} \\ \text{ohne Reaktionspartner-} \\ \text{zuführung} \end{bmatrix} \quad (2.4)$$

In (2.4) indiziert das Superskript ^{c} am Term $S^c(s)$ den chemischen Selbstreinigungsprozeß.

Chemisches Selbstreinigungsmodell mit dauerhafter Zuführung des Reaktionspartners. Untersuchungen zufolge, die Jorgensen und Mejer (1977, S. 42 ff.), Nilson (1986, S. 8 ff.) und Hettelingh u. a. (1991, S. 6 ff.) beschreiben, wird z. B. der kontinuierliche Eintrag von saurem Regen[10] in skandinavischen Wasserressourcen bis zum Erreichen bestimmter Assimilationskapazitäten dauerhaft abgebaut. Dabei liegt die Höhe der Assimilationskapazitäten gemäß Kuylenstierna und Chadwick (1989, S. 12) zwischen 20 und 80 Schadstoffmasseneinheiten pro Zeit.

Die Autoren begründen die chemische Schadstoffumwandlung mit in den Gewässern befindlichen Kalksteinbeständen: Diese geben als *näherungsweise*

---

[9]Ein Faktor wirkt genau dann limitierend auf einen Selbstreinigungsprozeß, wenn ohne diesen der Prozeß nicht abläuft bzw. wenn eine Verringerung des Faktors den Prozeß hemmt.

[10]Die Entstehung von saurem Regen erläutern Kummert und Stumm (1992, S. 146).

unendlich große Reaktionspartner*bestände* mit einer Rate von $k_b(b_s - b) \geq 0$ *dauerhaft* basische Moleküle in die Wasserressource ab, die als Reaktionspartner mit den durch den sauren Regen emittierten Säuremolekülen permanent zu Salzen, den Abbauprodukten, reagieren.[11] Dem Term $k_b(b_s - b)$ zufolge gelangt der Reaktionspartner b über die positive Reaktionspartnereintragskonstante k_b der Dimension [1/Zeit] bis zum Erreichen eines konstanten Reaktionspartnersättigungswertes $b_s \geq b$ in den Wasserkörper. Mithin modifiziert sich das chemische Selbstreinigungsmodell aus der Abb. 2.2 bei gleichzeitiger Zuführung des Schadstoffs und des Reaktionspartners zu:

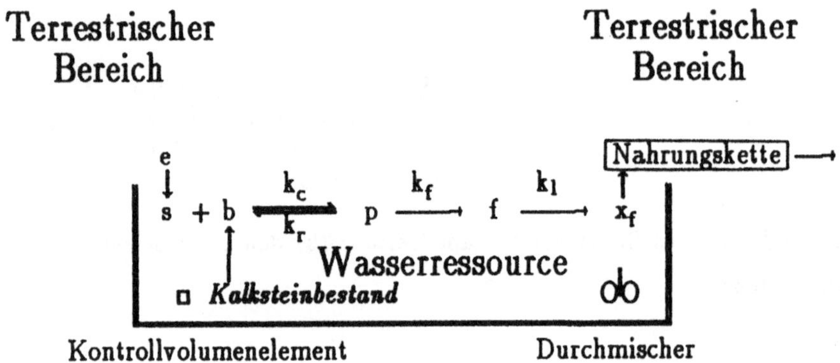

Abb. 2.3. Chemische Selbstreinigung mit kontinuierlicher Reaktionspartnerzuführung

Das chemische Selbstreinigungsmodell aus der Abb. 2.3 wird durch folgendes Differentialgleichungssystem beschrieben:

$$\dot{s} = e - k_c \cdot s \cdot b + k_r \cdot p \qquad \begin{bmatrix} \text{Bestandsänderung des} \\ \text{Schadstoffs} \end{bmatrix} \quad (2.5a)$$

$$\dot{b} = k_b(b_s - b) - k_c \cdot s \cdot b + k_r \cdot p \qquad \begin{bmatrix} \text{Bestandsänderung des} \\ \text{Reaktionspartners} \end{bmatrix} \quad (2.5b)$$

---

[11]Beispiele für solche 'Verwitterungsreaktionen' geben Kummert und Stumm (1992, S. 62). Aus ökologischer Sicht kann das zeitliche Wachsen der Salzbestände eine Wasserressource versalzen, wodurch deren Nutzbarkeit in vielfältiger Weise eingeschränkt ist. Die Problematik der Versalzung von Gewässern, die wir aus unserer Analyse ausklammern, wird z. B. von Reuss und Johnson (1986, Sn. 42, 71 und 87) und von Kraft (1991, S. 18) untersucht.

$$\dot{p} = k_c \cdot s \cdot b - k_r \cdot p - k_f \cdot p \qquad \left[\begin{array}{l} \text{Bestandsänderung des} \\ \text{Abbauproduktes} \end{array} \right] \quad (2.5c)$$

$$\dot{f} = k_f \cdot p - k_l \cdot f \cdot x_f \qquad \left[\begin{array}{l} \text{Bestandsänderung des ge--} \\ \text{flockten Abbauproduktes} \end{array} \right] \quad (2.5d)$$

Das Gleichungssystem (2.5) unterscheidet sich formal von dem System (2.3) nur durch den Term $k_b(b_s - b)$. Die folgende Proposition soll untersuchen, wie sich das System (2.5) in der langen Frist für unterschiedliche Ausgangslagen $e \gtreqless k_b(b_s - b)$ entwickelt:

Proposition 2.2. *Der Reaktionspartner wird mit der Rate $k_b(b_s - b) \geq 0$ und der Schadstoff mit einer in der Zeit konstanten Rate $e > 0$ in den Wasserkörper eingeführt:*

1. Die Bestände des Schadstoffs und des Reaktionspartners ändern sich langfristig genau dann nicht, wenn in der Ausgangslage die Schadstoffemission gleich der Reaktionspartnerzufuhr ist: $\dot{s} = \dot{b} = 0 \Longleftrightarrow e = k_b(b_s - b)$

2. Ist in der Ausgangslage die Schadstoffemission ungleich der Reaktionspartnerzufuhr, dann ist die Nettoselbstreinigungsreaktion langfristig durch die geringere Masseneintragsrate von e und $k_b(b_s - b)$ determiniert: $k_c \cdot s \cdot b - k_r \cdot p = min[e, k_b(b_s - b)]$

3. Wenn die Schadstoffemission größer als die Reaktionspartnerzufuhr ist, dann steigt der Schadstoffbestand in der Zeit und der Bestand des Reaktionspartners ist stationär: $\dot{s} = e - k_b(b_s - b) > 0 \land \dot{b} = 0$

4. Ist die Schadstoffemission geringer als die Zufuhr des Reaktionspartners, dann steigt der Reaktionspartnerbestand in der Zeit und der Bestand des Schadstoffs ist stationär: $\dot{s} = 0 \land \dot{b} = k_b(b_s - b) - e > 0$

Beweis.

1. Aus den Gleichungen (2.5a) und (2.5b) erhält man für die lange Frist:

$$\dot{s} = 0 \Leftrightarrow e = k_c \cdot s \cdot b - k_r \cdot p \qquad (2.5a)'$$

$$\dot{b} = 0 \Leftrightarrow k_b(b_s - b) = k_c \cdot s \cdot b - k_r \cdot p \qquad (2.5b)'$$

Wegen der Transitivität folgt aus $e = k_c \cdot s \cdot b - k_r \cdot p$ und $k_b(b_s - b) = k_c \cdot s \cdot b - k_r \cdot p$ unmittelar $e = k_b(b_s - b)$.

2. *Fall a:* Annahmegemäß sei $e > k_b(b_s - b) \geq 0$ und $e = k_c \cdot s \cdot b - k_r \cdot p > 0$. Dann modifizieren sich die Gleichungen (2.5a)' und (2.5b)' zu:

$$\dot{s} = e - k_c \cdot s \cdot b + k_r \cdot p = 0 \qquad (2.5a)''$$

$$\dot{b} = k_b(b_s - b) - e < 0 \qquad (2.5b)''$$

Der Ungleichung (2.5b)'' zufolge wird der Reaktionspartner langfristig aufgebraucht ($b = 0$), was $k_c \cdot s \cdot b = 0$ impliziert. Mit $k_c \cdot s \cdot b = 0$ vereinfacht sich die Gleichung (2.5c) zu $\dot{p} = -(k_r + k_f)p < 0$, woraus in der langen Frist $p = 0$ folgt. Schließlich beträgt wegen $b = p = 0$ die Nettoselbstreinigungsreaktion $k_c \cdot s \cdot b - k_r \cdot p = 0$, was jedoch der obigen Annahme $k_c \cdot s \cdot b - k_r \cdot p > 0$ widerspricht.[12] Ersetzt man vorstehend die Gleichung $e = k_c \cdot s \cdot b - k_r \cdot p$ durch

$$k_c \cdot s \cdot b - k_r \cdot p = k_b(b_s - b) = \min[e, k_b(b_s - b)] \qquad (2.6a)$$

dann resultiert widerspruchsfrei das System:

$$\dot{s} = e - k_b(b_s - b) > 0 \qquad (2.5a)'''$$

$$\dot{b} = k_b(b_s - b) - k_c \cdot s \cdot b + k_r \cdot p = 0 \qquad (2.5b)'''$$

Fall b: Sei $0 < e < k_b(b_s - b)$ und $k_b(b_s - b) = k_c \cdot s \cdot b - k_r \cdot p > 0$, dann gilt

$$\dot{s} = e - k_b(b_s - b) < 0 \qquad (2.5a)''''$$

$$\dot{b} = k_b(b_s - b) - k_c \cdot s \cdot b + k_r \cdot p = 0 \qquad (2.5b)''''$$

---

[12] Aus $e > k_b(b_s - b) \geq 0$ und $e = k_c \cdot s \cdot b - k_r \cdot p$ folgt $k_c \cdot s \cdot b - k_r \cdot p > 0$.

Nach Maßgabe der Ungleichung (2.5a)'''' wird der Schadstoff in der langen Frist aufgebraucht ($s = 0$). Bei $s = 0$ ist $k_c \cdot s \cdot b = 0$. Dies impliziert, wie vorstehend im Fall a gezeigt, $k_c \cdot s \cdot b - k_r \cdot p = 0$, was der Annahme $k_c \cdot s \cdot b - k_r \cdot p > 0$ widerspricht.[13] Wenn man oben die Gleichung $k_b(b_s - b) = k_c \cdot s \cdot b - k_r \cdot p$ durch

$$k_c \cdot s \cdot b - k_r \cdot p = e = \min[e, \, k_b(b_s - b)] \tag{2.6b}$$

ersetzt, erhält man widerspruchsfrei das folgende System:

$$\dot{s} = e - k_c \cdot s \cdot b + k_r \cdot p = 0 \tag{2.5a''''}$$
$$\dot{b} = k_b(b_s - b) - e > 0 \tag{2.5b''''}$$

3. Im Fall $e > k_b(b_s - b)$ gilt das System (2.5)'''.

4. Der Fall $e < k_b(b_s - b)$ wird durch das System (2.5)'''' beschrieben.   □

Gemäß der Proposition 2.2 wird bei Zufuhr des Reaktionspartners eine dauerhafte Schadstoffemission bei Aufrechterhaltung eines stationären Schadstoffbestandes nur unter der Bedingung abgebaut, daß die Schadstoffemission den Reaktionspartnereintrag *nicht* übersteigt. Überwiegt die Schadstoffemission die Reaktionspartnerzufuhr, dann läuft zwar eine chemische Nettoselbstreinigungsreaktion im Gegensatz zum Modell ohne Reaktionspartnerzufuhr ab, jedoch werden 'nicht genug' Schadstoffmasseneinheiten pro Zeit abgebaut. Und zwar ist in diesem Fall die Nettoselbstreinigungsreaktion gemäß der Min–Formulierung (2.6b) durch die Reaktionspartnerzufuhr nach oben limitiert, sodaß in der Bewegungsgleichung (2.5a)''' *effektiv* die Masseneintragsdifferenz $[e - k_b(b_s - b)] > 0$ wirksam ist und der Schadstoffbestand ins Unermeßliche wächst. Verglichen mit dem Modell (2.3) ohne Zufuhr des Reaktionspartners, in welchem der Schadstoffbestand bei dauerhafter Schadstoffemission gemäß (2.3a)' mit der Rate $e > 0$ wächst, ist im Fall $e > k_b(b_s - b)$ die Zunahme des Schadstoffbestands geringer, nämlich $[e - k_b(b_s - b)] < e$.

---

[13]Aus $0 \leq e < k_b(b_s - b)$ und $k_b(b_s - b) = k_c \cdot s \cdot b - k_r \cdot p$ folgt $k_c \cdot s \cdot b - k_r \cdot p > 0$.

Vorstehend haben wir den Reaktionspartner als den limitierenden Faktor der chemischen Selbstreinigung bezeichnet. Dieser Sachverhalt ist im zweiten Absatz der Proposition 2.2 mithilfe der für die *lange Frist* gültigen Min–Formulierung präzisiert[14]. Dabei ist zu beachten, daß Nilsson (1986, S. 8 ff.), Reuss und Johnson (1986, S. 68 ff.), Kuylenstierna und Chadwick (1989, S. 12 ff.) und Hettelingh u. a. (1991, S. 6 ff.) zufolge die Rate $k_b(b_s - b)$ gering ist und der Fall $k_b(b_s - b) \leq e$ empirisch relevant ist, die chemische Nettoselbstreinigungsreaktion also durch die Reaktionspartnerzufuhr nach *oben* limitiert ist.

Weiter steigt / stagniert / sinkt der Abbauproduktbestand in der Zeit genau dann, wenn der kleinere Betrag von Schadstoffemission und die Eintragsrate des Reaktionspartners größer / genauso groß wie / kleiner ist als / wie / die Flockungsgeschwindigkeit:

$$\dot{p} \gtreqless 0 \Leftrightarrow \min[e, k_b(b_s - b)] \gtreqless k_f \cdot p$$

Schließlich 'läuft die Wasserressource genau dann nicht mit dem geflockten Abbauprodukt über', wenn der kleinere Betrag von der Schadstoffemission, der Reaktionspartnereintragsrate und von der Flockungsgeschwindigkeit kleiner ist als bzw. gleich der Geschwindigkeit $k_l \cdot f \cdot x_f$ ist, mit der das geflockte Abbauprodukt durch die Nahrungskette aus dem Wasserkörper gelangt:

$$\dot{f} \leq 0 \Leftrightarrow \min[e, k_b(b_s - b), k_f \cdot p] \leq k_l \cdot f \cdot x_f.$$

In der langen Frist, $\dot{s} = \dot{b} = \dot{p} = \dot{f} = 0$, resultiert mit der Notation $\kappa := \dfrac{k_f \cdot k_c}{k_f + k_r} > 0$ aus (2.5):

---

[14]Die Min–Formulierung erläutern wir mithilfe des folgenden einfachen Zahlenbeispiels: Gelangen beispielsweise pro Zeiteinheit 30 Mengeneinheiten des Schadstoffs und 10 Mengeneinheiten des Reaktionspartners in die Wasserressource, und reagiert dabei jeweils eine Mengeneinheit des Schadstoffs mit genau einer Mengeneinheit des Reaktionspartners, dann reagieren pro Zeiteinheit 10 Mengeneinheiten des Schadstoffs mit 10 Mengeneinheiten des Reaktionspartners zum Abbauprodukt und 20 Mengeneinheiten des Schadstoffs akkumulieren pro Zeiteinheit im Wasserkörper. Langfristig wird die Geschwindigkeit der Selbstreinigungsreaktion in diesem Beispiel also durch die begrenzte Zufuhr des Reaktionspartners nach oben auf 10 Mengeneinheiten des Schadstoffs, die pro Zeiteinheit abgebaut werden, limitiert.

$$e = k_b(b_s - b) \geq 0 \qquad \begin{bmatrix} \text{Stationäre Reaktions-} \\ \text{partnereintragsrate} \end{bmatrix} \quad (2.7)$$

$$b = B(s) := \frac{k_b \cdot b_s}{\kappa \cdot s + k_b} \qquad \begin{bmatrix} \text{Stationäre Reaktionspart-} \\ \text{nerverbrauchsfunktion} \end{bmatrix} \quad (2.8)$$

Die Reaktionspartnereintragsrate (2.7) und die stationäre Reaktionspartnerverbrauchsfunktion (2.8) legen die stationäre chemische Selbstreinigungsfunktion fest:

$$e = S^c(s) := k_b \cdot b_s - \frac{k_b^2 \cdot b_s}{\kappa \cdot s + k_b} \geq 0 \qquad \begin{bmatrix} \text{Stationäre chemische} \\ \text{Selbstreinigungsfunktion} \\ \text{mit Reaktionspartnerzu-} \\ \text{führung} \end{bmatrix} \quad (2.9)$$

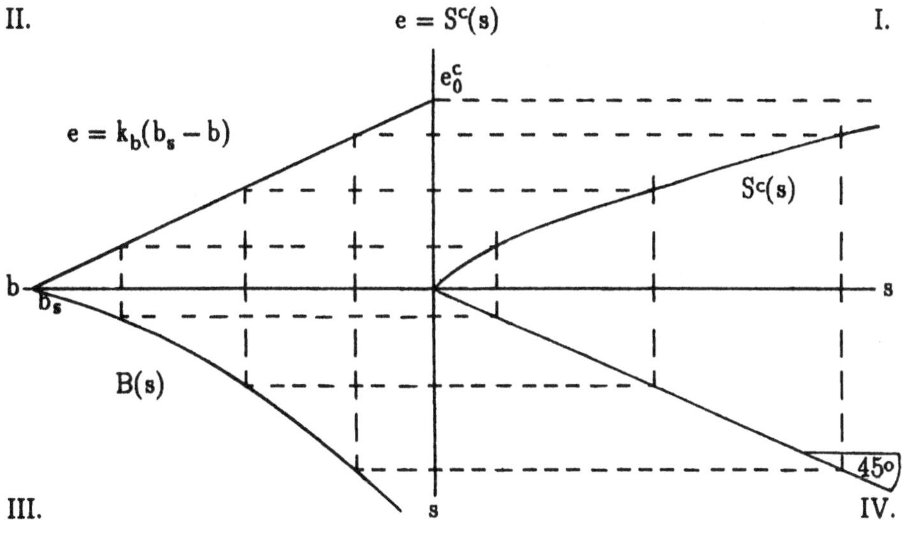

Abb. 2.4. Graphische Herleitung der stationären chemischen Selbstreinigungsfunktion

In der Abb. 2.4 ist durch punktweises Übertragen des Graphen der stationären Reaktionspartnerverbrauchsfunktion (2.8) im dritten Quadranten an dem Graphen der stationären Reaktionspartnereintragsrate (2.7) im zweiten Quadranten und der Winkelhalbierenden im vierten Quadranten die stationäre chemische Selbstreinigungsfunktion (2.9) im ersten Quadranten konstruiert. Diese stützt die *dritte Hypothese* der umweltökonomischen Literatur über Selbstreinigungsprozesse und hat folgende Eigenschaften: Mit einem Sättigungsverlauf steigt S^c streng monoton, $S^c_s = \dfrac{k_c \cdot k_b^2 \cdot b_s}{(\kappa \cdot s + k_b)^2} > 0$, verläuft streng konkav[15], $S^c_{ss} = -\dfrac{2k_c^2 \cdot k_b^2 \cdot b_s}{(\kappa \cdot s + k_b)^3} < 0$, durch den Koordinatensystemursprung in der Abb. 2.4 und hat eine natürliche Assimilationskapazität von e_0^c := $k_b \cdot b_s = \lim\limits_{s \to \infty} S^c(s) > 0$. Gemäß der Definitionsgleichung $e_0^c := k_b \cdot b_s$ ist die natürliche Assimilationskapazität durch die maximale Eintragsrate des Reaktionspartners gegeben, hat die Dimension [Masse/Zeit] und ist ebenso als maximale stationäre Reaktionsgeschwindigkeit des Schadstoffs mit dem Reaktionspartner zum Abbauprodukt interpretierbar. Überschreitet die Schadstoffemission die Assimilationskapazität, dann steigt gemäß dem dritten Absatz von Proposition 2.2 der Schadstoffbestand in der Zeit und der Bestand des Reaktionspartners ist stationär.

Bei dem chemischen Selbstreinigungsmodell (2.5) ist jedoch zu beachten, daß die Reaktionspartnerzufuhr — wie vorstehend erläutert — im Vergleich zur Schadstoffemission gering ist und die chemische Selbstreinigung somit nur einen 'geringen Beitrag' zur natürlichen Selbstreinigung liefert.

Weiter operiert das Modell (2.5) nur mit der Annahne eines approximativ unendlich großen Kalksteinbestands, der dauerhaft als natürlicher Reaktionspartneremittent wirksam ist. In einer exakten chemischen Selbstreinigungsanalyse werden diese Kalksteinbestände jedoch durch die kontinuierliche Schadstoffemission langfristig vollständig aufgebraucht. Somit findet eine dauerhafte natürliche Reaktionspartnerzufuhr nicht statt und das Selbstreinigungsmodell (2.5) geht in das Modell (2.3) mit $k_b(b_s - b) = 0$ über, in welchem eine stationäre chemische Schadstofftransformation nicht abläuft.

Wenn also bei permanenter Schadstoffemission ein dauerhafter natürlicher Selbstreinigungsprozeß gemäß Nilsson (1986) und Hettelingh u. a. (1991) in Wasserressourcen meßbar ist, dann wird dieser in einer exakten Selbstreinigungsanalyse *langfristig* von der biologischen Selbstreinigung getragen.

---

[15]Im folgenden benutzen wir für alle Differentialquotienten eine verkürzte Schreibweise in der Form: $S^c_s := dS^c(s)/ds$ und $S^c_{ss} := d^2S^c(s)/ds^2$ etc. .

2.3.3 Biologische Selbstreinigungsmodelle

Den größten Anteil der natürlichen Selbstreinigung trägt gemäß Habeck–Tropfke (1980, S. 72) und Uhlmann (1988, S. 72 ff.) die biologische Selbstreinigung. Deren Prinzip besteht Lange und Uhlmann (1989, S. 97) zufolge darin, daß in natürlichen Gewässern lebende Mikroorganismen dauerhaft organische Schadstoffe als Nahrung verzehren und zu körpereigener Masse assimilieren und zudem anorganische Schadstoffe für ihren Energiestoffwechsel verwenden[16].

Streeter–Phelps–Modell. Das Streeter–Phelps–Modell analysiert die zeitliche Änderung des Schadstoffund des Sauerstoffbestands in Wasserressourcen. Die Determinanten des zeitlichen Verhaltens des Sauerstoffbestands sind Streeter und Phelps (1925, S. 5 ff.) zufolge die kontinuierliche Belüftung und der durch den Schadstoffabbau *aerober*[17] Mikroorganismen bedingte Sauerstoffverbrauch. Die aeroben Mikroorganismen werden jedoch von Streeter und Phelps *nicht* explizit in die Selbstreinigungsanalyse mit einbezogen. Bei dauerhafter Schadstoffemission hat das Streeter–Phelps–Modell, das Beck (1978, S. 153 ff.), Tassin und Thevenot (1989, S. 229 ff.) zufolge bevorzugt für Simulationszwecke verwendet wird, folgende Gestalt:

$$\dot{s} = e - k \cdot s \qquad \text{[Schadstoffbestandsänderung]} \quad (2.10a)$$

$$\dot{o} = k_0(o_s - o) - k \cdot s \qquad \text{[Sauerstoffbestandsänderung]} \quad (2.10b)$$

---

[16]Zu organischen Schadstoffen zählt man alle pflanzlichen und tierischen 'Rückstände', und zu den anorganischen Schadstoffen rechnet man z. B. Laugen (Basen), Säuren und Salze.

[17]Neben aeroben an Sauerstoff gebundenen biologischen Selbstreinigungsmechanismen gibt es anaerobe Prozesse, die ohne Sauerstoff ablaufen. Diese sind jedoch sehr viel langsamer als aerobe Prozesse und gemäß Hartmann (1989, S. 215 ff.) und Bever und Teichmann (1990, S. 26) mit starken Fäulnisprozessen verbunden. Die Fäulnisvorgänge verringern die Gewässergüte jedoch so stark, daß eine ökonomische Nutzung ausgeschlossen ist. Daher sind nur aerobe biologische Selbstreinigungsprozesse von ökonomischer Bedeutung.

In (2.10a) ist die Selbstreinigungsreaktion durch den Term $k \cdot s$ gegeben.[18] Die positive Konstante k hat die Dimension [1/Zeit], so daß die Selbstreinigungsreaktion die Dimension [Masse/Zeit] hat. Weiter symbolisiert in (2.10b) o den Sauerstoffbestand, der über die positive Sauerstoffeintragskonstante k_0 der Dimension [1/Zeit] bis zum Erreichen eines konstanten Sauerstoffsättigungswerts o_s in die Wasserressource gelangt. Der Sauerstoffeintragsrate $k_0(o_s - o)$ ≥ 0 wirkt die den Sauerstoff verbrauchende Selbstreinigungsreaktion $k \cdot s$ entgegen. Streeter und Phelps (1925, S. 5) bezeichnen die Selbstreinigungsreaktion $k \cdot s$ als Sauerstoffzehrung (oxygen demand). Es gilt die

Proposition 2.3. *Der Sauerstoff wird mit der Rate $k_0(o_s - o) \geq 0$ und der Schadstoff mit der Rate $e > 0$ in den Wasserkörper eingegetragen:*

1.Die Bestände des Schadstoffs und des Sauerstoffs ändern sich langfristig genau dann nicht, wenn die Schadstoffemission gleich der Sauerstoffzufuhr ist:

$$\dot{s} = \dot{o} = 0 \Leftrightarrow e = k_0(o_s - o)$$

2.Ist die Schadstoffemission größer als / genauso groß wie / kleiner als die Sauerstoffeintragsrate, dann steigt / stagniert / sinkt der Schadstoffbestand für

$$\text{alle } k_0(o_s - o): \dot{s} \gtreqqless 0 \Leftrightarrow e \gtreqqless k \cdot s \,\forall\, k_0(o_s - o) \geq 0$$

Beweis. 1. Aus den Gleichungen (2.10a) und (2.10b) erhält man für die lange Frist:

$$\dot{s} = 0 \Leftrightarrow e = k \cdot s \tag{2.10a}'$$

$$\dot{o} = 0 \Leftrightarrow k_0(o_s - 0) = k \cdot s \tag{2.10b}'$$

Wegen der Transitivität folgt aus $e = k \cdot s$ und $k_0(o_s - 0) = k \cdot s$ unmittelbar $e = k_0(o_s - o)$.

---

[18]Streeter und Phelps analysieren nicht den Schadstoffbestand s, sondern den Sauerstoffbedarf L_x hinsichtlich seiner zeitlichen Änderung. Dieser ist Streeter und Phelps (1925, S. 5) zufolge das Sauerstoffäquivalent zu der Schadstoffmasse s, welche die Mikroorganismen in x Zeiteinheiten unter Sauerstoffverbrauch abbauen.

2. Aus der Bewegungsgleichung (2.10a)' folgt unmittelbar die Behauptung.   □

Die wesentliche Aussage der Proposition 2.3 ist, daß im Streeter–Phelps–Modell die biologische Selbstreinigungsreaktion $k \cdot s$ *unabhängig* von der Sauerstoffzufuhr abläuft. Denn in diesem Modell ist die Selbstreinigungsreaktion $k \cdot s$ *nicht* in formal gleicher Weise an den Sauerstoffbestand gekoppelt wie die chemische Selbstreinigungsreaktion an den Reaktionspartner. Der Sauerstoff wirkt also nicht als limitierender Faktor der aeroben biologischen Selbstreinigung. Das zeigen wir kurz: Und zwar wirkt der Sauerstoff limitierend genau dann, wenn im Fall $e > k_0(o_s - o)$ die Selbstreinigungsreaktion langfristig durch $k \cdot s = k_0(o_s - o)$ also durch $k \cdot s = \min[e, k_0(o_s - o)]$ determiniert ist. Mit dieser Voraussetzung modifiziert sich das System (2.10) zu:

$$\dot{s} = e - k_0(o_s - o) > 0 \qquad\qquad (2.10a)''$$

$$\dot{o} = k_0(o_s - o) - k \cdot s = 0 \qquad\qquad (2.10b)''$$

Der Ungleichung (2.10a)'' zufolge wächst der Schadstoffbestand in der Zeit ins Unermeßliche, $s \to \infty$. Aus der Bewegungsgleichung (2.10b)'' folgt für alle (gegebenen) $o \leq o_s$ der endlich große stationäre Schadstoffbestand von $s = \dfrac{k_0(o_s - o)}{k} \geq 0$, was $s \to \infty$ widerspricht. Für $e > k_0(o_s - o)$ und $k \cdot s = e$ folgt widerspruchsfrei das System:

$$\dot{s} = e - k \cdot s = 0 \qquad\qquad (2.10a)'''$$

$$\dot{o} = k_0(o_s - o) - e < 0 \qquad\qquad (2.10b)'''$$

D. h. der Schadstoffbestand ist stationär, während der Sauerstoffbestand vollständig aufgezehrt wird, also anaerobe Verhältnisse im Wasserkörper eingetreten sind.

Weiter resultiert gemäß der Proposition 2.3 im stationären Zustand $\dot{s} = \dot{o} = 0$:

$$e = k_0(o_s - o) \geq 0 \qquad\qquad \begin{bmatrix} \text{Stationäre Sauer-} \\ \text{stoffeintragsrate} \end{bmatrix} (2.11)$$

Die stationäre Sauerstoffeintragsrate ist in (2.11) genau dann maximal und beträgt $e_0^s := k_0 \cdot o_s > 0$, wenn kein Sauerstoffbestand in der Wasserressource vorhanden ist ($o = 0$). Und es herrschen in der Wasserressource aerobe / anaerobe Verhältnisse vor, wenn die dauerhafte Schadstoffemission die maximale stationäre Sauerstoffeintragsrate $e_0^s := k_0 \cdot o_s$ unterschreitet / erreicht bzw. überschreitet:

$$o = o_s - \frac{e}{k_0} \gtrless 0 \Leftrightarrow e \lesseqgtr e_0^s := k_0 \cdot o_s \tag{2.12}$$

Die stationäre biologische Selbstreinigungsfunktion ist im Streeter–Phelps–Modell (2.10) durch $\dot{s} = 0$ für alle $o \geq 0$ definiert.

$$e = S^a(s) := k \cdot s \tag{2.13}$$

Die Abb. 2.5 stellt die stationäre Selbstreinigungsfunkion S^a graphisch dar.

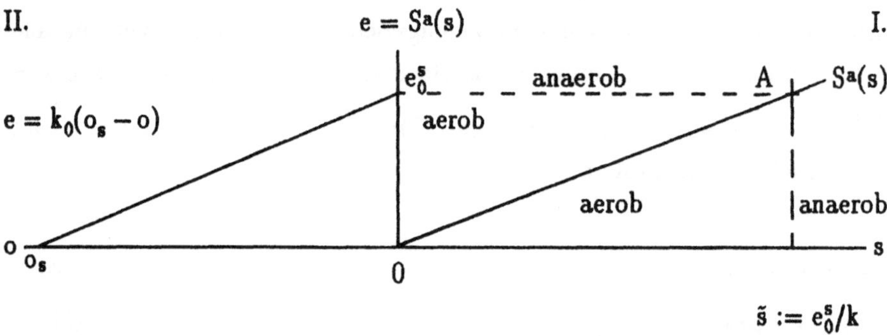

Abb. 2.5. Stationäre biologische Selbstreinigungsfunktion im Streeter–Phelps–Modell

Die stationäre Streeter–Phelps–Selbstreinigungsfunktion S^a stützt die *zweite Hypothese* der umweltökonomischen Literatur über Selbstreinigungsprozesse, steigt in der Abb. 2.5 linear, $S_s^a = k > 0$, durch den Koordinatensystemursprung und verfügt über eine unendlich hohe Assimilationskapazität $\lim_{s \to \infty} S^a(s) \to \infty$. Da der Sauerstoff, wie vorstehend gezeigt, nicht als limitierender Faktor berücksichtigt ist, verläuft der stationäre Selbstreinigungsprozeß im

Abb. 2.5 auch dann gemäß der Gleichung (2.13) unvermindert weiter, wenn die Schadstoffemission e die maximale Sauerstoffeintragsrate $e_\S := k_0 \cdot o_s$ übersteigt, der Sauerstoffbestand gemäß (2.12) im Wasserkörper bereits vollständig aufgebraucht ist, also anaerobe Verhältnisse[19] eingetreten sind (o = 0). Da jedoch im anaeroben Bereich die als 'Motor' der biologischen Selbstreinigung wirksamen aeroben Mikroorganismen mangels Sauerstoff absterben, kann eine mikrobielle Assimilation des Schadstoffs nicht dauerhaft ablaufen. Daher ist die Aussagefähigkeit des Streeter–Phelps–Modells auf den aeroben Bereich beschränkt.

Weiter nehmen Streeter und Phelps offenbar implizit an, daß für die Assimilation des Schadstoffs dauerhaft ein genügend großer und zeitlich konstanter aerober Mikroorganismenbestand im Wasserkörper vorhanden ist. Wegen dem Massenerhaltungsgesetz ist diese Annahme gemäß Tassin und Thevenot (1989, S. 227) unzulässig. Denn die biologische Selbstreinigung kann Schadstoffmassen nicht vernichten, sondern lediglich zu Mikroorganismenmasse assimilieren. Somit ändert sich der Bestand der Mikroorganismen wie im folgenden biologischen Selbstreinigungsmodell von Monod (1942) in der Zeit und 'wächst mit'.

Monod–Modell. Im Gegensatz zum Streeter–Phelps–Modell berücksichtigt das Monod–Modell den Sauerstoffbestand als limitierenden Faktor der biologischen Selbstreinigung und das 'Mitwachsen' der Mikroorganismen beim Schadstoffverzehr. Die folgende Darstellung der Wirkungsweise des Monod–Modells (Monod 1942) basiert auf dem biologischen Selbstreinigungsmodell von Kummert und Stumm (1992, S. 41, 122 und 167) und Heathwaite (1993, S. 100):

---

[19]Im zweiten Quadranten der Abb. 2.5 schneidet die Gerade, welche den stationären Sauerstoffeintrag geometrisch repräsentiert, die e–Achse bei $e_\S := k_0 \cdot o_s$ und teilt dadurch die stationäre Selbstreinigungsfunktion für $e < e_\S \Rightarrow o > 0$ in einen aeroben und bei $e \geq e_\S \Rightarrow o = 0$ in einen anaeroben Bereich auf. Im ersten Quadranten der Abb. 2.5 ist der Schadstoffbestandsschwellenwert $\tilde{s}$, ab dem anaerobe Verhältnisse in der Wasserressource vorherrschen, geometrisch durch den Schnittpunkt A der stationären Selbstreinigungsfunktion mit der maximalen Sauerstoffeintragsrate festgelegt.

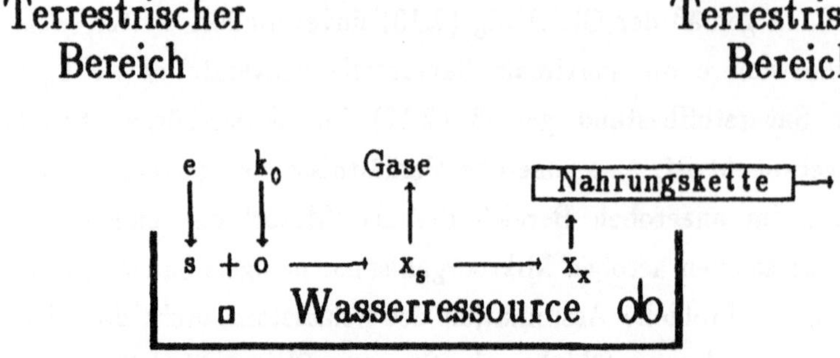

Abb. 2.6. Biologische Selbstreinigung im Monod–Modell

In der Abb. 2.6 assimiliert der aerobe Mikroorganismenbestand x_s gemäß der Reaktionsgleichung $s + o \rightarrow x_s$ unter Verbrauch von Sauerstoff o den Schadstoff s zu körpereigener Masse x_s und harmlosen Gasen (etwa Kohlendioxyd), die aus dem Wasserkörper in die Atmosphäre entweichen. Die Mikroorganismenart x_s wird der Wirkungsgleichung $x_s \rightarrow x_x$ zufolge durch eine nächst höhere räuberische Mikroorganismenart x_x als Nahrung verzehrt.[20] Dabei stellt die Mikroorganismenart x_x das Anfangsglied der in Abb. 2.6 durch die

Reaktionsgleichung $x_x \rightarrow \boxed{\text{Nahrungskette}} \rightarrow$ gegebenen modellexogenen Nahrungskette dar, durch die die Biomasse aus dem Wasserkörper in den terrestrischen Bereich gelangt (Kummert und Stumm 1993, S. 41). Da Mikroorganismen den Schadstoff als Nahrung verwenden und zu körpereigener Masse assimilieren, formulierte Monod das Wachstum der Mikroorganismen als Funktion M(s) des Schadstoffbestands s. Bei der Modellierung der Wachstumsfunktion M(s) stützte sich Monod auf die Enzymkinetik[21] von Michaelis und Menten (Jones 1978, S. 265 ff. und James 1993, S. 104). Gemäß Uhlmann (1988, S. 22), Andrews (1978, S. 285) und Ohgaki und Wantawin

---

[20]Die Schreibweise x_v ($v = s, x$) zeigt an, daß die Mikroorganismenart x_v ausschließlich den Schadstoff s bzw. als Räuber die Mikroorganismenart x_s als Nahrung verzehrt. Dabei ist die Mikroorganismenart x_s von der Art x_f der chemischen Selbstreinigungsmodelle (2.3) und (2.4) zu unterscheiden, die ausschließlich das geflockte Abbauprodukt f als Nahrung verwendet.

[21]Diese beschreibt die für das Mikroorganismenwachstum verantwortliche enzymatische Schadstoffassimilation zu Mikroorganismenmasse im Verdauungstrakt der Mikroorganismen (Michaelis und Menten 1913, S. 333 ff.).

(1989, S. 259) und Bever, Stein und Teichmann (1990, S. 23) wird das Wachstum der Mikroorganismen durch große Schadstoffbestände *gehemmt* und ist sowohl an den Sauerstoffbestand o als auch an den wachsenden Mikroorganismenbestand x_s als limitierenden Faktor gekoppelt. Somit ist der biologische Selbstreinigungsprozeß durch $M(s)\cdot o\cdot x_s$ gegeben. Das Monod–Modell berücksichtigt das 'Mitwachsen' des Mikroorganismenbestands explizit durch eine Bewegungsgleichung und hat folgende Gestalt[22]:

$$\dot{s} = e - M(s)\cdot o\cdot x_s \qquad \begin{bmatrix} \text{Bestandsänderung des} \\ \text{Schadstoffs} \end{bmatrix} \quad (2.14a)$$

$$\dot{o} = k_0(o_s - o) - M(s)\cdot o\cdot x_s \qquad \begin{bmatrix} \text{Bestandsänderung des} \\ \text{Sauerstoffs} \end{bmatrix} \quad (2.14b)$$

$$\dot{x}_s = M(s)\cdot o\cdot x_s - k_a\cdot x_s \qquad \begin{bmatrix} \text{Bestandsänderung der} \\ \text{Mikroorganismen} \end{bmatrix} \quad (2.14c)$$

In (2.14c) gilt die Notation $k_a := k_d + k_x\cdot x_x$. Die Wachstumsfunktion $M(s)$ der Mikroorganismen hat die Dimension [1/Masse·Zeit] und ist durch $M(s)$ $:= \dfrac{\mu\cdot s}{k_m + s + k_p\cdot s^2}$ definiert.[23] In dem Term $M(s)$ symbolisiert k_p eine positive Hemmkonstante der Dimension [1/Masse], die positive Michaelis–Menten–Konstante k_m hat die Dimension einer Masse, die positive Konstante μ hat die Dimension [1/Masse·Zeit], und der Selbstreinigungsprozeß $M(s)\cdot o\cdot x_s$ hat die Dimension [Masse/Zeit]. Dabei ist $s_0 := \left[\dfrac{k_m}{k_p}\right]^{1/2} = $ arg max[$M(s)$], und $M(s_0) := \max[M(s)] = \dfrac{\mu\cdot s_0}{2k_m + s_0}$ ist das maximale Wachstum

---

[22]Ein ähnliches Modell verwenden Kinzelbach (1992, S. 53 ff) und Schäfer (1992, S. 15 ff.). Die Autoren beziehen jedoch nicht die Hemmung und die kontinuierliche Schadstoffemission mit in ihre Selbstreinigungsanalyse ein.

[23]Das originale Monod–Modell von 1942 besteht gemäß Jones (1978, S. 265) nur aus den Bewegungsgleichungen für den Schadstoffbestand s und den Mikroorganismenbestand x_s und verwendet den Sättigungsterm $M_0(s) := \dfrac{\mu\cdot s}{k_m + s}$ ohne den Hemmterm $k_p\cdot s^2$ statt des Terms $M(s)$. Jedoch wird in neuerer naturwissenschaftlicher Literatur die Funktion $M(s)$ für das Mikroorganismenwachstum etwa von Andrews (1978, S. 285) und Ohgaki und Wantawin (1989, S. 259) verwendet und ist von Morris (1972, S. 270), Karlson (1980, S. 76) und Ahlers u. a. (1982, S. 87) aus der um den Hemmprozeß verallgemeinerten Enzymkinetik von Michaelis und Menten hergeleitet worden.

der Mikroorganismen.[24] Wie aus dem System (2.14) ersichtlich ist, wird durch den Selbstreinigungsprozeß $M(s) \cdot o \cdot x_s$ die Mikroorganismenmasse in der Zeit unter Verbrauch von Schadstoff und Sauerstoff aufgebaut. Daher ist der Selbstreinigungsprozeß ökologisch ebenso als Wachstumsgeschwindigkeit des Mikroorganismenbestands x_s interpretierbar.

In der Bewegungsgleichung (2.14b) wird der durch den Selbstreinigungsprozeß $M(s) \cdot o \cdot x_s$ verursachte Sauerstoffverbrauch wie im Streeter–Phelps–Modell permanent über den Sauerstoffeintrag $k_0(o_s - o)$ in den Wasserkörper ausgeglichen und in der Bewegungsgleichung (2.14c) wirkt die Selbstveratmungsrate[25] $k_d \cdot x_s$ der Mikroorganismen und die Freßrate $k_x \cdot x_s \cdot x_x$ der Mikroorganismenart x_s durch eine nächst höhere vereinfachend als konstant angenommene Mikroorganismenart x_x dem Wachstum $M(s) \cdot o \cdot x_s$ entgegen.[26] Weiter hat die positive Veratmungskonstante k_d die Dimension [1/Zeit] und die positive Konstante k_x die Dimension [1/Zeit$\cdot$Masse].

Hinsichtlich der Struktur des Monod–Modells (2.14) und der des chemischen Selbstreinigungsmodells (2.5) bei dauerhafter Zuführung des Reaktionspartners bestehen folgende Analogien: Die Selbstreinigungsprozesse $M(s) \cdot o \cdot x_s$ und $[k_c \cdot s \cdot b - k_r \cdot p]$ bauen beide den Schadsoffbestand ab. Beim biologischen Selbstreinigungsprozeß fungiert der Sauerstoff quasi als Reaktionspartner, vermittels dem die Mikroorganismen den Schadstoff assimilieren. Dabei gelangen der Sauerstoff und der Reaktionspartner als limitierende Faktoren jeweils nur bis zu einem gewissen Sättigungswert $v_s > v$ ($v = b$, o) in den Wasserkörper. Weiter nimmt die Mikroorganismenmasse x_s bei der biologischen Selbstreinigung die Funktion des harmlosen Abbauprodukts der chemischen Selbstreinigung ein, in welchem der Schadstoffbestand chemisch eingebunden durch eine Nahrungskette aus dem Wasserkörper gelangt. Analog zur Proposition 2.2 gilt im Monod–Modell (2.14) die

---

[24]Die Schreibweise $s_0 := \arg \max[M(s)]$ zeigt an, daß der Schadstoffbestand s_0 das Argument ist, das die Funktion $M(s)$ maximiert und die Schreibweise $M(s_0) := \max[M(s)]$ besagt, daß der Funktionswert $M(s_0)$ das globale Maximum der Funktion $M(s)$ ist.

[25]Darunter versteht man gemäß Uhlmann (1988, S. 198) die anteilige Umwandlung der Mikroorganismenmasse zu Kohlendioxyd und harmlosen Gasen. Diese entweichen, wie die Abb. 2.6 zeigt, aus dem Wasserkörper in die Atmosphäre.

[26]Diese Annahme über die höhere Mikroorganismenart x_x wird von Tassin und Thevenot (1989, S. 227) implizit verwendet.

Proposition 2.4. *Der Sauerstoff wird mit der Rate $k_0(o_s - o) \geq 0$, der Schadstoff mit der Rate $e > 0$ in den Wasserkörper eingeführt, und es befindet sich ein Mikroorganismenbestand $x_s > 0$ im Wasserkörper:*

1. Die Bestände des Schadstoffs und des Sauerstoffs ändern sich langfristig genau dann nicht, wenn die Schadstoffemission gleich dem Sauerstoffeintrag ist: $\dot{s} = \dot{o} = 0 \Longleftrightarrow e = k_0(o_s - o)$

2. Ist die Schadstoffemission ungleich dem Sauerstoffeintrag, dann ist die Selbstreinigungsreaktion langfristig durch die geringere Masseneintragsrate von e und $k_0(o_s - o)$ determiniert: $M(s) \cdot o \cdot x_s = min[e, k_0(o_s - o)]$

3. Ist die Schadstoffemission größer als der Sauerstoffeintrag, dann steigt der Schadstoffbestand in der Zeit und der Sauerstoffbestand ist stationär: $\dot{s} = e - k_0(o_s - o) > 0 \wedge \dot{o} = 0$

4. Ist die Schadstoffemission geringer als der Sauerstoffeintrag, dann steigt der Sauerstoffbestand in der Zeit und der Bestand des Schadstoffs ist stationär: $\dot{s} = 0 \wedge \dot{o} = k_0(o_s - o) - e > 0$

Beweis. Der Beweis wird analog zum Beweis der Proposition 2.2 geführt.   □

Wie im chemischen Selbstreinigungsmodell mit Reaktionspartnerzuführung wird auch im Monod–Modell — nach Maßgabe von Proposition 2.4 — eine dauerhafte Schadstoffemission unter Aufrechterhaltung eines stationären Schadstoffbestandes nur unter der Bedingung kontinuierlich abgebaut, daß die Schadstoffemission den Eintrag des Sauerstoffs (als Reaktionspartner) *nicht* überwiegt.

Übersteigt die Schadstoffemission den Sauerstoffeintrag, dann ist die Selbstreinigungreaktion dem zweiten Absatz der Proposition 2.4 zufolge durch den Sauerstoffeintrag nach oben limitiert, $M(s) \cdot o \cdot x_s = k_0(o_s - o)$. Folglich modifiziert sich die Bewegungsgleichung (2.14a), gemäß dem dritten Absatz von Proposition 2.4 zu:

$$\dot{s} = e - k_0(o_s - o) > 0 \qquad\qquad\qquad (2.14a)'$$

Und zwar wächst der Schadstoffbestand in $(2.14a)'$ zeitlich ins Unermeßliche, da die Mikroorganismen — aufgrund von Sauerstoffmangel — 'zu wenig' Einheiten der Schadstoffmasse pro Zeit in körpereigene Masse assimilieren können.

Weiter wächst / stagniert / sinkt der Mikroorganismenbestand x_s in der Zeit genau dann, wenn der jeweils kleinere Betrag von der Schadstoffemission und der Sauerstoffeintragsrate größer / genauso groß wie / kleiner ist als die Geschwindigkeit $k_a \cdot x_s$, mit der die Mikroorganismenmasse durch die exogene Nahrungskette aus dem Wasserkörper in den terrestrischen Bereich gelangt:

$$\dot{x}_s \gtreqless 0 \Leftrightarrow \min[e, k_0(o_s - o)] \gtreqless k_a \cdot x_s \qquad\qquad (2.15)$$

In (2.15) bezeichnet man den Fall $\dot{x}_s \geq 0$ als *Eutrophierung*, das ist die durch Biomassenakkumulation verursachte Anreicherung eines Wasserkörpers mit organischen Nährstoffen (OECD 1994, S. 193).

Die Formulierung $\min[e, k_0(o_s - o)]$ hat folgende ökologische Interpretation: Die Mikroorganismenart x_s benötigt die *dauerhafte Zufuhr beider* Faktoren, den Schadstoff als Nahrung und den Sauerstoff, zum Überleben. Das Überleben dieser Mikroorganismenart kann z. B. bei Abbruch der Nahrungszufuhr (Schadstoffemission) bzw. der Sauerstoffzufuhr, nicht dadurch gewährleistet werden, daß jeweils vermehrt Sauerstoff bzw. Schadstoff in den Wasserkörper eingegeben wird. Wird die Zufuhr eines von beiden Faktoren unterbrochen, dann gilt gemäß (2.15) $\dot{x}_s < 0$ und die Mikroorganismenart x_s stirbt ab. D. h. die Faktoren Schadstoff und Sauerstoff sind *nicht substitutiv*, sondern *komplementär* zueinander.

Langfristig, $\dot{s} = \dot{o} = \dot{x}_s = 0$, determiniert die stationäre Eintragsrate des Sauerstoffs (2.11) die Wachstumsfunktion M(s) der Mikroorganismen und die aus der Bewegungsgleichung der Mikroorganismen folgende stationäre Sauerstoffverbrauchsfunktion

$$o = O(s) := \frac{k_a}{M(s)} \leq o_s \qquad \begin{bmatrix} \text{Stationäre Sauerstoff-} \\ \text{verbrauchsfunktion} \end{bmatrix} (2.16)$$

die stationäre Selbstreinigungsfunktion:

$$e = S^\mu(s) := k_0 \cdot o_s - k_0 \cdot \frac{k_a}{M(s)} \geq 0 \qquad \left[\begin{array}{l}\text{Stationäre biologische} \\ \text{Selbstreinigungsfunktion}\end{array}\right] \quad (2.17)$$

In (2.17) ist $S^\mu \geq 0$, da gemäß (2.16) $o_s \geq o$ ist. Die stationäre biologische Selbstreinigungsfunktion des Monod–Modells ist ökologisch wie folgt zu interpretieren: Die kontinuierliche Schadstoffemission wird permanent von den aeroben Mikroorganismen x_s derart zu körpereigener Biomasse assimiliert, daß die Bestände des Schadstoffs, des Sauerstoffs und der Mikroorganismen in der Zeit konstant bleiben. Die Funktion S^μ ist im ersten Quadranten der Abb. 2.7 durch punktweises Übertragen des Graphen der Wachstumsfunktion der Mikroorganismen im vierten Quadranten an dem Graphen der stationären Sauerstoffverbrauchsfunktion im dritten Quadranten und an dem Graphen der Sauerstoffeintragsrate im zweiten Quadranten geometrisch konstruiert:

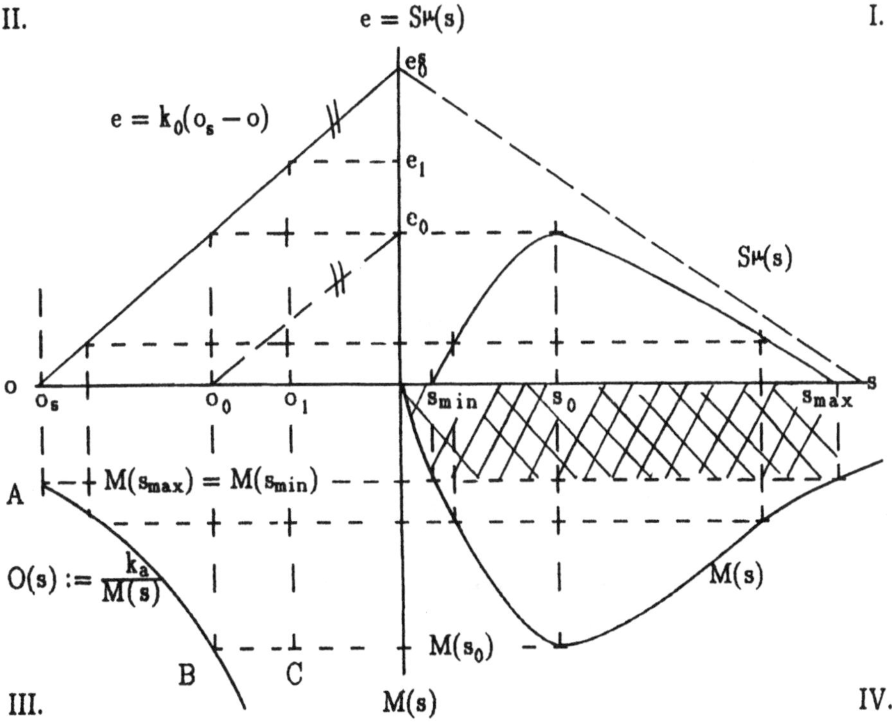

Abb. 2.7. Graphische Herleitung der stationären Monod–Selbstreinigungsfunktion

Wegen der in der Abb. 2.7 strichliert gezeichneten Sauerstoffsättigungsgrenze $o_s \geq o$ wird nur das die schattierte Fläche umschließende Kurventeilstück des Wachstumterms $M(s)$ in den ersten Quadranten als Selbstreinigungsfunktion übertragen und die schraffierte Fläche aus der Wachstumsfunktion 'herausgeschnitten'. Die Nullstellen s_{min} und s_{max} der Selbstreinigungsfunktion sind durch den Schnittpunkt A der Sauerstoffsättigungsgrenze o_s mit dem Graphen der stationären Sauerstoffverbrauchsfunktion $O(s)$ im dritten Quadranten der Abb. 2.7 festgelegt.

Die Monod–Selbstreinigungsfunktion (2.17) untermauert die vierte Hypothese der umweltökonomischen Literatur über stationäre Selbstreinigungsprozesse (Abb. 2.1) und hat folgende Eigenschaften: Bei Beachtung von $M(s)$

$:= \dfrac{\mu \cdot s}{k_m + s + k_p \cdot s^2}$ erhält man durch Differentiation von (2.17)

$$S^\mu_s = \frac{k_a \cdot k_0 \cdot k_m - k_a \cdot k_0 \cdot k_p \cdot s^2}{\mu \cdot s^2} \gtreqless 0 \Leftrightarrow s \lesseqgtr s_0 := \left[\frac{k_m}{k_p}\right]^{1/2} .$$

Dieser Beziehung zufolge ist $s_0 := \arg \max[S^\mu(s)]$ der Maximierer der konkaven Funktion S^μ: $S^\mu_{ss} = -\dfrac{2 k_a \cdot k_0 \cdot k_m}{\mu \cdot s^3} < 0$. Durch die zueinander äquivalenten Gleichungen

$$e = S^\mu(s) = k_0 \left[o_s - \frac{k_a}{M(s)}\right] = 0 \text{ und } O(s) = o_s \qquad (2.18a)$$

sind die beiden *konstanten* Nullstellen determiniert:

$$s_{min} := \frac{\alpha}{2} - \left[\frac{\alpha^2}{4} - \frac{k_m}{k_p}\right]^{1/2} > 0,$$

$$s_{max} := \frac{\alpha}{2} + \left[\frac{\alpha^2}{4} - \frac{k_m}{k_p}\right]^{1/2} > s_{min}; \quad \alpha := \frac{\mu \cdot o_s - k_a}{k_a \cdot k_p} > 0.$$

Schließlich gilt für die *konstante* Assimilationskapazität:

$$e_0 := \max[S^\mu(s)] = S^\mu(s_0) = k_0 \cdot o_s - k_0 \cdot \frac{k_a}{M(s_0)} \qquad (2.18b)$$

In (2.18b) symbolisiert der Term $o_0 := \min[O(s)] = O(s_0) = \dfrac{k_a}{M(s_0)}$ den minimalen stationären Sauerstoffbestand (Punkt B in Abb. 2.7), der bei 'maximaler Schadstoffabbauleistung' e_0 der sauerstoffzehrenden Mikroorganismen x_s im Wasserkörper vorhanden ist. Unterschreitet der Sauerstoffbestand bei einer Schadstoffemission von e_0 den Wert o_0, dann sterben die Mikroorganismen langfristig ab, $\dot{x}_s < 0$: Die Gleichung (2.14c) läßt sich für $e = e_0$ mit der Notation $\frac{k_a}{M(s_0)} =: o_0$ umschreiben zu

$$\dot{x}_s = M(s) \cdot x_s (o - o_0), \text{ was}$$

$$\dot{x}_s \gtreqless 0 \Leftrightarrow o \gtreqless o_0 \tag{2.18c}$$

impliziert. Weiter hat die Monod–Funktion folgende Eigenschaften:

1. $e_0 \geq 0 \Leftrightarrow o_s \geq o_0$: Diese Aussage resultiert, indem man in (2.18b) die Definition $o_0 := \frac{k_a}{M(s_0)}$ verwendet. Dann ist $e_0 = k_0(o_s - o_0) \geq 0 \Leftrightarrow o_s \geq o_0$.

2. $\alpha := \frac{\mu \cdot o_s - k_a}{k_a \cdot k_p} > 0$: Es ist $\alpha > 0$ genau dann, wenn $\mu \cdot o_s - k_a > 0$, da $k_a > 0$ und $k_p > 0$ ist. Durch Einsetzen von $k_a = o_0 \cdot M(s_0)$ in die letztere Ungleichung erhält man mit der Notation $M(s_0) := \frac{\mu \cdot s_0}{2k_m + s_0}$ nach Umformungen $2 \cdot k_m \cdot o_s + s_0(o_s - o_0) > 0$. Diese Ungleichung ist immer erfüllt, da $k_m > 0$, $o_s > 0$ und $o_s \geq o_0$ ist.

3. $\frac{\alpha^2}{4} - \frac{k_m}{k_p} \geq 0 \Leftrightarrow o_s \geq o_0$: Mithilfe der Definition für α und o_0 resultiert diese Behauptung nach einigen Umformungen.

4. $s_{min} > 0$: Mit der Definition für s_{min} resultiert nach Umformungen die Aussage $k_m/k_p > 0$. Diese Aussage ist wahr, da $k_m > 0$ und $k_p > 0$ sind.

5. $s_{min} \leq s_0 \leq s_{max} \Leftrightarrow o_s \geq o_0$: Nach zahlreichen Umformungen reultiert diese Behauptung mithilfe der Definitionen für α, s_{min}, s_0 und s_{max}.

Ein stationärer biologischer Selbstreinigungsprozeß läuft im Monod–Modell genau dann ab, wenn folgende drei Bedingungen *simultan* erfüllt sind:

Bedingung 1. $e \leq e_0$

Diese Bedingung schreibt vor, daß der kontinuierliche Schadstoffeintrag die natürliche Assimilationskapazität nicht überschreiten darf. Um diese Bedingung ökologisch zu interpretieren, nehmen wir an, daß diese etwa durch eine Schadstoffemission von $e_1 > e_0$ in det Abb. 2.7 verletzt ist. Dann ist der stationäre Sauerstoffbestand in der aggregierten Wasserressource zu gering, um die aerobe Mikroorganimenart x_s dauerhaft am Leben zu erhalten.[27] Folglich kommt der Selbstreinigungsprozeß langfristig zum Erliegen und der Schadstoffbestand wächst in der Zeit ins Unermeßliche. Das erläutern wir: Die stationäre Sauerstoffeintragsrate (2.11) legt den stationären Sauerstoffbestand in der Wasserressource wie folgt fest:

$$o = o_s - \frac{e}{k_0} \tag{2.19}$$

Wenn die dauerhafte Schadstoffemission $e = e_0$ beträgt (Punkt B in Abb. 2.7), dann läßt sich mithilfe der Definition der natürlichen Assimilationskapazität e_0, (2.19) und der Definition $o_0 := \frac{k_a}{M(s_0)}$ der stationäre Sauerstoffbestand durch

---

[27]Gemäß Pethig (1991, S. 93 ff.) ist eine 'characteristic irreversibility' bei $e_1 > e_0$ eingetreten. Denn die Mikroorganismen — und somit der Selbstreinigungsprozeß — sind als Charakteristika der Wasserressource irreversibel zerstört worden. Faber und Proops (1990, S. 62 ff.) und Hediger (1991, S. 120) zufolge ist eine Zeitirreversibilität in dem Sinne eingetreten, daß der Selbstreinigungsprozeß nicht dadurch 'wieder zum Ablauf gebracht' werden kann, indem man die Schadstoffemission ab einem gewissen Zeitpunkt t_+ wieder auf ein Niveau von $e_+ < e_1$ senkt. Und zwar modifiziert sich das Monod–Modell wegen $x_s(t) = 0$ für alle $t \geq t_+$ — die aeroben Mikroorganismen sind abgestorben und wachsen (im Monod–Modell) nicht mehr nach — zu:

$$\dot{s} = e > 0$$
$$\dot{o} = k_0(o_s - o)$$

In diesem Modell läuft ein stationärer Selbstreinigungsprozeß der Form $S^\mu(s) = e > 0$ auch dann nicht ab, wenn $e < e_0$ ist. Die Wasserressource ist langfristig, $\dot{o} = 0$, mit Sauerstoff gesättigt, $o = o_s$, da die aerobe Mikroorganismenart ausgestorben ist und somit keinen Sauerstoff zehren kann.

$$o = o_s - \frac{e_0}{k_0} = \frac{k_a}{M(s_0)} =: o_0 > 0 \tag{2.20}$$

ausdrücken. Mit der Annahme $e_1 > e_0$ folgt aus (2.20) unmittelbar:

$$o = o_s - \frac{e_1}{k_0} =: o_1 < o_0 := o_s - \frac{e_0}{k_0} \tag{2.21}$$

Der Sauerstoffbestand o_1 unterschreitet in (2.21) den Schwellenwert o_0. Daraus folgt wegen (2.18c) $\dot{x}_s < 0$ (Punkt C im Abb. 2.7). Folglich stirbt die Mikroorganismenart x_s langfristig ab ($x_s = 0$), es gilt $M(s) \cdot o \cdot x_s = 0$ und somit ist gemäß (2.14a) $\dot{s} = e > 0$.

Bedingung 2. $s_{min} < s < s_{max}$

Dieser Bedingung zufolge darf der Schadstoffbestand in der Wasserressource weder 'zu gering' noch 'zu groß' sein. Man erhält die zweite Bedingung als Lösungsmenge $\{s > 0 |\ s_{min} < s < s_{max}\}$ der Ungleichung $e = S\mu(s) > 0$. Somit begrenzen die Nullstellen den Schadstoffbestandsbereich $s_{min} < s < s_{max}$, innerhalb dem die biologische Selbstreinigung dauerhaft eine kontinuierliche Schadstoffemission von $e > 0$ assimilieren kann. Beträgt der Schadstoffbestand $s = s_{min}$ bzw. $s = s_{max}$, dann läuft der stationäre Selbstreinigungsprozeß nicht ab, $S\mu(s) = 0$. Und zwar ist s_{min} der niedrige (Rest)–Schadstoffbestand, der in der Wasserressource noch zurückbleibt, nachdem die Mikroorganismenart x_s mangels Schadstoff als Nahrungslieferant[28] in der langen Frist 'verhungert' ist und s_{max} stellt die 'Schadstoffüberdosis' dar, welche die Mikroorganismenart x_s langfristig 'vergiftet' und nach dem Absterben der Mikroorganismen ($x_s = 0$) ebenfalls im Wasserkörper verbleibt. Der biologische Selbstreinigungsprozeß läuft bei Schadstoffbeständen von s_{min} und s_{max} nicht ab und bei kontinuierlicher Schadstoffemission wächst der Schadstoffbestand in der Zeit ins Unermeßliche. Das erläutern wir: Bei einem Schad—

---

[28]Dieser Sachverhalt wird durch experimentelle Untersuchungen von Sontheimer u. a. (1981, S. 143 ff.) in Klärwerken bestätigt. Und zwar benötigen Mikroorganismen einen Mindestbestand an abbaubaren Stoffen als Nahrung für ihr Wachstum.

stoffbestand s, der in den beiden Intervallen $0 \leq s \leq s_{min}$ und $s \geq s_{max}$ liegt, gilt für das Mikroorganismenwachstum, wie die Abb. 2.7 zeigt, $M(s) \leq M(s_{min}) = M(s_{max})$.[29] Dabei stellt $M(s_{min}) = M(s_{max})$ den Schwellenwert für das Mikroorganismenwachstum dar, für den der stationäre Mikroorganismenbestand $x_s = 0$ beträgt und somit ein stationärer Selbstreinigungsprozeß nicht abläuft. Und zwar resultiert mit $\dot{o} = 0$ aus der Bewegungsgleichung (2.14b):

$$x_s = k_0 \cdot \frac{(o_s - o)}{M(s) \cdot o} \geq 0 \qquad (2.22)$$

Weiter folgt mit $\dot{x}_s = 0$ aus der Bewegungsgleichung (2.14c):

$$o = \frac{k_a}{M(s)} \qquad (2.23a)$$

Und wegen der Gleichungen (2.18a) und $M(s_{min}) = M(s_{max})$ gilt für $s = s_{min}$ und für $s = s_{max}$:

$$o_s = \frac{k_a}{M(s_{min})} = \frac{k_a}{M(s_{max})} \qquad (2.23b)$$

Schließlich ersetzen wir die Variable o und die Sauerstoffsättigungsgrenze o_s mithilfe der Gleichungen (2.23a) und (2.23b) in (2.22):

$$x_s = k_0 \cdot \frac{M(s) - M(s_{min})}{M(s) \cdot M(s_{min})} \geq 0 \qquad (2.24a)$$

Gemäß (2.24a) stirbt der Mikroorganismenbestand genau dann langfristig nicht aus $(x_s > 0)$, wenn das Mikroorganismenwachstum $M(s) > M(s_{min}) = M(s_{max})$ beträgt. Diese Ungleichung ist nur durch solche s erfüllbar, die der

---

[29]Diese Gleichung ergibt sich durch Einsetzen von s_{min} und s_{max} in die Wachstumsfunktion $M(s)$ nach Umformungen. Die Wirkung des Schadstoffmangels und des —überschusses auf die Mikroorganismen ist insofern symmetrisch, als daß $M(s_{min}) = M(s_{max})$ gilt. D. h. ein 'Zuviel' an Schadstoff wirkt sich auf das Mikroorganismenwachstum in gleicher Weise aus wie ein 'Zuwenig' an Schadstoff.

Bedingung $s_{min} < s < s_{max}$ genügen. Für den Fall $M(s) = M(s_{min}) = M(s_{max})$ ist wegen (2.24) $x_s = 0$ und der Selbstreinigungsprozeß läuft nicht ab, es gilt $M(s) \cdot o \cdot x_s = 0$ und aus (2.14a) resultiert $\dot{s} = e > 0$.

Bedingung 3. $o_s > o_0$

Diese Bedingung folgt direkt aus der vorstehend gezeigten ersten Eigenschaft, $e_0 \geq 0 \Leftrightarrow o_s \geq o_0$, der stationären Monod–Selbstreinigungsfunktion (2.17). Der Sauerstoffsättigungswert o_s muß den Schwellenwert o_0 also übersteigen, damit eine dauerhafte Schadstoffemission langfristig assimilierbar ist. Wird die Bedingung 3 etwa durch $o_s = o_0$ verletzt, dann gilt gemäß (2.22) $x_s = k_0 \cdot \frac{(o_0 - o)}{M(s) \cdot o}$. Mit Verwendung der Definitionen $o_0 := \frac{k_a}{M(s_0)}$ und (2.23a) gewinnt man daraus bei Beachtung der Relation $M(s_0) \geq M(s)$ nach Umformungen[30]:

$$x_s = k_0 \cdot \frac{M(s) - M(s_0)}{M(s) \cdot M(s_0)} \leq 0 \qquad\qquad (2.24b)$$

Wie aus (2.24b) ersichtlich ist, ist im Fall $o_s = o_0$ der Sauerstoffsättigungswert o_s zu gering, um die Mikroorganismenart x_s dauerhaft am Leben zu erhalten, so daß langfristig $x_s = 0$ ist. Weiter ist bei $x_s = 0$ ebenso $M(s) \cdot o \cdot x_s = 0$ und wegen (2.14a) gilt bei dauerhaftem Schadstoffeintrag $\dot{s} = e > 0$. In der geometrischen Analyse verschiebt sich bei $o_s = o_0$ die Sauerstoffeintragsgerade im zweiten Quadranten der Abb. 2.7 von der Position $o_s e_s^{\$}$ parallel um das Streckenstück $o_s o_0$ auf die strichliert gezeichnete Gerade $o_0 e_0$. Und die Funktion S^μ degeneriert zu einem einzigen Punkt $s = s_0$ auf der s–Achse. In diesem Punkt gilt mit $o_s = o_0$ gemäß (2.18a) $e = k_0 \left[o_0 - \frac{k_a}{M(s)} \right] = 0$ genau dann, wenn $s = s_0 := \left[\frac{k_m}{k_p} \right]^{1/2}$ ist.

Falls also die dauerhafte Schadstoffemission in die Wasserressource gestoppt wird, dann ist s_0 der Schadstoffbestand, der in der Wasserressource bei der (niedrigen) Sauerstoffsättigungsgrenze von $o_s = o_0$

---

[30]Die Ungleichung $M(s_0) \geq M(s)$ ist gültig, da $s_0 := \arg\max [M(s)]$ und $M(s_0) := \max[M(s)]$ ist.

zurückbleibt, nachdem die Mikroorganismenart x_s mangels Sauerstoff ausgestorben ist.

Das Monod–Modell ist dem Streeter–Phelps–Modell überlegen, da es

1. das Mikroorganismenwachstum explizit in der analytischen Form einer zusätzlichen Bewegungsgleichung für den Mikrorganismenbestand,

2. die Kopplung der biologischen Selbstreinigungsreaktion an den Sauerstoff- und an den Mikroorganismenbestand als limitierende Faktoren und

3. die für Schadstoffe charakteristische Hemmung des Mikroorganismenwachstums berücksichtigt.

Somit kommt das Monod–Modell der ökologischen Realität aquatischer Ökosysteme näher als das Streeter–Phelps–Modell und ist daher als wesentlich geeigneter für die umweltökonomische Modellbildung einzustufen.

2.3.4 Kooperatives Selbstreinigungsmodell

In kooperativen Selbstreinigungsprotessen greifen Straskraba und Gnauck (1985, S. 102) zufolge chemische und biologische Selbstreinigungsprozesse an den Schadstoffbeständen an.[31] Die Kooperativität zwischen der chemischen und der durch das Monod–Modell beschriebenen biologischen Selbstreinigungskomponente können wir wie folgt modellieren:

$$\dot{s} = e - k_c \cdot s \cdot b + k_r \cdot p - M(s) \cdot o \cdot x_s \qquad \begin{bmatrix} \text{Bestandsänderung des} \\ \text{Schadstoffs} \end{bmatrix} \quad (2.25a)$$

$$\dot{b} = - k_c \cdot s \cdot b + k_r \cdot p \qquad \begin{bmatrix} \text{Bestandsänderung des} \\ \text{Reaktionspartners} \end{bmatrix} \quad (2.25b)$$

$$\dot{p} = k_c \cdot s \cdot b - k_r \cdot p - k_f \cdot p \qquad \begin{bmatrix} \text{Bestandsänderung des} \\ \text{Abbauproduktes } p \end{bmatrix} \quad (2.25c)$$

---

[31] James (1993, S. 97) verwendet den Begriff 'Konkurrierende Reaktionen'.

$$\dot{f} = k_f \cdot p - k_l \cdot f \cdot x_f \qquad \begin{bmatrix} \text{Bestandsänderung des} \\ \text{Abbauproduktes f} \end{bmatrix} \quad (2.25d)$$

$$\dot{o} = - M(s) \cdot o \cdot x_s + k_0 (o_s - o) \qquad \begin{bmatrix} \text{Bestandsänderung des} \\ \text{Sauerstoffs} \end{bmatrix} \quad (2.25e)$$

$$\dot{x}_s = M(s) \cdot o \cdot x_s - k_a \cdot x_s \qquad \begin{bmatrix} \text{Bestandsänderung der} \\ \text{Mikroorganismen} \end{bmatrix} \quad (2.25f)$$

Um die Selbstreinigungsanalyse nicht zu komplex werden zu lassen, nehmen wir an, daß die aquatische Mikroorganismenart x_x ausschließlich die Mikroorganismenart x_s als Beute verzehrt und die beiden anderen Mikroorganismenarten x_f und x_s ausschließlich das geflockte Abbauprodukt bzw. den Schadstoff als Nahrung verwenden.

Unterstellt man, daß eine stationärer Zustand existiert, dann resultiert in der langen Frist, $\dot{s} = \dot{b} = \dot{p} = \dot{f} = \dot{o} = \dot{x}_s = 0$, aus dem kooperativen Selbstreinigungsmodell die stationäre Monod–Selbstreinigungsfunktion (2.17). Denn die dauerhafte Schadstoffemission wirkt bei der biologischen Selbstreinigungskomponente als Nahrungslieferant und *baut* somit den Bestand der Mikroorganismenart x_s als limitierenden Faktor *auf*.[32] Dagegen *baut* der permanente Schadstoffeintrag bei der chemischen Selbstreinigungskomponente den Reaktionspartnerbestand als limitierenden Faktor *ab*. Denn der Reaktionspartner wird in einer exakten Selbstreinigungsanalyse auf natürlichem Weg nicht dauerhaft zugeführt. Folglich kommt in der langen Frist die chemische Selbstreinigung zum Stillstand. *Effektiv* ist dann nur noch die biologische Selbstreinigungskomponente in der Gestalt der stationären Monod–Selbstreinigungsfunktion langfristig wirksam, wenn man voraussetzt, daß die vorstehend erläuterten drei Bedingungen für den Ablauf des stationären Monod–Selbstreinigungsprozesses simultan erfüllt sind.

---

[32]In der Proposition 2.4 haben wir $x_s > 0$ vorausgesetzt. Läßt man jedoch $x_s \geq 0$ zu, dann gilt langfristig für die Limitierung des Monodselbstreinigungsprozesses $M(s) \cdot o \cdot x_s = \min[e, k_0(o_s - o), M(s) \cdot o \cdot x_s]$. Denn bei $x_s = 0$ ist $M(s) \cdot o \cdot x_s = 0$ für alle $e \geq 0$ und für alle $k_0(o_s - o) \geq 0$.

2.4 Transformation des Schadstoffmeßkonzeptes in ein Meßkonzept für Gewässergüte

Mithilfe einer *Indexfunktion*, die den Gewässergütebestand q in Einheiten des Schadstoffbestands s definiert, transformieren wir gemäß Mäler (1974, S. 64) und Pethig (1975, S. 105) das Schadstoffmeßkonzept, in ein Meßkonzept für Gewässergüte:

$$q = V(s) := q_{nat} - s \qquad \text{[Indexfunktion] (2.26)}$$

In (2.26) symbolisiert die Konstante $q_{nat} \geq q$ die *natürliche* Gewässergüte. Diese ist definitionsgemäß genau dann realisiert, wenn kein Schadstoff ($s = 0$) in der Wasserressource vorhanden ist. Weiter definieren wir den Gewässergüte*nullpunkt* $q = 0$ durch den Schadstoffbestand s_{max}, ab dem im Monod-Modell und im kooperativen Selbstreinigungsmodell eine stationäre Selbstreinigung nicht mehr abläuft [$S^\mu(s) = 0$] und die maximale Gewässergüte:

$$0 := q_{nat} - s_{max} = V(s_{max}) \qquad (2.27a)$$

$$q_{max} := q_{nat} - s_{min} = V(s_{min}) \qquad (2.27b)$$

Dabei ist Pethig (1994b, S. 225) zufolge der Gewässergütenullpunkt ökologisch als "... threshold value of environmental quality ..., such that ... [a] characteristic [of a water resource] disappears for good as soon as the ... [water] quality drops below q_r [für diese Studie $q_r = 0$] for the very first time" zu verstehen. Denn für $q \leq 0$ ist, wie wir vorstehend mithilfe der Bedingung 2 erläutert haben, der stationäre Monod–Prozeß als ein *Charakteristikum* der Wasserressource irreversibel zerstört. Weitere Indexfunktionen gibt z. B. Ott (1978, S. 52 ff.) an.

Das Schadstoffmeßkonzept transformieren wir in ein Meßkonzept für Gewässergüte (Bestandsgröße), indem wir mithilfe der Indexfunktion (2.26) die Schadstoffbestandsvariable s durch die Gewässergütebestandsvariable ($q_{nat} -$ q) in den stationären Selbstreinigungsfunktionen (2.9), (2.13) und (2.17) ersetzen. Man erhält dann mit $e = S^v(s) = S^v(q_{nat} - q) =: E^v(q)$ und den Notationen $e_b^v := k_b \cdot b_s$ und $e_o^v := k_0 \cdot o_s$ folgende drei stationäre Regenerationsfunktionen für Gewässergüte ($v = c, a, \mu$):

$$e = E^c(q) := e_0^s - \frac{k_b \cdot e_0^s}{\kappa(q_{nat} - q) + k_b} \qquad (2.28)$$

$$e = E^a(q) := k(q_{nat} - q) \qquad (2.29)$$

$$e = E^\mu(q) := e_0^s - k_0 \cdot k_a \cdot \frac{q_{nat} - q + k_m + k_p(q_{nat} - q)^2}{\mu(q_{nat} - q)} \qquad (2.30)$$

Da die Assimilationskapazitäten der stationären Selbstreinigungsfunktionen gegenüber dieser Meßkonzepttransformation *invariant* sind, gelten für die drei Regenerationsprozesse für Gewässergüte die *gleichen* Ablaufbedingungen wie bei den stationären Selbstreinigungsprozessen. Gemäß Pethig (1988a, S. 220) wirkt die kontinuierliche Schadstoffemission bei den stationären Regenerationsprozessen für Gewässergüte wie eine *dauerhafte* "'Ernte' einer (kleinen) Einheit 'nachwachsender' Gewässergüte". Ströbele (1987, S. 129) zufolge ist die Steigung E^v_q (v = c, a, μ) einer Gewässergüteregenerationsfunktion als deren Eigenertragsrate an Gewässergüteeinheiten zu interpretieren. In der Abb. 2.8 ist die Transformation des Meßkonzeptes am Beispiel der Monod–Selbstreinigungsfunkfunktion dargestellt.

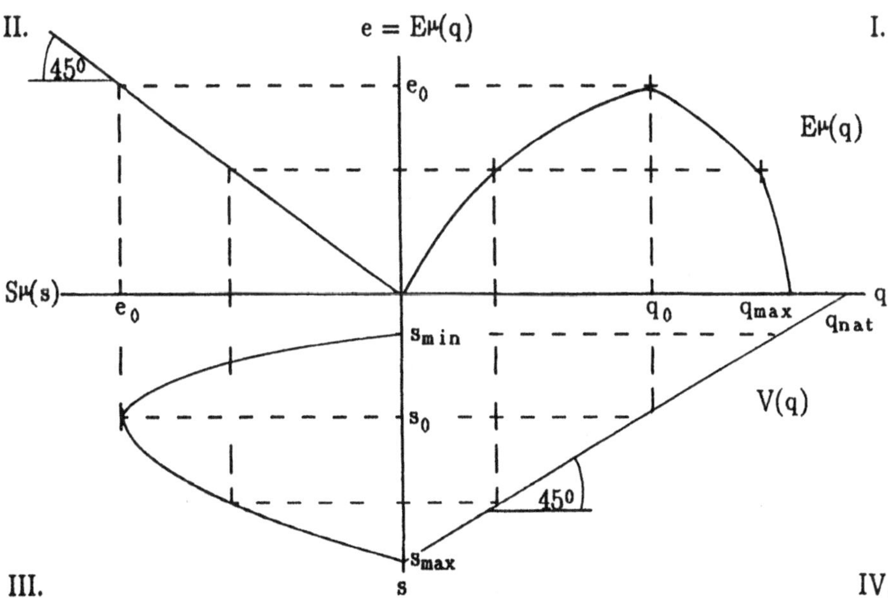

Abb. 2.8. Graphische Transformation des Schadstoff– in das Gewässergütemeßkonzept

Die stationäre Monod–Regenerationsfunktion ist im ersten Quadranten der Abb. 2.8 durch punktweises Übertragen der stationären Selbstreinigungsfunktion im dritten Quadranten an der Winkelhalbierenden im zweiten Quadranten und an der Indexfunktion im vierten Quadranten konstruiert. Die Monod–Regenerationsfunktion gleicht qualitativ der Regenerationsfunktion von Fisch– und Waldbeständen, die z. B. Clark (1976, S. 16) und Conrad und Clark (1987, S. 39) beschreiben und hat folgende Eigenschaften: Es ist

$$E_q^\mu = \frac{k_a \cdot k_0 \cdot k_p (q_{nat} - q)^2 - k_a \cdot k_0 \cdot k_m}{\mu (q_{nat} - q)^2} \gtrless 0 \Leftrightarrow q \lessgtr q_0 := q_{nat} - s_0 \qquad (2.31).$$

Das globale Maximum der Funktion E^μ liegt bei einer Gewässergüte von

$$q_0 := \arg \max[E^\mu(q)] \qquad (2.32).$$

Weiter gilt für die Assimilationskapazität

$$e_0 := \max[E^\mu(q)] = E^\mu(q_0) \qquad (2.33).$$

$E^\mu(q)$ verläuft konkav,

$$E_{qq}^m = -\frac{2 \cdot k_0 \cdot k_a \cdot k_m}{\mu (q_{nat} - q)^3} < 0 \qquad (2.34)$$

und es ist

$$e = E^\mu(q_{min}) = E^\mu(q_{max}) = 0 \qquad (2.35).$$

Man erhält die konstanten Nullstellen $q_{min} := q_{nat} - s_{max} = 0$ und $q_{max} := q_{nat} - s_{min}$ von E^μ mithilfe der Indexfunktion (2.26) und (2.27). Dabei gilt die Relation $0 < q_0 < q_{max} < q_{nat}$, die mit (2.26) und (2.27) aus der Ungleichung $0 < s_{min} < s_0 < s_{max}$ folgt.

Die stationäre chemische Gewässergüteregenerationsfunktion fällt, wie die nachstehende Abb. 2.9 zeigt, $E_q^c = -\dfrac{k_b \cdot e_\delta \cdot \kappa}{[\kappa(q_{nat} - q) + k_b]^2} < 0$, konkav, E_{qq}^c

$$= - \frac{2k_b \cdot e_\delta \cdot \kappa^2}{[\kappa(q_{nat} - q) + k_b]^3} < 0, \text{ durch den e--Achsenabschnitt } e_c := e_\delta -$$

$$\frac{k_b \cdot e_\delta}{\kappa \cdot q_{nat} + k_b} \in [0, e_\delta] \text{ und die Nullstelle } q = q_{nat}.$$

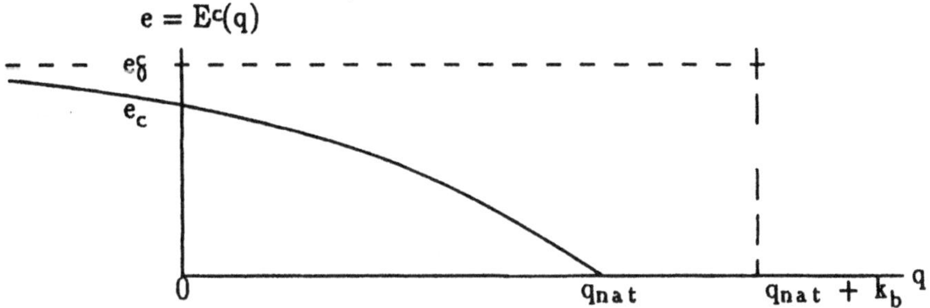

Abb. 2.9. Stationäre chemische Gewässergüteregenerationsfunktion

Schließlich fällt die stationäre Regenerationsfunktion für Gewässergüte von Streeter und Phelps in der folgenden Abb. 2.10 linear, $E_q^a = -k < 0$, durch den e--Achsenabschnitt $e_a := k \cdot q_{nat}$ und die Nullstelle $q = q_{nat}$.

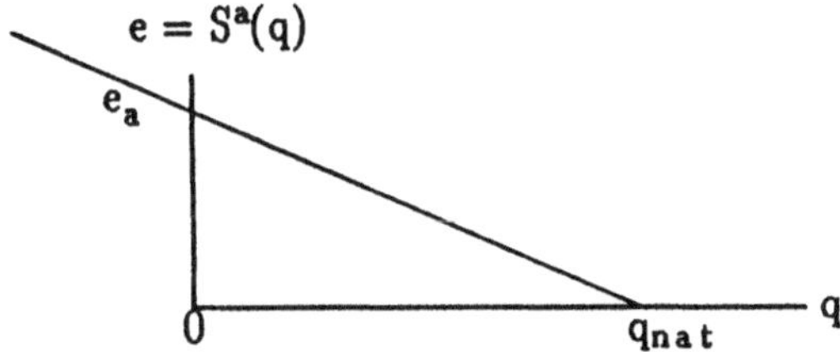

Abb. 2.10. Stationäre Streeter--Phelps--Gewässergüteregenerationsfunktion

Wie die Abbildungen 2.8 und 2.9 zeigen, gleicht der Graph der stationären chemischen Regenerationsfunktion für Gewässergüte qualitativ dem im Intervall $]q_0, q_{max}]$ liegenden fallenden Kurvenast des Graphen der stationären Monod--Gewässergüteregenerationsfunktion.

Bei den stationären Gewässergüteregenerationsfunktionen (2.28) und (2.29) in den Abbildungen 2.9 und 2.10 wird die natürliche Gewässergüte $q_{nat} :=$ $V(s{=}0)$ vollständig auf natürlichem Wege wiederhergestellt, wenn die Schadstoffemission in die Wasserressource langfristig gestoppt wird. Dagegen wird bei der Monod–Regenerationsfunktion für Gewässergüte (2.30) bei Nullschadstoffemission nur eine Gewässergüte in der Höhe von $q_{max} := V(s_{min}) <$ q_{nat} regeneriert. Denn s_{min} ist der niedrige Schadstoffbestand, der bei Nullschadstoffemission in der Wasserressource noch zurückbleibt, nachdem im Monod–Modell die Mikroorganismen wegen des 'Abbruchs' der kontinuierlichen Schadstoffzuführung (als Nahrung) langfristig 'verhungert' sind und den Bestand s_{min} daher nicht mehr assimilieren können.

Schließlich resultiert aus der Bewegungsgleichung (2.1) des Schadstoffbestandes in der aggregierten Wasserressource mithilfe der Indexfunktion (2.26) unter Beachtung von $\dot{q} = -\dot{s}$ und der Definitionsgleichung $S^v(s) = S^v(q_{nat} - q) =: E^v(q)$ mit $v = c, a, \mu$ die korrespondierende Differentialgleichung

$$\dot{q} = E^v(q) - e \tag{2.36}$$

für die zeitliche Änderung des Bestands der Gewässergüte q.

2.5 Abschließende Bemerkungen zum Kapitel 2

In der umweltökonomischen Literatur findet man stark divergierende Hypothesen über natürliche Selbstreinigungsprozesse in Wasserressourcen. Dieses Kapitel hat stationäre Selbstreinigungsmodelle aus naturwissenschaftlicher Literatur vor. Es wurde überprüft, welche der in der Umweltökonomie verwendeten Selbstreinigngshypothesen naturwissenschaftlich fundiert sind.

Bei dauerhafter Schadstoffemission ist die chemische Selbstreinigung nur dann langfristig wirksam, wenn ein Reaktionspartner, mit dem der Schadstoff zu einem harmlosen Abbauprodukt reagiert, permanent auf natürlichem Wege in die Wasserressource gelangt. In skandinavischen Gewässern wird der für den Abbau dauerhafter Säureemissionen notwendige Reaktionspartner von großen Kalksteinbeständen kontinuierlich auf natürlichem Wege zugeführt.

Das chemische Selbstreinigungsmodell mit dauerhafter Zuführung des Reaktionspartners nimmt an, daß diese Kalksteinbestände näherungsweise unendlich groß sind, somit dauerhaft als Reaktionspartneremittenten wirken und dadurch wiederum die Existenz einer stationären chemischen Selbstreinigungsfunktion gewährleisten. In einer exakten chemischen Selbstreinigungsanalyse werden die als 'Reaktionspartnerquelle' wirksamen Kalksteinbestände jedoch langfristig vollständig aufgebraucht, so daß eine dauerhafte natürliche Reaktionspartnerzufuhr nicht stattfinden kann und eine stationäre chemische Selbstreinigungsfunktion nicht existiert.

Wenn also kontinuierliche Schadstoffemissionen dauerhaft durch natürliche Selbstreinigungsprozesse assimiliert werden, dann sind dafür in einer exakten Analyse biologische Selbstreinigungsprozesse verantwortlich. Diese sind in der ökologischen Realität an aquatische Mikroorganismen und den Sauerstoffbestand als limitierende Faktoren gekoppelt. Das Streeter–Phelps–Modell berücksichtigt im Gegensatz zum Monod–Modell nicht das Wachstum der Mikroorganismen und die Sauerstofflimitierung der mikrobiellen Schadstoffassimilation. Und das kooperative Selbstreinigungsmodell bezieht neben der biologischen Monod–Selbstreinigungskomponente zusätzlich die chemische Selbstreinigungskomponente in die Analyse ein. Im stationären Zustand resultiert aus dem Monod–Modell und dem kooperativen Selbstreinigungsmodell die stationäre Monod–Selbstreinigungsfunktion. Denn langfristig kommt der chemische Selbstreinigungsprozeß mangels Reaktionspartners zum Stillstand und folglich ist nur die biologische Selbstreinigungsaktivität effektiv wirksam.

Der Ablauf des stationären Monod–Selbstreinigungsprozesses hängt von drei Bedingungen ab, die *gleichzeitig* erfüllt sein müssen:

Bedingung 1.   Die dauerhafte Schadstoffemission darf die natürliche Assimilationskapazität nicht überschreiten.

Bedingung 2.   Der Schadstoffbestand darf weder 'zu niedrig noch zu hoch' sein.

Bedingung 3.   Der Sauerstoffsättigungswert muß genügend 'hoch' sein, d. h. einen gewissen Schwellenwert überschreiten.

Die erste und zweite dieser drei Bedingungen wird von einigen Autoren wie z. B. von Barbier und Markandya (1990, S. 663); Pearce und Turner (1990, S. 29), Common und Perrings (1992, S. 15 ff.); Berkes, Folke und Gadgil (1993, S. 5 ff.); Mortensen und Larsen (1994, S. 2 ff.) und von Cesar und de Zeeuw (1994, S. 2 ff.) im Kontext der 'tragfähigen Entwicklung' (sustainable development) analysiert. Gemäß Fiedler (1994b, S. 13 ff.) ist eine ökologisch tragfähige Entwicklung genau dann abgesichert, wenn alle drei Bedingungen simultan erfüllt sind, also der stationäre Monod–Prozeß nicht zum Stillstand kommt.

Die ökologische Untersuchung der tragfähigen Entwicklung stellt jedoch nur einen kleinen abgegrenzten Bereich dieser interdisziplinären, auf den Brundtlandbericht (WCED 1987, S. 43 ff.) zurückgehenden Fragestellung der tragfähigen Entwicklung dar und muß durch die Analyse ökonomischer Bedingungen ergänzt werden.

Ein wesentlicher ökonomischer Aspekt der nachhaltigen Entwicklung ist z. B. der WCED (1987, S. 43); Tietenberg (1988, S. 33); Pearce, Barbier und Markandya (1990, S. 23 ff.); Howarth und Norgaard (1992, S. 474 ff.); Pearce (1994, S. 2 ff.) sowie Toman, Pezzey und Krautkraemer (1994, S. 2 ff.) zufolge, daß bei der intertemporalen Maximierung des Nutzens und des Gewinns "future generations remain at least as well off as current generations" (Tietenberg 1988, S. 33).

Da der Terminus "... sustainability is used as a blackbox with extremely different meanings and there are disagreements with regard to the conceptual and operational content of the term" (Faucheux 1994, S. 325) und Cesar und de Zeeuw (1994, S. 1) zufolge "... the ambiguity over its meaning is ever increasing"[33], operieren wir in den nachstehenden Kapiteln mit folgenden 'Arbeitsdefinitionen':

1. Eine ökologisch tragfähige Entwicklung ist realisiert, wenn alle drei Bedingungen für den Ablauf des stationären Monod–Prozesses simultan erfüllt sind.

---

[33]Schließlich ist anzumerken, daß Pezzey bereits 1989 in der ökonomischen Literatur über 60 Definitionen zu dem Schlagwort 'tragfähige Entwicklung' gefunden hat.

2. Eine 'tragfähige Entwicklung im weiteren Sinn[34]' ist realisiert, wenn alle drei Bedingungen für den Ablauf des stationären Monod–Prozesses simultan erfüllt sind und im Zuge intertemporaler Nutzen– und Gewinn–maximierung künftige Generationen nicht schlechter gestellt werden als gegenwärtige.

Als Ergebnis für die umweltökonomische Modellbildung halten wir fest:

Es gibt drei verschiedene stationäre Selbstreinigungsfunktionen, die auf unterschiedlichen naturwissenschaftlichen Selbstreinigungsmodellen basieren. Mithilfe einer Indexfunktion, die das Schadstoffmeßkonzept in ein Meß–konzept für Gewässergüte transformiert, gewinnt man aus diesen drei stationären Selbstreinigungsfunktionen die entsprechenden stationären Gewässergüteregenerationsfunktionen. Dabei gleicht die Regenerations–funktion von Monod qualitativ der Regenerationsfunktion von Fisch– und Waldbeständen, ist ökologisch realitätsnäher als die Regenerationsfunktion von Streeter und Phelps und ist somit für die folgende umweltökonomische Modellbildung am geeignetsten.

---

[34]Barbier und Markandya (1990, S. 659) verwenden diesen Begriff zur Charakterisierung einer Entwicklung, die sowohl ökologisch als auch ökonomisch und gesellschaftlich tragfähig ist.

3 Effizientes Gewässergütemanagement in einem einfachen dynamischen Allokationsmodell

3.1 Problemstellung

Im Kontext des Bumerangmodells aus der Abb. 1.1 erweitern wir unsere Untersuchungen, indem wir mithilfe des Pfeils (1) und dem Bumerangpfeil (3) das Ökonomiesystem in die folgende Analyse einbeziehen. Durch die in der Abb. 1.1 dargestellten ökonomischen Aktivitäten der Produktion und des Konsums wird die Schadstoffemission e in die aggregierte Wasserressource endogen erklärt. Im folgenden klammern wir die Schadstoffemission durch den Konsumsektor [Pfeil (4) in Abb. 1.1] vereinfachend aus unserer Analyse aus.

Die zwischen Schadstoffemission und qualitativem Konsum bestehende Nutzungskonkurrenz an der aggregierten Wasserressource stellt in erster Priorität ein intertemporales Allokationsproblem dar. Denn "low levels of ... pollution deposited over years can accumulate to cause environmental damage" (Wetstone und Rosencranz 1982, S. 3). D. h. durch die Schadstoffemission e, die *direkt* in die aggregierte Wasserressource gelangt, und die darin ablaufende Regeneration der Gewässergüte verändert sich die Gewässergüte q gemäß der Bewegungsgleichung (2.36) in der Zeit. Zudem vermindert eine Nutzung bzw. Übernutzung der Wasserressource in der Gegenwart die Wohlfahrt der Generationen künftiger Perioden (Hediger 1991, S. 61).

Der Schwerpunkt dieser Arbeit liegt auf der statischen Analyse. Es ist das Ziel, im wesentlichen Plourde (1970); Forster (1972, 1975); Pethig (1988a, S. 222–227; 1991, S. 96 ff. 1994a, S. 4–15); Barbier und Markandya (1990); Cesar und de Zeeuw (1994, S. 3–8) und Withagen und Toman (1995) folgend, mithilfe eines einfachen dynamischen Modells[1] das Gewässergüteproblem in Analogie zur Ernte regenerierbarer natürlicher Ressourcen, wie z. B. Fisch-

---

[1] Eine Übersicht zu dynamischen Umweltmodellen der 70–er bis zum Ende der 80–er Jahre geben Gebauer (1985, S. 12), Feichtinger und Hartl (1986, S. 461 ff.), Hediger (1991, S. 37 f.) und Huhtala (1994, S. 1 ff.). Die kontrolltheoretische Analysemethode vollzieht seit Ende der 80–er Jahre eine 'rasante Entwicklung' (Vgl. z. B. Tahvonen 1989; Xepapadeas 1991; Xepapadeas und Zilberman 1994; van der Ploeg und Withagen 1991; van der Ploeg und de Zeuw 1992; Pethig 1991; 1994a; 1994b; Cesar und de Zeeuw 1994; Huhtala 1994 und Withagen und Toman 1995), die wir weder in Form einer umfassenden Literatur–übersicht darstellen können, noch in unsere Analyse vollständig mit einbeziehen können, um den Rahmen dieser Arbeit nicht zu sprengen.

und Waldbestände (Plourde 1970, S. 519 ff.; Conrad und Clark 1987, S. 63 ff.; Ströbele 1987, S. 126 ff.) zu analysieren.

Neuere Fragestellungen wie z. B. die Bewertung optimaler Gewässergüte kontrollen (Pethig 1994a, S. 15 ff.), die optimale Gewässergütekontrolle bei Unsicherheit (Pethig 1991, S. 93 ff.; Pethig 1994b, 228 ff.) oder asymmetrische Information (Xepapadeas und Zilberman 1994) werden nicht analysiert.

3.2 Das Modell

Ein repräsentatives Industrieunternehmen, im folgenden als Industriesektor[2] bezeichnet, stellt mithilfe von Arbeitseinsatz a_y ein Konsumgut in der Menge y her. Bei der Produktion fällt ein unerwünschtes Kuppelprodukt in der Menge e_y an. Da dieses weder konsumierbar noch wie in Recyclingmodellen[3] etwa von Smith (1972, S. 601 ff.); Pethig (1979, S. 61–68); Siebert (1982, S. 133 ff.); Faber, Niemes und Stephan (1983, S. 163 ff.); Ströbele (1987, S. 63–65) oder Huhtala (1994, S. 7 ff.) in den Produktionsprozeß zurückführbar ist, wird es Periode für Periode in die aggregierte Wasserressource emittiert.

Dabei nehmen wir wie Pethig (1988a, S. 223; 1989a, S. 218; 1994a, S. 7; 1994b, S. 220) vereinfachend an, daß der Arbeitseinsatz vollbeschäftigt und

---

[2]Das Attribut 'repräsentativ' besagt, daß alle Unternehmen identisch sind und gleich behandelt werden. Folglich kann man diese zum Aggregat, dem Industriesektor zusammenfassen. Unterschiedliche Aggregationsmethoden, die wir aus unserer Analyse herauslassen, werden z. B. von Green (1964) vorgestellt. Die Modellkonstruktion des repräsentativen Unternehmens wird in umweltökonomischer Literatur häufig verwendet. Z. B. operieren Burrows (1977, S. 358), Kennedy (1994, S. 52), Sorensen u. a. (1994, S. 401) und Bovenberg und de Mooij (1994, S. 4) mit dieser Konstruktion unter der Bezeichnung 'representative firm'. Weitere Autoren wie z. B. Mäler (1974, S. 7), Wenders (1975, S. 393), Mestelman (1982, S. 188), Wilen (1985, S. 64) Helfand (1991, S. 623) verwenden dieselbe Konstruktion unter den Begriffen 'a firm', 'a single firm' oder 'production sector'.

[3]Recycling beziehen wir nicht in unsere Untersuchungen mit ein.

zeitlich konstant ist, also $a_{yt} = a_0 =$ konstant ist[4]. Weiter setzen wir $e_y = e$, um auszudrücken, daß die Schadstoffemission e_y *ohne Abwasserbehandlungs-prozesse*[5] *direkt* in den aggregierten Wasserkörper gelangt. Mithin gilt gemäß Pethig (1989a, S. 218):

$$y = \tilde{Y}(\underset{+}{a_0}, \underset{+}{e}) =: Y(e) \tag{3.1}$$

Die Funktion Y hat den Definitionsbereich $D_y := \{e \mid 0 \leq e \leq e_{max}\}$ und die Eigenschaften $Y(0) \geq 0$ und $Y_{ee} < 0$. In D_y symbolisiert e_{max} die bei einem Arbeitseinsatz von $a_y = a_0$ *maximal* produzier– und emittierbare Schadstoffemission (Pethig 1988a, S. 223). Wegen $e \leq e_{max}$ und der strengen Monotonie der Funktion Y beträgt die maximal produzierbare Konsumgut–

menge $y_{max} := \tilde{Y}(a_0, e_{max}) = Y(e_{max}) = \max[Y(e)]$.

Weiter ist die Schadstoffemission e, die produktionstechnisch einen Output darstellt, insofern als eine Inputgröße anzusehen, als daß e die *Nachfrage* des Industriesektors nach Selbstreinigungs*diensten*[6] der aggregierten Wasser-ressource als Produktionsfaktor darstellt (Pethig 1989b, S. 78).

---

[4]In komplexeren kontrolltheoretischen Modellen wird bei der Produktionsfunktion für das Konsumgut von vielen Autoren wie z. B. von Forster (1972, S. 282; 1973, S. 545); Faber und Proops (1990, S. 141 ff.); van der Ploeg und Withagen (1991, S. 221 f.); Xepapadeas (1991, S. 116; 1992, S. 260) und Pethig (1994b, S. 220) das Wachstum weiterer Produk–tionsfaktoren, wie etwa das Wachstum eines Kapitalstocks oder der Übergang von einer Produktionstechnologie zu einer neueren Technologie (Wenders 1975, S. 393; Ströbele 1987, S. 30 ff.; Milliman und Prince 1989, S. 248 ff.) mit einbezogen.

[5]Im vierten Kapitel beziehen wir Abwasserbehandlungsprozesse mit in die Analyse ein. Dann ist jedoch e_y als industrielle Schadstoffemission von der Schadstoffemission e zu unterscheiden. Und zwar gelangt e_y bei Berücksichtigung von Abwasserbehandlung nicht direkt in einen Wasserkörper, sondern durchläuft zunächst eine in der nachstehenden Abb. 4.1 illustrierte zweistufige Schadstoffreduktion. Die nach Durchlaufen des Zwei–Stufen–Reduktionsprozesses verbleibende Restschadstoffemission e wird schließlich direkt in die Wasserressource eingeleitet, so daß $e_y \geq e$ ist.

[6]Im folgenden gebrauchen wir anstelle des Begriffs Selbstreinigungsprozesse den Terminus Selbstreinigungsdienste (assimilative services), da sich diese Bezeichnungsweise in umweltökonomischer Literatur, wie z. B. in Mäler (1974, S. 158 ff.); OECD (1987, S. 19 ff.); Pethig (1994a, S. 5 ff.) oder in Withagen und Toman (1995, S. 2 ff.) durchgesetzt hat.

Den Gleichungen (2.28)–(2.30) zufolge ist die aggregierte Wasserressource in qualitativer Hinsicht erneuerbar. Pethig (1994a, S. 6); Cesar und de Zeeuw (1994, S. 5 ff.) und Withagen und Toman (1995, S. 2 ff.) berücksichtigen unterschiedliche Hypothesen über den Verlauf des stationären Regenerationsprozesses E(q) für Gewässergüte q. Wir verfahren nicht so, sondern verwenden hier den stationären Monod–Prozeß

$$e = E^\mu(q) \tag{2.30},$$

dessen Definitionsbereich $D_e := \{q \mid 0 < q < q_{max}\}$ ist und dessen Eigenschaften durch die Beziehungen (2.31)–(2.35) beschrieben sind. Denn verglichen mit den durch die Gleichungen (2.28) und (2.29) beschriebenen Regenerationsprozessen weist der Monod–Prozeß die größte ökologische Realitätsnähe auf. Mithin ist die zeitliche Änderung der Gewässergüte q durch die mit $v = \mu$ aus (2.36) resultierende Bewegungsgleichung

$$\dot{q} = E^\mu(q) - e \tag{3.2}$$

determiniert. Unter der (plausiblen) Annahme, daß die maximale Schadstoffemission e_{max} die durch die Beziehung (2.33) beschriebene Assimilationskapazität e_0 der aggregierten Wasserressource überschreitet (Pethig 1988a, S. 223 und 1994a, S. 10), erhält man die 'qualitätsgleichgewichtige' bzw. stationäre Transformationsfunktion T zwischen dem Konsumgut und der Gewässergüte durch Einsetzen von (2.30) in (3.1):

$$y = Y[E^\mu(q)] =: T(q) \tag{3.3a}$$

Wegen der strengen Monotonie der Funktion Y ist die stationäre Transformationsfunktion bei Zugrundelegung von $Y(0) = 0$ durch die in (2.31)–(2.35) gegebenen Eigenschaften der Monod–Funktion determiniert[7] und hat den Definitionsbereich $D_T = D_e$:

---

[7]Die ebenso etwa von Huhtala (1994, S. 9) verwendete Annahme $Y(0) = 0$ kann man etwa durch eine Cobb–Douglas Funktion $y = a_0^\gamma \cdot e^{1-\gamma} =: \tilde{Y}(a_0, e)$ mit $0 < \gamma < 1$ rechtfertigen, bei der beide Faktoren für die Produktion wesentlich sind.

$$\frac{dy}{dq} = Y_e \cdot E_q^\mu =: T_q \tag{3.3b}$$

$$\operatorname{sign}(T_q) = \operatorname{sign}(E_q^\mu) \;\Rightarrow\; \qquad T_q \gtreqless 0 \leftrightarrow E_q^\mu \gtreqless 0 \leftrightarrow q \lesseqgtr q_0 \tag{3.3c}$$

$$T_{qq} := \underset{-}{Y_{ee}} \cdot \underset{+}{(E_q^\mu)^2} + \underset{+}{Y_e} \cdot \underset{-}{E_{qq}^\mu} < 0 \tag{3.3d}$$

$$y = T(q{=}0) = (q_{max}) = 0 \tag{3.3e}$$

$$y_0 := Y(e_0) = Y[E^\mu(q_0)] =: T(q_0) = \max[T(q)] \tag{3.3f}$$

Die Transformationsfunktion ist in Abb. 3.1 mit Beachtung von $D_\Upsilon = D_e :=$ $\{q \mid 0 < q < q_{max}\}$ graphisch hergeleitet.

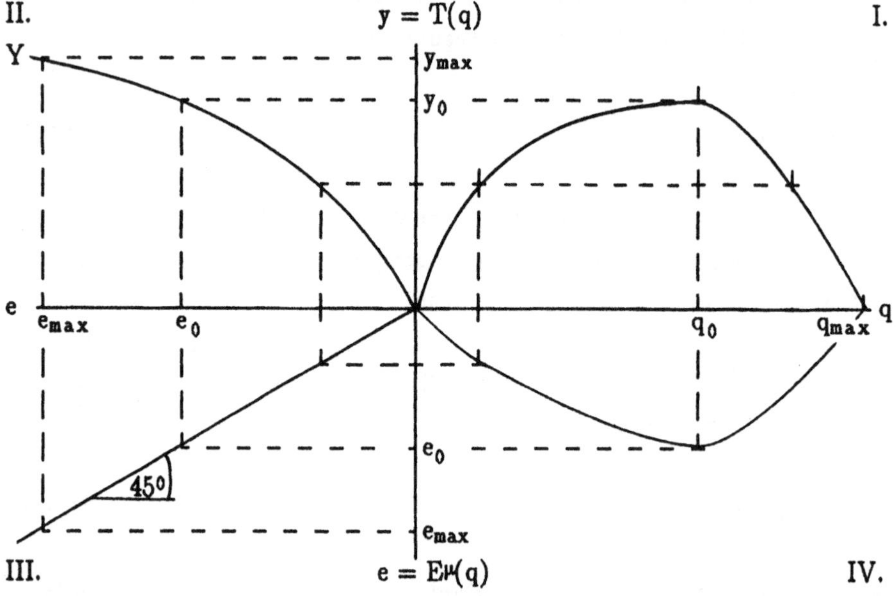

Abb. 3.1. Graphische Herleitung der Transformationsfunktion

Die Transformationsfunktion ist im ersten Quadranten der Abb. 3.1 durch punktweises Übertragen der stationären Monod–Regenerationsfunktion im vierten Quadranten an der Winkelhalbierenden im dritten Quadranten und an der Produktionsfunktion Y im zweiten Quadranten konstruiert.

Bei der Herleitung der Transformationsfunktion ist zu beachten, daß, wie wir es bereits im zweiten Kapitel vorausgesetzt haben, die Bedingungen $e \leq e_0$, $0 < q < q_{max}$ und $o_s > o$ für den Ablauf des stationären Monod–Regenerationsprozesses simultan erfüllt sein müssen.[8]

Ist eine der drei vorstehenden Ablaufbedingungen verletzt, dann wächst, wie vorstehend erläutert, bei in der Zeit konstanter Schadstoffemission e der Schadstoffbestand s in der aggregierten Wasserressource ins Unermeßliche, $\dot{s} = e > 0$. Aus $\dot{s} = e > 0$ folgt mithilfe der nach der Zeit differenzierten Indexfunktion (2.26), $\dot{q} = -\dot{s}$, daß in diesem Fall die Gewässergüte nicht stationär ist, sondern sich kontinuierlich in der Zeit verschlechtert, $\dot{q} = -e < 0$. Somit läuft der stationäre Regenerationsprozeß $E^\mu(q)$ nicht ab und die Transformationsfunktion T ist, wie aus (3.3a) ersichtlich ist, ebenso nicht stationär.

Dabei impliziert die Einhaltung der Bedingung 1, $e \leq e_0$, durch den Industriesektor wegen der vorstehenden Annahme $e_{max} > e_0$, daß eine intra–industrielle Schadstoffreduktion für Stationarität notwendig ist. Unter Beachtung von $e \leq e_0$ beträgt die langfristige maximal produzierbare Konsumgutmenge (maximum sustainable output)[9] $y_0 := Y(e_0) < y_{max} := Y(e_{max})$.

Da sich unsere folgenden Untersuchungen auf allokative Effizienz konzentrieren und Distributionsaspekte nicht analysiert werden, vervollständigen wir unser Modell durch die streng quasi–konkave Nutzenfunktion

$$u = U(\underset{+}{q}, \underset{+}{y}) \tag{3.4}$$

eines einzigen repräsentativen[10] Konsumenten.

---

[8] Die Bedingung $0 < q < q_{max}$ folgt mithilfe der Indexfunktionen (2.26) und den vorstehend bei der Beziehung (2.35) eingeführten Definitionsgleichungen $q_{min} := q_{nat} - s_{max} = 0$ und $q_{max} := q_{nat} - s_{min}$ aus der Ungleichung $s_{min} < s < s_{max}$ (Bedingung 2).

[9] Diese Bezeichnung verwendet Pethig (1994a, S. 10).

[10] Das Attribut 'repräsentativ' drückt aus, daß alle Konsumenten identisch sind und gleich behandelt werden, also gleiche Präferenzen haben. Folglich kann man wie etwa Boadway und Bruce (1991, S. 35) und Pethig (1994a, S. 10) alle Konsumenten zu einem Konsumenten(–Sektor) zusammenfassen bzw. wie Phlips (1974, S. 100) einen einzigen 'Durchschnittskonsumenten' (average consumer) betrachten. Die Modellkonstruktion des repräsentativen Konsumenten wird in umweltökonomischer Literatur z. B. von Jones (1965, S. 562); Freeman III (1981, S. 68); McConnel (1985, S. 688); Cornes und Sandler (1986, S. 100) oder von Pethig (1994a, S. 10) verwendet,"...to concentrate on efficiency issues"... (Pestieau 1975, S. 35).

Die Funktion U wird in der umweltökonomischen Literatur wie z. B. in Smith (1972, S. 603); Vogt (1981, S. 36); Freeman III (1981, S. 70); Gebauer (1985, S. 47), Barbier und Markandya (1990, S. 663), Pethig (1988a, S. 223 ff.; 1994a, S. 10 und 1994b, S. 223); Spulber und Sabbaghi (1994, S. 20) und Withagen und Toman (1995, S. 2 ff.) zum Zecke der analytischen Traktierbarkeit und wegen interpretativer Schwierigkeiten bei $U_{qy} = U_{yq} \neq 0$ (d'Arge und Kogiku 1974, S. 64) als separabel, $U_{qy} = U_{yq} = 0$, angenommen. Weiter hat U die Eigenschaften $\lim_{q\to 0} U_q \to \infty$ und $\lim_{y\to 0} U_y \to \infty$. Schließlich führen wir z. B. Mäler (1974, S. 61), Vogt (1981, S. 21), Gebauer (1985, S. 49) und Pethig (1994a, S. 7) folgend ebenfalls zur Vereinfachung die Annahme ein, daß U zeitinvariant und kardinal meßbar ist.

In (3.4) basiert die positive Bewertung, $U_q > 0$, der Gewässergüte q auf der Annahme, daß der repräsentative Konsument die z. B. in Kneese und Bower (1972, S. 41 f.); Pethig (1988a, S. 201); Bergmann und Kortenkamp (1988, S. 52 ff.); Winje und Lühr (1991, S. 3) und in Gawel und van Mark (1993, S. 11) aufgeführten konsumptiven Nutzungen von Wasserressourcen bei steigender Gewässergüte höher bewertet (Pethig 1988a, S. 223).

Dabei ist die Gewässergüte ein öffentliches Gut, das gemeinsam konsumierbar ist (Samuelson 1954, S. 387 f.) und von dessen Konsum kein Individuum ausgeschlossen werden kann (Baumol und Oates 1988, S. 17; Pethig 1994a, S. 7).

Zudem kann der repräsentative Konsument eine schlechte Gewässergüte, der er quasi 'ausgesetzt' ist, weder ablehnen (Blümel u. a. 1986, S. 246; Pethig 1994a, S. 7) noch eigenständig bestimmen. Daher ist die Gewässergüte etwa Mishan (1969, S. 340); Baumol und Oates (1988, S. 18) und Pethig (1994a, S. 7) zufolge ebenso als Konsumexternalität[11] einzuordnen.

---

[11] Als Produktionsexternaliät wird die Gewässergüte z. B. von Forster (1972 S. 281); Starrett (1972, S. 180 ff.); Pethig (1994a, S. 4 und 1994b, S. 220) und von Cesar und de Zeeuw (1994, S. 5) modelliert. Da mit diesem Konzept gemäß Starrett (1972, S. 180 ff.) Nicht–Konvexitäten des Definitionsbereiches von Y einhergehen, berücksichtigen wir in unseren Untersuchungen zur Vereinfachung die Gewässergüte ausschließlich als Konsumexternalität.

3.3 Optimale Kontrolle der Gewässergüte

Eine paretoeffiziente intertemporale Allokation, die in diesem einfachen Modell aus den optimalen Zeitpfaden der Kontrollvariablen[12] y_t^* und e_t^* sowie der Zustandsvariablen q_t^* besteht, ist durch die intertemporale Nutzenmaximierung (utilitaristisches Nutzenintegral) des repräsentativen Konsumenten unter den Bedingungen (3.1) und (3.2) bei einem Anfangswert von $q(t{=}0) =: q_{ta} \in [0, q_{max}]$ für die Gewässergüte und einer konstanten Zeitdiskontrate von $\delta > 0$ bestimmt:

$$\operatorname*{Maximiere}_{e_t, q_t, y_t} \int_0^\infty \exp(-\delta \cdot t) \cdot U(q_t, y_t) \cdot d\tau; \quad \delta > 0 \qquad (3.5)$$

$$\text{u.d.B.} \quad \dot{q}_t = E^\mu(q_t) - e_t$$
$$y_t = Y(e_t)$$
$$q_{ta} \in [0, q_{max}] \text{ gegeben}[13]$$

In (3.5) repräsentiert die Schreibweise $\exp(-\delta \cdot t)$ die e–Funktion, wobei $e^{-\delta \cdot t} = \exp(-\delta \cdot t)$ ist. Diese Notation wird z. B. von van der Ploeg und Withagen (1991, S. 118 ff.) verwendet. Wir gebrauchen die Notation $\exp(-\delta \cdot t)$, um das Symbol e für Schadstoffemission nicht doppelt zu belegen.

Je höher die Zeitdiskontrate[14] δ ist, desto größer ist die Präferenz des repräsentativen Individuums für den Gegenwartskonsum. Dabei ist der Gegenwartsnutzen in (3.5), den das repräsentative Individuum zu einem (be-

---

[12]Eine ausführliche Darstellung der in der Umweltökonomie häufig angewendeten Kontrolltheorie mit ökonomischen Anwendungen geben z. B. Intrilligator (1971, S. 344 ff.); Kamien und Schwartz (1981); Feichtinger und Hartl (1986) oder Seierstad und Sydsaeter (1987).

[13]Im folgenden wird das Subskript t an den durchweg von der Zeit abhängigen Variablen zur Vereinfachung der Notation weggelassen.

[14]Die Festlegung der Zeitdiskontrate wird z. B. von Vogt (1981, S. 22 f.) und Pearce u. a. (1990, S. 24 ff.) erörtert. Zur Herleitung der Diskontrate vergleiche etwa Dasgupta (1969, S. 308–309), Pearce und Turner (1990, S. 215 ff.) und Weitzman (1994, S. 202 ff.).

liebigen) Zeitpunkt t des 'unendlichen' Planungshorizontes[15], $t \in [0, \infty[$ durch den Konsum des Güterbündels (q_t, y_t) erfährt, durch den Term $[\exp(-\delta \cdot t) \cdot U(q_t, y_t)]$ repräsentiert. Das Integral über den Gegenwartsnutzen gibt den (kumulierten) Gegenwartsnutzen des gesamten zugrundegelegten Planungszeitraums wieder.

Zur Lösung des Kontrollproblems (3.5) führen wir zu Werten der laufenden Periode die Lagrangefunktion L und die Hamiltonfunktion H ein[16]:

$$L := H + \lambda_y \cdot [Y(e) - y] \tag{3.6a}$$

$$H := U(q, y) + \lambda_e \cdot [E^\mu(q) - e] \tag{3.6b}$$

In (3.6) symbolisiert λ_y den Schattenpreis des Konsumgutes und λ_e ist der als Kozustandsvariable fungierende Schattenpreis der Schadstoffemission. Die notwendigen und hinreichenden Bedingungen für die Lösung des Problems, die optimale Zeitpfade der Variablen e, q und y determinieren, sind bei Betrachtung einer inneren Lösung durch

$$L_e = \lambda_y \cdot Y_e - \lambda_e = 0 \tag{3.7a}$$

$$L_y = U_y - \lambda_y = 0 \tag{3.7b}$$

$$L_{\lambda_e} = H_{\lambda_e} = E^\mu(q) - e = \dot{q} \tag{3.7c}$$

$$L_{\lambda_y} = Y(e) - y = 0 \tag{3.7d}$$

---

[15] Die Festlegung des Planungshorizontes in (3.5) bezieht den Gegenwartsnutzen der repräsentativen Konsumenten aller zukünftigen Generationen mit ins intertemporale Optimierungskalkül ein und läßt sich somit Gebauer (1985, S. 48) zufolge "... als altruistisch apostrophieren ...". Dabei ist Vogt (1981, S. 23) zufolge ein extrem altruistischer Ansatz durch die Festlegung eines unendlichen Planungshorizontes mit einer Zeitdiskontrate von Null charakterisiert. Ein endlicher, auf die Lebenserwartung des repräsentativen Konsumenten der 'heutigen' Generation beschränkter Planungszeitraum ist zwar gemäß Bender (1976, S. 249) die realistischere Planungsalternative. Jedoch ist bei Festlegung des Endzeitpunktes eines Planungshorizontes ein Werturteil gegeben (Gebauer 1985, S. 48).

[16] Zur Herleitung der Funktionen L und H mithilfe des Maximum–Prinzips von Pontryagin vergleiche z.B. Intrilligator (1971, S. 344 ff.); Bender (1976, S. 253 ff.) und Conrad und Clark (1987, S. 25 ff.).

$$\dot{\lambda}_e = \lambda_e \cdot \delta - H_q = \lambda_e \cdot \delta - U_q - \lambda_e \cdot E^{\mu}_q \qquad (3.7e)$$

$$\lim_{t \to \infty}[\exp(-\delta \cdot t)] \cdot \lambda_e \cdot (q - q^*) \geq 0 \qquad (3.7f)$$

gegeben[17]. Die Bedingung (3.7f) stellt die Grenztransversalitätsbedingung zur Charakterisierung des Endzustandes der optimal zu steuernden Gewässergüte q dar, wobei q^* die stationäre Gewässergüte symbolisiert.

Mithin erhält man aus den Bedingungen (3.7a) und (3.7b) durch Elimination von λ_y für die Kozustandsvariable λ_e:

$$\lambda_e = \underset{+}{U_y} \cdot \underset{+}{Y_e} > 0 \qquad (3.8)$$

Demnach repräsentiert λ_e den Grenznutzen, den der repräsentative Konsument zu einem (beliebigen) Zeitpunkt $t \in [0, \infty[$ durch eine infinitesimal kleine (zusäztlich) emittierte Schadstoffeinheit erfährt.[18] Ein optimales stationäres Gleichgewicht (e^*, q^*, y^*) ist, falls es existiert, nach Maßgabe der Bedingungen (3.7c) und (3.7e) durch $\dot{q} = \dot{\lambda}_e = 0$ determiniert.[19] Ersetzt man in (3.7e) bei $\dot{\lambda}_e = 0$ die Kovariable λ_e mithilfe von (3.8) und verwendet die Notation $T_q := Y_e \cdot E^{\mu}_q$ erhält man nach Umformungen:

$$\frac{U_q(q^*,\ y^*)}{U_y(q^*,\ y^*)} = -T_q(q^*) + \delta \cdot \underset{+}{Y_e}(e^*) \geq -T_q(q^*) \qquad (3.9a)$$

---

[17]Die Bedingungen (3.7) sind notwendig und hinreichend, da die Hamiltonfunktion H aufgrund der strengen Quasi–Konkavität der Nutzenfunktion U und der in (2.34) gezeigten Konkavität der Regenerationsfunktion E^{μ} konkav ist. Mithin resultiert aus (3.6b) $H_{qq} = U_{qq} + \lambda_e \cdot E^{\mu}_{qq} < 0$; $H_{qy} = H_{yq} = 0$ und $H_{yy} = U_{yy} - \lambda_e \cdot Y^{-1}_{yy} < 0$ mit $Y^{-1}_{yy} > 0$, was die (strenge) Konkavität, $H_{qq} \cdot H_{yy} > H^2_{qy} = 0$, der Funktion H impliziert. Zudem genügt das Kontrollproblem (3.5) der in Feichtinger und Hartl (1986, S. 161) aufgeführten Regularitätsbebedingung.

[18]Vgl. zur Interpretation von (3.8) Pethig (1994a, S. 8).

[19]Im folgenden setzen wir die Existenz einer optimalen Steuerung voraus und nehmen weiter an, daß die Optimalpfade der Variabalen e, q und y für $t \to \infty$ in ein stationäres Gleichgewicht 'einmünden'.

(3.9a) gibt die Bedingung für ein stationäres Gleichgewicht an. Aber wir wissen nicht, ob dieses ein Teil der Lösung des Kontrolproblems ist, also ob es optimal ist, auf dem Kontrollpfad dieses stationäre Gleichgewicht anzusteuern. Das erfahren wir später durch die Phasendiagrammanalyse.

In der Bedingung (3.9a) repräsentiert der wegen der über die Nutzenfunktion (3.4) getroffenen Annahmen $U_q > 0$ und $U_y > 0$ positive Term U_q/U_y die in Konsumguteinheiten gemessene stationäre (langfristige) Grenzzahlungsbereitschaft des repräsentativen Konsumenten für eine (kleine) zusätzliche Gewässergüteeinheit. Wegen der in (3.3c) gegebenen Eigenschaft der Transformationsfunktion T gilt $T_q(q^*) \gtrless 0 \Leftrightarrow q^* \lessgtr q_0$.

Im Fall $T_q(q^*) < 0$ ist die Grenzrate der Transformation als langfristige Grenzopportunitätskosten einer (kleinen) zusätzlichen Gewässergüteeinheit zu interpretieren. Diese werden in entgangenen Konsumguteinheiten gemessenen. Und zwar resultieren die Grenzopportunitätskosten aus der in der umweltökonomischen Literatur[20] hinreichend beschriebenen Nutzungskonkurrenz, die zwischen der Nutzung der Wasserressource als Aufnahmemedium für Schadstoffe und derem qualitativen Konsum besteht. Beide Nutzungsarten stehen insofern in Konkurrenz zueinander, als daß eine c. p. steigende / fallende Schadstoffemission e die Konsumgutproduktion wegen (3.1) erhöht / verringert, wobei sich jedoch gleichzeitig wegen (3.3c) die Gewässergüte verschlechtert / verbessert.[21]

Für $T_q(q^*) \geq 0$ stellt T_q langfristige *'Grenzeinahmen'* in Form zusätzlicher Konsumguteinheiten dar. Auf dem steigenden Ast $T_q > 0$ der Transformationsfunktion besteht die vorstehend beschriebene Nutzungskonkurrenz nicht. Es besteht vielmehr der umgekehrte Fall, nämlich eine *'Nutzungsharmonie'* zwischen der Konsumgutproduktion und der Gewässergüte, und zwar in dem Sinne, daß eine mit erhöhter Schadstoffemission verbundene Mehrproduktion

---

[20]Vgl. z. B. den Übersichtsaufsatz von Cropper und Oates (1992, S. 678).

[21]Und zwar impliziert $T_q < 0$ wegen (3.3c) $E_q^\mu < 0$. Daraus folgt gemäß der differenzierten Monod–Funktion (2.30) $dq/de = 1/ E_q^\mu < 0$.

des Konsumgutes die Gewässergüte verbessert.[22] Der Fall $T_q(q^*) > 0$ repräsentiert negative Grenzopportunitätskosten, die wir als Grenzeinnahmen bezeichnen. In diesem Fall stellt in (3.9a) der positive Term $[- T_q(q^*) + \delta \cdot Y_e(e^*)]$ Nettogrenzopportunitätskosten einer Gewässergüteverbesserung dar.

Weiter repräsentiert in (3.9a) der Term $\delta \cdot Y_e(e^*)$ Grenzopportunitätskosten, die aus der Gegenwartspräferenz für entgangene Konsumguteinheiten resultieren.

Im folgenden untersuchen wir den Spezialfall $\delta = 0$:
Bei einer Diskontrate von $\delta = 0$ mißt der repräsentative Konsument dem Konsum aller Perioden das gleiche Gewicht bei. Dabei ist jedoch zu beachten, daß bei einer Diskontrate von $\delta = 0$ in (3.5), das uneigentliche Integral nicht konvergiert, und somit das Kontrollproblem nicht definiert ist. Um die Definiertheit des Kontrollproblems (3.5) auch bei Nicht–Konvergenz des Integrals in (3.5) zu gewährleisten, ist die Transversalitätsbedingung (3.7f) alternativ durch eine der drei von Feichtinger und Hartl (1986, S. 187) aufgeführten Bedingungen, etwa durch $\lambda_{et} \cdot (q_t - q_t^*) \geq 0$ (für $t \geq \tau$), zu ersetzen.[23]

Ohne Diskontierung zukünftigen Konsums[24], $\delta = 0$, reduziert sich die Bedingung (3.9a) wegen $\delta \cdot Y_e(e^*) = 0$ zu:

$$\frac{U_q(q^*,\ y^*)}{U_y(q^*,\ y^*)} = - T_q(q^*) > 0 \tag{3.9b}$$

---

[22]Bei $T_q > 0$ impliziert die Beziehung (3.3c) $E_q^\mu > 0$, so daß totale Differentiation von (2.30) $dq/de = 1/E_q^\mu > 0$ ergibt.

[23]Dann ist nämlich das von Feichtinger und Hartl (1986, S. 186) in der Definition 7.2 aufgeführte Optimalitätskriterium 1 (overtaking criterion) für alle $T \geq \tau$ erfüllt, bezüglich dem das Kontrollproblem definiert ist. Verwendet man gemäß der Definition 7.2 (ebd. S. 186 f.) alternativ zum Kriterium 1 das Kriterium 2 (catching up criterion), dann ist die Transversalitätsbedingung $\lim\limits_{t \to \infty} [\exp(- \delta \cdot t) \cdot \lambda_{et} \cdot (q_t - q_t^*)]$ zu verwenden. Und beim Kriterium 3 (sporadically catching up criterion) ist die Transversalitätsbedingung $\overline{\lim}\limits_{t \to \infty} [\exp(- \delta \cdot t) \cdot \lambda_{et} \cdot (q_t - q_t^*)]$ zu gebrauchen. Die drei Optimalitätskriterien führen wir nicht auf, um den Rahmen der Arbeit nicht zu sprengen.

[24]Bender (1976, S. 251 ff.) legt in seinen kontrolltheoretischen Modellen $\delta = 0$ zugrunde.

Die Bedingung (3.9b) ist formal identisch mit der z. B. in Varian (1992, S. 349) aus statischen Modellen hergeleiteten Bedingung für eine paretoeffiziente Allokation. Jedoch liegt der Bedingung (3.9b) eine dynamische Interpretation zugrunde, nämlich daß durch (3.9b) für den Spezialfall $\delta = 0$ ebenso wie durch (3.9a) ein *stationäres* Gleichgewicht festgelegt ist.[25] Dabei gilt in (3.9b) wegen $U_q/U_y > 0$ die Ungleichung $U_q/U_y = - T_q > 0$. Damit diese erfüllt ist, muß im stationären Gleichgewicht $T_q(q^*) < 0$ sein. D. h. für $\delta = 0$ ist in Abb. 3.2 das stationäre Gleichgewicht durch den Tangentialpunkt P* auf dem fallenden Ast der stationären Transformationskurve determiniert und es gilt in P* $\tan\alpha = U_q/U_y = - T_q$.

Für $\delta > 0$ gilt in Abb. 3.2 gemäß der Bedingung (3.9a) $\tan\gamma = U_q/U_y = - T_q + \delta \cdot Y_e > - T_q = \tan\beta$. D. h. bei Zeitdiskontierung muß, wie aus der Abb. 3.2 ersichtlich ist, das optimale stationäre Gleichgewicht durch einen auf dem Graphen von T befindlichen Punkt, etwa Q*, links vom Tangentialpunkt P* determiniert sein (Pethig 1994a, S. 9). Dabei stellt Q* einen Schnittpunkt zwischen der Indiffernzkurve $\bar{u}_1$ und der Transformationskurve dar. Denn die Steigung $\tan\gamma$ dieser Indifferenzkurve $\bar{u}_1$ in Q* größer als die Steigung $\tan\beta$ der Transformationskurve.

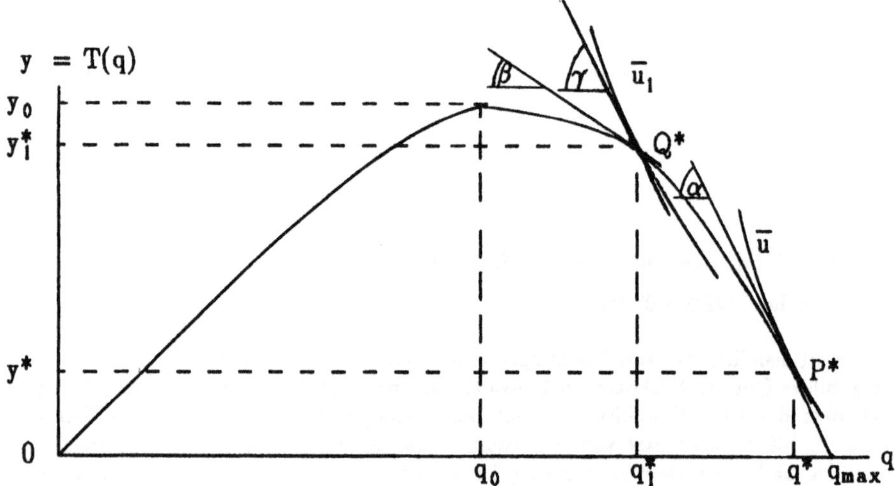

Abb. 3.2. Wirkung der Zeitdiskontrate auf das optimale stationäre Gleichgewicht

---

[25]Ebenso wie im Fall $\delta > 0$ muß mit der Phasendiagrammanalyse geprüft werden, ob es optimal ist, auf dem Kontrollpfad dieses stationäre Gleichgewicht anzusteuern.

Im Fall $\delta > 0$ impliziert die Bedingung (3.9a):

$$T_q(q^*) = \delta \cdot Y_e(e^*) - \frac{U_q(q^*,\ y^*)}{U_y(q^*,\ y^*)} \gtreqless 0 \ \Leftrightarrow \ \frac{U_q(q^*,\ y^*)}{U_y(q^*,\ y^*)} \gtreqless \delta \cdot Y_e(e^*) \qquad (3.10a)$$

Bei Abdiskontierung zukünftigen Konsums liegt nach Maßgabe von (3.10a) das stationäre Gleichgewicht genau dann auf dem fallenden / steigenden Ast der Transformationskurve in Abb. 3.2, wenn die langfristige Grenzzahlungs— bereitschaft des repräsentativen Konsumenten größer / kleiner ist als die Grenzopportunitätskosten $\delta \cdot Y_e$

Gilt in (3.10a) das Gleichheitszeichen, dann folgt aus den durch (2.33), (3.3a), (3.3c) und (3.3f) implizierten Relationen $T_q(q^*) = 0 \Leftrightarrow q^* = q_0 \Leftrightarrow e^* = e_0 \Leftrightarrow y^* = y_0$:

$$T_q(q^*) = 0 \ \Leftrightarrow \ \frac{U_q(q_0,\ y_0)}{U_y(q_0,\ y_0)} = \delta \cdot Y_e(e_0) \qquad (3.10b)$$

D. h. wenn die langfristige Grenzzahlungsbereitschaft des repräsentativen Konsumenten den Grenzopportunitätskosten $\delta \cdot Y_e$ entspricht, ist das stationäre Gleichgewicht durch $(e_0,\ y_0,\ q_0)$ gegeben.

Weitere Informationen über die Wirkung der Zeitdiskontierung liefert die folgende komparativ—dynamische Analyse. Differentiation von (2.30), (3.3a) und von (3.9a) unter Bachtung der Separabilität der Nutzenfunktion, $U_{qy} = U_{yq} = 0$, ergibt:

$$de = E_q^e \cdot dq \qquad (3.11)$$

$$dy = T_q \cdot dq \qquad (3.12)$$

$$\frac{U_y \cdot U_{qq} \cdot dq \ - \ U_q \cdot U_{yy} \cdot dy}{U_y^2} = - T_{qq} \cdot dq + Y_e \cdot d\delta + \delta \cdot Y_{ee} \cdot de \qquad (3.13)$$

Einsetzen von (3.11) und (3.12) in (3.13) ergibt nach Umformungen die komparativ—dynamische Wirkung der Diskontrate. Wegen $T_q(q^*) \gtreqless 0 \Leftrightarrow E_q^e(q^*) \gtreqless 0$ sind folgende drei Fälle zu unterscheiden:

1. Fall. $T_q < 0 \Longleftrightarrow E^\mu_q < 0$

$$\frac{dq}{d\delta} = \frac{\overset{+}{Y_e}}{\dfrac{\overset{+}{U_y}\cdot\overset{-}{U_{qq}} - \overset{-}{U_{yy}}\cdot\overset{+}{U_q}\cdot\overset{-}{T_q}}{\underset{+}{U^2_y}} + \overset{-}{T_{qq}} - \overset{+}{\delta}\cdot\overset{-}{Y_{ee}}\cdot\overset{-}{E^\mu_q}} < 0 \qquad (3.14a)$$

$$\frac{de}{d\delta} = \overset{-}{E^\mu_q}\cdot\overset{-}{\frac{dq}{d\delta}} > 0 \qquad (3.14b)$$

$$\frac{dy}{d\delta} = \overset{-}{T_q}\cdot\overset{-}{\frac{dq}{d\delta}} > 0 \qquad (3.14c)$$

Im Nenner von (3.14a) bezeichnet der negative Term $\dfrac{U_y\cdot U_{qq} - U_{yy}\cdot U_q\cdot T_q}{U^2_y}$ die Änderung der langfristigen Grenzzahlungsbereitschaft des repräsentativen Konsumenten für Gewässergüte, und der negative Term $[T_{qq} - \delta\cdot Y_{ee}\cdot E^\mu_q]$ stellt die Änderung der Grenzopportunitätskosten einer Verbesserung der Gewässergüte dar.

Eine gestiegene Zeitpräferenzrate bewertet den heutigen Konsum des Konsumgutes Y verstärkt höher als dessen Konsum in zukünftigen Perioden, so daß die gleichgewichtige Konsumgutmenge gemäß (3.14c) steigt. Damit die gleichgewichtige Menge y* mit größerem δ steigen kann, muß die Schadstoff-emission e* im Gleichgewicht, wie aus (3.14b) ersichtlich ist, ebenfalls steigen. Eine höhere Emission verringert in diesem Fall gemäß (3.14a) die stationäre Gewässergüte q*.

2. Fall. $T_q = 0 \Longleftrightarrow E^\mu_q = 0$
Dieser Fall impliziert $T_{qq} = E^\mu_{qq} = 0$. Somit vereinfacht sich das System (3.14) zu:

$$\frac{dq}{d\delta} = \frac{\overset{+}{U^2_y}\cdot\overset{+}{Y_e}}{\underset{+}{U_y}\cdot\underset{-}{U_{qq}}} < 0 \qquad (3.15a)$$

$$\frac{de}{d\delta} = E^\mu_q \cdot \frac{dq}{d\delta} = 0 \qquad (3.15b)$$

$$\frac{dy}{d\delta} = T_q \cdot \frac{dq}{d\delta} = 0 \qquad (3.15c)$$

Wie im ersten Fall wird der gegenwärtige Konsum des Gutes Y bei höherer Diskontrate verstärkt höher bewertet, so daß nach Maßgabe von (3.15a) die Gewässergüte sinkt. Wegen $E^\mu_q = T_q = 0$ geht die Verschlechterung der Gewässergüte, wie aus (3.15b) und (3.15c) ersichtlich ist, nicht mit einem Anstieg der Konsumgutmenge einher.

3. Fall. $T_q > 0 \Leftrightarrow E^\mu_q > 0$

In diesem Fall ist das Vorzeichen des Nennerterms von (3.14a) nicht eindeutig. Und zwar gilt:

$$\frac{dq}{d\delta} = \frac{\overset{+}{Y_e}}{\dfrac{\overset{-}{U_{qq}}}{\underset{+}{U_y}} + \overset{-}{T_{qq}} - \dfrac{\overset{-}{U_{yy}} \cdot \overset{+}{U_q} \cdot \overset{+}{T_q}}{\underset{+}{U^2_y}} - \overset{+}{\delta} \cdot \overset{-}{Y_{ee}} \cdot \overset{+}{E^\mu_q}} \gtrless 0 \qquad (3.16a)$$

$$\Lambda$$

$$\frac{de}{d\delta} = \overset{+}{E^\mu_q} \cdot \overset{-}{\frac{dq}{d\delta}} \gtrless 0 \qquad (3.16b)$$

$$\Lambda$$

$$\frac{dy}{d\delta} = \overset{+}{T_q} \cdot \overset{-}{\frac{dq}{d\delta}} \gtrless 0 \qquad (3.16c)$$

$$\Leftrightarrow$$

$$\left| \frac{U_{qq}}{U_y} + T_{qq} \right| \lessgtr \left| \frac{U_{yy} \cdot U_q \cdot T_q}{U^2_y} + \delta \cdot Y_{ee} \cdot E^\mu_q \right|$$

$$\quad [1] \qquad\qquad\qquad [2]$$

Dabei repräsentiert der Term [1] die Änderung der Grenzzahlungsbereitschaft und der Grenzkosten der Gewässergüte, und der Term [2] symbolisiert die Änderung der *Grenzeinnahmen* für Gewässergüte, die durch die vorstehend beschriebene *'Nutzungsharmonie'* zwischen Konsumgut— und Gewässergüte—

produktion bedingt sind. Wie aus (3.16a) ersichtlich ist, verbessert (verschlechtert) sich die Gewässergüte in diesem Fall bei einer Erhöhung der Zeitdiskontierung genau dann, wenn die Summe der Änderungen aus der Grenzzahlungsbereitschaft und der Grenzkosten betragsmäßig weniger stark (stärker) steigt als die Grenzeinnahmen. Gemäß (3.16b) und (3.16c) steigt (sinkt) dabei Schadstoffemission und die Konsumgutmenge.

$$\text{Für} \left| \frac{U_{qq}}{U_y} + T_{qq} \right| > \left| \frac{U_{yy} \cdot U_q \cdot T_q}{U_y^2} + \delta \cdot Y_{ee} \cdot E_q^\mu \right| \text{ sinkt im dritten Fall bei einer}$$

Erhöhung der Zeitdiskontierung die Gewässergüte, die Schadstoffemission und die Konsumgutmenge. Die Implikation dieses Falls untersuchen wir: Und zwar gibt es den Gleichungen (3.14a)–(3.16a) zufolge eine Funktion Q^d mit $q = Q^d(\delta)$ und $Q^d_\delta < 0$. Folglich existiert ein hoher Wert δ_s der Diskontrate derart, daß $q = 0 = Q^d(\delta_s)$. D. h wenn die Zeitdiskontrate genügend gestiegen ist, ist es optimal, *langfristig*

1. das aquatische Ökosystem durch die Realisation der geringen Gewässergüte von $q = 0$ irreversibel zu zerstören und

2. alle Konsumgütermengen y zu verbrauchen, $y = e = 0$.[26]

Offensichtlich ist es bei dieser Konstellation intertemporal optimal, in den ersten Perioden die Assimilationskapazität zu übernutzen, $e = e_{max} > e_0$, d. h. die maximale Konsumgutmenge $y_{max} := Y(e_{max})$ zu produzieren, und langfristig für kommende Generationen 'nichts mehr' übrig zu lassen.

Eine solche Entwicklung widerspricht allerdings diametral der vorstehend im zweiten Kapitel gegebenen 'Arbeitsdefinition' der tragfähigen Entwicklung. Denn der vollständige Verbrauch des Konsumgutes und der Gewässergüte stellt die repräsentativen Konsumenten künftiger Generationen, die faktisch 'vor dem Nichts' stehen, schlechter als den repräsentativen

---

[26]Diese Überlegungen basieren auf Pethig (1994a, S. 11 und 1994b, S. 225) und auf Tahvonen und Withagen (1994). Dabei entspricht die niedrige Gewässergüte $q = 0$ gemäß (2.27) dem hohen Schwellenwert s_{max} des Schadstoffbestands, ab dem im Monod–Modell wegen der Bedingung 2 eine stationäre Selbstreinigung nicht mehr abläuft (Vgl. Fn. 29 im Kapitel 2). Weiter impliziert $q = 0$ wegen (3.3e) $y = 0$ und daraus folgt mit $Y(0) = 0$, daß $e = 0$ ist.

Konsumenten der Gegenwart und ist zudem nicht ökologisch tragfähig. Um eine solche nicht–tragfähige Entwicklung, die zu dem noch intertemporal optimal ist, zu verhindern, schlagen Pearce und Turner (1990, S. 225) vor, die Bedingung 1, $e \leq e_0$, für den Ablauf des stationären Monod–Prozesses als zusätzliche Restriktion in das Optimierungskalkül (3.5) aufzunehmen. Pethig (1994a, S. 15) zufolge "... introducing an additional contraint of 'ecological stock maintenance' seems to be rooted in a deep mistrust of the neoclassical optimality concept".

Abschließend untersuchen wir mithilfe eines Phasendiagramms für die Variablen q und y, wie sich die optimalen Zeitpfade verhalten. Zunächst analysieren wir das Vorzeichen von $\dot{q}$. Aus (3.2) folgt:

$$\dot{q} = E\mu(q) - e \gtreqless 0 \qquad \Leftrightarrow \qquad e \lesseqgtr E\mu(q) \tag{3.17a}$$

Nach Maßgabe von (3.17a) verbessert sich / stagniert / verschlechtert sich die Gewäs– sergüte in der Zeit genau dann, wenn der Schadstoffabbau durch den stationären Regenerationsprozeß schneller als / genauso schnell wie / langsamer als der Schadstoffeintrag erfolgt. Wegen der Monotonie der Produktionsfunktion Y folgt aus y = Y(e):

$$y = Y(e) \lesseqgtr Y[E\mu(q)] =: T(q) \qquad \Leftrightarrow \qquad e \lesseqgtr E\mu(q) \tag{3.17b}$$

Die Beziehungen (3.17a) und (3.17b) implizieren:

$$\dot{q} \gtreqless 0 \quad \Leftrightarrow \quad y \lesseqgtr T(q) \tag{3.18}$$

Wie (3.18) zeigt, verbessert sich / stagniert / verschlechtert sich die Gewässergüte in der Zeit, wenn man sich im Abb. 3.3 unterhalb / auf / über der durch den Linienzug $A*Q*q_{max}$ gegebenen Transformationskurve $y = T(q)$, die den $[\dot{q} = 0]$–Lokus darstellt, befindet.

Für die Analyse des Vorzeichens von $\dot{y}$ definieren wir eine Funktion F durch $\dot{\lambda}_e = 0$, also implizit durch die Bedingung (3.9a). Wenn wir (3.9a) mit–

hilfe von (3.3b) und $e = Y^{-1}(y)$ zu

$$[\delta - E_q^\mu(q)] \cdot Y_e[Y^{-1}(y)] \cdot U_y(q, y) = U_q(q, y) \tag{3.19}$$

umschreiben, dann gelte $y = F(q)$ genau dann, wenn (q, y) die Bedingung (3.19) erfüllt. Zunächst bestimmen wir algebraisch die Steigung dy/dq der Funktion F. Totale Differentiation von (3.19) ergibt mit $Y_y^{-1} = 1/Y_e$ unter Beachtung der Separabilität von U nach Umformungen:

$$\frac{dy}{dq} = F_q := \frac{\overset{+}{Y_e}(\overset{-}{U_{qq}} + \overset{-}{E_q^\mu{}_q} \cdot \overset{+}{U_y} \cdot \overset{+}{Y_e})}{\underset{?}{(\delta} \underset{+}{- E_q^\mu)}(\underset{-}{Y_e^2 \cdot U_{yy}} + \underset{+}{U_y} \cdot \underset{-}{Y_{ee}})} \tag{3.20a}$$

Für $(\delta - E_q^\mu) > 0$ ist dy/dq positiv und für $(\delta - E_q^\mu) < 0$ negativ. Mithin gilt:

$$\frac{dy}{dq} \gtrless 0 \quad \Leftrightarrow \quad \delta \gtrless E_q^\mu \quad \Leftrightarrow \quad q \gtrless q_\delta \tag{3.20b}$$

In (3.20b) ist die Polstelle q_δ durch $E_q^\mu(q_\delta) = \delta \geq 0$ definiert. Da $E_q^\mu(q_\delta) \geq 0$ ist, gilt wegen (3.3c) $T_q(q_\delta) \geq 0$.

Der Graph von F ist in Abb. 3.3 durch den Linienzug A*BCQ*D und die optimalen stationären Gleichgewichte sind durch die Punkte A* und Q* illustriert.

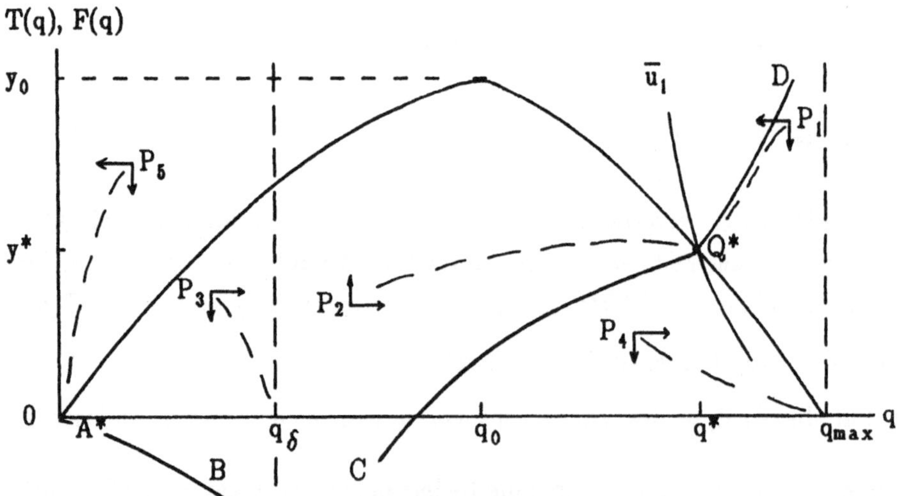

Abb. 3.3. Optimale Zeitpfade und optimale stationäre Gleichgewichte

Durch partielle Differentiation von (3.7e) nach y mit Verwendung von (3.8) erhält man nach Umformungen:

$$\frac{\mathrm{d}\dot{\lambda}_e}{\mathrm{d}y} = \frac{\delta - E_q^\mu}{\underset{+}{Y_e}} \cdot (\underset{-}{U_{yy}} \cdot \underset{+}{Y_e^2} + \underset{+}{U_y} \cdot \underset{-}{Y_{ee}}) \gtrless 0 \Leftrightarrow \delta \lessgtr E_q^\mu \Leftrightarrow q \lessgtr q_\delta \qquad (3.21)$$

Da y = F(q) genau dann gilt, wenn das Tupel (q, y) die durch $\dot{\lambda}_e = 0$ determinierte Bedingung (3.19) erfüllt, impliziert (3.21) für $\delta < E_q^\mu$ bzw. $q < q_\delta$:

$$\dot{\lambda}_e \gtrless 0 \quad \Leftrightarrow \quad y \lessgtr F(q) \qquad (3.22a)$$

Nach Maßgabe von (3.22a) steigt / stagniert / sinkt der Schattenpreis λ_e in der Zeit, wenn die Konsumgutproduktion steigt / stagniert / sinkt, bzw. wenn man sich in Abb. 3.3 über / auf / unter dem durch den Linienzug AB illustrierten $[\dot{\lambda}_e = 0]$–Lokus befindet. Weiter gilt im Fall $\delta > E_q^\mu$ bzw. $q > q_\delta$:

$$\dot{\lambda}_e \lessgtr 0 \quad \Leftrightarrow \quad y \gtrless F(q) \qquad (3.22b)$$

Gemäß (3.22b) sinkt / stagniert / steigt der Schattenpreis λ_e in der Zeit, genau dann, wenn man sich im Abb. 3.3 über / auf / unter dem durch den Linienzug CQ*D dargestellten $[\dot{\lambda}_e = 0]$–Lokus befindet. Schließlich ergibt Differentiation von (3.8) nach der Zeit mit $e = Y^{-1}(y)$ unter Beachtung der Separabilität von U und der Beziehung $Y_y^{-1} = 1/Y_e$ nach Umformungen folgenden Zusammenhang zwischen $\dot{\lambda}_e$ und der gesuchten zeitlichen Änderung $\dot{y}$:

$$\dot{\lambda}_e = \frac{1}{\underset{+}{Y_e}} \cdot \left[\underset{-}{U_{yy}} \cdot \underset{+}{Y_e^2} + \underset{+}{U_y} \cdot \underset{-}{Y_{ee}}\right] \cdot \dot{y} \qquad (3.24)$$

Da der Klammerausdruck in (3.24) negativ ist, gilt:

$$\dot{\lambda}_e \gtreqless 0 \quad \Leftrightarrow \quad \dot{y} \lesseqgtr 0 \tag{3.25}$$

Die Relation (3.25) impliziert unter Beachtung der Beziehungen (3.22a) und (3.22b):

$$\dot{y} \lesseqgtr 0 \quad \Leftrightarrow \quad y \gtreqless F(q) \quad \text{für } q < q_\delta \tag{3.26a}$$

$$\dot{y} \gtreqless 0 \quad \Leftrightarrow \quad y \gtreqless F(q) \quad \text{für } q > q_\delta \tag{3.26b}$$

Nach Maßgabe von (3.26a) sinkt / stagniert / steigt die Konsumgutmenge in der Zeit, wenn man sich in Abb. 3.3 über / auf / unter dem durch den Li—

nienzug A*B illustrierten $[\dot{\lambda}_e = \dot{y} = 0]$–Lokus befindet. Und gemäß (3.26b) steigt / stagniert / sinkt die Konsumgutmenge in der Zeit, wenn man sich im

Abb. 3.3 über / auf / unter dem durch den Linienzug CQ*D dargestellten $[\dot{\lambda}_e = \dot{y} = 0]$–Lokus befindet.

In Abb. 3.3 ist die Orientierung der als 'Kräfteparallelogramme' wirksamen Pfeilpaare und der daraus resultierende Verlauf der optimalen Zeitpfade (Trajektorien), durch die Beziehungen (3.18) und (3.26) bestimmt. Aus der Orientierung der Pfeilpaare P_1 und P_3 ist ersichtlich, daß der stationäre Gleichgewichtspunkt Q* ein Sattelpunkt ist (Feichtinger und Hartl 1986, S. 91 ff.). Ferner liefert die Abb. 3.3 folgende Informationen über die Zeitpfade[27]:

1. Ausgehend vom Punkt P_5 ist es, wie wir vorstehend erläutert haben, optimal das Konsumgut vollständig aufzubrauchen und das aquatische Ökosystem durch die Realisation der niedrigen Gewässergüte von q = 0 auszurotten.

2. Bei einer Gewässergüteausgangslage von $q_a \in [q^*, q_{max}]$ wird, wie die Orientierung des Pfeilpaares P_1 zeigt, das stationäre Gleichgewicht Q* durch Zurücknahme der Konsumgutproduktion und die Reduktion der Gewässergüte erreicht.

---

[27]Vgl. im wesentlichen Pethig (1988a, S. 225 ff. und 1994a, S. 14 f.).

3. Ausgehend von der Pfeilorientierung P_2 ist die Gewässergüte zu verbessern und die Konsumgutproduktion zu erhöhen, um Q^* zu erreichen.

4. Die aus den Pfeilpaaren P_3 und P_4 resultierenden (nicht optimalen) Trajektorien führen zwar jeweils zu positiver Gewässergüte, nämlich zu q_δ und sogar zur maximalen Gewässergüte q_{max}, führen jedoch zu einer absoluten Unterversorgung mit dem Konsumgut ($y = 0$).

Dabei sind, wie aus der Abb. 3.3 weiter ersichtlich ist, gemäß Withagen und Toman (1995, S. 15) hohe Anfangswerte für Gewässergüte "... more likely to converge to a 'green' steady state ..." als niedrige Gewässergüteanfangswerte.

3.4 Abschließende Bemerkungen zum Kapitel 3

In einem einfachen dynamischen Alloaktionsmodell wurde die zwischen Schadstoffaufnahme und qualitativem Konsum bestehende Nutzungskonkurrenz an einer aggregierten Wasserressource untersucht.

Als wesentliche Ergebnisse unserer Untersuchungen halten wir fest:

1. Bei einer kleinen Zeitdiskontrate ist es langfristig optimal, wie der stationäre Gleichgewichtspunkt Q^* in Abb. 3.3 zeigt, die Nutzungskonkurrenz an der Wasserressource zu lösen, indem zugunsten der Konsumgutproduktion auf Gewässergüteeinheiten ($q_{max} - q^*$) verzichtet wird.

2. Die Realisation der maximalen Gewässergüte q_{max} führt langfristig zu einer Konsumgutmenge von $y = 0$, was aufgrund der positiven Bewertung des Konsumgutes in der Nutzenfunktion (3.4) nicht optimal ist.

3. Bei hoher Zeitdiskontierung zukünftigen Konsums, kann es optimal sein, das aquatische Ökosystem der Wasserressource (irreversibel) zu zerstören und alle Konsumgutmengen vollständig aufzubrauchen, so daß für künftigen Generationen 'nichts mehr übrig bleibt'.

In den folgenden Kapiteln operieren wir mit statischen Allokationsmodellen. Diese gehen durch folgende Überlegungen aus dem dynamischen Modell hervor: Der repräsentative Konsument bewertet nur stationäre Zustände und nicht die Anpassungspfade bis zu ihrer Erreichung.

Weiter nehmen wir an, daß der repräsentative Konsument zukünftigen Konsum langfristig nicht abdiskontiert, $\delta = 0$. Aufgrund dieser Annahmen liegt den folgenden statischen Modellen eine *dynamische Interpretation* zugrunde: Alle Modellvariablen sind *stationär*, und zwar indem Sinne, daß sie 'am Ende eines nutzenmaximalen Zeitpfades liegen'.

4 Effizientes Gewässergütemanagement in statischen Allokationsmodellen

4.1 Problemstellung

In den folgenden auf Pethig (1989b) und auf Pethig und Fiedler (1989) basierenden statischen (stationären) auf die lange Frist orientierten Gewässergütemodellen wird die Analyse der Nutzungskonkurrenz von Wasser als Aufnahmemedium für Schadstoffe und zum qualiativen Konsum fortgesetzt. Dabei beträgt die Zeitpräferenzrate Null und der Faktor Arbeit wird nicht nur im Industriesektor, sondern auch von einem zentralen Klärwerk (Pethig 1988a, S. 228) zur Schadstoffreduktion eingesetzt.

Im Kontext eines zweistufigen Abwasserbehandlungsmodells wird eine neue Modellierung der auf die intra–industrielle Reduktionsstufe folgenden zweiten Stufe im Klärwerk angewendet: Während das Klärwerk in traditioneller Sichtweise, die z. B. von Kneese und Bower (1972, S. 103), Gawel und van Mark (1993, S. 71 ff.) und von Spulber und Sabbaghi (1994, S. 117 ff.) verwendet wird, knappe Ressourcen zur 'Produktion reduzierter Schadstoffmengen' einsetzt, fungiert in der neuen Perspektive das Klärwerk als Produzent von Gewässergüte. Als Gewässergüteproduzent setzt das Klärwerk neben dem konventionellen Faktor Arbeit ebenso den Faktor Selbstreinigungsdienste ein. Das analytische Leistungsvermögen dieser Sichtweise besteht darin, daß das Problem der vorstehend beschriebenen Nutzungskonkurrenz von Wasser auf ein neoklassisches Zwei–Sektoren–Zwei–Faktoren–Modell mit vollständigen aber teilweise fiktiven Märkten — fiktiv sind die Märkte für das Konsumgut Gewässergüte und den Faktor Selbstreinigungsdienste — zurückgeführt wird. Das Gewässergütemodell mit vollständigen Märkten fungiert normativ als Referenz für paretoeffiziente Preise als Lösung der Nutzungskonkurrenz an der Wasserressource. Weiter werden in diesem neoklassischen Modellrahmen bei vorgegebenem Gewässergütestandard (Baumol und Oates 1971, S. 42 ff.) — der Markt für Gewässergüte ist nicht aktiv — die institutionellen Vorgaben der Kostenminimierung und der Kostendeckung im Klärwerk auf Produktionseffizienz untersucht. Es wird die Produktionsineffizienz bei kostendeckender Einhaltung des Standards mithilfe der Kostenminimierung als Referenz für Produktionseffizienz herausgearbeitet.

Schließlich führen wir in das Modell mit gegebenem Standard die Abwasserabgabe ein, um die in der umweltökonomischen Literatur wie z. B. in Wicke (1981, S. 100), Bohm und Russel (1985, S. 404), in Hansmeyer (1987, S. 257) oder in Gawel (1994, S. 167) vorherrschende Sichtweise zu überprüfen, daß die Abwasserabgabe ihre theoretischen Vorzüge deshalb nicht ausspielen kann, da ihre Bemessungsgrundlage nicht emissionsbezogen und der Abwasserabgabensatz zu niedrig gesetzt ist. Es wird die nicht–zweck–gebundene und die zweckgebundene Abwasserabgabe bei Kostenminimierung und bei Kostendeckung im Klärwerk untersucht. Dabei gehen wir der Fragestellung nach, ob die durch die Kostendeckungsvorschrift verursachte Produktionsineffizienz durch die Setzung des Abwasserabgabensatzes in 'geeigneter' Höhe behoben, also Produktionseffizienz erreicht werden kann.

4.2 Das Gewässergütegrundmodell

4.2.1 Zweistufige Abwasserbehandlung

Eine zweistufige Schadstoffreduktion ist z. B. Webb und Woodfield (1981, S. 272 ff.), Hammer (1986, S. 334), der OECD (1987, 71 ff.), Howe (1993, S. 366) und van Dunné (1994, S. 121 ff.) zufolge in allen westeuropäischen Staaten, den USA und Kanada implementiert. Für Ungarn ist ebenfalls eine zweistufige Abwasserbehandlung basierend auf dem bundesdeutschen Vorbild geplant (Bundesumweltministerium 1994c, S. 25) und in Polen und einigen Staaten der GUS sind gemäß Ahlander (1994, S. 69 ff.), Zylicz (1994a, S. 83 ff.) und Kallaste (1994, S. 133 ff.) ebenso zweistufige Schadstoffreduktionsverfahren etabliert.

Im § 7a des bundesdeutschen Wasserhaushaltsgesetz (WHG) ist sogar vorgeschrieben, daß Schadstoffe vor Einleiten in eine öffentliche Abwasserbehandlungsanlage gemäß den Anforderungen der allgemein anerkannten *Regeln der Technik* (a. a. R. d. T.) zu klären sind (Engelhardt u. a. 1993, S. 28). Das Ziel dieser Auflage ist gemäß Hahn und Hartmann (1988, S. 126) "the protection of the wastewater treatment plant against substances that may harm the treatment process". Weiter schreiben die *Environmental Protection Agency* (EPA) in den USA (Henry 1976, S. 1–7, 1–20 f.; Luken 1990,

S. 13 f.), die Verordnung über Abwassereinleitung in der Schweiz (Kummert und Stumm 1992) und die EG–Richtlinien für das Einleiten von Schadstoffen (Illc 1989, S. 187) vor, daß Abwässer, die in eine öffentliche Käranlage gelangen, vorzureinigen sind.

Schon von 1972 bis 1975 reduzierte die BASF–AG in Ludwigshafen ihre Abwassermengen um ca. 40 % (Faber, Niemes und Stephan 1983, S. 45). Und ebenso hat die Baden–Württembergische Industrie im Zeitraum von 1975–1979 ihre Abwassermengen intra–industriell um etwa 40 % reduziert (ebd. S. 41). In der Keramikindustrie werden sogar 85 % der anfallenden Schadstoffe reduziert (Bundesumweltministerium 1994d, S. 66).

Der Schadstoff unterliegt nach seiner Entstehung im Industriesektor den im Bild 4.1 schematisch dargestellten zwei Reduktionsstufen.

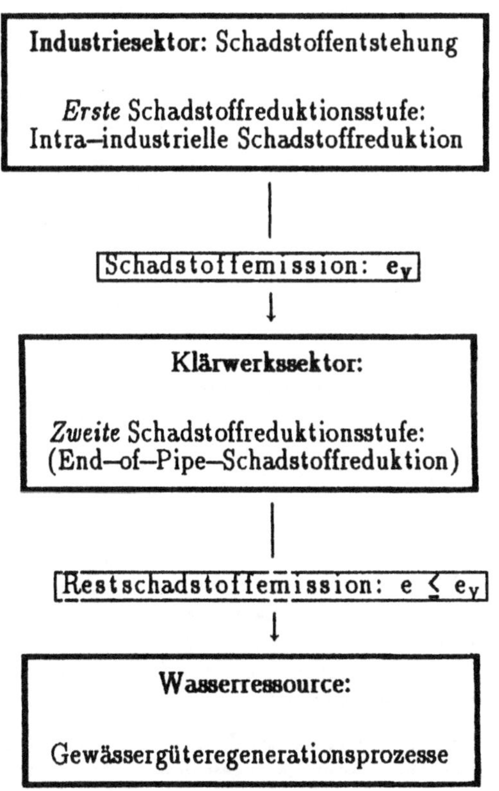

Abb. 4.1. Grundmodell: Zweistufige Schadstoffreduktion

In Abb. 4.1 ist der Industriesektor als *Indirekteinleiter* anzusehen, da er nach intra–industrieller Schadstoffreduktion[1] durch die erste Stufe den verbleibenden Schadstoff e_y über eine Kläranlage *indirekt* in einen Wasserkörper einleitet. Das in den meisten Fällen öffentlich betriebene Klärwerk bezeichnet man als *Direkt*einleiter; denn es leitet nach der Schadstoffbehandlung in der zweiten Stufe die *Rest*schadstoffmenge $e \leq e_y$ direkt in einen Wasserkörper ein (Breuer 1987, S. 73, Engelhardt u. a., 1993, S. 260 und Westerlund 1994, S. 7).[2] Vereinfachend beziehen wir die Haushalte als Schadstoffeinleiter nicht in die Analyse mit ein.[3]

---

[1]Industrielle Kläranlagen weisen gemäß Bohn (1993, S. 10) "branchenspezifische Verfahrenstechnologien und Konstruktionsprinzipien auf, die oft kaum mit denen öffentlicher Anlagen zu vergleichen sind". Günthert und Hajek (1988, S. 180) erläutern die Funktionsweise einer Industriekläranlage. Neben der intra–industriellen Schadstoffreduktion werden gemäß Johann (1989, S. 111) ebenfalls sogenannte Schadstoffvermeidungstechnologien angewendet. Diese bestehen im wesentlichen darin, Ressourcen (mithilfe von zusätzlichem Arbeitkräfteeinsatz) 'behutsamer' und 'haushälterischer' zu nutzen bzw. 'effizienter' einzusetzen.

[2]Die Arbeitsweise eines öffentlichen Klärwerks beschreiben z. B. Shell (1976, S. 3–22 ff.), Meier und Bishop (1985, S. 1000), Böhler (1991, S. 35 ff.), Eisele (1991, S. 41 ff.) und die OECD (1994, Sn. 51, 56, 59, 105, 107, 112 f.). Die Abwasserbehandlung gehört Karl (1989, S. 249 ff.) zufolge in der Bundesrepublik Deutschland zu den Pflichten kommunaler Daseinsfürsorge. Jedoch können die Gemeinden im Zuge der zunehmenden Privatisierung der Klärwerke auf private Abwasserbehandlung zurückgreifen (Karl und Klemmer 1994, S. 3 ff.). In der zweiten Reinigungsstufe fällt sogenannter Klärschlamm als Abbauprodukt an und der Restschadstoff wird unter Einhaltung gewisser Emissionsstandards, die etwa im § 7a des bundesdeutschen Wasserhaushaltgesetzes (Engelhardt u. a. 1993, S. 28) oder in den USA durch die EPA (Henry 1976, S. 1–7) vorgeschrieben sind, direkt in den Wasserkörper eingeleitet. Die Problematik der Klärschlammentsorgung klammern wir aus der Analyse aus. Das Umweltmagazin (ohne Autor 1991, S. 92) beschreibt folgende innovative Wiederverwendungsmöglichkeit für den Klärschlamm: Nach Entwässerung, thermischer Trocknung und sauberer Verbrennung bei 1500 °C — Elektrofilter halten bis zu 99% entstehender Rauchgase zurück — bleibt nach Abkühlung ein glasartiges Granulat zurück, in dem Schwermetalle und andere nicht flüchtige Schadstoffe 'sicher' eingeschlossen sind. Dieses Granulat wird vollständig etwa in der Bauindustrie wiederverwendet. Hervorzuheben bei dieser Wiederverwendungstechnologie ist die Umweltfreundlichkeit des Granulates und der eingesparte wertvolle Deponieraum.

[3]In der Regel sind die Haushalte Indirekteinleiter. Z. B. sind in Deutschland über 90 % aller Haushalte an eine öffentliche Kläranlage angeschlossen [Abwassertechnische Vereinigung e. V. Fachausschuß 2.4 (1985, S. 111)]. In den USA, der Schweiz und in weiteren europäischen Ländern leiten ebenfalls nahezu alle Haushalte ihre Abwässer in öffentliche Kläranlagen [Kummert und Stumm (1992, S. 136, 223) und Escritt (1984, S. 65, 468)].

4.2.2 Produktionstechnologie für das Konsumgut

Der Industriesektor stellt mithilfe von Arbeitseinsatz a_y das Konsumgut Y in der Menge y her. Dabei fällt ein unerwünschtes Kuppelprodukt in der Menge e_y an, das weder für die Produktion noch für den Konsum verwertbar ist. Der Faktor Arbeit a_y teilt sich auf in den

— Arbeitseinsatz für die Produktion des Konsumgutes Y und

— in den Arbeitseinsatz für die intra–industrielle Schadstoffreduktion in der ersten Schadstoffreduktionsstufe der Abb. 4.1.

Die Stromgröße e_y stellt die Nettoschadstoffemission dar und wird vom Industriesektor *nach Durchlaufen* der ersten Schadstoffreduktionsstufe in Abb. 4.1 dem Klärwerk zur weiteren Behandlung in der zweiten Schadstoffreduktionsstufe zugeführt. Die industrielle Produktionstechnologie ist gemäß Klevorick und Kramer (1973, S. 106 ff.), Pethig (1975, S. 100–106), Mestelmann (1978, S. 396), Pethig (1979, S. 22–26) und Pittman (1981, S. 1 ff.) durch folgende streng konkave, zweifach stetig differenzierbare substitutionale Produktions–funktion beschreibbar:

$$y = Y(\underset{+}{a_y}, \underset{+}{e_y}) \tag{4.1}$$

Die Funktion Y hat den konvexen Definitionsbereich $D_y := \{(a_y, e_y) \geq 0 \mid e_y \leq X(a_y) \text{ und } X(0) = 0\}$ und die Eigenschaften $Y(0, 0) = Y(0, e_y) = 0$ sowie $Y(\underset{+}{a_y}, 0) \geq 0$. D_y ist konvex, wenn die Funktion X konkav und $X(0) = 0$ ist (Pethig 1979, S. 24). Die den Definitionsbereich D_y beschränkende Bedingung $e_y \leq X(a_y)$ ordnet alternativen Arbeitseinsätzen die *maximale* Schadstoffemission zu. Formal ist dabei in (4.1) die Schadstoffemission insofern als Produktionsfaktor interpretierbar, als daß e_y die *Nachfrage* der Industrie nach den Selbstreinigungsdiensten einer Wasserressource darstellt.

Charakteristisch für die Nettoproduktionsfunktion ist, daß diese die formale Gestalt einer konventionellen Produktionsfunktion hat. Daher kann man die Schadstoffentstehung, die intra–industrielle Schadstoffreduktion und die Schadstoffemission als typisch umweltökonomische Phänomene mithilfe der traditionellen Mikroökonomie analysieren. Im Anhang 4A zeigen wir Pethig (1979, S. 22–26 und S. 97) und Siebert u. a. (1980, S. 29–42) folgend, daß der durch (4.1) gegebene sogenannte Nettoansatz und dessen Eigenschaften mit dem älteren von Siebert (1974, S. 496 ff.; 1976a, S. 34 ff.; 1977, S. 658 f.) entwickelten Bruttoansatz mit explizit modellierter intra–industrieller Schadstoffreduktionstechnologie kompatibel ist.[4]

4.2.3 Produktionstechnologie für Gewässergüte

Wir ermitteln eine Gewässergüteproduktionsfunktion $q = Q(a_q, e_q)$ aus der stationären Monod–Regenerationsfunktion (2.30). Wie im vorstehenden Kapitel beschränken wir uns auf diese Funktion, da diese im Vergleich zu den beiden übrigen Regenerationsfunktionen (2.28) und (2.29) die höchste ökologische Realitätsnähe aufweist und somit für die umweltökonomische Modellbildung am bedeutsamsten ist. Die Herleitung der Produktionsfunktion für Gewässergüte erfolgt in drei Schritten:

1. Zunächst gewinnen wir aus der stationären Monod–Regenerationsfunktion durch eine ökonomisch begründete Beschränkung des Definitionsbereiches die entsprechende stationäre ökologische Gleichgewichtsfunktion.

2. Die stationäre ökologische Gleichgewichtsfunktion binden wir mithilfe eines Produktionsmodells, das den Klärwerkssektor in traditioneller Sichtweise als 'Produzent' reduzierter Schadstoffemissionen interpretiert, in die ökonomische Modellbildung ein.

3. Schließlich erhalten wir aus den Modellbausteinen des Schritts 2. durch einfache Rücksubstitutionen und Umformungen die Produktionsfunktion für Gewässergüte.

---

[4] Einen alternativen Begründungsansatz für eine Produktionsfunktion der Form (4.1), der allerdings im Gegensatz zum Bruttoansatz eine intra–industrielle Schadstoffreduktionstechnologie nicht explizit modelliert, geben Byrne und Spiro (1973, S. 105 f.) und Burrows (1979, S. 18). Zudem gebrauchen manche Autoren, wie z. B. Burrows (1977, S. 358), Yohe (1979, S. 188) oder Kitabatake (1989, S. 172) den Nettoansatz ad hoc.

Wir setzen voraus, daß die drei im zweiten Kapitel erläuterten Bedingungen für den Ablauf der stationären Monod–Regeneration *simultan* erfüllt sind.

Stationäre ökologische Gleichgewichtsfunktion. Wir beschränken uns Pethig (1988a, S. 229 und 1989b, S. 79) folgend auf den Definitionsbereich $[q_0, q_{max}]$ der im ersten Quadranten der Abb. 2.8 dargestellten Monod–Regenerationsfunktion. Aufgrund dieser Beschränkung wird, wie die Abb. 4.2 zeigt, nur der fallende, stabile Kurvenast Pq_{max} der Monodfunktion betrachtet.

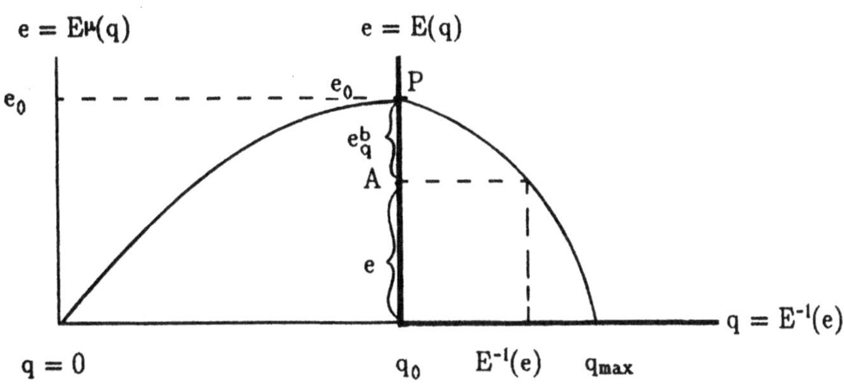

Abb. 4.2. Beschränkung des Definitionsbereiches der Monod–Regenerationsfunktion

Die auf den Definitionsbereich $[q_0, q_{max}]$ beschränkte Monodfunktion E aus Abb. 4.2 hat wegen der Beziehungen (2.31)–(2.35) folgende Eigenschaften:

$$E_q \leq 0 \tag{4.2a}$$

$$q_0 := \arg \max[E(q)]$$

$$E_{qq} < 0$$

$$e_0 := \max[E(q) = E(q_0); \qquad (e_0, q_0 \text{ sind konstant})$$

$$e = E(q_{max}) = 0; \qquad (q_{max} \text{ ist konstant})$$

Die Beschränkung des Definitionsbereichs der Monodfunktion ist aus ökonomischer Sicht zulässig. Denn paretoeffiziente Lösungen werden ohne Abdis–

kontierung zukünftigen Konsums, wie aus der Bedingung (3.9b) ersichtlich ist, immer nur aus dem Intervall $[q_0, q_{max}]$ ausgewählt[5]. Weiter existiert für den Bereich $[q_0, q_{max}]$ die zur Monod–Funktion inverse Funktion:

$$q = q_{nat} - \frac{G(e)}{2} + \left[\frac{[G(e)]^2}{4} - \frac{k_m}{k_p}\right]^{1/2} := E^{-1}(e) \qquad \begin{bmatrix} \text{Stationäre ökolo-} \\ \text{gische Gleichge-} \\ \text{wichtsfunktion} \end{bmatrix} \quad (4.2b)$$

Die Funktion E^{-1}, die gemäß Abb. 4.2 eine Abbildung von $[0, e_0]$ auf $[q_0, q_{max}]$ mit $q_0 := \arg\max[E(q)]$ und $e_0 := E(q_0)$ ist, bezeichnen wir als stationäre ökologische Gleichgewichtsfunktion[6] zwischen der im Zeitablauf konstanten Schadstoffemission e und der stationären Gewässergüte q. Im Anhang 4B ist gezeigt, daß die Funktion E^{-1} streng monoton fällt, $E_e^{-1} < 0$, und konkav ist, $E_{ee}^{-1} < 0$. In (4.2b) gilt die Notation $G(e) := \dfrac{\mu(k_0 o_s - e) - k_0 k_a}{k_0 k_a k_p}$. Dabei ist $\left[\dfrac{[G(e)]^2}{4} - \dfrac{k_m}{k_p}\right] \gtreqless 0$ genau dann, wenn $e_0 \gtreqless e$ ist. Das zeigen wir kurz: Mit $G(e) := \dfrac{\mu(k_0 o_s - e) - k_0 k_a}{k_0 k_a k_p}$ erhält man aus $\left[\dfrac{[G(e)]^2}{4} - \dfrac{k_m}{k_p}\right]$ nach Umformungen:

$$\frac{\mu(k_0 \cdot o_s - e) - k_0 \cdot k_a}{2 \cdot k_0 \cdot k_a \cdot k_p} \gtreqless \left[\frac{k_m}{k_p}\right]^{1/2} \quad \Longleftrightarrow \quad \left[\frac{[G(e)]^2}{4} - \frac{k_m}{k_p}\right] \gtreqless 0$$

Multiplikation dieser Beziehung mit k_p/k_m ergibt:

$$\frac{\mu(k_0 \cdot o_s - e) - k_0 \cdot k_a}{2 \cdot k_0 \cdot k_a \cdot k_m} \gtreqless \left[\frac{k_p}{k_m}\right]^{1/2} \quad \Longleftrightarrow \quad \left[\frac{[G(e)]^2}{4} - \frac{k_m}{k_p}\right] \gtreqless 0$$

Aus dieser Relation folgt mithilfe der im Monod–Modell (2.14) verwendeten Definitionen $s_0 := (k_m/k_p)^{1/2}$, $M(s_0) = \dfrac{\mu \cdot s_0}{2k_m + s_0}$ und $e_0 := k_0 \cdot o_s - k_0 \cdot \dfrac{k_a}{M(s_0)}$

---

[5]Im kontrolltheoretischen Modell des vorstehenden Kapitels liegt die paretoeffiziente Lösung mit Abdiskontierung zukünftigen Konsums, wie die Beziehung (3.10a) zeigt, ebenfalls im Intervall $[q_0, q_{max}]$, wenn die Zeitdiskontrate genügend klein und / oder die langfristige Grenzzahlungsbereitschaft für Gewässergüte hinreichend groß ist.

[6]Eine vergleichbare Funktion verwenden Mestelman (1978, S. 397) und Pethig (1989b, S. 79).

nach Umfomungen

$$e_0 := k_0 \cdot o_s - k_0 \cdot \frac{k_a}{M(s_0)} \gtreqless e \Leftrightarrow \left[\frac{[G(e)]^2}{4} - \frac{k_m}{k_p} \right] \gtreqless 0$$

Wie wir im zweiten Kapitel erläutert haben, ist die Bedingung 1 der drei Bedingungen für den Ablauf des stationären Monod–Regenerationsprozesses durch die Ungleichung $e \leq e_0$ gegeben; d. h. die Schadstoffemission e darf die Assimilationskapazität e_0 einer Wasserressource nicht überschreiten. Da wir vorstehend $e \leq e_0$ vorausgesetzt haben, ist der Term $\left[\frac{[G(e)]^2}{4} - \frac{k_m}{k_p} \right] \geq 0$ und somit der Wurzelausdruck $\left[\frac{[G(e)]^2}{4} - \frac{k_m}{k_p} \right]^{1/2}$ in (4.2b) reellwertig. Gemäß (4.2b) geht eine beliebige in der Zeit konstante Schadstoffemission $e \leq e_0$ in Abb. 4.2 langfristig mit einer Gewässergüte von $q = E^{-1}(e)$ einher. Die Variable

$$e_q^b := e_0 - e \geq 0 \tag{4.3a},$$

die gemäß Bedingung 1 nicht–negativ ist, ist ökologisch als der Anteil der Assimilationskapazität zu interpretieren, der nicht zur Assimilation des Schadstoffs beansprucht wird und daher vom Klärwerk als Produktionsfaktor für Gewässergüte nutzbar ist.[7] Der Anteil e_q^b, der die Bruttonachfrage des Klärwerks nach Selbstreinigungsdiensten darstellt, wird durch die natürliche Selbstreinigung von Schadstoffemissionen e freigehalten.

Das Klärwerk als Produzent reduzierter Schadstoffemissionen. Im folgenden Modell von Pethig (1988a, S. 227; 1989b, S. 79) reduziert der Klärwerkssektor in der zweiten Schadstoffreduktionsstufe die ihm vom Industriesektor kontinuierlich zugeführte Schadstoffemission e_y dauerhaft durch Arbeits–

---

[7] Dieser Sachverhalt wird unmittelbar deutlich, wenn man (4.3a) in (4.2b) einsetzt. Mithin resultiert dann (bei konstantem Arbeitseinsatz) gemäß Pethig (1989a, S. 226 ff.) folgende Gewässergüteproduktionsfunktion: $q = E^{-1}(e_0 - e_q^b) := \tilde{Q}(e_q^b)$. Wegen der Beziehungen (C4.5) und (C4.7) im Anhang 4C ist $\tilde{Q}_e > 0$ und $\tilde{Q}_{ee} < 0$.

einsatz a_q um einen Betrag von e_{rq}. Das Klärwerk fungiert also als 'Produzent reduzierter Schadstoffemissionen' gemäß der klärwerksseitigen Schadstoffreduktionsfunktion[8]:

$$e_{rq} = R^q(a_q); \qquad R^q(0) = 0, \qquad R^q_a > 0, \qquad R^q_{aa} < 0 \tag{4.4}$$

Die Funktion R^q ist in Abb. 4.3 graphisch dargestellt.

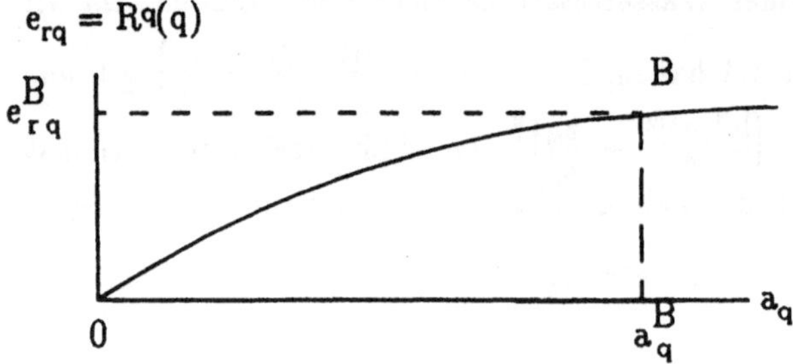

Abb. 4.3. Produktion reduzierter Schadstoffmengen durch das Klärwerk

Die Schadstoffreduktionsfunktion (4.4) gleicht qualitativ der intraindustriellen Schadstoffreduktionsfunktion (A4.3) aus dem Anhang 4A. Dabei verringert ein in Abb. 4.3 beliebig vorgegebener Arbeitseinsatz von a^B_q die Schadstoffemission e_y permanent um den Betrag $e^B_{rq} = R^q(a^B_q)$. Nach der Schadstoffreduktion leitet das Klärwerk die *Rest*schadstoffmenge

$$e := e_y - e_{rq} \leq e_0 \tag{4.5}$$

direkt in den Wasserkörper ein. Die Restschadstoffmenge e ist nichtnegativ, da das Klärwerk nur höchstens die Menge an Schadstoffemissionen, e_y, reduzieren kann, die es vom Industriesektor zugeführt bekommt.

---

[8]Man findet vergleichbare Schadstoffreduktionsmodelle, in denen das Klärwerk als Produzent reduzierter Schadstoffemissionen operiert, z. B. in Kneese und Bower (1972, S. 103), Mestelman (1978, S. 397) und Spulber und Sabbaghi (1994, S. 101 ff.). Kunz (1988, S. 9) und Bohn (1993, S. 142 f.) erläutern den Personaleinsatz und die damit verbundenen Kosten in öffentlichen Kläranlagen.

Mit Arbeitseinsatz $a_q > 0$ [$\Rightarrow e_{rq} = R^q(a_q) > 0$] muß anstelle der vom Arbeitseinsatz a_q unabhängigen *Brutto*nachfrage in (4.3a) die *Netto*nachfrage des Klärwerks nach Selbstreinigungsdiensten betrachtet werden. Und zwar modifiziert sich (4.3a) mit Beachtung der reduzierten Schadstoffmenge e_{rq} zu

$$e_q^n := e_q^b - e_{rq} = e_0 - e - e_{rq} \tag{4.3b},$$

wobei e_q^n die *Netto*nachfrage des Klärwerks nach Selbstreinigungsprozessen symbolisiert. Dabei muß die Nettonachfrage betrachtet werden, da das Klärwerk sowohl Selbstreinigungsdienste e_q^b nachfragt als auch neben dem natürlichen Angebot an Selbstreinigungsdiensten e_0 eigenständig Reinigungsdienste in Form der reduzierten Schadstoffemissionen e_{rq} anbietet. Diese Doppelfunktion des Klärwerks wird deutlich, indem man in (4.3b) die Variable e mithilfe von (4.5) ersetzt. Mithin erhält man folgende zueinander äquivalente Gleichungen:

$$e_q^n := e_q^b - e_{rq} = e_0 - e_y \gtreqless 0 \tag{4.3c}$$

$$e_q^b + e_y = e_0 + e_{rq} \tag{4.3d}$$

$$e_q^n + e_y = e_0 \tag{4.3e}$$

Die Doppelfunktion des Klärwerks erkennt man unmittelbar aus der Gleichung (4.3d), wobei der Term ($e_q^b + e_y$) die Nachfrage und der Ausdruck ($e_0 + e_{rq}$) das Angebot an Reinigungsdiensten darstellt. Weiter kann in (4.3c) die Variable e_q^n ebenfalls negative Werte annehmen.[9] Dabei ist gemäß (4.3c) die Nettonachfrage des Klärwerks nach Selbstreinigungsdiensten genau dann positiv / null / negativ, wenn die industrielle Schadstoffemission (Nachfrage nach Selbstreinigungsdiensten) kleiner als / genauso groß wie / größer als die Assimilationskapazität ist. Eine negative Nettonachfrage e_q^n ist ökonomisch

---

[9]Ohne Arbeitseinsatz ist in (4.3a) die Bruttonachfrage des Klärwerks nach Selbstreinigungsdiensten e_q^b nicht–negativ, da wir $e \leq e_0$ vorausgesetzt haben.

als positives Netto*angebot* des Klärwerks an Reinigungsdiensten zu inter—

pretieren.[10] Im folgenden wird unterstellt, daß der Fall $e_q^n < 0$ für die

Ressourcenallokation nicht relevant ist. D. h. wir analysieren das Klärwerk

ausschließlich als Nettonachfrager ($e_q^n \geq 0$) nach Selbstreinigungsdiensten. Zur

Vereinfachung der Notation lassen wir das Superskript ^{n} bei der Nettonach—

frage e_q^n weg.

Das Klärwerk als Produzent von Gewässergüte. Wir wechseln von der her—

kömmlichen Sichtweise des Klärwerks als 'Produzent' reduzierter Schadstoff—

emissionen zu der von Pethig (1988a, S. 228 ff. und 1989b, S. 79 f.) einge—

führten neuen ökonomischen Sichtweise des Klärwerks als Produzent von Ge—

wässergüte über, indem wir in der ökologischen Gleichgewichtsfunktion (4.2b)

die Variable e mithilfe von (4.3b) durch den Term $e_0 - e_q - e_{rq}$ ersetzen, (4.4)

verwenden und gemäß (B4.3) im Anhang 4B die Normierung $q_0 = 0$ beachten.

Mithin erhalten wir unter Beachtung der vorstehenden Annahme $e_q \geq 0$ die

Produktionsfunktion für Gewässergüte

$$q = E^{-1}[e_0 - e_q - R^q(a_q)] =: Q(\underset{+}{a_q}, \underset{+}{e_q}) \qquad \begin{bmatrix} \text{Gewässergütepro-} \\ \text{duktionsfunktion} \end{bmatrix} \quad (4.6)$$

mit dem konvexen[11] Definitionsbereich $D_q := \{(a_q, e_q) \mid a_q \geq 0$ und $(e_0 - e_q - R^q(a_q)) \in [0, e_0]\}$ und den Eigenschaften $Q(0, 0) = 0$, $Q(0, e_q) \geq 0$ sowie $Q(a_q, 0) \geq 0$.

Die Gewässergüteproduktionsfunktion (4.6) hat wie die Nettoproduktions—
funktion (4.1) im Industriesektor die formale Gestalt einer konventio—

---

[10]Damit ein stationärer Monod—Regenerationsprozeß ablaufen kann, muß im Fall $e_y > e_0$ aus ökologischer Sicht das Klärwerk für die Wasserressource '(quasi) einspringen' und einen Betrag von $e_q^n < 0$ an Reinigungsdiensten derart als Schlupfvariable anbieten, daß $e_y + e_q^n \leq e_0$ bzw. $e_y \leq e_0 - e_q^n$ ist.

[11]D_q ist konvex, da die Funktionen E und R^q konkav sind. Weiter ist aus der Abbildung 6 in Pethig (1988a, S. 229) ersichtlich, daß D_q mit der von uns verwendeten Voraussetzung $e_q \geq 0$ graphisch durch die konvexe Quadratfläche EFGP gegeben ist und somit konvex ist.

nellen Produktionsfunktion.[12] Somit können wir ebenso die Schadstoffreduktion der zweiten Stufe durch Arbeitseinsatz im Klärwerk und die Nettonachfrage des Klärwerks nach Selbstreinigungsdiensten als umweltökonomisches und ökologisches Phänomen in den folgenden Modellen auf traditioneller mikroökonomischer Ebene analysieren: Und zwar ist in (4.6) die Nettonachfrage e_q neben dem Arbeitseinsatz a_q als konventionellem Produktionsfaktor ebenfalls als Produktionsfaktor für Gewässergüte anzusehen. Denn eine Erhöhung von e_q c. p. verkleinert gemäß (4.3b) die Restschadstoffemission e und produziert somit (4.2b) zufolge Gewässergüte.

Dabei sind die Produktionsfaktoren a_q und e_q substitutiv. Denn das Klärwerk kann eine vorgegebene Gewässergüte (entlang einer Gewässergüte–Isoquante) produzieren, indem es vermehrt Selbstreinigunsdienste e_q nachfragt und entsprechend den Arbeitseinsatz a_q verringert et vice versa [vgl. die Gleichungen (C4.1–C4.2) im Anhang 4C].

Die Eigenschaften der Gewässergüteproduktionsfunktion sind im Anhang 4C hergeleitet. Zur graphischen Herleitung der Produktionsfunktion (4.6) positionieren wir das Koordinatensystem aus der Abb. 4.3 mit seinem Ursprungspunkt 0 auf den Punkt A der zur stationären ökologischen Gleichgewichtsfunktion (4.2b) gehörigen e–Achse in Abb. 4.2. Der Punkt A ist durch die beliebige parametrische Vorgabe eines Gewässergüteniveaus q^A determiniert. Es resultiert die graphische Darstellung aus Abb. 4.4.

---

[12]Formal vergleichbare Funktionen verwendet Kolm (1974, S. 153 f.) unter dem Begriff 'environment function' und Mäler (1974, S. 27) unter der Bezeichnung 'environmental interaction function'.

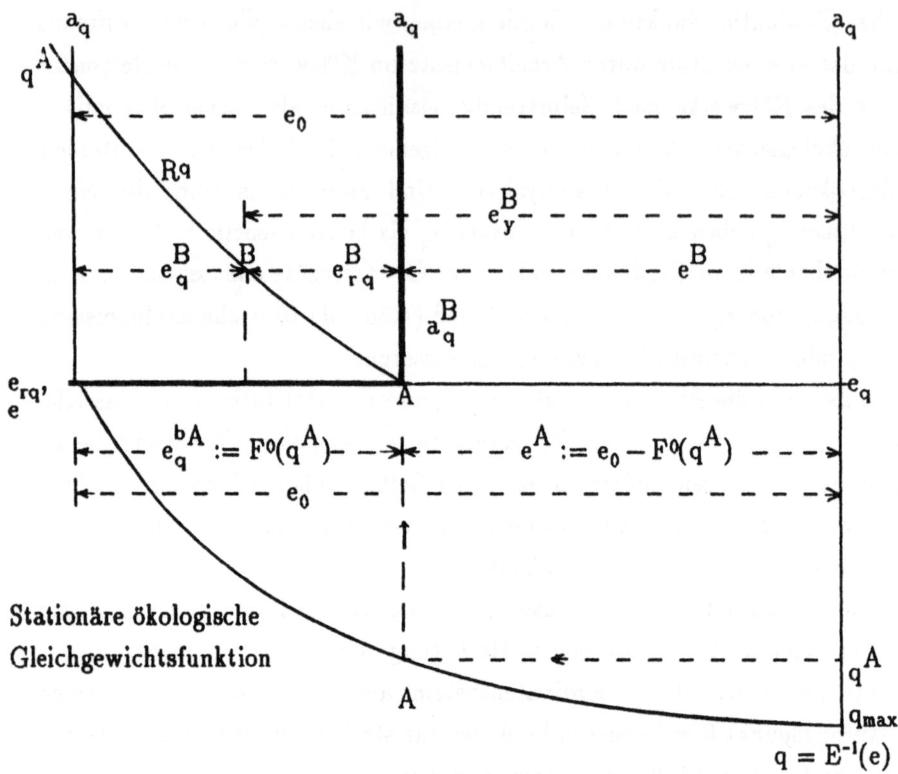

Abb. 4.4. Graphische Herleitung der Produktionsfunktion für Gewässergüte

In Abb. 4.4 teilt der Punkt A die Assimilationskapazität e_0 auf in die durch das Gewässergüteniveau q^A determinierte *Brutto*nachfrage des Klärwerks nach Selbstreinigungsdiensten

$$e_q^{bA} := F^0_+(q^A) \tag{4.3f}$$

und in den durch die Restschadstoffemission

$$e^A := e_0 - F^0_+(q^A) \tag{4.3g}$$

genutzten Anteil (Pethig und Fiedler 1989, S. 79). Dabei gilt gemäß (4.3a) e_q^A + $e^A = e_0$. Ausgehend vom Punkt A reduziert der an der Abzisse des Koor—

dinatensystems für die Schadstoffreduktion abgetragene beliebige Arbeitseinsatz a_q^B die dem Klärwerk zugeführte industrielle Schadstoffemission e_y^B um den an dessen Ordinate abgetragenen Betrag $e_{rq}^B = R^q\left[a_q^B\right]$, so daß sich gemäß (4.5) eine Restschadstoffemission von $e^B := e_y^B - e_{rq}^B$ und der Punkt B auf dem Graph der Schadstoffreduktionsfunktion R^q ergibt. In B beträgt mit (4.3b) und (4.3c) die *Netto*nachfrage des Klärwerks nach Selbstreinigungsdiensten $e_q^{nB} = e_0 - e_{rq}^B - e^B = e_0 - e_y^B$. Auf dem Graphen der Funktion R^q ist die Restschadstoffemission — unabhängig vom Arbeitseinsatz a_q — in beiden Punkten A und B jeweils die gleiche und beträgt $e^A = e^B$. Somit ist gemäß (4.2b) die produzierte Gewässergüte in A und B ebenfalls gleich und beträgt $q^A = E^{-1}(e^A = e^B)$. Da aber jeder beliebige weitere Punkt auf dem Graph der Schadstoffreduktionsfunktion mit der Restschadstoffemission von e^A und folglich jeweils mit der Gewässergüte q^A einhergeht, beschreibt dieser eine Isoquante der Funktion Q.

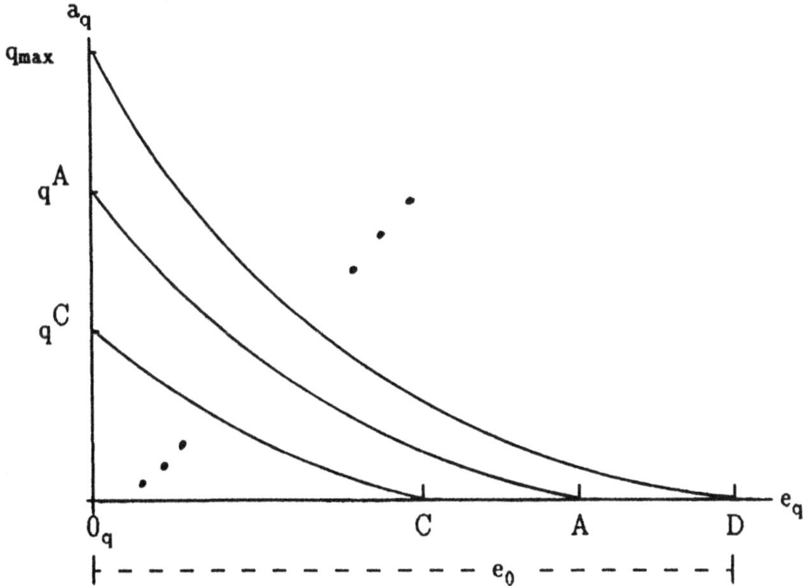

Abb. 4.5. Produktionsfunktion für Gewässergüte

Man generiert weitere Gewässergüte–Isoquanten in Abb. 4.4, indem man das Koordinatensystem der Schadstoffreduktion aus der Abb. 4.3 mit seinem Ursprungspunkt 0 jeweils auf weitere, beliebige Punkte, etwa C und D auf der e_q–Achse positioniert. Dabei beschreibt q_{max} die höchste Gewässergüte–Isoquante.[13]

In den konventionellen umweltökonomischen Modellen, die z. B. im Übersichtsaufsatz von Cropper und Oates (1992, S. 678) aufgeführt sind, wirkt die industrielle Schadstoffemission e_y als negative Produktionsexternalität in der Gewässergüteproduktion. Der Externalitätenansatz ergibt sich, indem man in (4.2b) die Variable e mithilfe von (4.5) unter Beachtung von (4.4) durch den Term $[e_y - R^q(a_q)]$ ersetzt. Mithin führt dies zu einer von Kolm (1974, S. 153 f.) als 'environment function' bezeichneten Technologie:

$$q = E^{-1}[e_y - R^q(a_q)] =: Q^0(a_q, e_y) \qquad (4.6)'$$

Der wesentliche Schritt zu der zum Gewässergütegrundmodell führenden Internalisierung von e_y als negativer Externalität besteht darin, die nachstehende Ressourcenrestriktion (4.7b) bereits als integralen Modellbaustein der Gewässergütetechnologie aufzufassen. Dadurch sind sowohl e_y als auch e_q ebenso wie die der Faktor Arbeit *knappe*[14] Produktionsfaktoren.

4.2.4 Struktur des Gewässergütegrundmodells

Nachdem die Gewässergüteproduktion auf eine konventionelle neoklassische Produktionsfunktion (4.6) zurückgeführt ist, vervollständigen wir das Gewässergütegrundmodell durch die in ihren Argumenten streng monoton stei-

---

[13]Im Anhang 4B ist gezeigt, daß q_{max} eine obere Schranke der ökologischen Gleichgewichtsfunktion ist und im Anhang 4C wird gezeigt, daß q_{max} ebenso eine obere Schranke der Gewässergüteproduktionsfunktion ist.

[14]Eine Ressource heißt knapp, wenn die Gesamtnachfrage zum Preise von Null das Angebot (Ressourcenbestand) übersteigt. Im Sinne der Wohlfahrtstheorie hängt dabei der Wert einer Ressource von den individuellen Präferenzen ab. Bewertungsmethoden, auf die wir im Rahmen dieser Arbeit nicht eingehen, werden etwa von Point (1994, S. 23 ff.) und Johansson (1994, S. 59 ff.) dargestellt und analysiert.

gende quasi–konkave Nutzenfunktion (3.4) des repräsentativen Konsumenten, $u = U(q, y)$, und die beiden *Ressourcenrestriktionen*:

$$a_q + a_y = a_0 \qquad (a_0 \text{ ist konstant}) \tag{4.7a}$$

$$e_q + e_y = e_0 \qquad (e_0 \text{ ist konstant}) \tag{4.7b}$$

Es resultiert eine (neoklassische) Zwei–Sektoren–Zwei–Faktoren–Struktur[15] in Abb. 4.6 Die Ressourcenrestriktion (4.7b) ist mit Unterdrückung des Superskriptes ^{n} bei der Nettonachfrage e_q des Klärwerks nach Selbstreinigungsdiensten unmittelbar durch die Gleichung (4.3e) gegeben.

Gemäß (4.7) stehen der Industriesektor und das Klärwerk nicht nur bezüglich des Produktionsfaktors Arbeit in Nutzungskonkurrenz zueinander, sondern konkurrieren auch um die dauerhaft von der aggregierten Wasserressource angebotene Assimilationskapazität e_0.[16] Und zwar fragt der Industriesektor, wie die Abb. 4.6 zeigt, Selbstreinigungsdienste zum Abbau der bei der Konsumgutproduktion entstehenden Schadstoffemission e_y nach und der Klärwerkssektor fragt die Selbstreinigungsdienste e_q zur Produktion von Gewässergüte nach. Beide Nutzungsarten stehen insofern in Konkurrenz zueinander, als daß eine c. p. steigende (fallende) Schadstoffemission e_y die Konsumgutproduktion wegen (4.1) erhöht (verringert) und gleichzeitig wegen (4.7b) die Nettonachfrage e_q des Klärwerks zurückgeht (steigt) und somit (4.6) zufolge die Gewässergüte sinkt (steigt).

---

[15]Diese Modellstruktur wird etwa in finanzwissenschaftlicher Literatur z. B. von Harberger (1962, S. 215 ff.), Jones (1965, S. 557), Atkinson und Stiglitz (1980, S. 166) oder Kotlikoff und Summers (1987, S. 1043 ff.) und in der Literatur zur Außenwirtschaftstheorie z. B. von Gandolfo (1986, S. 33 ff.) ausführlich analysiert.

[16]Dabei ist e_0 kein umweltpolitisch vorgegebener Emissionsstandard, wie er z. B. in Baumol und Oates (1971, S. 53) oder in Pethig (1976a, S. 163) eingeführt wird, sondern ist gemäß den vorstehenden Gleichungen (2.33), (4.2a) und (4.3) als das maximale natürliche Angebot der Wasserressource an Selbstreinigungsdiensten anzusehen.

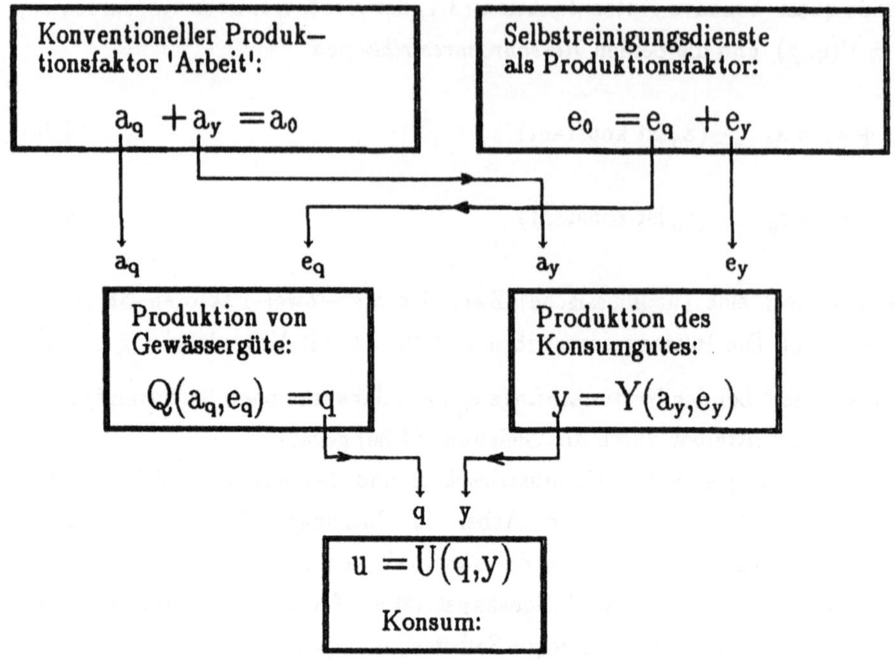

Abb. 4.6. Zwei–Sektoren–Zwei–Faktoren–Struktur des Gewässergütegrundmodells

Definition 4.1. *Im Gewässergütegrundmodell heißt eine Allokation (a_q, a_y, e_q, e_y, q, y) technisch erreichbar (technically feasible), wenn die Produktionstechnologien (4.1) und (4.6) und die Ressourcenrestriktionen (4.7) erfüllt sind.*

Der Definition 4.1 zufolge ist jede erreichbare Allokation *ökologisch tragfähig*. Denn bei der Herleitung der Produktionsfunktion für Gewässergüte (4.6) und der Restriktion (4.7b), die beide Definitionsbestandteil sind, haben wir die simultane Erfüllung der drei Bedingungen für den Ablauf des stationären Monod–Prozesses vorausgesetzt. Somit ist die im zweiten Kapitel gegebene Arbeitsdefinition der ökologisch tragfähigen Entwicklung erfüllt. Wie die folgende Abb. 4.7 zeigt, liegen erreichbare Faktorallokationen (a_q, a_y, e_q, e_y) innerhalb der durch den Linienzug $0_q ABCD$ begrenzten Fläche[17] in der Fak–

---

[17]Das Flächenstück ergibt sich, da der Definitionsbereich D_y der Funktion Y durch die $e_y \leq$ X(a_y) beschränkt und die Funktion Q durch q_{max} nach oben beschränkt ist.

torbox und erreichbare Güterallokationen (q, y) unterhalb bzw. auf der Transformationkurve $0_q'P^{*'}C'$. Erreichbare Faktorallokationen sind durch die Schnittmenge $D_{qy} := D_q \cap D_y$ der Definitionsbereiche der Funktionen (4.1) und (4.6) festgelegt und genügen den Restriktionen (4.7).

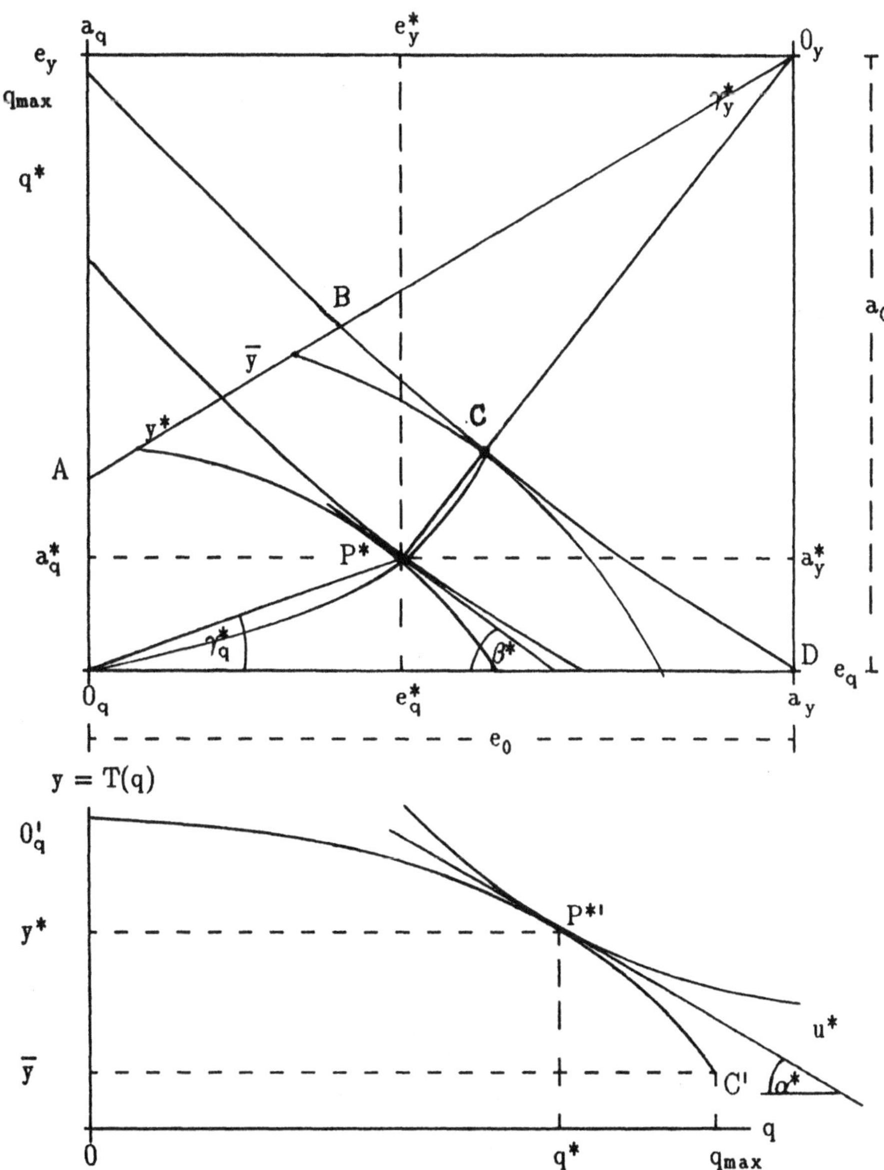

Abb. 4.7. Erreichbare Allokationen und Paretoeffizienz im Gewässergütegrundmodell

Definition 4.2. *Im Gewässergütegrundmodell heißt eine erreichbare Allokation* $(a_q^*, a_y^*, e_q^*, e_y^*, q^*, y^*)$ *paretoeffizient, wenn es unmöglich ist, durch Real-lokation der Selbstreinigungsdienste und der Arbeit den Nutzen des repräsen-tativen Konsumenten zu erhöhen.*

Ein paretoeffizientes Gewässergütemanagement ist durch die Maximierung des Nutzens des repräsentativen Individuums unter den Bedingungen (4.1), (4.6) und (4.7) determiniert. Bei Beschränkung auf *innere* Lösungen erhält man aus der Lagrangefunktion

$$L = U(q, y) + \lambda_y[Y(a_y, e_y) - y] + \lambda_q[Q(a_q, e_q) - q] +$$
$$+ \lambda_a(a_0 - a_q - a_y) + \lambda_e(e_0 - e_q - e_y)$$

mithilfe der Kuhn–Tucker–Bedingungen (Intrilligator 1971, S. 51),

$$\frac{\partial L}{\partial t} := L_t \leq 0, \ t \geq 0 \ \text{und} \ t \cdot L_t = 0 \ \text{mit} \ t = a_q, \ a_y, \ e_q, \ e_y, \ q, \ y$$
$$\frac{\partial L}{\partial \lambda_v} := L_{\lambda_v} \geq 0, \ \lambda_v \geq 0 \ \text{und} \ \lambda_v \cdot L_{\lambda_v} = 0 \ \text{mit} \ v = a, \ e, \ q, \ y,$$

die Bedingungen für eine paretoeffiziente Allokation.[18] Dabei symbolisiert λ_v jeweils den nicht–negativen *Schatten*preis für Arbeit, die Selbstreinigungs–dienste, die Gewässergüte und für das Konsumgut. Mithin gilt:

$$\frac{Y_e(a_y^*, \ e_y^*)}{Y_a(a_y^*, \ e_y^*)} = \frac{Q_e(a_q^*, \ e_q^*)}{Q_a(a_q^*, \ e_q^*)} = \frac{\lambda_e^*}{\lambda_a^*} > 0 \tag{4.8a}$$

[Produktionseffizienz]

$$-\underline{T}_q(q^*) := \frac{Y_a(a_y^*, \ e_y^*)}{Q_a(a_q^*, \ e_q^*)} = \frac{Y_e(a_y^*, \ e_y^*)}{Q_e(a_q^*, \ e_q^*)} = \frac{\lambda_q^*}{\lambda_y^*} > 0 \tag{4.8b}$$

---

[18]Bei einer inneren Lösung betrachten wir nur die Klasse von Modellen, deren Maximum folgende Eigenschaften aufweist:

1. $t > 0$ und somit $L_t = 0$. D. h. beide Faktoren, der Arbeitseinsatz und die Selbstreinigungsdienste, werden zur Produktion eingesetzt und beide Güter, die Gewässergüte und das Konsumgut, werden produziert.

2. $\lambda_v > 0$ und somit $L_{\lambda_v} = 0$. D. h. die Faktoren und beide Güter sind knapp und haben daher jeweils einen positiven Knappheits(schatten)preis λ_v. Also sind gemäß $L_{\lambda_v} = 0$ die Kapazitäten a_0 und e_0 voll ausgelastet.

$$\frac{U_q(q^*,\ y^*)}{U_y(q^*,\ y^*)} = \frac{\lambda_q^*}{\lambda_y^*} > 0 \qquad\qquad\qquad \text{[Konsumeffizienz] (4.8c)}$$

$$\frac{U_q(q^*,\ y^*)}{U_y(q^*,\ y^*)} = -\,T_q(q^*) > 0 \qquad\qquad\qquad \text{[Paretoeffizienz] (4.8d)}$$

In (4.8) sind der Bedingung (4.8a) zufolge die Arbeit und die Selbstreinigungsdienste zwischen Industrie und Klärwerk so aufzuteilen, daß die in Arbeitseinheiten ausgedrückten Grenzkosten Y_e/Y_a der vom Industriesektor nachgefragten Selbstreinigungsdienste gleich den in Arbeitseinheiten ausgedrückten Grenzkosten Q_e/Q_a der im Klärwerk verwendeten Selbstreinigungsdienste sind und dem Faktorrelativschattenpreis $\tan\ \beta^* = \lambda_e^*/\lambda_a^*$ entsprechen.

Die Bedingung (4.8b) verlangt, daß die Grenzrate der Transformation $-T_q$ als Grenzopportunitätskosten gemessen in für eine (zusätzlich produzierte) Gewässergüteeinheit dq 'entgangenen' Konsumguteinheiten dy gleich dem Güterrelativschattenpreis $\tan\ \alpha = \lambda_q^*/\lambda_y^*$ ist. Weiter fordert die Konsumeffizienzbedingung (4.8c), daß die Grenzrate der Substitution U_q/U_y — das ist die Grenzzahlungsbereitschaft des repräsentativen Individuums gemessen in für eine infinitesimale (zusätzliche) Gewässergüteeinheit 'bezahlten' Konsumguteinheiten — gleich dem Güterschattenpreisverhältnis λ_q^*/λ_y^* ist.

Schließlich erhält man nach Elimination von λ_q^*/λ_y^* aus (4.8b) und (4.8c) die Bedingung (4.8d) für ein paretoeffizientes Gewässergütemanagement. Diese verlangt, daß die Grenzzahlungsbereitschaft des repräsentativen Konsumenten für Gewässergüte gleich den Grenzopportunitätskosten der Gewässergüteproduktion ist. Dabei sind die Bedingungen (4.8a)–(4.8c) notwendig und die Bedingung (4.8d) ist hinreichend für Paretoeffizienz (Boadway und Bruce 1991, S. 76 ff. und Silberberg 1990, S. 577 ff.).

Eine paretoeffiziente Allokation ist in Abb. 4.7 durch die Punkte P* und P*' illustriert. Dabei genügt in der Faktorbox der Abb. 4.7 der Tangentialpunkt P* zwischen der Gewässergüte–Isoquante q* und der Konsumgut–Isoquante y* der Bedingung (4.8a). Und der Tangentialpunkt P*' auf der durch den Linienzug $0_q'$P*'C' gegebenen Transformationsfunktion T ist gerade so positioniert, daß dieser über den Güterrelativschattenpreis $\tan\ \alpha = \lambda_q^*/\lambda_y^*$ gemäß (4.8d) eindeutig die paretoeffiziente Güterallokation (q*, y*) auf der konkav fallenden Transformationskurve[19] auswählt. Auf der durch den Linienzug $0_q P^* C$ gegebenen Produktionseffizienzkurve in der Faktorbox legen die die Güterallokation (q^*, y^*) repräsentierenden Isoquanten im Punkt P^* den erforderlichen Faktoreinsatz $(a_q^*, a_y^*, e_q^*, e_y^*)$ und die produktionseffizienten Arbeitsintensitäten $\tan \gamma = a_v^*/e_v^* =: k_v$ $(v = q, y)$ eindeutig fest. Der zugehörige Relativschattenpreis für Selbstreinigungsdienste ist durch $\tan \beta^* = \lambda_e^*/\lambda_a^*$ gegeben.

Es sei in Erinnerung gerufen, daß wegen der Definitionen 4.1 und 4.2 eine paretoeffiziente Allokation ebenso *ökologisch tragfähig* ist. Denn wegen Definition 4.1 muß jede erreichbare Allokation ökologisch tragfähig sein und der Definition 4.2 zufolge ist jede paretoeffiziente Allokation erreichbar.

In den folgenden Gewässergütemodellen fungieren die *normativen* Kriterien (4.8) für effizientes und ökologisch tragfähiges Gewässergütemanagement in erster Priorität als 'Meßlatte' zur Detektion von Fehlallokationen, die bei real praktizierten gewässergütepolitischen Eingriffen möglicherweise generiert werden.

"Akzeptiert man das Kriterium der Pareto—Optimalität, das im Fall eines Konsumenten oder eines mit einer Wohlfahrtsfunktion ausgestatteten aggregierten Konsumsektors zum Kriterium des Wohlfahrtsmaximums degeneriert, als Norm zum Vergleich alternativer Allokationen, so muß jede Allokation als Fehlallokation eingestuft werden, die nicht pareto—optimal (wohlfahrtsmaximal) ist" (Pethig 1979, S. 92). Somit ist umgekehrt Weimann (1991, S. 18) zufolge eine Nutzungskonkurrenz an der Wasserressource genau dann als 'gelöst' anzusehen, wenn alle Güter und Faktoren paretoeffizient alloziiert sind. Zunächst konstruieren wir ein Gewässergütemodell mit vollständigen aber teilweise fiktiven Märkten.

---

[19]Den Beweis für den konkav fallenden Verlauf der Transformationsfunktion T findet man z. B. in Gandolfo (1986, S. 60—62). Und zwar ist T konkav, da die zugrundeliegenden Prodduktionsfunktionen Y und Q beide konkav sind.

4.3 Gewässergütemodell mit vollständigen und teilweise fiktiven Märkten

4.3.1 Das Modell

Während das konventionelle neoklassische Zwei–Sektoren–Zwei–Faktoren–
Modell, das etwa in der Außenwirtschaftstheorie (Gandolfo 1986, S. 33 f.)
angewendet wird, über vollständige Märkte[20] für beide Güter und beide Produktionsfaktoren verfügt, existieren im folgenden Gewässergüte*markt*modell
reale Märkte nur für das Konsumgut und den Faktor Arbeit. Die in der Tabelle 4.1 aufgeführten Märkte für Gewässergüte und Selbstreinigungsdienste
sind *fiktiv*.

Tabelle 4.1. Fiktive Märkte für Gewässergüte und Selbstreinigungsdienste

Gut \\ Markt	Preis	Marktan-gebot	Marktnach-frage
Gewässergüte	p_q	Klärwerk: $q = Q(a_q, e_q)$	Konsument: q
Selbstreini-gungsdienste	p_e	Wasserwirt-schafstbehörde: e_0	Industrie: e_y Klärwerk: e_q

Der Markt für Gewässergüte ist Young und Haveman (1985, S. 470) zufolge
"thin or absent", da diese, wie im vorstehendem Kapitel erläutert, ein
öffentliches Gut ist, von dessem Konsum kein Individuum ausgeschlossen
werden kann. Aufgrund der *Nichtausschließbarkeit* hat jedes Individuum —
einschließlich des repräsentativen Konsumenten — den Anreiz, sich als
'Freifahrer' (Pethig 1978, S. 75 ff.; Blümel, Pethig und von dem Hagen 1986,

---

[20]Dabei ist ein Markt gemäß Hurwicz (1973, S. 1 ff.) und Pethig (1979, S. 137–164) ein
informationsmäßig dezentraler Allokationsmechanismus, der über Knappheitspreise Res-
sourcenangebot und –nachfrage zum Ausgleich bringt. Und zwar "it is of cource, the
single–most telling characteristic of decentralized resource allocation mechanisms that
information is decentralized in them" (Dasgupta 1990, S. 57).

S. 269; Cornes und Sandler 1986, S. 22 ff. und Pommerehne 1987, S. 146 ff.) zu verhalten, indem es seine Grenzzahlungsbereitschaft für Gewässergüte *unwahrheitsgemäß* zu niedrig bzw. mit Null angibt. Folglich "...kommt es bestenfalls zu einem suboptimalen Angebot[21] des öffentlichen Gutes, oder aber dieses wird überhaupt nicht marktlich bereitgestellt" (Pommerehne und Römer 1988, S. 222).

Für die von der Wasserressource dauerhaft angebotenen Assimilationsdienste existiert kein Markt, da diese eine *Allmenderessource* (common property resource) sind. Das ist eine Ressource im Gemeingebrauch mit *freiem* Zugang, deren Nutzung im Gegensatz zu dem öffentlichem Gut Gewässergüte gemäß [(4.7b)] *mit Nutzungskonkurrenz* einhergeht. Da ohne staatliche Eingriffe, etwa in Form der Erhebung von Emissionssteuern oder des Verkaufs von Emissionslizenzen, kein Wirtschaftssubjekt über exklusive Nutzungsrechte (property rights) an deren Nutzung verfügt und freier Zugang herrscht, kann kein potentieller Nutzer ausgeschlossen werden (Blümel, Pethig und von dem Hagen 1986, S. 258 f.; Inman 1987, S. 653 ff. und Dasgupta 1990, S. 54). Das Fehlen eines *Marktes* als Knappheitsverwalter der Assimilationskapazität führt zu der von Hardin (1968, S. 1243 ff.) beschriebenen *'Tragödie der Allmende'* in Form der Übernutzung der Assimilationskapazität als kostenloser Produktionsfaktor, sofern dies nicht durch staatliche Regulierung verhindert wird.

Damit ein fiktiver Markt für Gewässergüte aktiv ist, klammern wir den Anreiz des repräsentativen Individuums, sich als Freifahrer zu verhalten, aus und nehmen dazu etwa Windisch (1980, S. 314) und Pethig (1981, S. 157) folgend an, daß das Individuum seine Grenzzahlungsbereitschaft für Gewässergüte *wahrheitsgemäß* einer staatlichen Wasserwirtschaftsbehörde mitteilt. Alternativ dazu nehmen einige Autoren wie z. B. Blümel, Pethig und von dem Hagen (1986, S. 277) an, daß die Behörde über die Grenzzahlungsbereitschaft *vollständig informiert ist und als benevolenter Diktator* handelt. Die Behörde erhebt einen Steuerpreis p_q in der Höhe der ('wahren') Grenzzahlungs

---

[21]Die optimale (paretoeffiziente) Menge des öffentlichen Gutes (bzw. das optimale Gewässergüteniveau) ist bei mehreren Konsumenten durch die Samuelsonsche Summenbedingung (Samuelson 1954, S. 387 f.) festgelegt, der zufolge die Summe der Grenzzahlungsbereitschaften aller Konsumenten den Grenzopportunitätskosten der Produktion einer weiteren Einheit des öffentlichen Gutes entspricht. Bei einem einzigen Konsumenten (repräsentativer Konsument) degeneriert diese Bedingung zur nachstehenden Bedingung (4.9c).

bereitschaft vom repräsentativen Konsumenten zur Finanzierung der Produktion von Gewässergüte.[22] Für das Funktionieren der Angebotsseite des Marktes für Gewässergüte nehmen wir Demsetz (1968, S. 55 ff.) folgend an, daß innerhalb von möglichen Klärwerksbetreibern vollständiger Wettbewerb um die Betreibung des Klärwerks herrscht.[23]

Zur Etablierung eines Marktes für Selbstreinigungsdienste ist Demsetz (1964, S. 11 ff.), Dales (1968a, S. 791 ff.) und Mishan (1977, S. 245 ff.) zufolge eine wohldefinierte und juristisch durchsetzbare Zuteilung *exklusiver* Nutzungsrechte erforderlich. Im folgenden nehmen wir an, daß die Wasserwirtschaftsbehörde, alleine über alle Nutzungsrechte an der Assimilationskapazität verfügt und zudem vollständige Information über deren Größe hat.[24] Bei dieser im wesentlichen auf Dales (1968b) zurückgehenden *Regulierung über Mengen* bietet die Wasserwirtschaftsbehörde als *Knappheitsverwalter* der Assimilationskapazität *Emissionslizenzen* in der ökologisch tolerierbaren Höhe von e_0 an.

Das Klärwerk fragt die Menge e_q an Emissionlizenzen zum nichtnegativen Preis p_e bei der Behörde nach. Dadurch verhindert das Klärwerk, daß diese Menge e_q vom Industriesektor durch Schadstoffemissionen genutzt wird. Auf diese Weise wird e_q als Faktor für die Gewässergüteproduktion eingesetzt. In Konkurrenz zum Klärwerk fragt der Industriesektor Emissionslizenzen zum gleichen Preis p_e nach, um den Anteil e_y der Assimilationskapazität als Schadstoffaufnahmemedium bei der Konsumgutproduktion zu nutzen.

---

[22]Dieses Verfahren zur Allokation der Gewässergüte als öffentliches Gut basiert auf Lindahl (1919). Das Lindahl–Allokationsverfahren ist ein fiktives Marktkonzept zur Bereitstellung von öffentlichen Gütern, das gemäß Pethig (1981, S. 157) informationsmäßig dezentral, paretoeffizient, aber nicht individuell anreizverträglich ist. Die Nicht–Anreizverträglichkeit dieses Konzepts resultiert aus dem Eigeninteresse der repräsentativen Individuen, sich als Freifahrer zu verhalten.

[23]Gemäß Karl und Klemmer (1994, S. 34 f. und S. 48 ff.) wird in der Praxis neben Modellen des öffentlich organisierten Klärwerksbetriebes in Modellen des privaten Betriebs auf einem sog. 'Klärwerksbetreiberwettbewerbsmarkt' derjenige Anbieter durch Ausschreibungen ausgewählt, der verglichen mit den übrigen konkurrierenden Bewerbern eine jeweilige Gewässergüte zu den geringsten Kosten produziert.

[24]Nilson (1986, S. 43) und Hettelingh (1991, S. 6 ff) haben Messungen zur Bestimmung der Assimilationskapazität von Wasserrressourcen im west– und im osteuropäischen Raum durchgeführt. Somit ist Information über die Höhe der Assimilationskapazität verfügbar.

Die auf Pigou (1920) zurückgehende *Regulierung über Steuerpreise* ist Bohm und Russell (1985, S. 419) zufolge der *duale* umweltpolitische Eingriff zur Regulierung über Mengen durch die (begrenzte) Ausgabe von Emissionslizenzen. Während sich bei der Mengenregulierung ein Knappheitspreis für Selbstreinigungsdienste *dezentral* über den Markt einstellt, wird bei der Preisregulierung *zentral* — etwa von einer Wasserwirtschaftsbehörde — ein Pigouscher Steuerpreis als Marktpreisersatz umweltpolitisch vorgegeben. Diesen bezahlt in Pigouscher Tradition der Industriesektor als *Verursacher* von Schadstoffemissionen, die als *negative* Externalität die Gewässergüte vermindern.[25] Nehmen wir an, daß ebenso das Klärwerk diesen Steuerpreis p_e für die Nutzung von e_q zu zahlen hat. Dann kann die Ressourcenrestriktion (4.7) wie folgt durch das von Baumol und Oates (1971, S. 43 f.) eingeführte *Versuch–und–Irrtum–Verfahren* (trial–and–error) implementiert werden: Zunächst gibt die Wasserwirtschaftsbehörde willkürlich einen Preis, etwa p_{e1}, vor. Stellt diese durch geeignete Messungen fest, daß bei p_{e1} die Gesamtnachfrage $(e_{y1} + e_{q1})$ nach Selbstreinigungsdiensten größer / kleiner ist als die Assimilationskapazität e_0, so ist p_{e1} bei Voraussetzung der Normalreaktion der Nachfrage nach Selbstreinigungdiensten zu erhöhen / zu senken. Dieses Verfahren wird iterativ solange fortgesetzt, bis der Steuerpreis p_{e0} mit $e_y + e_q = e_0$ gefunden ist.

Aus ökologischer Sicht ist ein wesentlicher Vorteil der Mengenregulierung gegenüber der Preisregulierung, daß die Emissionslizenzen in der *ökologisch tolerierbaren* Höhe der Assimilationskapazität angboten werden, da deren Höhe der Wasserwirtschaftsbehörde bekannt ist. Dagegen geht bei der Vorgabe des Steuerpreises die Höhe der Assimilationskapazität nicht mit ein. Vielmehr muß der Ausgleich zwischen Nachfrage $(e_y + e_q)$ und Angebot e_0 an Selbstreinigungsdiensten durch Versuch–und–Irrtum hergestellt werden. Daher birgt gemäß Rose–Ackermann (1977, S. 383 ff.) und Cropper und Oates (1992, S. 687) die Preisregulierung das Risiko in sich, daß Schadstoffemissionen die Assimilationskapazität überschreiten und dadurch, wie wir im

---

[25]Die Pigousche Steuerpreisregulierung ist effizient, wenn der Steuerpreis gleich dem durch die Gewässergüteminderung verursachten Grenzschaden ist. Dabei ist der Hauptkritikpunkt der Pigoudirektive die implizite Annahme, daß der Staat über alle Informationen — insbesondere über die genaue Höhe und die monetäre Bewertung des Grenzschadens — verfügt und zudem als benevolenter Diktator handelt (Monissen 1980, S. 357).

zweiten Kapitel erläutert haben, die Selbstreinigungsdienste irreversibel zer—
stört werden.

Ein sogenannter *'Verhandlungsmarkt'* (Windisch 1981, S. 111) für die Selbstreinigungsdienste entsteht basierend auf dem klassischen Aufsatz von Coase (1960, S. 1. ff.), wenn

1. entweder nur das Klärwerk oder nur der Industriesektor die exklusiven Nutzungsrechte an den Selbstreinigungsdiensten hat und

2. die Verhandlungstransaktionskosten Null sind (ebd., S. 15).

Liegen alle Nutzungsrechte an den Assimilationsdiensten beim Klärwerk, dann bezahlt als Ergebnis von Verhandlungen der Industriesektor als *Verursacher* der Verschmutzung dem *Verursacherprinzip* folgend den Betrag $p_e \cdot e_y$ an das Klärwerk für die Nutzung der Assimilationskapazität. Verfügt umgekehrt der Industriesektor über alle Nutzungsrechte, dann zahlt das Klärwerk gemäß dem *Nutznießerprinzip* den Betrag $p_e \cdot (e_0 - e_y)$ an den Industriesektor, damit dieser den Teil $e_q = e_0 - e_y$ der Assimilationskapazität von Verschmutzungen verschont.

Dabei kommt Coase (1960, S. 7 f.) zufolge unter der Voraussetzung, daß die Transaktionskosten von Verhandlungen zwischen Klärwerk und Industriesektor Null sind, eine paretoeffiziente Allokation (e_q^*, e_y^*) zum Preis von p_e^* zustande, unabhängig davon, ob das zentrale Klärwerk oder der Industriesektor über alle Nutzungsrechte an der Assimilationskapazität verfügt.

Da die Transaktionskosten jedoch mit der Anzahl der Verhandlungspartner steigen (Furobotn und Peejovich 1972, S. 1137 ff.; Endres 1977, S. 648 und Pethig 1989a, S. 225), erscheint der *politisch induzierte* Markt über Emissionslizenzen angesichts einer Vielzahl von Konsumgutproduzenten und Klärwerken[26] im Vergleich zur Coase—Argumentation zweckmäßiger.

---

[26]Dabei ist zu beachten, daß wir eine Vielzahl (identischer) Konsumgutproduzenten als den Industriesektor betrachten und eine Vielzahl (identischer) Klärwerke zu einem einzigen zentralen Klärwerk aggregieren.

Einen durch die Ausgabe von Emissionslizenzen politisch[27] induzierten Markt für Selbstreinigungsdienste konstruieren Pethig (1981, S. 155 und 1989a, S. 228) und Spulber und Sabbaghi (1994, S. 130). Dabei ist für den politischen Markt durch Emissionslizenzen (Pethig 1989a, S. 221 und 232) keiner der klassischen umweltökonomischen Grundprinzipien anwendbar. Denn sowohl der Industriesektor bezahlt als Verursacher der Beeinträchtigung der Gewässergüte durch Schadstoffemission gemäß dem Verursacherprinzip (polluters pay principle) als auch der Klärwerkssektor bezahlt als *Nutznießer* unterlassener Schadstoffemissionen dem *Nutznießerprinzip* (pollutees pay principle) folgend den einheitlichen Knappheitspreis p_e an die Wasser—wirtschaftsbehörde. Beide Sektoren nutzen die Assimilationskapazität als knappes Gut. Das neue umweltpolitische Prinzip, das die konkurrierende *Nutzung* der Selbstreinigungsdienste wiedergibt, bezeichenen wir Pethig (1989a, S. 232) und Zylicz (1994a, S. 93) folgend als *Nutzerprinzip* (user pays principle) der Selbstreinigungsdienste. Weiter besteht auf allen Märkten annahmegemäß vollständige Konkurrenz[28]. Dem Klärwerk und dem Industriesektor ist die wahre Grenzzahlungsbereitschaft des repräsentativen Konsumenten für Gewässergüte (durch Mitteilung der Behörde) bekannt und beide Sektoren stellen ihre Güterproduktion vollständig auf dessen Präferenz ein.

Definition 4.3. *Im Gewässergütemarktmodell ist ein Gleichgewicht durch eine erreichbare Allokation $(a_q^*, \ a_y^*, \ e_q^*, \ e_y^*, \ q^*, \ y^*)$ und den zugehörigen nicht—negativen Preisvektor $(p_a^*, \ p_e^*, \ p_q^*, \ p_y^*)$ derart determiniert, daß*

1. $(a_q^*, \ e_q^*, \ q^*) = arg \ max \ G^q := p_q^* \cdot q - p_a^* \cdot a_q - p_e^* \cdot e_q \geq 0 \ u. \ d. \ B. \ q \leq Q(a_q, e_q);$

---

[27]Das Konzept eines politischen Marktes von Emissionslizenzen ist in beachtlicher Form in den USA implementiert (Tietenberg 1985, S. 52 ff. und S. 113 ff.; Tietenberg 1988, S. 419; Opschoor und Vos 1989, S. 88 ff. und Peeters 1991, S. 154). Z. B. wurden Mills (1978, S. 186) zufolge in den USA in den Jahren 1972 bis 1976 46.000 Emissionlizenzen im Gewässergütebereich ausgegeben.

[28]Zu Modellen unvollständiger Konkurrenz, die wir nicht mit in unsere Analyse einbeziehen, um den Rahmen dieser Arbeit nicht zu sprengen, vgl. z. B. Buchanan (1969, S. 174 ff.); Ebert (1991a; 1991b, S. 154 ff. und 1994, S. 12 ff.); Conrad (1993, S. 121 ff.); Kennedy (1993, S. 52 ff.) und Requate (1993a, S. 255 ff. und 1993b, S. 415 ff.), der spiel—theoretische Analysemethoden verwendet.

2. $(a_y^*, e_y^*, y^*) = arg\ max\ G^y := p_y^* \cdot y - p_a^* \cdot a_y - p_e^* \cdot e_y \geq 0\ u.\ d.\ B.\ y \leq Y(a_y, e_y)$;

3. $(q^*, y^*) = arg\ max\ u = U(q, y)\ u.\ d.\ B.\ p_q^* \cdot q + p_y^* \cdot y \leq p_a^* \cdot a_0 + p_e^* \cdot e_0 + g =: z$, wobei $g := G^a + G^y \geq 0$ und

4. die Ressourcenrestriktionen $a_q^* + a_y^* = a_0$ und $e_q^* + e_y^* = e_0$ erfüllt sind.[29]

Im folgenden untersuchen wir die Eigenschaften des Marktgleichgewichts der Definition 4.3. Dazu analysieren wir zunächst die Implikationen der Verhaltensmaximen der Gewinn– und der Nutzenmaximierung aus Definition 4.3. Und zwar impliziert bei Betrachtung innerer Lösungen Gewinnmaximierung in beiden Sektoren:

$$\frac{Y_e(a_y^*, e_y^*)}{Y_a(a_y^*, e_y^*)} = \frac{Q_e(a_q^*, e_q^*)}{Q_a(a_q^*, e_q^*)} = \pi_{ea}^* > 0 \qquad (4.9a)$$

$$-T_q(q^*) := \frac{Y_a(a_y^*, e_y^*)}{Q_a(a_q^*, e_q^*)} = \frac{Y_e(a_y^*, e_y^*)}{Q_e(a_q^*, e_q^*)} = \pi_{qy}^* > 0 \qquad (4.9b)$$

In (4.9a) und (4.9b) symbolisiert p_e den Nutzungspreis der Selbstreinigungsdienste, p_a den Lohn für den Arbeitseinsatz, p_q den Preis für den Kauf von Gewässergüte und p_y ist der Preis für den Erwerb des Konsumgutes. Ge–

---

[29]In einem disaggregierten Modell mit einer Vielzahl von Konsumenten stellt das Gleichgewicht aus der Definition 4.3 ein Lindahl–Gleichgewicht dar (Lindahl 1919; Johansen 1963, S. 346 ff.). Im Lindahl–Modell bezahlt jeder Konsument bei wahrheitsgemäßer Angabe seiner Präferenz für Gewässergüte einen seiner Grenzzahlungsbereitschaft entsprechenden individuellen (Steuer)–Preis, den personalisierten Preis, für die Bereitstellung der Gewässergüte als öffentliches Gut. Bei paretoeffizienter Allokation sind (vgl. Fn. 22 in diesem Kapitel) gemäß der Samuelsonschen Summenbedingung die Grenzkosten der Gewässergüte gleich der Summe der personalisierten Preise, die jeweils den individuellen marginalen Zahlungsbereitschaften entsprechen (Samuelson 1954, S. 387 ff.). Da wir in diesem stark aggregierten Modell einen einzigen repräsentativen Konsumenten zugrundelegen, existiert nur ein einziger Preis bzw. nur eine einzige Grenzzahlungsbereitschaft für Gewässergüte. Daher degeneriert die Samuelsonsche Summenbedingung zur Bedingung (4.9c) und das Lindahl–Gleichgewicht degeneriert zum Gleichgewicht der Definition 4.3 ('Degeneriertes Lindahl–Gleichgewicht'). Foley (1970, S. 66 ff.); Roberts (1974, S. 28 ff.) und Pethig (1979, S. 151 ff.) haben das Lindahl–Konzept formal präzisiert.

mäß (4.9a) ist die Produktion der Güter Q und Y genau dann gewinnmaximal, wenn der Industriesektor und das Klärwerk beide dem *Nutzerprinzip* folgend denselben Knappheitsrelativpreis $\pi_{ea}^* := p_e^*/p_a^*$ für die Nutzung der Selbstreinigungsdienste bezahlen. Dann entsprechen die Grenzopportunitätskosten einer (kleinen) zusätzlich produzierten Gewässergüteeinheit wegen (4.9b) dem Güterrelativpreisverhältnis $\pi_{qy}^* := p_q^*/p_y^*$.

Wie in Definition 4.3 weiter beschrieben ist, setzt sich das Gesamteinkommen z des repräsentativen Konsumenten zusammen aus dem Arbeitseinkommen $p_a \cdot a_0$, dem Ertragswert $p_e \cdot e_0$ der Selbstreinigungsdienste[30], den die Wasserwirtschaftsbehörde an den Konsumenten transferiert, und dem Gewinneinkommen $g \geq 0$. Das Einkommen z verwendet das repräsentative Individuum zum Kauf des Konsumgutes und zur Finanzierung der Bereitstellung des öffentlichen Gutes Gewässergüte. Ein nutzenmaximaler Konsumplan ist bei Beschränkung auf innere Lösungen determiniert durch

$$\frac{U_q(q^*,\ y^*)}{U_y(q^*,\ y^*)} = \pi_{qy}^* > 0 \tag{4.9c} .$$

Der Konsumplan des repräsentativen Konsumenten ist der Bedingung (4.9c) zufolge genau dann optimal, wenn seine Grenzzahlungsbereitschaft für Gewässergüte dem Güterpreisverhältnis π_{qy}^* entspricht.

Proposition 4.1. *Das Marktgleichgewicht aus Definition 4.3 ist paretoeffizient.*

Beweis. Gemäß dem ersten Hauptsatz der Wohlfahrtsökonomie verwenden wir die paretoeffiziente Lösung (4.8) des Gewässergütegrundmodells als Referenz für Effizienz im Gewässergütemarktmodell und setzen dazu $\lambda_a^* = p_a^*$, $\lambda_e^* = p_e^*$, $\lambda_q^* = p_q^*$ sowie $\lambda_y^* = p_y^*$. Mithin sind die Marginalbedingungen (4.9), die das Gleichgewicht des Markmodells charakterisieren, mit den Bedingungen (4.8), die eine paretoeffiziente Allokation bestimmen, identisch.

---

[30]Der Ertragswert $p_e \cdot e_0$ der Selbstreinigungsprozesse bzw. das Faktoreinkommen ist genau dann positiv, wenn die Assimilationskapazität e_0 als Produktionsfaktor knapp ist, d. h. einen positiven Knappheitspreis $p_e > 0$ hat.

Weiter resultiert nach Elimination des Güterpreisverhältnisses in den Gleichungen (4.9b) und (4.9c) die Paretoeffizienzbedingung (4.8d).[31]   □

Aus der durch die Definitionen 4.1 und 4.2 implizierten ökologischen Tragfähigkeit paretoeffizienter Alloaktionen folgt unmittelbar, daß das Marktgleichgewicht der Definition 4.3 ebenfalls ökologisch tragfähig ist. Geometrisch ist das Marktgleichgewicht in Abb. 4.7 durch dieselben Punkte P^* und
$P^{*\prime}$ determiniert, die eine paretoffiziente Allokation repräsentieren. Im
folgenden analysieren wir die komparativ–statischen Eigenschaften des
Marktgleichgewichts.

4.3.2 Komparative Statik des Marktmodells

Mithilfe der komparativ–statischen Analyse des Marktmodells untersuchen
wir, wie sich die gleichgewichtigen Mengen– und Preisvariablen verändern,
wenn sich das Arbeitsanangebot a_0 und / oder die Assimilationskapazität e_0
der aggregierten Wasserressource parametrisch ändern.[32] Dabei ist eine Zunahme des Arbeitsangebots Rose und Sauernheimer (1992, S. 429) zufolge "...

---

[31]Der erste Hautsatz der Wohlfahrtsökonomie angewendet auf dieses Gewässergütemodell
lautet etwa gemäß Atkinson und Stiglitz (1980, S. 343 ff.) und Boadway und Bruce
(1991, S. 3): Sind die Konsumgutproduktionsfunktion (4.1), die Gewässergüteproduktionsfunktion (4.6) und die Nutzenfunktion des repräsentativen Konsumenten konkav, dann ist die gewässergütegleichgewichtige Allokation im degenerierten Lindahl-
Gleichgewicht der Definition 4.3 gemäß Foley (1970, S. 66 ff.) und Tietenberg (1973a,
S. 512) genau dann paretoeffizient, wenn

1.   der Konsumgutmarkt, der Gewässergütemarkt, der Arbeitsmarkt und der Markt
     für Selbstreinigungsprozesse vollständig funktionieren und

2.   auf diesen Märkten vollständige Information etwa über Konsumpräferenzen und
     Produktionstechnologie gegeben ist.

[32]Dabei setzen wir die Existenz, die Eindeutigkeit und die Stabilität des Gewässergüte-
gleichgewichtes und die Existenz eines Anpassungsprozesses vom 'alten' zum 'neuen'
Gleichgewicht voraus. Pethig (1979, S. 151) weist die Existenz und Eindeutigkeit eines
mit dem Marktgleichgewicht aus Definition 4.3 vergleichbaren Gleichgewichtes nach.
Atkinson und Stiglitz (1980, S. 167) diskutieren Existenz und Eindeutigkeit des
Gleichgewichts im Zwei–Sektoren–Zwei–Faktoren–Modell.

die Begleiterscheinung der Bevölkerungsvermehrung...". Eine Veränderung der Assimilationskapazität ist gemäß der Definition (2.18b) als Folge von Änderungen der Geschwindigkeitskonstanten k_a, k_0, des Sauerstoffsättigungswertes o_s bzw. des spezifischen Mikroorganismenwachstums M(s) erklärbar.

Im folgenden unterdrücken wir zur Vereinfachung der Schreibweise das Superskript * an den gleichgewichtigen Variablen, heben die Separabilitätsannahme über die Nutzenfunktion auf und führen in Anlehnung an den bereits als klassisch anzusehenden Aufsatz von Jones (1965, S. 557 ff.) folgende vereinfachende Annahmen ein:

1. Die Nutzenfunktion des repräsentativen Konsumenten ist *homothetisch.* Diese Annahme impliziert, daß die Einkommenselastizitäten der Nachfrage nach beiden Gütern $\eta_q = \eta_y = 1$ betragen (Atkinson und Stiglitz 1980, S. 168). Bei Homothetie läßt sich die Nutzenfunktion gemäß Varian (1992, S. 146) als

$$u = U(q, y) := X[B(q, y)]$$

schreiben. Die Funktion B(q, y) ist linear–homogen und die Funktion X ist in b = B(q, y) monoton. Dann modifiziert sich die Marginalbedingung (4.9c) wie folgt[33]:

$$\pi_{qy} = \frac{U_q(q,\ y)}{U_y(q,\ y)} = \frac{X_b \cdot B_q(q,\ y)}{X_b \cdot B_y(q,\ y)} = \frac{B_q\left[1,\ \frac{y}{q}\right]}{B_y\left[1,\ \frac{y}{q}\right]} =: N^u\left[\frac{y}{q}\right] \qquad (4.10)$$

Durch (4.10) ist implizit eine *'Relativnachfragefunktion'*[34] nach Gewässergüte festgelegt. Denn aus (4.10) folgt $\frac{y}{q} = N^{u-1}(\pi_{qy})$ bzw. $\frac{q}{y} = 1/N^{u-1}(\pi_{qy}) =: N(\pi_{qy})$ mit $N_{\pi_{qy}} < 0$.

---

[33]Vgl. z. B. Henderson und Quandt (1980, S. 108) und Silberberg (1990, S. 95).

[34]Diesen Terminus verwenden beispielsweise Jones (1971, S. 445) und Gronych (1980, S. 82).

2. Die Produktionfunktionen Y und Q sind zur analytischen Vereinfachung linear–homogen.[35] Somit gilt etwa gemäß Allen (1972, S. 50 f.) und Johansen (1972, S. 66) das Euler–Theorem $v = V_a \cdot a_v + V_e \cdot e_v$ für linear–homogene Produktionsfunktionen $v = V(a_v, e_v)$, wobei $v = q$, y und $V = Q$, Y ist. Einsetzen der Grenzproduktivitäten $V_a = p_a/p_v$ und $V_e = p_e/p_v$ in dieses Theorem ergibt nach Umformungen einen maximalen Gewinn von Null:

$$G^v_{max} := p_v \cdot v \left[1 - \frac{p_a \cdot a_v}{p_v \cdot v} - \frac{p_a \cdot a_v}{p_v \cdot v} \right] = 0 \qquad (4.11a)$$

Weiter modifiziert sich bei linear–homogenen Produktionsfunktionen die Gewinnmaximumsbedingung (4.9a) zu[36]:

$$\pi_{ea} = \frac{V_e(a_v, e_v)}{V_a(a_v, e_v)} = \frac{V_e \left[\frac{a_v}{e_v}, 1 \right]}{V_a \left[\frac{a_v}{e_v}, 1 \right]} =: S^v \left[\frac{a_v}{e_v} \right]_+ \qquad (4.11b)$$

In Analogie zu (4.10) ist durch (4.11b) implizit eine Relativnachfragefunktion des Sektors v nach Selbstreinigungsdiensten festgelegt. Denn aus (4.11b) resultiert $\frac{a_v}{e_v} = S^{v-1}(\pi_{ea})$ bzw. $\frac{e_v}{a_v} = 1/S^{v-1}(\pi_{ea}) =: F(\pi_{ea})$ mit $F_{\pi_{ea}} < 0$.

Im folgenden verwenden wir den *aktivitätsanalytischen* 'Jones–Ansatz' (Jones 1965, S. 558 ff. und Jones 1971, S. 437 ff.), der Input–Output–Koeffizienten einführt. Die Input–Output–Koeffizienten $c_{tv} := t_v/v$ ($t = a$, e; $v = q$, y) geben die erforderlichen Inputeinsatzmengen t_v pro Outputeinheit v an und hängen vom Faktorpreisverhältnis π_{ea} ab[37]:

$$c_{tv} = C^{tv}(\pi_{ea}) = \frac{t_v}{v} \qquad (4.12)$$

---

[35]Diese Annahme wird ebenso in Pethig (1989b, S. 83) und in Pethig und Fiedler (1989, S. 81) verwendet.

[36]Vgl. z. B. Henderson und Quandt (1980, S. 108) und Silberberg (1990, S. 95).

[37]Linear–Homogenität der Produktionsfunktionen Q und Y impliziert die Faktornachfragefunktionen $t_v = T^v(\pi_{ea}, v) = C^{tv}(\pi_{ea}) \cdot v$, woraus sich unmittelbar $C^{tv}(\pi_{ea}) = v/t_v =: c_{tv}$ mit $t = a$, e; $T = A$, E und $v = q$, y ergibt.

Mit (4.12) resultieren im Marktgleichgewicht aus (4.11a) folgende Preisgleichungen:

$$p_q = c_{aq} \cdot p_a + c_{eq} \cdot p_e \qquad (4.11c)$$

$$p_y = c_{ay} \cdot p_a + c_{ey} \cdot p_e \qquad (4.11d)$$

Unter Beachtung von (4.12) lassen sich die Ressourcenrestriktionen (4.7) schreiben als:

$$a_0 = c_{aq} \cdot q + c_{ay} \cdot y \qquad (4.13a)$$

$$e_0 = c_{eq} \cdot q + c_{ey} \cdot y \qquad (4.13b)$$

Aufgrund der *dualen* Beziehung zwischen Kosten– und Produktionsfunktion (Diewert 1982, S. 537 ff.) sind in den Gleichungen (4.11b) und (4.11c) die Güterpreise dual zu den Faktorpreisen, und in den Gleichungen (4.13) stehen die Faktorausstattungen in dualer Beziehung zu den produzierten Gütermengen (Jones 1965, S. 558 und Gandolfo 1986, S. 72).

Bei der Durchführung der komparativen Statik folgen wir ebenso dem Aufsatz von Jones (1965), und verwenden *relative* Variablenänderungen $\hat{v} := dv/v$. Dieses sogenannte *'Dachkalkül'* führt zu ökonomisch interpretierbaren dimensionslosen Größen wie Faktoranteilen, Faktorkostenanteilen und Elastizitäten. Im folgenden gehen wir in drei Schritten vor: Im ersten Schritt wenden wir das Dachkalkül auf alle das Gleichgewicht der Definition 4.3 determinierenden Gleichungen an. Im zweiten Schritt führen wir die Rücksubstitutionen mit dem Ziel durch, daß alle Dachvariablen als von den Dachparametern $\hat{a}_0$ und $\hat{e}_0$ abhängig ausgedrückt sind. Im dritten Schritt fassen wir die komparativ–statischen Ergebnisse in der Tabelle 4.2 zusammen und interpretieren diese.

1. Schritt: Differentiation der Gleichungen (4.10), (4.11b)–(4.11d), (4.12) und (4.13) mit dem Dachkalkül ergibt:

a.) Relativnachfragefunktion nach Gewässergüte: Nach Differentiation von (4.10) und Umformungen resultiert:

$$\hat{\pi}_{qy} = -\frac{1}{\sigma_d}(\hat{q} - \hat{y}); \quad \sigma_d := \frac{\pi_{qy}}{N\hat{y}\cdot d} > 0 \qquad (4.14)$$

In (4.14) symbolisiert σ_d die Substitutionselastizität der Güternachfrage, wobei $d := y/q$ ist und $N\hat{y} > 0$ ist.

b.) Preisgleichungen: Differentiation der Preisgleichungen (4.11c) und (4.11d) ergibt:

$$\hat{p}_v = \frac{c_{av}\cdot p_a}{p_v}\cdot\hat{p}_a + \frac{c_{ev}\cdot p_e}{p_v}\cdot\hat{p}_e + \frac{c_{av}\cdot p_a}{p_v}\cdot\hat{c}_{av} + \frac{c_{ev}\cdot p_e}{p_v}\cdot\hat{c}_{ev}$$

Nach Division der Gleichungen (4.11c) und (4.11d) durch die Güterpreise p_v erhalten wir die Stückkosten $1 = \frac{c_{av}\cdot p_a}{p_v} + \frac{c_{ev}\cdot p_e}{p_v}$. Aus der Minimierung der Stückkosten folgt bei Mengenenanpasserverhalten mit der Anwendung des Dachkalküls:

$$\frac{c_{av}\cdot p_a}{p_v}\cdot\hat{c}_{av} + \frac{c_{ev}\cdot p_e}{p_v}\cdot\hat{c}_{ev} = 0 \qquad (4.15)$$

Mit (4.15) lassen sich die vorstehenden Dach–Preisgleichungen vereinfachen:

$$\hat{p}_q = \Theta_{aq}\cdot\hat{p}_a + \Theta_{eq}\cdot\hat{p}_e; \quad \Theta_{aq} := \frac{c_{aq}\cdot p_a}{p_q}, \quad \Theta_{eq} := \frac{c_{eq}\cdot p_e}{p_q} \qquad (4.16a)$$

$$\hat{p}_y = \Theta_{ay}\cdot\hat{p}_a + \Theta_{ey}\cdot\hat{p}_e; \quad \Theta_{ay} := \frac{c_{ay}\cdot p_a}{p_y}, \quad \Theta_{ey} := \frac{c_{ey}\cdot p_e}{p_y} \qquad (4.16b)$$

Es gilt für die Faktorkostenanteile Θ_{tv} ($t = a, e; v = q, y$) des Produktionsfaktors t am Produktionswert im Sektor v wegen des Euler–Theorems für linear–homogene Produktionsfunktionen:

$$\Theta_{aq} + \Theta_{eq} = 1 \qquad (4.17a)$$

$$\Theta_{ay} + \Theta_{ey} = 1 \qquad (4.17b)$$

c.) Relativnachfragefunktione ncah Selbstreinigungsdiensten und Input–Output–Koeffizienten: Differentiation von (4.11b) ergibt nach Umformungen:

$$\hat{\pi}_{ea} = -\frac{1}{\sigma_v}\cdot(\hat{e}_v - \hat{a}_v) = -\frac{1}{\sigma_v}\cdot(\hat{c}_{ev} - \hat{c}_{av}) = \frac{1}{\sigma_v}\cdot\hat{k}_v; \ \sigma_v := \frac{\pi_{ea}}{S_k^y \cdot k_v} > 0 \qquad (4.18a)$$

In (4.18a) symbolisiert σ_v die Substitutionselastizität der Faktornachfrage, $k_v := a_v/e_v$ ist die Arbeitsintensität und es ist $S_k^y > 0$. Aus (4.18a) folgt unmittelbar

$$\sigma_v = \frac{\hat{c}_{av} - \hat{c}_{ev}}{\hat{\pi}_{ea}} > 0; \ v = q, y \qquad (4.18b).$$

Mithilfe von (4.17) und (4.18b) resultiert aus (4.15):

$$\hat{c}_{aq} = \Theta_{eq}\cdot\sigma_q\cdot\hat{\pi}_{ea} = \hat{a}_q - \hat{q} \qquad (4.19)$$

$$\hat{c}_{eq} = -\Theta_{aq}\cdot\sigma_q\cdot\hat{\pi}_{ea} = \hat{e}_q - \hat{q} \qquad (4.20)$$

$$\hat{c}_{ay} = \Theta_{ey}\cdot\sigma_y\cdot\hat{\pi}_{ea} = \hat{a}_y - \hat{y} \qquad (4.21)$$

$$\hat{c}_{ey} = -\Theta_{ay}\cdot\sigma_y\cdot\hat{\pi}_{ea} = \hat{e}_y - \hat{y} \qquad (4.22)$$

d.) Ressourcenrestriktionen: Differentiation von (4.13) ergibt:

$$\hat{a}_0 = \lambda_{aq}(\hat{c}_{aq} + \hat{q}) + \lambda_{ay}(\hat{c}_{ay} + \hat{y}); \ \lambda_{aq} := \frac{a_q}{a_0}, \ \lambda_{ay} := \frac{a_y}{a_0} \qquad (4.23)$$

$$\hat{e}_0 = \lambda_{eq}(\hat{c}_{eq} + \hat{q}) + \lambda_{ey}(\hat{c}_{ey} + \hat{y}); \ \lambda_{eq} := \frac{e_q}{e_0}, \ \lambda_{ey} := \frac{e_y}{e_0} \qquad (4.24)$$

Dabei gilt für die Faktormengenanteile λ_{tv} ($t = a, e; \ v = q, y$) des Produktionsfaktors t am Gesamtfaktoreinsatz im Sektor v:

$$\lambda_{aq} + \lambda_{ay} = 1 \qquad (4.25a)$$

$$\lambda_{eq} + \lambda_{ey} = 1 \qquad\qquad (4.25b)$$

2. Schritt: Die Rücksubstitutionschritte folgen im wesentlichen Jones (1965, S. 559 ff.). Substraktion der Gleichung (4.16b) von (4.16a) ergibt

$$\hat{\pi}_{qy} = |\Theta| \cdot \hat{\pi}_{ea} \qquad\qquad (4.26).$$

Die Gleichung (4.26) gibt implizit die Steigung einer Funktion P an mit π_{qy} = $P(\pi_{ea})$. P wird von Atkinson und Stiglitz (1980, S. 171) als Funktion der Wettbewerbspreissetzung bezeichnet. Für die Determinante $|\Theta|$ gilt mit Verwendung von (4.17):

$$|\Theta| := \begin{vmatrix} \Theta_{ay} & \Theta_{ey} \\ \Theta_{aq} & \Theta_{eq} \end{vmatrix} = \Theta_{ay}\cdot\Theta_{eq} - \Theta_{ey}\cdot\Theta_{aq} = \Theta_{ay} - \Theta_{aq} = \Theta_{eq} - \Theta_{ey} \qquad (4.27)$$

Nach weiteren Umformungen resultiert aus (4.27) mit der Definition der Θ_{tv}

$$|\Theta| = c_{ey}\cdot\Theta_{eq}\cdot\frac{P_a}{P_y}(k_y - k_q) \gtreqless 0,$$

so daß $|\Theta| \gtreqless 0 \leftrightarrow k_y \gtreqless k_q$. D. h. nach Maßgabe der Wettbewerbspreissetzung (4.26) steigt /stagniert / sinkt der (angebotseitige) Gewässergüterelativpreis bei steigendem Relativpreis für Selbstreinigungsdienste genau dann, wenn die Arbeitsintensität $k_y := a_y/e_y$ im Industriesektor größer als / genauso hoch wie / geringer als die Arbeitsintensität $k_q := a_q/e_q$ im Klärwerkssektor ist.

Mithilfe von (4.19)–(4.22) ersetzen wir in (4.23) und (4.24) die Dachvariablen $\hat{c}_{tv}$ durch die Faktorrelativpreisänderungen und erhalten:

$$\hat{a}_0 = s_a\cdot\hat{\pi}_{ea} + \lambda_{aq}\cdot\hat{q} + \lambda_{ay}\cdot\hat{y} \qquad\qquad (4.28)$$

$$\hat{e}_0 = -s_e\cdot\hat{\pi}_{ea} + \lambda_{eq}\cdot\hat{q} + \lambda_{ey}\cdot\hat{y} \qquad\qquad (4.29)$$

In (4.28) und (4.29) gelten die Notationen $s_a := \lambda_{aq}\cdot\Theta_{eq}\cdot\sigma_q + \lambda_{ay}\cdot\Theta_{ey}\cdot\sigma_y > 0$ und $s_e := \lambda_{eq}\cdot\Theta_{aq}\cdot\sigma_q + \lambda_{ey}\cdot\Theta_{ay}\cdot\sigma_y > 0$. Bilden wir die Differenz [(4.28) − (4.29)], ergibt sich nach Umformungen:

$$\hat{q} - \hat{y} = \frac{\hat{e}_0 - \hat{a}_0}{|\lambda|} + |\Theta| \cdot \sigma_s \cdot \hat{\pi}_{ea} \qquad (4.30)$$

Die Gleichung (4.30) repräsentiert die Steigung einer Funktion B mit $\frac{q}{y} =$ B(π_{ea}, a_0, e_0), die von Atkinson und Stiglitz (1980, S. 171) als Funktion des Faktormarktgleichgewichts bezeichnet wird. In der Dachgleichung (4.30) symbolisiert $\sigma_s := \frac{s_a + s_e}{|\Theta| \cdot |\lambda|} > 0$ die angebotsseitige Elastizität der Gütersubstitution entlang der Transformationsfunktion. Weiter gilt für die Determinante $|\lambda|$ mit Verwendung von (4.25):

$$|\lambda| := \begin{vmatrix} \lambda_{ay} & \lambda_{aq} \\ \lambda_{ey} & \lambda_{eq} \end{vmatrix} = \lambda_{ay} \cdot \lambda_{eq} - \lambda_{aq} \cdot \lambda_{ey} = \lambda_{eq} - \lambda_{aq} = \lambda_{ay} - \lambda_{ey}$$

bzw.

$$|\lambda| = \frac{e_y \cdot e_q}{a_0 \cdot e_0} \cdot (k_y - k_q) \gtreqless 0 \Leftrightarrow k_y \gtreqless k_q$$

D. h. es ist $|\lambda| \gtreqless 0$ genau dann, wenn die Arbeitsintensität k_y im Industriesektor höher als / genauso hoch wie / geringer als die Arbeitsintensität k_q im Klärwerkssektor ist.

Weiter ergibt Einsetzen von (4.26) in (4.30):

$$\hat{q} - \hat{y} = \frac{\hat{e}_0 - \hat{a}_0}{|\lambda|} + \sigma_s \cdot \hat{\pi}_{qy} \qquad (4.31)$$

Die Gleichung (4.31) gibt die Steigung einer Funktion A mit $\frac{q}{y} = $ A(π_{qy}, a_0, e_0) an, die man in Anlehnung an die Terminologie von Atkinson und Stiglitz (1980, S. 171) als Funktion des Gewässergüterelativangebots bezeichnen kann. Im Gleichgewicht auf den Gütermärkten ist das Güterrelativangebot gleich der Güterrelativnachfrage (Gandolfo 1986, S. 75). Folglich erhält man aus den Dachgleichungen (4.14) und (4.31) durch Elimination der Dachvariablen $\hat{\pi}_{qy}$ und ($\hat{q} - \hat{y}$) nach Umformungen:

$$\hat{\pi}_{qy} = \frac{|\Theta|}{\sigma} \cdot (\hat{a}_0 - \hat{e}_0) \qquad (4.32)$$

$$\hat{q} - \hat{y} = -\frac{|\Theta| \cdot \sigma_d}{\sigma} \cdot (\hat{a}_0 - \hat{e}_0) \tag{4.33}$$

Dabei symbolisiert σ die von Jones (1965, S. 564) eingeführte aggregierte Substitutionselastizität

$$\sigma := |\lambda| \cdot |\Theta|(\sigma_d + \sigma_s) = |\lambda| \cdot |\Theta| \cdot \sigma_d + s_a + s_e > 0 \,.$$

Gemäß (4.26) und (4.32) ändert sich das Faktorpreisverhältnis π_{ea} bei einer relativen Variation des Produktionsfaktorausstattungverhältnisses a_0/e_0 wie folgt:

$$\hat{\pi}_{ea} = \frac{1}{\sigma} \cdot (\hat{a}_0 - \hat{e}_0) \tag{4.34}$$

Über die Änderungen des absoluten Gewässergüteniveaus und der absoluten Konsumgutmenge kann man mithilfe von (4.33) jedoch keine Aussage machen. Um Aussagen über die Änderungen der absoluten Gütermengen bei einer Faktorausstattungsvariation zu erhalten, setzen wir zunächst (4.34) in (4.28) zur Elimination der Dachvariable $\hat{\pi}_{ea}$ mit Beachtung von $\sigma := |\lambda| \cdot |\Theta| \cdot \sigma_d + s_a + s_e > 0$ ein. Nach Umformungen ergibt sich:

$$\lambda_{aq} \cdot \hat{q} + \lambda_{ay} \cdot \hat{y} = \frac{|\lambda| \cdot |\Theta| \cdot \sigma_d + s_e}{\sigma} \cdot \hat{a}_0 + \frac{s_a}{\sigma} \cdot \hat{a}_0 \tag{4.35}$$

Aus (4.33) und (4.35) erhalten wir schließlich nach Rücksubstitution mithilfe von (4.17), (4.25), den Determinanten $|\lambda|$, $|\Theta|$ und der Definition von σ nach Umformungen die Änderungen der Konsumgutmenge und des Gewässergüteniveaus:

$$\hat{y} = \frac{\sigma_d \cdot \lambda_{eq} \cdot |\Theta| + s_e}{\sigma} \cdot \hat{a}_0 +$$

$$+ \frac{\Theta_{ey}(\lambda_{ay} \cdot \sigma_y + \lambda_{aq} \cdot \sigma_d) + \lambda_{aq} \cdot \Theta_{eq}(\sigma_q - \sigma_d)}{\sigma} \cdot \hat{e}_0 \tag{4.36a}$$

$$\hat{q} = \frac{\Theta_{aq}(\lambda_{eq}\cdot\sigma_q + \lambda_{ey}\cdot\sigma_d) + \lambda_{ey}\cdot\Theta_{ay}(\sigma_y - \sigma_d)}{\sigma}\cdot\hat{a}_0 +$$

$$+ \frac{\sigma_d\cdot\lambda_{ay}\cdot|\Theta| + s_a}{\sigma}\cdot\hat{e}_0 \qquad (4.36b)$$

Differentiation der Nutzenfunktion ergibt $\hat{u} = \alpha_q\cdot\hat{q} + \alpha_y\cdot\hat{y}$ mit $\alpha_q := \frac{U_q\cdot q}{u} > 0$ und $\alpha_y := \frac{U_y\cdot y}{u} > 0$. Durch Einsetzen der Dachgleichungen (4.36) in die differenzierte Nutzenfunktion erhält man:

$$\hat{u} = \left[\frac{\Theta_{aq}(\lambda_{eq}\cdot\sigma_q + \lambda_{ey}\;\sigma_d) + \lambda_{ey}\cdot\Theta_{ay}(\sigma_y - \sigma_d)}{\sigma}\cdot\alpha_q +\right.$$

$$\left. + \frac{\sigma_d\cdot\lambda_{eq}\cdot|\Theta| + s_e}{\sigma}\cdot\alpha_y\right]\cdot\hat{a}_0 +$$

$$+ \left[\frac{\Theta_{ey}(\lambda_{ay}\cdot\sigma_y + \lambda_{aq}\cdot\sigma_d) + \lambda_{aq}\cdot\Theta_{eq}(\sigma_q - \sigma_d)}{\sigma}\cdot\alpha_y +\right.$$

$$\left. + \frac{\sigma_d\cdot\lambda_{ay}\cdot|\Theta| + s_a}{\sigma}\cdot\alpha_q\right]\cdot\hat{e}_0 \qquad (4.37)$$

Weiter ergibt Einsetzen von (4.34) in die Gleichungen (4.19)–(4.22):

$$\hat{c}_{aq} = \frac{\Theta_{eq}\cdot\sigma_q}{\sigma}\cdot(\hat{a}_0 - \hat{e}_0) = \hat{a}_q - \hat{q} \qquad (4.38)$$

$$\hat{c}_{eq} = -\frac{\Theta_{aq}\cdot\sigma_q}{\sigma}\cdot(\hat{a}_0 - \hat{e}_0) = \hat{e}_q - \hat{q} \qquad (4.39)$$

$$\hat{c}_{ay} = \frac{\Theta_{ey}\cdot\sigma_y}{\sigma}\cdot(\hat{a}_0 - \hat{e}_0) = \hat{a}_y - \hat{y} \qquad (4.40)$$

$$\hat{c}_{ey} = -\frac{\Theta_{ay}\cdot\sigma_y}{\sigma}\cdot(\hat{a}_0 - \hat{e}_0) = \hat{e}_y - \hat{y} \qquad (4.41)$$

Die durch eine Variation der Faktorausstattung induzierten relativen Än–

derungen $\hat{k}_q$ und $\hat{k}_y$ der Arbeitsintensitäten erhält man durch Einsetzen von (4.34) in (4.18a):

$$\hat{k}_q = \frac{\sigma_q}{\sigma}\cdot(\hat{a}_0 - \hat{e}_0) \tag{4.42}$$

$$\hat{k}_y = \frac{\sigma_y}{\sigma}\cdot(\hat{a}_0 - \hat{e}_0) \tag{4.43}$$

Schließlich ergibt sich durch Elimination der Variablen $\hat{q}$ und $\hat{y}$ aus (4.38)–(4.41) durch (4.36) nach Umformungen mithilfe von (4.17) und (4.25):

$$\hat{a}_q = \frac{(\Theta_{aq}\cdot\lambda_{eq} + \Theta_{eq})\sigma_q + \Theta_{aq}\cdot\lambda_{ey}\cdot\sigma_d + \lambda_{ey}\cdot\Theta_{ay}(\sigma_y - \sigma_d)}{\sigma}\cdot\hat{a}_0 +$$

$$+ \frac{\lambda_{ay}[\Theta_{eq}(\sigma_d - \sigma_q) + \Theta_{ey}(\sigma_y - \sigma_d)]}{\sigma}\cdot\hat{e}_0 \tag{4.44}$$

$$\hat{e}_q = \frac{\lambda_{ey}[\Theta_{aq}(\sigma_d - \sigma_q) + \Theta_{ay}(\sigma_y - \sigma_d)]}{\sigma}\cdot\hat{a}_0 +$$

$$+ \frac{|\Theta|\cdot\sigma_d\cdot\lambda_{ay} + s_a + \Theta_{aq}\cdot\sigma_q}{\sigma}\cdot\hat{e}_0 \tag{4.45}$$

$$\hat{a}_y = \frac{|\Theta|\cdot\sigma_d\cdot\lambda_{eq} + s_e + \Theta_{ey}\cdot\sigma_y}{\sigma}\cdot\hat{a}_0 +$$

$$+ \frac{\lambda_{aq}[\Theta_{ey}(\sigma_d - \sigma_y) + \Theta_{eq}(\sigma_q - \sigma_d)]}{\sigma}\cdot\hat{e}_0 \tag{4.46}$$

$$\hat{e}_y = \frac{\lambda_{eq}[\Theta_{ay}(\sigma_d - \sigma_y) + \Theta_{aq}(\sigma_q - \sigma_d)]}{\sigma}\cdot\hat{a}_0 +$$

$$+ \frac{(\Theta_{ey}\cdot\lambda_{ay} + \Theta_{ay})\sigma_y + \Theta_{ey}\cdot\lambda_{aq}\cdot\sigma_d + \lambda_{aq}\cdot\Theta_{eq}(\sigma_q - \sigma_d)}{\sigma}\cdot\hat{e}_0 \tag{4.47}$$

3. Schritt: In der Tabelle 4.2 sind die Ergebnisse der komparativen Statik zur ökonomischen Interpretation zusammengefaßt.

Tabelle 4.2. Komparative Statik des Modells mit vollständigen Märkten

Reaktion \ Änderung	$\hat{a}_0$	$\hat{e}_0$	$\hat{k}_0 := \hat{a}_0 - \hat{e}_0$
1. $\hat{a}_q$	$\sigma_y > \sigma_d$ +	?	0
2. $\hat{e}_q$	?	+	0
3. $\hat{a}_y$	+	?	0
4. $\hat{e}_y$	?	$\sigma_q > \sigma_d$ +	0
5. $\hat{\pi}_{ea}$	+	−	+
6. $\hat{k}_q$	+	−	+
7. $\hat{k}_y$	+	−	+
8. $\hat{q}$	$\sigma_y > \sigma_d$ +	+	0
9. $\hat{y}$	+	$\sigma_q > \sigma_d$ +	0
10. $\hat{\pi}_{qy}$	$k_y > k_q$ +	$k_y > k_q$ −	+
11. $\hat{q} - \hat{y}$	$k_y > k_q$ −	$k_y > k_q$ +	−
12. $\hat{u}$	+	+	0

Den Ergebnissen aus Tabelle 4.2 liegt die Annahme $\sigma_d \leq \sigma_v$ ($v = q$, y) und $k_y > k_q$ und somit $|\lambda| > 0$ bzw. $|\Theta| > 0$ zugrunde[38]. Die Annahme $\sigma_d \leq \sigma_v$ besagt, daß die nachfrageseitige Gütersubstitutionswirkung geringer ist als der jeweilige sektorale Faktorsubstitutionseffekt. Die Annahme, daß der Industriesektor relativ arbeitsintensiver produziert als das Klärwerk, spiegelt z. B. Förstner (1990, S. 152) und Bohn (1993, S. 143) zufolge den empirisch relevanten Sachverhalt wieder.[39] In der dritten Spalte der Tabelle 4.2 zeigt das Symbol '0' an, daß die komparativ–statische Wirkung des Faktorrelativangebots $k_0 := a_0/e_0$ auf eine jeweilige endogene Variable nicht analysiert wird. Mithilfe der Tabelle 4.2 ist die Wirkung exogener Änderungen des Faktorrelativangebots, des Arbeitsangebots und der Assimilationskapazität durch folgende Wirkungsketten darstellbar:

a.) Erhöhung des Faktorrelativangebots ($k_0 := \hat{a}_0 - \hat{e}_0 > 0$)

$$k_0\uparrow \longrightarrow k_v\uparrow \longrightarrow \pi_{ea}\uparrow \longrightarrow \pi_{qy}\uparrow \longrightarrow \tfrac{q}{y}\downarrow$$

b.) Erhöhung der Assimilationskapazität[40] c. p. ($\hat{e}_0 > 0$, $\hat{a}_0 = 0$)

$$e_0\uparrow \longrightarrow k_v\downarrow \longrightarrow \pi_{ea}\downarrow \longrightarrow \pi_{qy}\downarrow \longrightarrow \tfrac{q}{y}\uparrow \begin{cases} q\uparrow \\ y\uparrow \end{cases} \longrightarrow u\uparrow$$

c.) Erhöhung des Arbeitskräfteangebots c. p. ($\hat{a}_0 > 0$, $\hat{e}_0 = 0$)

$$a_0\uparrow \longrightarrow k_v\uparrow \longrightarrow \pi_{ea}\uparrow \longrightarrow \pi_{qy}\uparrow \longrightarrow \tfrac{q}{y}\downarrow \begin{cases} q\uparrow \\ y\uparrow \end{cases} \longrightarrow u\uparrow$$

---

[38]Diese Annahmen werden ebenso von Pethig (1988b, S. 14 f. und 1989b, S. 84) verwendet.

[39]Diesen Autoren zufolge operieren Klärwerke stark kapitalintensiv mit 'wenig', aber dafür hochqualifiziertem Personal. Der Anteil der Personalkosten an den Gesamtkosten des Klärwerksbetriebs beträgt gemäß Förstner (1990, S. 152) nur ca. 10 %.

[40]Dabei setzen wir voraus, daß die Wasserwirtschaftsbehörde vollständig über die Erhöhung der Assimilationskapazität der Wasserressource informiert ist und das Angebot an Emissionslizenzen entsprechend erhöht.

Basierend auf der Zeile 11. der Tabelle 4.2 und der Wirkungskette a.) gilt die

Proposition 4.2. *Bei einer Erhöhung / Reduktion des Faktorrelativangebots k_0 verringert / erhöht sich die Gewässergüte im Verhältnis zur Konsumgutmenge.*

Beweis. Wegen der Annahme $|\Theta| > 0$ folgt aus (4.33) unmittelbar $\hat{q} - \hat{y} \gtreqless 0$ genau dann, wenn $\hat{k}_0 := \hat{a}_0 - \hat{e}_0 \lesseqgtr 0$. □

Die Proposition 4.2 wird mithilfe von Abb. 4.8a[41] erläutert:

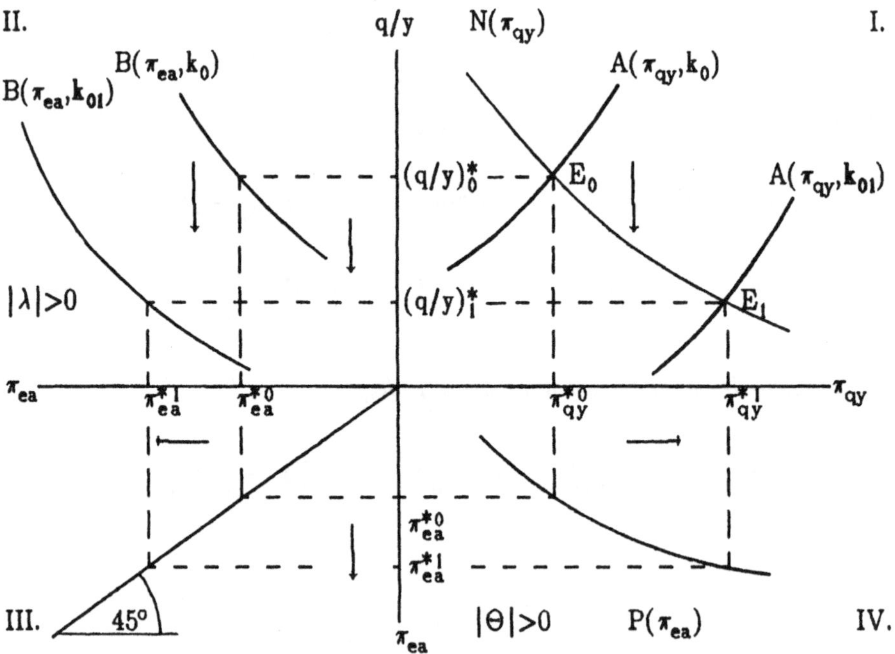

Abb. 4.8a. Wirkung einer Erhöhung des Faktorrelativangebots von k_0 auf $k_{01} > k_0$ auf das gleichgewichtige Gütermengenverhältnis

---

[41]Eine vergleichbare graphische Darstellung komparativ—statitischer Ergebnisse verwenden McLure Jr. (1974, S. 60 und S. 70) und Atkinson und Stiglitz (1980, S. 176).

In Abb. 4.8a legt die Faktormarktgleichgewichtsfunktion $\frac{q}{y} = B(\pi_{ea}, k_0)$ im zweiten Quadranten und die Wettbewerbspreissetzungsfunktion $\pi_{qy} = P(\pi_{ea})$ im dritten Quadranten die Gewässergüterelativangebotsfunktion $\frac{q}{y} = A(\pi_{qy}, k_0)$ im ersten Quadranten fest. Das Ausgangsgleichgewicht ist im ersten Quadranten durch den Schnittpunkt $E_0[\pi_{qy}^{*0}, (q/y)_0^*]$ zwischen der Gewässergüterelativnachfragefunktion $\frac{q}{y} = N(\pi_{qy})$ und der Gewässergüterelativangebotsfunktion $\frac{q}{y} = A(\pi_{qy}, k_0)$ determiniert. In E_0 beträgt der gleichgewichtige Relativpreis für Gewässergüte π_{qy}^{*0} und das gleichgewichtige Gütermengenverhältnis ist durch $(q/y)_0^*$ gegeben.

Eine Erhöhung des Faktorrelativangebots von k_0 auf $k_{01} > k_0$ verschiebt im zweiten Quadranten des Abb.s 4.8a gemäß (4.30) die Faktormarktgleichgewichtskurve nach unten auf die neue Position $B(\pi_{ea}, k_{01})$. Dadurch verlagert sich (4.31) zufolge im ersten Quadranten ebenso die Gewässergüterelativangebotskurve nach unten auf die neue Position $A(\pi_{qy}, k_{01})$, so daß das neue Güterverhältnisgleichgewicht im Schnittpunkt $E_1[\pi_{qy}^{*1}, (q/y)_1^*]$ liegt. In E_1 hat die Gewässergüte, wie aus (4.33) ersichtlich ist, relativ zur Konsumgutmenge abgenommen, $(q/y)_1^* < (q/y)_0^*$, und gemäß (4.32) ist der gleichgewichtige Gewässergüterelativpreis von π_{qy}^{*0} auf $\pi_{qy}^{*1} > \pi_{qy}^{*0}$ gestiegen. Denn durch die Erhöhung von k_0 auf $k_{01} > k_0$ werden die Selbstreinigungsdienste relativ zum Faktor Arbeit, dessen Angebot relativ stärker gestiegen ist, knapper, so daß der Relativpreis für Selbstreinigungsdienste im Gleichgewicht gemäß (4.34) von π_{ea}^{*0} auf π_{ea}^{*1} steigt. Beide Sektoren erhöhen ihre Arbeitsintensitäten gemäß (4.42) und (4.43) durch Substitution der Selbstreinigungsdienste durch den Faktor Arbeit gerade soweit, daß die sektoralen Gewinnmaximierungsbedingungen (4.11b) erfüllt sind. Da der Industriesektor annahmegemäß arbeitsintensiver produziert als das Klärwerk, steigt der Gewässergüterelativpreis der Wettbewerbspreissetzung (4.26) zufolge von π_{qy}^{*0} auf $\pi_{qy}^{*1} > \pi_{qy}^{*0}$ an. Diese relative 'Verteuerung' der Gewässergüte gegenüber dem Konsumgut veranlaßt den sich als Nutzenmaximierer verhaltenden repräsentativen Konsumenten, wie aus (4.14) ersichtlich ist, seine Nachfrage nach Gewässergüte im Verhältnis zur nachgefragten Konsumgutmenge so weit reduzieren, bis die Nutzenmaximierungsbedingung (4.10) erfüllt ist. Analog läßt sich mithilfe von (4.26), (4.30)–(4.34), (4.42) und (4.43) die Erhöhung c. p. des Arbeitsangebots und der Assimilationskapazität erläutern.

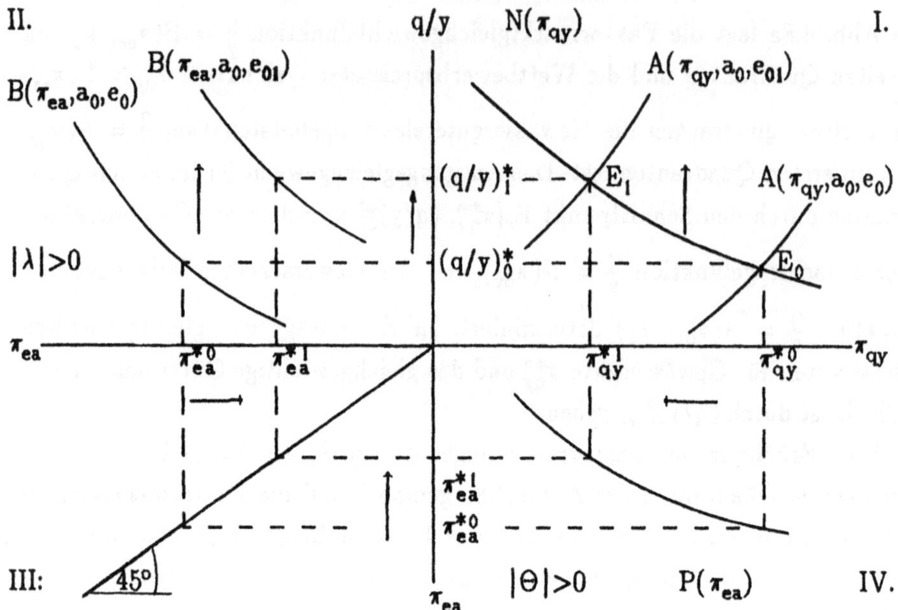

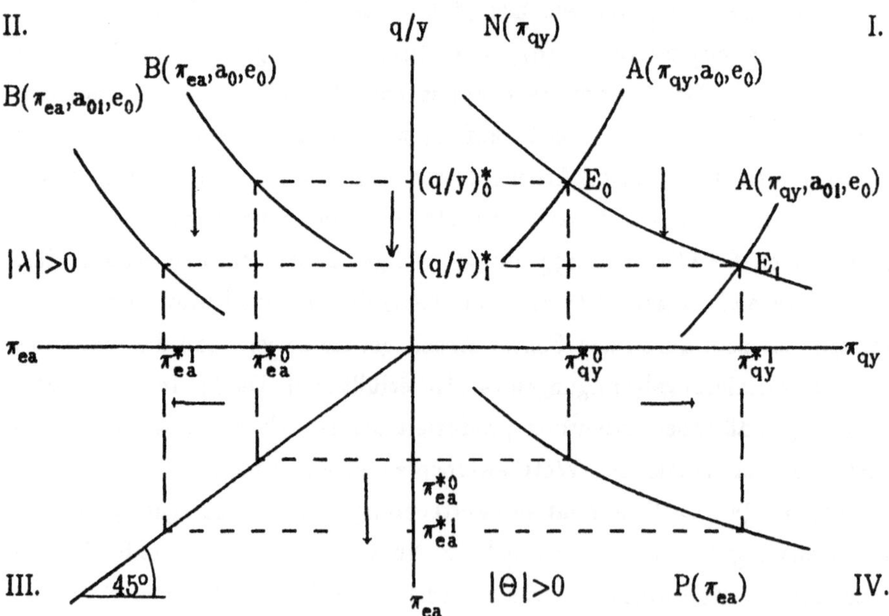

Abb. 4.8b. Wirkung einer Erhöhung c. p. der Assimilationskapazität von e_0 auf $e_{01} > e_0$ und des Arbeitsangebots von a_0 auf $a_{01} > a_0$ auf das gleichgewichtige Gütermengen–verhältnis

Basierend auf (4.36), (4.37) und den Zeilen 8.; 9. und 12. der Tabelle 4.2 gilt

Proposition 4.3. *Die Gewässergüte, die Konsumgutmenge und der Nutzen des repräsentativen Konsumenten steigen jeweils, wenn die Arbeitsausstattung c. p. und / oder die Assimilationskapazität c. p. steigt.*

Beweis. Der Beweis folgt mit den Annahmen $\sigma_d \leq \sigma_v$ und $|\Theta| > 0$ unmittelbar aus (4.36) und (4.37). $\square$

Und zwar wächst der Nutzen des repräsentativen Konsumenten mit steigendem Faktorangabot, da die Güterproduktion gemäß (4.1) und (4.6) mit steigendem Faktoreinsatz steigt und beide Konsumgüter in der Nutzenfunktion U positiv bewertet werden. Der Anstieg des Nutzens mit steigendem Angebot an Arbeits ist darauf zurückzuführen, daß das Arbeitsangebot a_0 exogen vorgegeben ist.[42]

4.4 Gewässergütemodelle mit gewässergütepolitischen Eingriffen

4.4.1 Laissez–faire–Modell als Ansatzpunkt für gewässergütepolitische Eingriffe

Das Modell mit vollständigen Wettbewerbsmärkten für den Faktor Arbeit und das Konsumgut, $p_a > 0$, $p_y > 0$, in welchem keine Märkte für Selbstreinigungsdienste und Gewässergüte aktiv sind, $p_e = p_q = 0$, und keine gewässergütepolitische Eingriffe vorgenommen werden, bezeichnen wir als *Laissez–faire–Modell.* Dieses Modell dient uns dazu,

1. die Notwendigkeit gewässergütepolitischer Eingriffe zu begründen (Pethig 1979, S. 81) und

---

[42]Bei endogenem Arbeitsangebot (Varian 1992, S. 145 f.), das durch das Nutzenmaximierungskalkül des repräsentativen Konsumenten unter Berücksichtigung von Arbeit in der Nutzenfunktion determiniert ist, geht das Grenzleid $\partial U/\partial a < 0$ der Arbeit mit in die Analyse ein.

2. eine konzeptionelle Basis für gewässergütepolitische Eingriffe "... in the design of environmental taxes, regulations, licences and so forth" (Das–gupta 1990, S. 57) zu finden.

Proposition 4.4. *In einer Laissez–faire–Ökonomie gibt es keine ökologisch tragfähige Entwicklung.*

Beweis. Der Beweis gliedert sich in drei Schritte:

1. Schritt: Mit $p_a > 0$ und $p_e = p_q = 0$ vereinfacht sich die Gewinnfunktion des Klärwerks aus Definition 4.3 zu $\tilde{G}^q(a_q) := -p_a \cdot a_q < 0$. Somit gilt wegen $p_a > 0$ für den gewinnmaximalen Arbeitseinsatz $a_q = 0 = \arg\max G^q$ und den maximalen Gewinn $\tilde{G}^q(a_q{=}0) = \max[\tilde{G}^q(a_q)] = 0$.

2. Schritt: Mit $a_q = 0$ folgt aus (4.7a) unmittelbar $a_y = a_0$, und Verwendung von $a_y = a_0$ modifiziert (4.1) zu $y = \tilde{Y}(a_0, e_y)$. Schließlich vereinfacht sich die Gewinnfunktion des Industriesektors aus Definition 4.3 mit $p_e = 0$, $a_y = a_0$ und $y = \tilde{Y}(a_0, e_y)$ zu

$$\tilde{G}^y(\underset{+}{e_y}) := p_y \cdot \tilde{Y}(a_0, \underset{+}{e_y}) - p_a \cdot a_0.$$

Wegen der strengen Monotonie der Gewinnfunktion $\tilde{G}^y$ in der Variablen e_y erhöht der Industriesektor die Schadstoffemission e_y solange, bis e_y den im dritten Kapitel eingeführten maximalen Wert von $e_y = e_{max}$ erreicht.[43] Mithin gilt dann $y_{max} := \tilde{Y}(a_0, e_{max})$ und $(a_0, e_{max}, y_{max}) = \arg\max \tilde{G}^y(e_y)$ sowie

$$\tilde{G}^y(e_{max}) = \max[\tilde{G}^y(e_y)].$$

---

[43]Da das (inaktive) Klärwerk in der zweiten Schadstoffreduktionsstufe keine Arbeit einsetzt, $a_q = 0$, gilt wegen (4.4) und (4.5) $e = e_y$. D. h. der Industriesektor fungiert nicht mehr als Indirekt–, sondern als Direkteinleiter.

3. Schritt. Unter der im dritten Kapitel getroffenen Annahme, daß die maximale Schadstoffemission e_{max} die Assimilationskapazität e_0 der aggregierten Wasserressource überschreitet, $e_{max} > e_0$, ist die Bedingung 1 für den Ablauf des stationären Monod–Regenerationsprozesses verletzt[44], was der Arbeitsdefinition der ökologisch tragfähigen Entwicklung aus dem zweiten Kapitel widerspricht.   □

Im zweiten Schritt des Beweises zur Proposition 4.4 implizieren die Produktion der maximalen Konsumgutmenge y_{max} und der maximale Schadstoffausstoß e_{max}, daß der Industriesektor keine Arbeitskräfte zur intra–industriellen Schadstoffreduktion der ersten Reduktionsstufe einsetzt. Im Anhang 4D ist explizit mithilfe des Bruttoansatzes gezeigt, daß der Industriesektor im Gewinnmaximum keine Arbeitskräfte zur Schadstoffreduktion einsetzt und die maximal mögliche Konsumgutmenge produziert, wobei die Schadstoffemission maximal ist.[45]

Die Kernaussage der Proposition 4.4 ist die bereits von Hardin (1968, S. 1243 ff.) erörterte 'Tragödie der Allmende' in Form der nicht ökologisch tragfähigen Übernutzung der Selbstreinigungsdienste als Allmenderessource.[46] Das Laissez–faire–Modell ist ebenso empirisch relevant: Es beschreibt nämlich den Gewässergütezustand einer Vielzahl von Wasserressourcen in einigen Oststaaten wie z. B. Polen, den GUS und China. In diesen Staaten wurden und werden gemäß Amalyan (1994, S. 5 ff.), dem Taiwan Handbuch (1993, S. 119) und Kramer (1987, S. 154 f.) Abwässer direkt und völlig ungeklärt in Wasserressourcen emittiert. Ausführlich werden Umweltprobleme in den GUS und weiteren Oststaaten z. B. von Goldman und Tsuru (1985), Amalyan (1994) und Zylicz (1994b) analysiert.

Gemessen an der im Gewässergütemodell mit vollständigen Märkten für Selbstreinigungsdienste und Gewässergüte generierten paretoeffiezienten

---

[44]Wie vorstehend erläutert, ist die Gewässergüte dann nicht stationär, sondern verschlechtert sich gemäß $\dot{q} = -e_{max} < 0$ kontinuierlich in der Zeit. D. h. es ist unmöglich, Gewässergüte (nach der Technologie Q) zu produzieren.

[45]Ein ähnliche Aussage erhält Gronych (1980, S. 24 ff.) in einem vergleichbaren Modell.

[46]In einem allgemeineren Modell analysieren z. B. Pethig (1979, S. 69 ff.) und Gronych (1980, S. 23 ff.) die Übernutzung von Allmenderessourcen.

Allokation (a_q^*, a_y^*, e_q^*, e_y^*, q^*, y^*) der Definition 4.3 sind im Laissez–faire die Komponenten $a_q = 0 < a_q^*$, $e_q = e_0 - e_{max} < 0 < e_q^*$,[47] $a_y = a_0 > a_y^*$, $e_y = e_{max}$ $> e_0 > e_y^*$ und $y_{max} > y^*$ paretoinferior.[48] Dabei kann die Gewässergüte im Laissez–faire nicht mithilfe des paretoeffizienten Gewässergüteniveaus q^* bewertet werden, da die Laissez–faire–Gewässergüte sich kontinuierlich verschlechtert, also allokativ nicht erreichbar ist[49].

Ausgehend von Proposition 4.4 sind gewässergütepolitische Eingriffe zunächst dringend geboten, um die Konsumgutproduktion *ökologisch tragfähig* zu gestalten. Dazu muß die durch dauerhafte Schadstoffemission verursachte kontinuierliche Verschlechterung der Gewässergüte und die damit verbundene Zerstörung der aquatischen Ökosysteme innerhalb der aggregierten Wasserressource gestoppt werden. Darauf aufbauend ist ein nächst höheres Ziel, einen vorgegebenen Gewässergütestandard bei kontinuierlicher Konsumgutproduktion und Schadstoffemission in die aggregierte Wasserressource aufrechtzuerhalten. Schließlich besteht basierend auf dem Modell mit vollständigen Märkten ein *Idealziel* eines Gewässergütemanagements darin, die paretoeffieziente Allokation aus Definition 4.3 zu erreichen.[50] Dabei fungiert im folgenden als *Zielvariable* einer Gewässergütepolitik die Gewässergüte.

4.4.2 Modelle mit politisch gesetztem Gewässergütestandard

Kostenminimale Gewässergüteproduktion im Klärwerk. Die auf Baumol und Oates (1971, S. 42 ff.) zurückgehende umweltpolitische Vorgabe von Standards hat im praktizierten Gewässergütemanagement das Ziel, Minimal-

---

[47]Dabei ist die Variable e_q aufgrund der Annahme $e_{max} > e_0$ negativ.

[48]Dabei verwenden wir nicht den Begriff 'Marktversagen'. Denn dieser Begriff bringt gemäß Blümel (1987, S. 29) zum Ausdruck, daß der Markt völlig ungeeignet ist, ökonomische Aktivitäten zu koordinieren. Statt dessen werden jedoch nur "gewisse allokative Mängel, Defizite, Schwächen oder Fehler" — also nur Funktionsmängel des Marktsystems — mithilfe der paretoeffizienten Allokation 'gemessen'. Hansmeyer und Schneider (1989, S. 9 f.) zufolge kann man Marktversagen nur dann diagnostizieren, "wenn realisierbare alternative Allokationsmechanismen bestehen, die trotz aller Unvollkommenheit zu besseren Ergebnissen führen als der Markt".

[49]Es ist zu beachten daß die Laissez–faire–Allokation ($a_q = 0$, $a_y = a_0$, $e_q = e_0 - e_{max}$, $e_y = e_{max}$, $y = y_{max}$) 'unter In–Kaufnahme' einer nicht–stationären Gewässergüte erreichbar ist.

[50]Ein vergleichbare Zielformulierung findet man in Siebert u. a. (1980, S. 135).

standards für Gewässergüte bzw. Emissionshöchstgrenzen (Emissionsstandards) mithilfe von Preisen kostenminimal zu realisieren (Standard–Preis–Ansatz).[51] Gewässergütepolitische Ziele führt z. B. Förstner (1990, S.147) auf. Dabei ist etwa in Baden–Würtemberg die *Gewässergüteklasse 2*, mäßig organisch belastet, – das ist die *zweithöchste* Gewässergüteklasse – als Ziel vorgegeben (Eisele 1991, S. 41). Und die Gewässergütekarte von 1990 zeigt, daß dieses Ziel in nahezu allen Fließgewässern der alten Bundesländer erreicht ist (Ohne Autor 1991, S. 62).[52]

Die Gewässergütepolitik in den USA ist relativ stärker 'gewässergütestandardorientiert' als im europäischem Raum (Cansier 1993, S. 63).[53] Tietenberg (1985, S. 46) führt Beispiele für Gewässergütestandardsetzungen in den USA auf. Weiter hat die Internationale Rheinschutzkommission (IKSR) im Rahmen des internationalen Aktionsprogramms 'Rhein' in den Jahren 1991 und 1992 gewässergütestandardbezogene Vorgaben für einige Schadstoffgruppen wie z. B. Schwermetalle, organische Mikroverunreinigungen und Nährstoffe erarbeitet (Bundesumweltministerium 1994b, S. 24). Schließlich basiert die EG Gewässerschutzrichtlinie auf dem Gewässergütestandardprinzip und formuliert Gewässergüteziele (Kummert und Stumm 1992, S. 234; Engelhardt u. a. 1993, S. 504 ff.). Während bis etwa Anfang der 90–er Jahre in der praktizierten Gewässergütepolitik das Schadstoffemissionsprinzip basierend auf den jeweils technisch möglichen Schadstoffvermeidungstechnologien vor–

---

[51]Einen Überblick über unterschiedliche Varianten dieser Managementstrategie geben Pethig (1979, S. 82 f.) und Cropper und Oates (1992, S. 685). Da die jeweilige Restschadstoffemission e über die stationäre ökologische Gleichgewichtsfunktion (4.2b) eindeutig auf ein stationäres Gewässergüteniveau q abgebildet wird, entspricht Pethig (1975, S. 117) zufolge eine Emissionstandardsetzung von e_S = konstant einer Gewässergütestandardvorgabe von $q_S := E^{-1}(e_S)$ et vice versa.

[52]Dabei bezog sich die obige Gewässergüteklassifizierung zunächst nur auf organische Schadstoffarten. Zielvorgaben für die Belastung mit anorganischen Schadstoffen wurden erst ab den 90–er Jahren (Bundesumweltministerium 1994b, S. 24) eingeführt.

[53]Gemäß § 7a als 'Kernstück' des WHG sind alle Abwässer, die direkt in eine Wasserressource gelangen, unter Einhaltung vorgegebener Emissionsstandards gemäß den allgemein anerkannten Regeln der Technik zu reinigen (Engelhardt u. a. 1993, S. 62). Vergleichbare Auflagen sind ebenso in Großbritannien (Escritt 1984, S. 232 f.) sowie in der Schweiz (Kummert und Stumm 1992, S. 245 ff.), Österreich (Oberleitner 1994, S. 124 ff.) und im gesamten europäischem Raum (Kloepfer 1989, S. 334 ff.) implementiert.

herrschend war, scheint sich unserem Eindruck nach zunehmend das Gewässergütestandardprinzip durchzusetzen — und zwar aus folgendem Grund: Die *umwelttechnischen* Verfahren zur Messung von Gewässerbelastungen sind so stark verbessert und verfeinert worden, daß der über die stationäre ökologische Gleichgewichtsfunktion (4.2b) bestehende funktionale Zusammenhang zwischen Schadstoffemission und Gewässergüte meßbar ist. Solche Messungen werden z. B. von Keim u. a. (1994, S. 250 ff.) und der ICES/HELCOM Steering Group on Quality Assurance of Biological Measurements in the Baltic Sea sowie von weiteren z. T. international arbeitenden Gewässergütemeßinstitutionen (Bundesumweltministerium 1994a, S. 22) durchgeführt.

Bei der Vorgabe eines Gewässergütestandards verfügt die Wasserwirtschaftsbehörde nicht wie im Marktmodell über vollständige Information zur Grenzzahlungsbereitschaft für Gewässergüte, "... since preferences are private information, only known a priori to the respective individual..." (Blümel, Pethig und von dem Hagen 1986, S. 277). Zudem sind die Kosten der Informationsbeschaffung extrem hoch (Baumol 1972, S. 307 ff.)[54]. Daher kann die Behörde einen Gewässergütestandard gemäß Baumol und Oates (1971, S. 42) nur "admittedly somewhat arbitrary" setzen. Dabei basiert die Setzung eines Gewässergütestandards nicht auf einem Optimierungskalkül, das die Präferenz des repräsentativen Konsumenten für Gewässergüte berücksichtigt, sondern repräsentiert lediglich "the decision—maker's subjective evaluation of the minimum standards that must be met in order to achieve what may be described in persuasive terms as 'a reasonable quality of life' " (ebd., S. 44 f.). Somit kann die Wasserwirtschaftsbehörde das paretoeffiziente Gewässergüteniveau $q_s = q^*$ als 'first—best'-Lösung im allgemeinen nicht bzw. nur *'zufällig'* vorgeben (ebd., S. 42 ff.; Baumol 1972, S. 307 ff.; Pethig 1975, S. 118; Gronych 1980, S. 44) und die Gewässergütepolitik kann nur *'second—best'*-Lösungen gemessen am paretoeffizienten Gewässergüteniveau q^* anstreben.

Gawel (1991, S. 8 ff. und S. 65.) zufolge ist die Erreichung einer paretoeffizienten Allokation durch gewässergütepolitische Eingriffe ebenso infolge sog. politisch—institutioneller Nebenbedingungen, die in unserem

---

[54]Ansätze zur Erfassung der Präferenzen für und zur Bewertung der Gewässergüte als öffentliches Gut bzw. Umweltgut — auf die wir im Rahmen dieser Studie nicht eingehen — führen z. B. Feenberg und Mills (1980, S. 75 ff.), Pommerehne (1987), Braden und Kolstad (1991), Müller u. a. (1991) und Hoevenagel (1994, S. 256 ff.) auf.

Gewässergütemodell nicht berücksichtigt sind, nicht möglich. Diese Nebenbedingungen liegen z. B. in der politisch–administerativen Implementation des Gewässergütestandards bzw. des Marktes für Selbstreinigngsdienste (ebd., S. 65). Es sei weiterhin unterstellt, daß keine Märkte für Selbstreinigungsdienste und Gewässergüte aktiv sind. Weiter nehmen wir an, daß die Wasserwirtschaftsbehörde über alle Nutzungsrechte an der Wasserressource verfügt, die Höhe der Assimilationskapazität e_0 und den Verlauf der ökologischen Gleichgewichtsfunktion (4.2b) kennt. In dieser Ausgangslage führt die Behörde folgende Gewässergütepolitik durch:

1. Sie bietet wie im Modell mit vollständigen Märkten als Mengenregulierer Emissionslizenzen in der ökologisch tolerierbaren Höhe der Assimilationskapazität e_0 der Wasserressource dem Klärwerk und dem Industriesektor zum Verkauf an. Auf diesem künstlich induzierten Markt ergibt sich dann ohne Eingriffe der Behörde der Markträumungspreis p_e/p_a.

2. Sie macht dem Klärwerk zur Auflage, einen politisch vorgegebenen, konstanten Gewässergütestandard q_s mit $0 < q_s < q_{max}$ (Baumol und Oates 1971, S. 42) als Zielvariable kostenminimal zu realisieren.

3. Schließlich transferiert die Beörde wie im Gewässergütemarktmodell den Ertragswert $p_e \cdot e_0$ der Selbstreinigungsdienste an den repräsentativen Konsumenten und erhebt gleichzeitig von diesem eine Pauschsteuer zur Finanzierung der Gewässergüteproduktionskosten $(p_a \cdot a_q + p_e \cdot e_q)$ im Klärwerk.

Bei dieser von Gawel (1991, S. 19 ff.) und der OECD (1991, S. 12) als mischinstrumentell bezeichneten Managementstrategie fungiert der Gewässergütestandard q_s, wie es im § 7a des in der 6. Novelle vorliegenden bundesdeutschen Wasserhaushaltsgesetz (WHG) vorgesehen ist, als *ordnungsrechtliches* Instrument[55]. Der sich auf den beiden Faktormärkten ergebende Preis p_e/p_a

---

[55]Gemäß Kabelitz (1984, S. 49) versteht man unter ordnungsrechtlichen Instrumenten alle hoheitlichen Bestimmungen, die aus gesetzlich vorgegebenen Ge– und Verbotsnormen hervorgegangen sind und von potentiellen Schadstoffemittenten unter Sanktionsandrohung strikt einzuhalten sind, damit etwa ein Gewässergütestandard als Gebot realisiert wird.

wirkt in beiden Sektoren als pekuniäres Anreizinstrument, Selbstreinigungsdienste wie den Faktor Arbeit als knappen Produktionsfaktor effizient zu verwenden. In der praktizierten Gewässergütepolitik werden gemäß Gawel (1991, S. 14), Cropper und Oates (1992, S. 687 ff.) und der OECD (1991, S. 12) vorwiegend mischinstrumentelle Gewässergütedirektiven angewendet.

Der repräsentative Konsument erzielt ein Arbeitseinkommen $p_a \cdot a_0$ und ein Gewinneinkommen $Gy \geq 0$ und erhält von der Wasserwirtschaftsbehörde das Faktoreinkommen $p_e \cdot e_0$ der Selbstreinigungsdienste. Da die Behörde vom repräsentativen Konsumenten zudem eine Pauschsteuer $(p_a \cdot a_q + p_e \cdot e_q)$ zur Finanzierung der Gewässergüteproduktion erhebt, gilt mit $p_q = 0$ (der Markt für Gewässergüte ist nicht aktiv) für dessen Budgetrestriktion

$$p_y \cdot y = p_a \cdot a_0 + p_e \cdot e_0 + Gy - (p_a \cdot a_q + p_e \cdot e_q).$$

Daraus resultiert mit Verwendung des Faktors Arbeit als numéraire, also $p_a = 1$, und der Linear–Homogenität der Funktion Y ($\Rightarrow Gy = 0$) nach Umformungen:

$$p_y \cdot y = a_y + p_e \cdot e_y \tag{4.48}$$

Die Gleichung (4.48) repräsentiert als Budgetrestriktion die Konsumgutnachfrageseite des Standardmodells und ist (im Gleichgewicht) mit der Preisgleichung (4.11d) der Konsumgutangebotsseite identisch.

Definition 4.4. *Es gibt 'konventionelle' Märkte für Arbeit und das Konsumgut. Ein Standard–Preis–Gleichgewicht bei kostenminimaler Produktion von Gewässergüte ist determiniert durch eine erreichbare Allokation $(a_q^0, a_y^0, e_q^0, e_y^0, q_s \in \,]0, q_{max}[,\, y^0)$ und einen nicht–negativen Preisvektor $(p_a = 1, p_e^0, p_q = 0, p_y^0)$ derart, daß*

1. $(a_q^0,\, e_q^0) = arg\, min\, K^q := a_q + p_e^0 \cdot e_q > 0\ u.\, d.\, B.\ q_s \leq Q(a_q,\, e_q);$

2. $(a_y^0,\, e_y^0,\, y^0) = arg\, max\, Gy := p_y^0 \cdot y - a_y - p_e^0 \cdot e_y \geq 0\ u.\, d.\, B.\ y \leq Y(a_y,\, e_y);$

3. die Budgetrestriktion durch (4.48) gegeben ist und

4. die Ressourcenrestriktionen $a_q^0 + a_y^0 = a_0$ und $e_q^0 + e_y^0 = e_0$ erfüllt sind.[56]

Im folgenden analysieren wir die Eigenschaften des Standard–Preis–Gleichgewichtes. Es gilt die

Proposition 4.5. *Das Standard–Preis–Gleichgewicht bei kostenminimaler Gewässergüteproduktion ist produktionseffizient.*

Beweis. Gemäß der Definition 4.4 implizieren die kostenminimale Einhaltung des Gewässergütestandards im Klärwerk und die Gewinnmaximierung im Industriesektor folgende formal mit den Bedingungen (4.9a) und (4.9b) des Modells mit vollständigen Märkten übereinstimmende Bedingungen für Produktionseffizienz[57]:

$$\frac{Y_e(a_y^0,\ e_y^0)}{Y_a(a_y^0,\ e_y^0)} = \frac{Q_e(a_q^0,\ e_q^0)}{Q_a(a_q^0,\ e_q^0)} = p_e^0 \tag{4.49a}$$

$$\frac{Y_a(a_y^0,\ e_y^0)}{Q_a(a_q^0,\ e_q^0)} = \frac{Y_e(a_y^0,\ e_y^0)}{Q_e(a_q^0,\ e_q^0)} \tag{4.49b}$$

□

Geometrisch impliziert Produktionseffizienz des Standard–Preis–Gleichgewichts in Abb. 4.7 einen Punkt auf der durch den Linienzug $O_q'P^{*'}C'$ repräsentierten Transformationskurve.

Weiter ist das Standard–Preis–Gleichgewicht *ökologisch tragfähig*. Denn bei der Herleitung der Produktionsfunktion für Gewässergüte (4.6) und der

---

[56]Vergleichbare Definitionen des kostenminimalen Gewässergütestandardgleichgewichts geben Ruff (1972, S. 187), Tietenberg (1973b, S. 199), Pethig (1979, S. 83 f. und 109 f.) und Gronych (1980, S. 53).

[57]Einen vergleichbaren Beweis führen Baumol und Oates (1971, S. 53 f.).

Restriktion (4.7b), die beide Bestandteil der Definition 4.4 sind, ist die simultane Erfüllung der drei Ablaufbedingungen für den stationären Monod–Prozeß vorausgesetzt. Zudem ist die Standardvorgabe $q_s \in \,]0, q_{max}[$ äquivalent zu der im zweiten Kapitel erläuterten Bedingung 2 für den stationären Monod–Prozeß.[58] Somit erfüllt das Standard–Preis–Gleichgewicht die Arbeitsdefinition zur ökologisch tragfähigen Entwicklung aus dem zweiten Kapitel. Für die folgende Vorgehensweise setzen wir voraus, daß die Behörde den Standard mit $q_s \in \,]0, q_{max}[$ vorgibt. Daher erübrigt sich im folgenden die Untersuchung der Gleichgewichte aller nachstehenden Modelle auf ökologische Tragfähigkeit. Im Vordergrund steht die Analyse von Effizienzeigenschaften.

Das Standard–Preis–Gleichgewicht ist zwar produktionseffizient jedoch im allgemeinen, wie wir vorstehend erläutert haben, aufgrund mangelnder Information der Wasserwirtschaftsbehörde über die marginale Zahlungsbereitschaft des repräsentativen Konsumenten für Gewässergüte nicht paretoeffizient. Mithin gilt also bei produktionseffizienter Realisierung von q_s

$$-T_q(q_s) \neq \frac{U_q(q^*,\ y^*)}{U_y(q^*,\ y^*)}$$

genau dann, wenn $q_s \neq q^*$ ist. Zur Erläuterung dieses Sachverhalts setzen wir die Transformationsfunktion $y = T(q)$ in die Nutzenfunktion $u = U(q, y)$ ein und erhalten eine Funktion:

$$u = U^q(q) := U[\,\underset{+}{q},\ \underset{-}{T(q)}\,] \tag{4.50}$$

Die paretoeffiziente Gewässergüte q^* ist determiniert durch

$$\frac{du}{dq} = U_{\underset{+}{q}}[q, T(q)] + U_{\underset{+}{y}}[q, T(q)] \cdot T_{\underset{-}{q}}(q) = 0\,.$$

Unter der Annahme $U_{qy} = U_{yq} \geq 0$ zeigt die zweimalige Differentiation der

---

[58]Vgl. Fn. 8 im dritten Kapitel. Die Behörde hat den Standard q_s zur Sicherstellung der ökologischen Tragfähigkeit also so vorzugeben, daß die Bedingung 2 erfüllt ist. Da die ökologische Gleichgewichtsfunktion (4.2b) eine Abbildung von $[0, e_0]$ auf $[q_0=0, q_{max}]$ ist, impliziert die Erfüllung der Bedingung 2 unmittelbar die Bedingung 1.

Funktion U^q nach q, daß U^q konkav ist:

$$\frac{d^2u}{dq^2} = \underset{-}{U_{qq}} + \underset{+}{U_{qy} \cdot T_q} + [\underset{+}{U_{yq}} + \underset{-}{U_{yy} \cdot T_q}] \cdot \underset{-}{T_q} + \underset{+}{U_y} \cdot \underset{-}{T_{qq}} < 0$$

Somit hat die Funktion $U^q(q)$ ein globales Maximum $q^* = \arg\max[U^q(q)]$. Dieses ist die paretoeffiziente Gewässergüte. Diesen Sachverhalt illustrieren wir mithilfe der Abb. 4.9a und 4.9b.

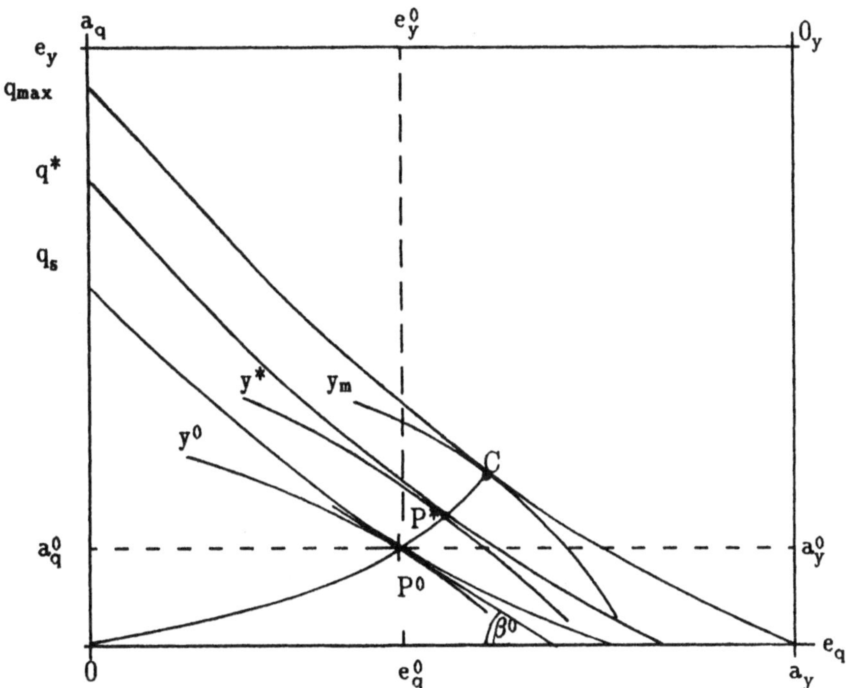

Abb. 4.9a. Standard–Preis–Gleichgewicht bei kostenminimaler Produktion von Gewässergüte[59]

Da das Klärwerk den Standard q_s kostenminimal einhält und der Industriesektor gewinnmaximierend produziert, wird produktionseffizient *relativ* zum

---

[59]Zur Vereinfachung der graphischen Darstellung unterdrücken wir im folgenden den in der Faktorbox des Bilds 4.7 eingezeichneten Linienzug $AB0_y$, der gemäß der Halbebenengleichung $e_y \leq X(a_y)$ in (4.1) den Definitionsbereich D_y der Funktion Y begrenzt.

vorgegebenen Standard q_s produziert und geometrisch ein der Produktions–effizienzbedingung (4.49a) genügender Tangentialpunkt P^0 zwischen der q_s-Isoquante und der entsprechenden Konsumgut–Isoquante y^0 erreicht.

In der Faktorbox der Abb. 4.9a ist der produktionseffizient realisierte Gewässergütestandard q_s gemessen am paretoeffizienten Niveau q^* exemplarisch durch $q_s < q^*$ 'zu niedrig' gesetzt. Dem Tangentialpunkt P^0 in Abb. 4.9a entspricht in Abb. 4.9b ein Punkt $P^{0'}$ auf der Transformationskurve $O_q'P^{*'}C'$, welcher der Produktionseffizienzbedingung (4.49b) genügt.

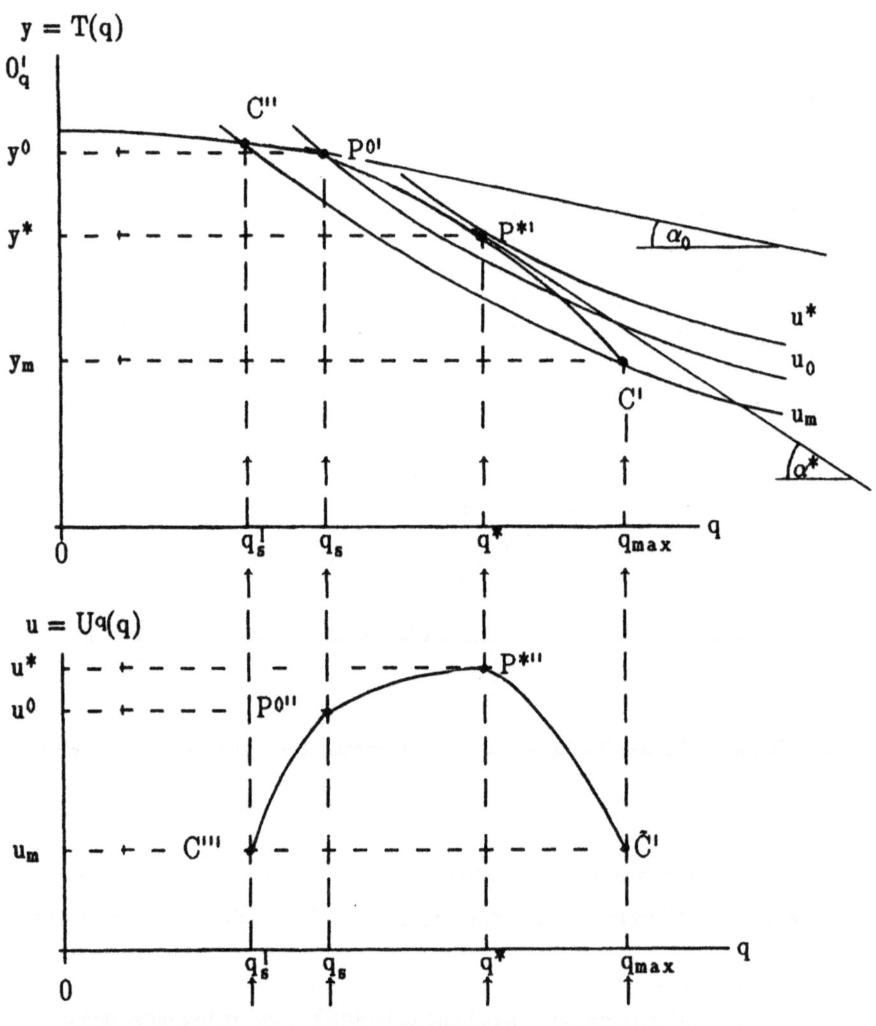

Abb. 4.9b. Standardvorgabe und paretoeffizientes Gewässergüteniveau

Wie die Abb. 4.9b zeigt, sind in $P^{0'}$ die Grenzopportunitätskosten $- T_q(q_s) =$ tan α_0 der Gewässergüteproduktion kleiner als die Grenzzahlungsbereitschaft $U_q(q^*, y^*)/U_y(q^*, y^*) =$ tan α^* für Gewässergüte. Somit ist die Bedingung (4.8d) für Paretoeffizienz verletzt und das vorgegebene Gewässergüteniveau q_s ist nicht paretoeffizient.

Weiter sind in Abb. 4.9b durch parametrische Nutzenindexvariation die Punkte C'', $P^{*'}$ und C' aus dem (y/q)–Koordiantensystem in das untere (u/q)–Koordiantensystem übertragen, so daß der Graph der vorstehend analysierten konkaven durch (4.50) beschriebenen Funktion U^q resultiert[60], deren globales Maximum $u^* = \max[U^q(q)]$ durch das paretoeffiziente Gewässergüteniveau $q^* =$ arg max $[U^q(q)]$ realisiert wird. Gemäß dieser Darstellung ist der Standard q_s inferior zum paretoeffizientem Gewässergüteniveau q^*. Denn q_s geht, wie die Abb. 4.9b zeigt, mit einem Wohlfahrtsverlust von $[u^* = U^q(q^*) - u_0 = U^q(q_s)] > 0$ einher. Dieser Wohlfahrtsverlust steigt, wenn die Abweichung des Standards q_s vom paretoeffizienten Niveau q^* zunimmt: Wird z. B., wie in Abb. 4.9b gezeigt, ein Standard von $q_s^! < q_s$ vorgegeben, dann gilt $(q^* - q_s^!) > (q^* - q_s)$ und $[u^* = U^q(q^*) - u_m = U^q(q_s^!)] > [u^* = U^q(q^*) - u_0 = U^q(q_s)]$.

Dabei darf jedoch, worauf Demsetz (1969, S. 1) hinweist, eine in der Realität in Form der Vorgabe eines Gewässergütestandards praktizierte Gewässergütepolitik nicht mit einem fiktiven modelltheoretischen Ideal des Gewässergütemarktmodells gemessen werden ('Nirwana–Kritik')[61]. Dieser Vergleich ist nämlich deshalb unzulässig, da die informationsmäßig durchführbare Standardsetzung an dem informatorisch nicht realisierbaren Allokationsververfahren des Gewässergütemarktmodells gemessen wird. Und zwar ist die Allokation des Marktmodells "informationally infeasible" (Blümel, Pethig und von dem Hagen 1986, S. 277), da die Beschaffung privater sich im Besitz des repräsentativen Konsumenten befindlichen Information über dessen Grenzzahlungsbereitschaft für Gewässergüte aufgrund prohibitiv hoher Informationsbeschaffungskosten in der Praxis scheitert.

---

[60]Eine vergleichbare graphische Darstellung geben Baumol und Oates (1971, S. 48).

[61]Die 'Nirwana–Kritik', auf die wir im Rahmen dieser Arbeit nicht weiter eingehen, wird z. B. in Kirzner (1978, S. 171 ff.), Krüsselberg (1983, S. 59–63) und in Blümel (1987, S. 29 ff.) im Kontext der Diskussion 'Marktversagen versus Politikversagen' dargestellt.

Aufgrund der 'Nirwana–Kritik' verwenden wir im folgenden nicht mehr die paretoeffiziente Allokation des Marktmodells als Maßstab zur Detektion möglicher Fehlallokationen, sondern operieren mit der Produktionseffizienzbedingung (4.49a) des Modells mit kostenminimal realisiertem Gewässergütestandard.

Jetzt zeigen wir Pethig und Fiedler (1989, S. 81 f.) folgend, daß in diesem Modell bei gegebenem Gewässergütestandard q_s, der in Abb. 4.9a durch $\tan \beta^0$ dargestellte Preis p_e^0 die gleichgewichtige Allokation (a_q^0, a_y^0, e_q^0, e_y^0, y^0) eindeutig festlegt. Dazu konstruieren wir wie folgt die *Überschußnachfragen* $D^a(p_e, q_s)$ nach Arbeit und $D^e(p_e, q_s)$ nach Selbstreinigungsdiensten derart, daß diese auschließlich vom Preis p_e und dem Standard q_s abhängen: Aus der Beziehung $q_s = Q(a_q, e_q)$ resultieren die Isoquanten–Gleichungen

$$a_q = I(\underset{-}{e_q}, \underset{+}{q_s}) \qquad \text{und} \quad e_q = Q^{-1}(\underset{-}{a_q}, \underset{+}{q_s}) \, .$$

Kostenminimierung im Klärwerk impliziert mit $p_a = 1$ bei politisch gesetztem Standard q_s die Faktornachfragefunktionen

$$e_q = E^q(\underset{-}{p_e}, \underset{+}{q_s}) \tag{4.51a}$$

$$a_q = A^q(\underset{+}{p_e}, \underset{+}{q_s}) \tag{4.51b}$$

Aus (4.51a) erhält man den Faktorpreis als

$$p_e = E^{q-1}(\underset{-}{e_q}, \underset{+}{q_s}) =: I_{e_q}(\underset{-}{e_q}, \underset{+}{q_s}) \tag{4.52}.$$

In (4.52) drückt die Schreibweise I_{e_q} die Steigung der q_s–Isoquante in der Variablen e_q aus. Ferner ist in (4.52) zu beachten, daß die Funktion I_{e_q} in der Variablen e_q streng monoton fällt. Weiter ergibt sich aus der Bedingung (4.11b) für $v = y$ mit Beachtung von $p_a = 1$, also $\pi_{ea} = p_e$, nach Umformungen:

$$a_y = \underset{+}{S^{y-1}(p_e)} \cdot e_y \qquad e_y = \frac{1}{S^{y-1}(p_e)} \cdot a_y; \qquad \underset{+}{S^{y-1}(p_e)} = \frac{a_y}{e_y} > 0 \tag{4.53}$$

Mit Verwendung von (4.7), (4.50) und (4.51) lassen sich die Gleichungen (4.53) nach Umformungen schreiben als:

$$a_y = S^{y-1}(\underset{+}{p_e}) \cdot \left[e_0 - E^q(\underset{-}{p_e},\ \underset{+}{q_s})\right] =: A^y(\underset{+}{p_e},\ \underset{-}{q_s}) \tag{4.54}$$

$$e_y = \frac{1}{S^{y-1}(\underset{+}{p_e})} \cdot \left[a_0 - A^q(\underset{-}{p_e},\ \underset{+}{q_s})\right] =: E^y(\underset{-}{p_e},\ \underset{-}{q_s})$$

Wie die Gleichungen (4.54) zeigen, sind die Faktornachfragen des Industriesektors durch die Faktornachfragen des Klärwerks ausdrückbar et vice versa. Daher genügt es, das Faktornachfrageverhalten des Klärwerks in Abhängigkeit der Preisvariablen p_e zu analysieren. Schließlich erhalten wir mithilfe von (4.7), (4.51) und (4.54) die Überschußnachfragen auf beiden Faktormärkten:

$$D^a(\underset{+}{p_e},\ \underset{?}{q_s}) = A^q(\underset{+}{p_e},\ \underset{+}{q_s}) + S^{y-1}(\underset{+}{p_e}) \cdot \left[e_0 - E^q(\underset{-}{p_e},\ \underset{+}{q_s})\right] \gtreqless 0 \tag{4.55}$$

$$D^e(\underset{-}{p_e},\ \underset{?}{q_s}) = E^q(\underset{-}{p_e},\ \underset{+}{q_s}) + \frac{1}{S^{y-1}(p_e)} \cdot \left[a_0 - A^q(\underset{+}{p_e},\ \underset{+}{q_s})\right] =$$

$$= - S^{y-1}(\underset{+}{p_e}) \cdot D^a(\underset{+}{p_e},\ \underset{?}{q_s}) \lesseqgtr 0$$

In (4.55) ist zu beachten, daß die Funktion D^a in der Preisvariablen p_e (streng) monoton steigt ($D^a_p > 0$) und die Funktion D^e in p_e (streng) monoton fällt ($D^e_p < 0$). Weiter sind beide Überschußnachfragen wegen $S^{y-1}(p_e) > 0$ wie folgt miteinander korreliert:

$$D^a(p_e,\ q_s) \gtreqless 0 \qquad \Leftrightarrow \qquad D^e(p_e,\ q_s) \lesseqgtr 0 \tag{4.56}$$

D. h. auf dem Arbeitsmarkt herrscht genau dann Überschußnachfrage / Gleichgewicht / Überschußangebot, wenn auf dem Markt für Selbstreinigungsdienste Überschußangebot / Gleichgewicht / Überschußnachfrage besteht. Folglich reicht es aus, zunächst einen Markt — etwa den Arbeitsmarkt — hinsichtlich der Überschußnachfrage und des Überschußangebots zu untersuchen und dann den Markt für Selbstreinigungsdienste über die Bedingung (4.56) in die Analyse mit einzubeziehen. Wesentlich für die nun folgende Argumentation ist, daß die Faktorsubstitutionselastizität σ_q der Produktionsfunktion für Gewässergüte (4.6) größer als eins ist. Geometrisch stellt sich die Eigenschaft $\sigma_q > 1$, wie die Abb. 4.4, 4.5, 4.7 und 4.9a illustrieren, dadurch dar, daß die q_s-Isoquante in der Faktorbox die a_q-Achse und die e_q-Achse schneidet. Mithin ist dann der e_q-Achsenabschnitt, e_q^{max}, durch $q_s = Q(a_q{=}0,\ e_q^{max})$ und der a_q-Achsenabschnitt, a_q^{max}, durch $q_s = Q(a_q^{max},\ e_q{=}0)$ definiert. Wegen (4.52) gilt dann für die korrespondierende Höhe des Faktorpreises unter Beachtung, daß die Funktion I_{e_q} in der Variablen e_q streng monoton fällt folgende Ungleichung:

$$p_e^{min} := I_{e_q}(e_q^{max},\ q_s) < p_e^{max} := I_{e_q}(e_q{=}0,\ q_s) \tag{4.57}$$

Einsetzen von (4.57) in die Überschußnachfragen (4.55) ergibt:

$$D^a(p_e^{min},\ q_s) = S^{y-1}(p_e^{min}) \cdot \left[e_0 - E^q(p_e^{min},\ q_s)\right] < 0 \leftrightarrow D^e(p_e^{min},\ q_s) > 0$$

$$D^a(p_e^{max},\ q_s) = A^q(p_e^{max},\ q_s) + S^{y-1}(p_e^{max}) \cdot e_0 > 0 \leftrightarrow D^e(p_e^{max},\ q_s) < 0$$

Beide Relationen sind gültig, da der Preis p_e^{min} wegen $q_s = Q(a_q{=}\ 0,\ e_q^{max})$ mit $a_q = A^q(p_e^{min},\ q_s) = 0$ und der Preis p_e^{max} wegen $q_s = Q(a_q^{max},\ e_q{=}0)$ mit $e_q = E^q(p_e^{max},\ q_s) = 0$ einhergeht. Schließlich existiert aufgrund der Relation $p_e^{min} < p_e^{max}$ und der strengen Monotonie der Überschußnachfragefunktionen $D_p^a > 0$ und $D_p^e < 0$ ein eindeutiger Markträumungspreis $p_e^0 \in [p_e^{min},\ p_e^{max}]$, derart, daß wegen (4.55)

$$D^a(p_e^0,\ q_s) = A^q(p_e^0,\ q_s) + S^{y-1}(p_e^0) \cdot \left[e_0 - E^q(p_e^0,\ q_s)\right] = D^e(p_e^0,\ q_s) = 0$$

ist. Mithin sind gemäß den Gleichungen (4.50), (4.51) und (4.54) alle gleichgewichtigen Faktornachfragen durch den Preis p_e^0 wie folgt festgelegt:

$$a_q^0 := A^q(p_e^0,\ q_s) \tag{4.58}$$

$$a_y^0 := A^y(p_e^0,\ q_s)$$

$$e_q^0 := E^q(p_e^0,\ q_s)$$

$$e_y^0 := E^y(p_e^0,\ q_s)$$

Weiter ist wegen der mit $p_a = 1$ und (4.12) aus der Preisgleichung (4.11d) folgenden Beziehung

$$p_y = C^{ay}(p_e) + C^{ey}(p_e) \cdot p_e =: P^y(p_e) \tag{4.59}$$

der gleichgewichtige Konsumgutpreis p_y ebenso durch p_e^0 determiniert. Schließlich erhält man die gleichgewichtige Konsumgutmenge, indem man die Faktornachfragefunktionen A^y und E^y in (4.1) einsetzt:

$$y^0 := Y[A^y(p_e^0, q_s), E^y(p_e^0, q_s)]$$

Bei der komparativ–statischen Analyse des Modells mit vorgegebenem Standard ist zu beachten, daß $\hat{p}_a = 0$ wegen $p_a = 1$ gilt, $p_q = \hat{p}_q = 0$ ist und der Gewässergütestandard q_s modellexogen ist. Wegen der Annahme linear–homogener Produktionstechnologien in beiden Sektoren ist der maximale Gewinn im Industriesektor null, und im Gleichgewicht ist die Budgetrestriktion (4.48) mit der Preisgleichung (4.11d) identisch.

Da sich das vorliegende Modell nur durch den fehlenden Markt für Gewässergüte von dem Modell mit vollständigen Märkten unterscheidet, können wir im folgenden auf einige Gleichungen des Gewässergütemarktmodells zurückgreifen. Dabei unterdrücken wir zur Vereinfachung der Notation im folgenden das Superskript ^{0} an allen gleichgewichtigen Variablen und führen zunächst die Rücksubstitutionen mit dem Ziel durch, daß alle Dachvariablen als von den Dachparametern $\hat{a}_0$, $\hat{e}_0$ und $\hat{q}_s$ abhängig ausgedrückt sind. Darauf fassen wir die komparativ–statischen Ergebnisse in der Tabelle 4.3 zusammen und interpretieren diese ökonomisch.

Mit $p_a = 1$ bzw. $\hat{p}_a = 0$ und $p_q = \hat{p}_q = 0$ resultiert aus der Preisgleichung (4.16b) und aus (4.18a):

$$\hat{p}_e = \Theta_{ey} \cdot \hat{p}_y \tag{4.60}$$

$$\hat{p}_e = \frac{1}{\sigma_y} \cdot (\hat{a}_y - \hat{e}_y) = \frac{1}{\sigma_y} \cdot \hat{k}_y \tag{4.61a}$$

$$\hat{p}_e = \frac{1}{\sigma_q} \cdot (\hat{a}_q - \hat{e}_q) = \frac{1}{\sigma_q} \cdot \hat{k}_q \tag{4.61b}$$

Differentiation der Ressourcenrestriktionen (4.7) mit dem Dachkalkül ergibt nach Umformungen:

$$\hat{a}_y = \frac{a_0}{a_y}\cdot\hat{a}_0 + \frac{a_q}{a_y}\cdot\hat{a}_q \qquad (4.62a)$$

$$\hat{e}_y = \frac{e_0}{e_y}\cdot\hat{e}_0 + \frac{e_q}{e_y}\cdot\hat{e}_q \qquad (4.62b)$$

Aus den Beziehungen (4.61)–(4.62) resultiert durch Elimination der Variablen $\hat{a}_y$, $\hat{e}_y$ und $\hat{p}_e$ und nach zahlreichen Umformungen:

$$e_y(a_y\cdot\sigma_y + a_q\cdot\sigma_q)\hat{a}_q - a_y(e_y\cdot\sigma_y + e_q\cdot\sigma_q)\hat{e}_q =$$
$$= e_y\cdot\sigma_q\cdot a_0\cdot\hat{a}_0 - a_y\cdot\sigma_q\cdot e_0\cdot\hat{e}_0 \qquad (4.63)$$

Mithilfe der differenzierten, annahmegemäß linear–homogenen Gewässergüteproduktionsfunktion, $\hat{q}_s = \tau_{aq}\cdot\hat{a}_q + \tau_{eq}\cdot\hat{e}_q$ ($\tau_{vq} := Q_{vq}\cdot v_q/q_s > 0$, $v = a$, e), und der Beziehung $\tau_{aq} + \tau_{eq} = 1$ erhält man aus der Gleichung (4.63) nach Umformungen

$$\hat{a}_q = \frac{e_y\cdot\sigma_q\cdot\tau_{eq}}{\varepsilon_y}\cdot a_0\cdot\hat{a}_0 - \frac{a_y\cdot\sigma_q\cdot\tau_{eq}}{\varepsilon_y}\cdot e_0\cdot\hat{e}_0 + a_y\cdot\frac{e_y\cdot\sigma_y + e_q\cdot\sigma_q}{\varepsilon_y}\cdot\hat{q}_s \qquad (4.64)$$

$$\hat{e}_q = -\frac{e_y\cdot\sigma_q\cdot\tau_{aq}}{\varepsilon_y}\cdot a_0\cdot\hat{a}_0 + \frac{a_y\cdot\sigma_q\cdot\tau_{aq}}{\varepsilon_y}\cdot e_0\cdot\hat{e}_0 + e_y\cdot\frac{a_y\cdot\sigma_y + a_q\cdot\sigma_q}{\varepsilon_y}\cdot\hat{q}_s \qquad (4.65)$$

Dabei gilt $\varepsilon_y := a_y\cdot e_y\cdot\sigma_y + (\tau_{aq}\cdot a_y\cdot e_q + \tau_{eq}\cdot a_q\cdot e_y)\sigma_q > 0$. Ferner gewinnen wir mit (4.62) aus (4.64) und (4.65) jeweils nach Umformungen:

$$\hat{a}_y = \frac{e_y\cdot\sigma_y + e_q\cdot\sigma_q\cdot\tau_{aq}}{\varepsilon_y}\cdot a_0\cdot\hat{a}_0 + \frac{a_q\cdot\sigma_q\cdot\tau_{eq}}{\varepsilon_y}\cdot e_0\cdot\hat{e}_0 -$$

$$- a_q\cdot\frac{e_y\cdot\sigma_y + e_q\cdot\sigma_q}{\varepsilon_y}\cdot\hat{q}_s \qquad (4.66)$$

$$\hat{e}_y = \frac{e_q \cdot \sigma_q \cdot \tau_{aq}}{\varepsilon_y} \cdot a_0 \cdot \hat{a}_0 + \frac{a_y \cdot \sigma_y + a_q \cdot \sigma_q \cdot \tau_{eq}}{\varepsilon_y} \cdot e_0 \cdot \hat{e}_0 -$$

$$- e_q \cdot \frac{a_y \cdot \sigma_y + a_q \cdot \sigma_q}{\varepsilon_y} \cdot \hat{q}_s \qquad (4.67)$$

Weiter ergibt sich durch Einsetzen der beiden Gleichungen (4.66) und (4.67) in (4.60) und (4.61):

$$\hat{p}_e = \Theta_{ey} \cdot \hat{p}_y = \frac{e_y}{\varepsilon_y} \cdot a_0 \cdot \hat{a}_0 - \frac{a_y}{\varepsilon_y} \cdot e_0 \cdot \hat{e}_0 + e_y \cdot e_q \cdot \frac{k_y - k_q}{\varepsilon_y} \cdot \hat{q}_s \qquad (4.68)$$

$$\hat{k}_y = \hat{a}_y - \hat{e}_y = \sigma_y \cdot \frac{e_y}{\varepsilon_y} \cdot a_0 \cdot \hat{a}_0 - \sigma_y \cdot \frac{a_y}{\varepsilon_y} \cdot e_0 \cdot \hat{e}_0 + \sigma_y \cdot e_y \cdot e_q \cdot \frac{k_y - k_q}{\varepsilon_y} \cdot \hat{q}_s \qquad (4.69a)$$

$$\hat{k}_q = \hat{a}_q - \hat{e}_q = \sigma_q \cdot \frac{e_y}{\varepsilon_y} \cdot a_0 \cdot \hat{a}_0 - \sigma_q \cdot \frac{a_y}{\varepsilon_y} \cdot e_0 \cdot \hat{e}_0 + \sigma_q \cdot e_y \cdot e_q \cdot \frac{k_y - k_q}{\varepsilon_y} \cdot \hat{q}_s \qquad (4.69b)$$

Schließlich erhalten wir durch Einsetzen der Beziehungen (4.66) und (4.67) in die differenzierte, annahmegemäß linear–homogene Konsumgutproduktions–funktion, $\hat{y} = \tau_{ay} \cdot \hat{a}_y + \tau_{ey} \cdot \hat{e}_y$ ($\tau_{vy} := Y_{vy} \cdot v_q / y > 0$, $v = a, e$), mithilfe der Beziehung $\tau_{ay} + \tau_{ey} = 1$ und mit Verwendung der Notation $\varepsilon_q := a_q \cdot e_q \cdot \sigma_q + (\tau_{ay} \cdot a_q \cdot e_y + \tau_{ey} \cdot a_y \cdot e_q)\sigma_q > 0$:

$$\hat{y} = \frac{e_y \cdot \sigma_y \cdot \tau_{ay} + e_q \cdot \sigma_q \cdot \tau_{aq}}{\varepsilon_y} \cdot a_0 \cdot \hat{a}_0 + \frac{a_y \cdot \sigma_y \cdot \tau_{ey} + a_q \cdot \sigma_q \cdot \tau_{eq}}{\varepsilon_y} \cdot e_0 \cdot \hat{e}_0 -$$

$$- \frac{\varepsilon_q}{\varepsilon_y} \cdot \hat{q}_s \qquad (4.69c)$$

Die Tabelle 4.3 faßt die Ergebnisse der komparativen Statik zusammen. Wie bei der komparativ–statischen Analyse des Gewässergütemarktgleichgewichts aus Definition 4.3 unterstellen wir wieder, daß der Industriesektor arbeits–intensiver als das Klärwerk produziert.

Tabelle 4.3. Komparative Statik des Gewässergütestandardmodells bei kostenminimaler Gewässergüteproduktion

Änderung / Reaktion	$\hat{a}_0$	$\hat{e}_0$	$\hat{q}_s$
1. $\hat{a}_q$	+	−	+
2. $\hat{e}_q$	−	+	+
3. $\hat{a}_y$	+	+	−
4. $\hat{e}_y$	+	+	−
5. $\hat{p}_e$	+	−	$k_y > k_q$ +
6. $\hat{k}_q$	+	−	$k_y > k_q$ +
7. $\hat{k}_y$	+	−	$k_y > k_q$ +
8. $\hat{y}$	+	+	−
9. $\hat{p}_y$	+	−	$k_y > k_q$ +

Da die Vorzeichen der komparativ–statischen Wirkungen des Faktorangebots in der ersten und zweiten Spalte von Tabelle 4.3 mit denen aus der Tabelle 4.2 übereinstimmen, konzentrieren wir uns auf die Analyse der komparativ-statischen Wirkung einer Verschärfung des Standards.

Die Wirkung einer Standardverschärfung c. p. ist basierend auf der Tabelle 4.3 durch folgendes Verlaufsdiagramm darstellbar:

Verschärfung des Standards c. p. $(\hat{a}_0 = \hat{a}_0 = o)$

$$
q_s\uparrow \quad
\begin{array}{lll}
e_q\uparrow & \longrightarrow & e_y\downarrow \\
a_q\uparrow & \longrightarrow & a_y\downarrow \\
p_e\uparrow & \longrightarrow & p_y\uparrow
\end{array}
\quad \longrightarrow \quad y\downarrow
$$

Zur Einhaltung der Standardverschärfung erhöht das Klärwerk, wie aus den Gleichungen (4.64) und (4.65) ersichtlich ist, den Arbeitseinsatz der zweiten Schadstoffreduktionsstufe (Abb. 4.1) und kauft vermehrt Emissionslizenzen auf. Aufgrund der zwischen dem Klärwerk und dem Industriesektor bestehenden Nutzungskonkurrenz an beiden Produktionsfaktoren gehet aufgrund der klärwerksseitigen Faktornachfrageerhöhung, wie die Gleichungen (4.66) und (4.67) zeigen, die Nachfrage des Industiesektors nach Selbstreinigungsdiensten und Arbeit zurück, wodurch schließlich gemäß (4.69c) die produzierte Menge des Konsumguts abnimmt.

Da das Klärwerk annahmegemäß weniger arbeitsintensiv bzw. selbst–reinigungsintensiver produziert als der arbeitsintensive Industriesektor, steigt durch die Standardverschärfung im Klärwerk die Nachfrage nach Selbstreinigungsdiensten *relativ* stärker an als die Arbeitsnachfrage. Dadurch sind Selbstreinigungsdienste nach der Standardverschärfung relativ knapper als der Faktor Arbeit, so daß gemäß (4.68) der Preis p_e für Selbstreinigungsdienste steigt. Die Erhöhung des Faktorpreises p_e wälzt der Industriesektor (4.68) zufolge an den repräsentativen Konsumenten (anteilig) ab, indem er den Preis p_y des Konsumguts erhöht. Wegen des gestiegenen Preises p_e reduziert der Industriesektor verstärkt intra–industriell in der ersten Schadstoffreduktionsstufe (Abb. 4.1) die dem Klärwerk zugeführte Schadstoffemission.

Kostendeckende Gewässergüteproduktion im Klärwerk. Wenn Klärwerke als öffentliche Unternehmen geführt werden, ist die *Kostendeckung* in vielen westlichen Staaten wie z. B. in Deutschland, Frankreich, Großbritannien, Holland und den USA vorgeschrieben (Abwassertechnische Vereinigung e. V. 1985, S. 151 ff.; Webb und Woodfield 1981, S. 274; Opschoor und Vos 1991, S. 34). Wir unterstellen, daß die Wasserwirtschaftsbehörde wie folgt agiert:

1. Sie erhebt vom Industriesektor eine Entwässerungsgebühr mit dem *Gebührensatz* p_e. Die Bemessungsgrundlage[62] dieser Gebühr ist die dem Klärwerk zugeführte industrielle Schadstoffemission e_y. Somit beträgt das *Aufkommen* der Entwässerungsgebühr $p_e \cdot e_y$. Das Aufkommen $p_e \cdot e_y$ der Gebühr transferiert die Behörde an das Klärwerk.[63]

2. Die Behörde schreibt dem Klärwerk vor, den Gewässergütestandard $q_s \in$ $]0, q_{max}[$ so einzuhalten, daß die Einnahmen $p_e \cdot e_y$ aus der Erhebung der Entwässerungsgebühren genau die Arbeitskosten $p_a \cdot a_q$ decken.

Somit gilt wegen $p_a = 1$ für das Klärwerk die Kostendeckungsvorschrift[64] D $:= p_e \cdot e_y - a_q = 0$. Bei Kostendeckungsvorschrift im Klärwerk fungiert der Gewässergütestandard q_s wie bei der Kostenminimierung ebenfalls als *ordnungsrechtliches* Instrument. Die Entwässerungsgebühr dient wie der Preis für Selbstreinigungsdienste im Kostenminimierungsmodell als *pekuniäres* Anreizinstrument dazu, den Industriesektor zur Vermeidung von Schadstoffemissionen zu veranlassen. Daher wählen wir im Kostendeckungsmodell für den Entwässerungsgebührensatz das gleiche Symbol, nämlich p_e, wie für den Preis der Selbstreinigungsdienste im Kostenminimierungsmodell. Und zwar kann die Entwässerungsgebühr (sewage charge), wie Opschoor und Vos (1989, S. 14) hervorheben, "to some extent, be considered as a 'price' to be paid for pollution".

---

[62]Bei der in Deutschland praktizierten Erhebung von Entwässerungsgebühren verwendet man aus Mangel an Information über die Zusammensetzung der im Industriesektor anfallenden Schadstoffe nicht die industrielle Schadstoffemission als Bemessungsgrundlage der Entwässerungsgebühr, sondern die von Siebert (1976b, S. 41) als 'Ersatz–Bemessungsgrößen' bezeichnete Bemessungsgrundlagen. Beispiele für Ersatz–Bemessungsgrundlagen führen etwa Kneese und Bower (1972, S. 170), Wicke (1981, S. 107), Webb und Woodfield (1981, S. 274) und Wicke und Huckestein (1991, S. 103) auf. Die Problematik einer schadstoffemissionsbezogenen Bemessungsgrundlage wird ebenso aus juristischer Sicht etwa von Brockhoff und Salzwedel (1978) analysiert.

[63]Dabei stellen die Entwässerungsgebühren innerhalb des Systems der öffentlichen Abgaben etwa Bohley (1980, S. 915 ff.) zufolge ein spezielles Entgelt für die Leistung der Schadstoffreduktion des öffentlich betriebenen Klärwerks und gemäß Opschoor und Vos (1989, S. 15) "payments for the costs of collective or public treatment of effluents" dar.

[64]Eine vergleichbare Kostendeckungsvorschrift verwendet Kolm (1974, S. 155).

Dabei wird gemäß Cropper und Oates (1992, S. 689 ff.) bei der Gewässergütepolitik in den USA vorwiegend die Mengenregulierung über die begrenzte Ausgabe von Emissionslizenzen praktiziert. Im europäischen Raum ist die Preisregulierung durch die Entwässerungsgebührenerhebung etabliert (Opschoor und Vos 1991, S. 36 f.).

Wie bei der kostenminimalen Gewässergütestandardstrategie erzielt der repräsentative Konsument ein Arbeitseinkommen in der Höhe von $p_a \cdot a_0$ und aufgrund der linearen Produktionstechnologie im Industriesektor ein Gewinneinkommen von $G^y = 0$. Wegen der Kostendeckungsauflage $D := p_e \cdot e_y - a_q = 0$ im Klärwerk beträgt der von der Wasserwirtschaftsbehörde an den repräsentativen Konsumenten ausgezahlte Einkommensanteil aus der Gewässergüteproduktion $D = 0$. Somit gilt mit $p_a = 1$ und $p_q = 0$ für dessen Budgetrestriktion:

$$p_y \cdot y = a_0 \tag{4.70}$$

Definition 4.5. *Es gibt 'konventionelle' Märkte für Arbeit und das Konsumgut. Ein Standard–Preis–Gleichgewicht bei kostendeckender Gewässergüteproduktion ist determiniert durch eine erreichbare Allokation (a_q^d, a_y^d, e_q^d, e_y^d, $q_s \in$ $]0, q_{max}[$, y^d) und einen nicht–negativen Preisvektor ($p_a = 1$, p_e^d, $p_q = 0$, p_y^d) derart, daß*

1.   (a_q^d, e_q^d) die Kostendeckungsbedingung $D := p_e^d \cdot e_y - a_q = 0$ erfüllt;

2.   (a_y^d, e_y^d, y^d) = arg max $G^y := p_y^d \cdot y - a_y - p_e^d \cdot e_y \geq 0$ u. d. B. $y \leq Y(a_y, e_y)$;

3.   die Budgetrestriktion durch (4.70) gegeben ist und

4.   die Ressourcenrestriktionen $a_q^d + a_y^d = a_0$ und $e_q^d + e_y^d = e_0$ erfüllt sind.

In der Definition 4.5 zeigt das Superskript ^{d} an, daß das Klärwerk den Standard q_s kostendeckend einhält. Pethig (1989b, S. 89) weist nach, daß die Kostendeckungsvorschrift im Klärwerk, $D := p_e \cdot e_y - a_q = 0$, die Ressourcenrestriktionen (4.7) und die Bedingung (4.11b) mit $p_a = 1$ und $v = y$ eine Gleichgewichtsfunktion $G: \mathbb{R}^+ \longrightarrow \mathbb{R}^+$ implizieren, die der Bedingung

$$a_q = G(e_q) \quad \Leftrightarrow \quad a_q = Sy\left[\frac{a_0 - a_q}{e_0 - e_q}\right] \cdot (e_0 - e_q) \tag{4.71a}$$

genügt. Diese Funktion G legt die gleichgewichtige Faktorallokation [$a_q^d :=$ $G(e_q^d)$, $a_y^d := a_0 - a_q^d$, e_q^d, $e_y^d := e_0 - e_q^d$] bei Kostendeckung im Klärwerk fest, wenn der Standard durch $q_s = Q(a_q^d, e_q^d)$ vorgegeben ist. Falls ein Standard-Preis-Gleichgewicht bei Kostendeckung im Klärwerk existiert, dann legen die Gleichgewichtsfunktion $a_q = G(e_q)$ und der Standard $q_s = Q(a_q^d, e_q^d)$ die Faktorgleichgewichtswerte a_q^d und e_q^d fest. Wegen (4.7) gilt dann $a_y^d := a_0 - a_q^d$ und $e_y^d := e_0 - e_q^d$. Aus der Kostendeckungsrestriktion $D = 0$ resultiert mit a_q^d und e_q^d die gleichgewichtige Entwässerungsgebühr $p_e^d := a_q^d/e_y^d$. Schließlich gilt gemäß (4.59) für den gleichgewichtigen Konsumgutpreis $p_y^d := P_y(p_e^d)$ und wegen (4.70) beträgt die gleichgewichtige Konsumgutmenge $y^d := a_0/p_y^d$.

Wie bei der kostenminimalen Produktion von Gewässergüte kann die Behörde aufgrund mangelnder (privater) Information über die Grenzzahlungsbereitschaft für Gewässergüte den Standard q_s ebenso bei der Kostendeckungsvorschrift im allgemeinen nicht auf dem vom repräsentativen Konsumenten präferierten Niveau q^* — also nicht paretoeffizient — vorgeben. Somit kann die Gewässergütepolitik ebenfalls bei Kostendeckung bestenfalls nur 'zweit-beste'-Lösungen anstreben. Diese sind bei produktionseffizienter Einhaltung des Standards realisiert.

Im folgenden untersuchen wir, ob das Standard-Preis-Gleichgewicht bei Kostendeckung produktionseffizient ist. Damit beide Kostenverfahren hinsichtlich der Produktionseffizienz vergleichbar sind, nehmen wir an, daß der bei Kostenminimierung einzuhaltende Standard q_s mit dem bei Kostendeckung vorgegebenen Gewässergüteniveau *identisch* ist und setzen die Höhe der Entwässerungsgebühr auf p_e^0. Es gilt die

Proposition 4.6. *Das Standard-Preis-Gleichgewicht der Definition 4.5 ist produktionsineffizient.*

Beweis. Pethig (1988b, S. 12 ff.) folgend zeigen wir geometrisch, daß im Klärwerk bei *kostenminimaler* Einhaltung des Standards q_s die Einnahmen $p_e \cdot e_y$ aus der Entwässerungsgebühr die Arbeitskosten a_q *übersteigen*, das Klärwerk also bei Produktionseffizienz einen Überschuß erzielt. Dazu definieren wir den *Überschuß* durch $D := p_e \cdot e_y - a_q \gtreqless 0$. Als Referenz für produktionseffiziente Einhaltung von q_s fungiert die Bedingung

$$\frac{Y_e(a_y^0,\ e_y^0)}{Y_a(a_y^0,\ e_y^0)} = \frac{Q_e(a_q^0,\ e_q^0)}{Q_a(a_q^0,\ e_q^0)} = p_e^0 \tag{4.49a}.$$

Weiter erhält man im Modell der kostenminimalen Einhaltung des Standards aus der Kostenfunktion der Definition 4.4 folgende Isokostengleichung:

$$a_q = K^q - p_e^0 \cdot e_q \qquad \text{[Isokostengleichung]} \tag{4.72a}$$

Im Abb. 4.10 ist diese Isokostengleichung durch die Gerade AB repräsentiert, wobei der Preis für Selbstreinigungsdienste durch $p_e^0 = \tan \beta^0$ gegeben ist.

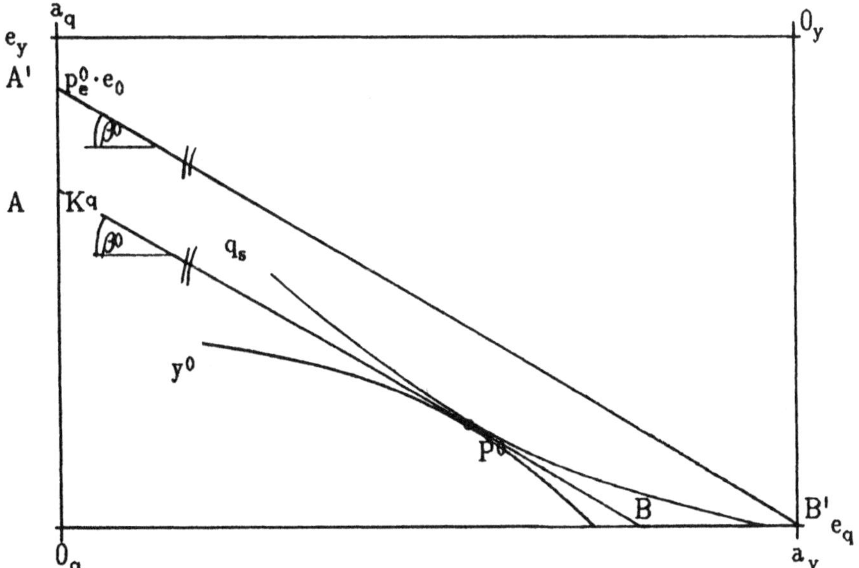

Abb. 4.10. Illustration zur Proposition 4.6

Die kostenminimale Einhaltung des Standards im Klärwerk impliziert geometrisch das durch den Tangentialpunkt P^0 dargestellte produktionseffiziente Standard–Preis–Gleichgewicht der Definition 4.4. Mit $p_e = p_e^0$ und $e_y = e_0 - e_q$ resultiert aus der Kostendeckungsbedingung der Definition 4.5:

$$a_q = p_e^0 \cdot e_0 - p_e^0 \cdot e_q \qquad \text{[Kostendeckungsgleichung] (4.72b)}$$

Diese Kostendeckungsgleichung ist in Abb. 4.10 durch die Gerade A'B' als der geometrische Ort für $D = 0$ dargestellt. Wie aus der Abb. 4.10 weiter ersichtlich ist, liegt die zu (4.72a) gehörige Isokostengerade AB *unterhalb* der Kostendeckungsgeraden A'B'. Somit gilt nach Subtraktion der Isokostengleichung von der Kostendeckungsgleichung (4.72b) die Relation

$$p_e^0 \cdot e_0 > K^q \quad \Leftrightarrow \quad p_e^0 \cdot e_y > a_q \quad \Leftrightarrow \quad D > 0 \,.$$

Dieser Relation zufolge erzielt das Klärwerk im Gleichgewicht bei Kostenminimierung einen Überschuß in der Höhe von

$$D^0 := p_e^0 \cdot e_y^0 - a_q^0 > 0 \qquad \begin{bmatrix} \text{Überschuß im Klärwerk} \\ \text{bei Kostenminimierung} \end{bmatrix}.$$

Das Standard–Preis–Gleichgewicht der Definition 4.5 ist also produktions*in*effizient, da dem Klärwerk Kostendeckung

$$D := p_e^d \cdot e_y^d - a_q^d = 0 \qquad \text{[Kostendeckung im Klärwerk]}$$

vorgeschrieben ist.   □

Nachdem wir gezeigt haben, daß das Standard–Preis–Gleichgewicht der Definition 4.5 produktions*in*effizient ist, analysieren wir nun die Eigenschaften der durch die Kostendeckungsvorschrift $D = 0$ im Klärwerk verursachten Produktions*in*effizienz. Dazu führen wir für die in Arbeitseinheiten ausgedrückten Grenzkosten Q_e/Q_a und Y_e/Y_a der von beiden Sektoren nachgefragten Selbstreinigungsdienste die Notationen $r_q := Q_e/Q_a$ und $r_y := Y_e/Y_a$ ein, so daß fürh die Produktionseffizienzbedingung (4.49a) gilt:

$$r_q - r_y = 0 \qquad\qquad (4.49a)'$$

Proposition 4.7.

1. *Die Vorschrift der kostendeckenden Einhaltung eines Gewässergütestandards von $q_s \in {]0, q_{max}[}$ nach Maßgabe von $p_e^d \cdot e_y^d - a_q^d = 0$ bewirkt eine produktionsineffiziente Arbeitsteilung zwischen dem Industriesektor und dem Klärwerk derart, daß gemessen an der kostenminimalen Einhaltung des Gewässergütestandards die Arbeitsintensität im Klärwerk 'zu hoch', im Industriesektor 'zu gering' und die Höhe der Entwässerungsgebühr 'zu niedrig' ist: $k_q^d > k_q^0$, $k_y^d < k_y^0$ und $p_e^d < p_e^0$*

2. *Bei Kostendeckung sind die Grenzkosten der vom Klärwerk nachgefragten Selbst– reinigungsdienste 'zu hoch' und die Grenzkosten der vom Industriesektor nachgefragten Selbstreinigungsdienste sind 'zu niedrig': $r_q^d > r_q^0$ und $r_y^d < r_y^0$*

3. *Es gilt: $r_q^d - r_y^d > 0$*

Beweis.

1. Für die folgenden Untersuchungen beschränken wir uns auf den Spezialfall $\sigma_y = 1$ der Cobb–Douglas–Produktionstechnologie im Industriesektor $y = a_y^\gamma \cdot e_y^{1-\gamma}$ mit $0 < \gamma < 1$ durch. Bei dieser Technologie vereinfacht sich die Bedingung (4.11b) zu:

$$P_e = \frac{1 - \gamma}{\gamma} \cdot \frac{a_y}{e_y} \qquad\qquad (4.11b)'$$

Gemäß Proposition 4.6 gilt bei produktionseffizienter Einhaltung des Standards $D^0 := p_e^0 \cdot e_y^0 - a_q^0 > 0$ und Kostendeckung impliziert $D := p_e^d \cdot e_y^d - a_q^d = 0$. Subtraktion der letzten Gleichung von der ersten liefert mit (4.11b)' und (4.7a) nach Umformungen die Relationen $a_q^d - a_q^0 = \gamma \cdot D^0 > 0$ und $a_y^0 - a_y^d = \gamma \cdot D^0 > 0$, da $\gamma > 0$ und $D^0 > 0$ ist. Somit gilt $a_q^d > a_q^0$ und $a_y^d < a_y^0$. Weiter resultiert aus den Isoquanten–Gleichungen

$e_q^0 := Q^{-1}(a_q^0, q_s)$ und $e_q^d := Q^{-1}(a_q^d, q_s)$ wegen $Q_{aq}^{-1} < 0$ und $a_q^d > a_q^0$ die Beziehung $e_q^d := Q^{-1}(a_q^d, q_s) < e_q^0 := Q^{-1}(a_q^0, q_s)$. Daraus erhält man mit (4.7b) $e_y^d := e_0 - e_q^d > e_y^0$. Somit gilt für die Arbeitsintensitäten $k_q^d := a_q^d/e_q^d > k_q^0 := a_q^0/e_q^0$, $k_y^d := a_y^d/e_y^d < k_y^0 := a_y^0/e_y^0$ und mit (4.11b)' für die Entwässerungsgebühr $p_e^d := \frac{1-\gamma}{\gamma} \cdot k_y^d < p_e^0 := \frac{1-\gamma}{\gamma} \cdot k_y^0$.

2. Aufgrund der Linear–Homogenität der Produktionsfunktionen Q und Y steigen die Grenzkosten r_q und r_y in den Arbeitsintensitäten streng monoton und es gilt $r_q = S^q(k_q)$ und $r_y = S^y(k_y)$.[65] Somit erhält man wegen $k_q^d > k_q^0$ und $k_y^d < k_y^0$ die Beziehungen $r_q^d := S^q(k_q^d) > r_q^0 := S^q(k_q^0)$ und $r_y^d := S^y(k_y^d) < r_y^0 := S^y(k_y^0)$.

3. Aus $r_q^0 - r_y^0 = 0$ und den beiden Relationen $r_q^d > r_q^0$ und $r_y^d < r_y^0$ folgt un–mittelbar $r_q^d - r_y^d > 0$.[66] □

Die Aussage des ersten Absatzes der Proposition 4.7, daß die Höhe der Entwässerungsgebühr p_e bei Kostendeckung produktions*ineffizient* niedrig bemessen ist, widerspricht der Sichtweise der Literatur zur Begründung der Privatisierung von Klärwerken.[67] Und zwar sehen z. B. Moore (1989, S. 15), Pitkethly (1990, S. 121 f.), das Bundesumweltministerium (1993, S. 150), Karl und Klemmer (1994, S. 122 f.) und Spulber und Sabbaghi (1994, S. 273 ff.) einen wesentlichen Vorteil der in privaten Klärwerksbetreibermodellen realisierten kostenminimalen gegenüber der bei öffentlicher Betreibung vorgeschriebenen kostendeckenden Einhaltung des Gewässergütestandards darin, daß sich die Entwässerungsgebühr p_e verringert. Basierend auf der Proposition 4.7, die den Faktor Arbeit als numéraire verwendet, vertreten wir

---

[65]Vgl. Pethig (1989b, S. 88) und Pethig und Fiedler (1989, S. 87).

[66]Einen vergleichbaren Beweis führt Pethig (1989b, S. 89 ff.).

[67]In jüngster Zeit werden jedoch in westlichen Ländern nicht nur öffentliche Betriebe wie Bahn, Post und Telekommunikation (Windisch 1987), sondern ebenso Klärwerke privatisiert (Bundesumweltministerium 1993, S. 150; Moore 1989, S. 15 f., Spulber und Sabbaghi 1994, S. 273 ff. und Karl und Klemmer 1994, S. 122) und zwar mit dem Ziel, daß kostenminimal operiert wird.

ergibt sich dagegen genau umgekehrt die Folgerung, daß sich die Entwässerungsgebühr bei einem Wechsel von öffentlicher zu privater Klärwerksbetreibung erhöht ($p_e^0 > p_e^d$).

Zur graphischen Darstellung des Standard–Preis–Gleichgewichts bei Kostendeckung beschränken wir uns weiter auf den Spezialfall der Cobb–Douglas–Produktionsfunktion $y = a_y^\gamma \cdot e_y^{1-\gamma}$. Mithin vereinfacht sich (4.71a) nach Umformungen zu

$$a_q = (1 - \gamma)a_0 \tag{4.71b}$$

und beschreibt die horizontale Gerade FG in Abb. 4.11.

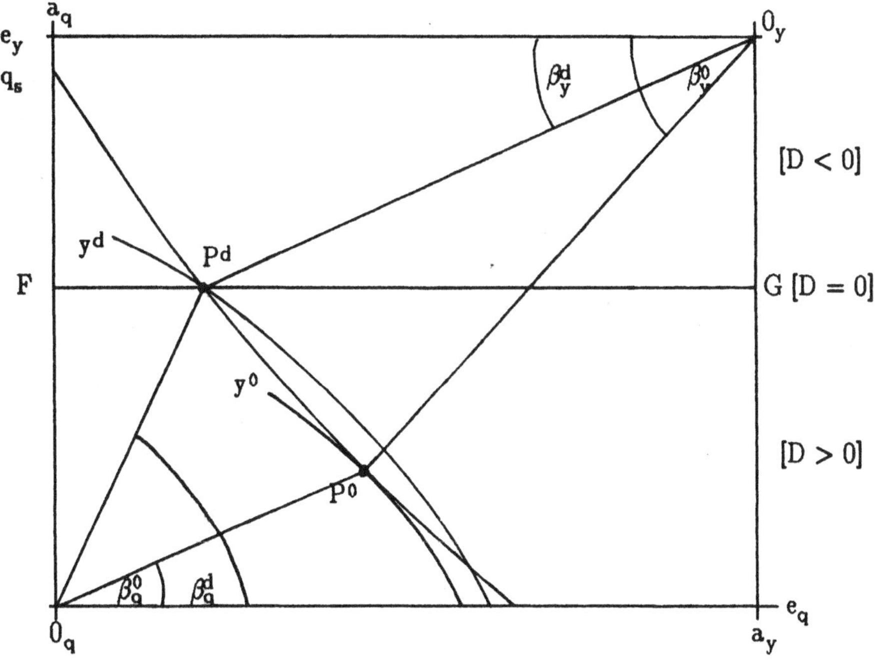

Abb. 4.11. Standard–Preis–Gleichgewicht bei kostendeckender Produktion von Gewässergüte

In Abb. 4.11 beschreibt die Horizontale FG als geometrisches Abbild von (4.71b) den geometrischen Ort aller Faktorallokationen, bei denen

1. das Klärwerk den Gewässergütestandard q_s kostendeckend, $D = 0$, einhält und

2. der Industriesektor gewinnmaximal produziert.

Das kostendeckende Standard–Preis–Gleichgewicht ergibt sich in Abb. 4.11, als Schnittpunkt P^d der Horizontalen FG mit der den Standard repräsentierenden Isoquante q_s. Dabei ist, wie die Abb. 4.11 illustriert, die Arbeitsintensität im Klärwerk 'zu hoch' ($k_q^d = \tan\beta_q^d > k_q^0 = \tan\beta_q^0$), die Arbeitsintensität im Industriesektor 'zu gering' ($k_y^d = \tan\beta_y^d < k_y^0 = \tan\beta_y^0$) und die Entwässerungsgebühr 'zu niedrig' [$p_{ep}^{d1} = S^y(\tan\beta_y^1) < p_e^0 = S^y(\tan\beta_y^0)$].

Weiter teilt die Horizontale FG die Faktorbox in einen Überschußbereich ($D > 0$) und in einen Defizitbereich ($D < 0$) auf. Zur Erläuterung dieses Sachverhalts stellen wir uns vor, daß die Wirtschaftsbehörde dem Klärwerk vorschreibt, einen konstanten Überschuß $D > 0$ bzw. ein konstantes Defizit ($D \leq 0$) zu erzielen. Dann modifiziert sich die Kostendeckungsvorschrift $p_e \cdot e_y = a_q$ zu

$$p_e \cdot e_y = a_q + D; \qquad D \gtrless 0,$$

und für die Bedingung (4.71b) gilt:

$$a_q = (1 - \gamma)a_0 - \gamma \cdot D \tag{4.71c}$$

Gemäß (4.71c) fällt die Variable a_q im Überschußparameter D streng monoton. Folglich liegt in Abb. 4.11 der Defizitbereich $D < 0$ oberhalb und der Überschußbereich $D > 0$ unterhalb der durch (4.71b) repräsentierten Horizontalen FG mit $D = 0$, und der produktionseffiziente Tangentialpinkt P^0 mit $D^0 > 0$ liegt unterhalb von FG.

Weiter ist, wie Abb. 4.11 zeigt, die durch die Kostendeckungvorschrift verursachte Produktions*in*effizienz gegenüber der Kostenminimierung durch die *'verschwendete'* Konsumgutmenge $(y^0 - y^d) \geq 0$ meßbar. Gemäß diesem von (Pethig 1989b, S. 89) eingeführten Maß für Produktions*in*effizienz herrscht genau dann Produktionseffizienz, wenn die Differenz $(y^0 - y^d) = 0$ ist. Dann wird nämlich relativ zum vorgeschriebenen Standard q_s die maximale, also die produktionseffiziente Konsumgutmenge produziert.[68] In der Theorie der öffentlichen Unternehmen begründet man die Vorschrift der Kostendeckung im Klärwerk dadurch, daß dieses noch meist öffentlich geführte Unternehmen mit steigenden Skalenerträgen und somit defizitär operiert (Blankart 1980, S. 164; Bös 1985, S. 152; Spulber und Sabbaghi 1994, S. 228 ff.). Und einige empirische Studien wie z. B. die von Kneese und Bower (1972, S. 69) und Dorfman und Jacoby (1972, S. 92) belegen steigende Skalenerträge in Klärwerken.[69] Während in den Modellen zur Theorie öffentlicher Unternehmen, die ausführlich etwa von Atkinson und Stiglitz (1980, S. 457 ff.), Bös (1981; 1986) und von Blankart (1980) dargestellt sind, die Kostendeckungsvorschrift dazu dient, öffentliche Unternehmen mit steigenden Skalenerträgen nicht defizitär operieren zu lassen, wenn sie effizient produzieren, *verhindert* in unserer Modellkonstruktion der zweistufigen Schadstoffreduktion die Vorgabe, kostendeckend zu produzieren, daß das Klärwerk einen Überschuß erzielt, der wiederum eine notwendige Bedingung für Produktionseffizienz darstellt. Im wesentlichen implizieren die Modelle zu öffentlichen Unternehmen, deren Konstruktion sich von unseren Modellen unterscheidet, Grenzkostenpreiszuschläge basierend auf der etwa von Bös (1986, S. 187 ff.) hergeleiteten Ramsey–Preis–Regel zur Deckung skalenertragsbedingter Defizite. Im Gegensatz zu den Modellen der öffentlichen Unternehmung werden in unseren Modellen jedoch keine Skalenerträge angenommen, es gibt keinen Preis für Gewässergüte, und die zu produzierende Gewässergüte ist durch den Standard q_s exogen vorgegeben. Somit gibt es in diesem Modellkontext keine wie auch immer anwendbare Analogie zur Ramsey–Preis–Regel.

---

[68]Da die Gewässergütepolitik — wie vorstehend erörtert — nur 'second–best'–Lösungen (kostenminimale bzw. produktionseffiziente Einhaltung eines vorgegebenen Gewässergütestandards) anstreben kann, bezeichnen wir die Kostendeckungsvorschrift im Klärwerk als 'third–best'–Gewässergütepolitik gemessen an der zweit–besten Politik der produktionseffizienten Kostenminimierungsauflage.

[69]Aus unserer Gewässergüteproduktionsfunktion (4.6) lassen sich steigende Skalenerträge nicht ableiten. Man kann allenfalls nur eine Bedingung dafür angeben. Aus der Gewinnfunktion G^q des Klärwerks erhält man mit $\Theta_{aq} = \frac{a_q}{q} \cdot Q_a$, $\Theta_{eq} = \frac{e_q}{q} \cdot Q_e$, (C4.4) und (C4.5) nach Umformungen $G^q = p_q \cdot [-\underline{E}_e^{-1}] \cdot [1 - e_q - a_q \cdot R_{aq}^q]$. Gemäß dieser Beziehung operiert das Klärwerk mit steigenden Skalenerträgen genau dann, wenn $1 < e_q + a_q \cdot R_{aq}^q$ ist. Jedoch läßt G^q ebenso $1 \geq e_q + a_q \cdot R_{aq}^q$ und somit fallende bzw. konstante Skalenerträge zu.

Im Rahmen eines Modells mit vollständigem Wettbewerbsmarkt für Gewässergüte, $p_q > 0$, nimmt Kolm (1974, S. 156) an, daß die von ihm (ad hoc) zugrundegelegte 'environment function' (4.6)' null–homogen ist. Im Kolm–Modell resultiert bei Verwendung der Null–Homogenität der Funktion Q^0 gemäß dem Euler–Theorem

$$Q^0_{aq} \cdot a_q + Q^0_{ey} \cdot e_y = 0$$

mithilfe der Grenzproduktivitäten $Q^0_{aq} = p_a/p_q > 0$ und $Q^0_{ey} = -p_e/p_q < 0$ als Referenz für Produktionseffizienz bei $p_a = 1$ unmittelbar die Kostendeckungsvorschrift

$$a_q - p_e \cdot e_y = 0 \,.$$

Damit ist also gezeigt, daß Kostendeckung im Klärwerk mit Produktionseffizienz kompatibel ist, wenn die von Kolm zugrundegelegte Annahme der Null–Homogenität der Funktion Q^0 (aus naturwissenschaftlicher Sicht) zutrifft. Kolms 'environment function' ist zwar mit der Produktionsfunktion (4.6) für Gewässergüte vergleichbar, wenn man, wie vorstehend erläutert, die Differenz $(e_0 - e_q)$ durch die Variable e_y ersetzt. Da jedoch die bei naturwissenschaftlicher Fundierung der Funktion Q^0 zugrundeliegende stationäre ökologische Gleichgewichtsfunktion (4.2b) nicht homogen ist, ist Q^0 ebenfalls nicht homogen. Zudem operiert unser Kostendeckungsmodell aufgrund des in der Realität fehlenden Marktes für Gewässergüte mit dem politisch gesetzten Gewässergütestandard q_s bei $p_q = 0$. Somit ist es Pethig (1989b, S. 86) zufolge "... not possible to establish a clearcut relationship between assumptions on technology on the one hand and deficit or surplus financing on the other hand".

Bei der komparativ statischen Analyse des Modells mit kostendeckender Einhaltung des Gewässergütestandards verwenden wir einige Gleichungen des Modells mit vollständigen Märkten und des Modells der kostenminimalen Standardeinhaltung. Dabei nehmen wir wieder den allgemeineren Fall der linear–homogenen Produktionstechnologie im Industriesektor an und führen erst später die Cobb–Douglas–Technologie ein. Zur Vereinfachung der Notation unterdrücken wir das Superskript ^{d} an allen gleichgewichtigen Variablen. Zunächst ermitteln wir das Dachkälkül der Gleichgewichtsbedingung $a_q = G(e_q)$: Und zwar ergibt Differentiation der Kostendeckungsvorschrift:

$$\hat{p}_e = \hat{a}_q - \hat{e}_y \tag{4.73}$$

Elimination der Variablen $\hat{a}_y$, $\hat{e}_y$ und $\hat{p}_e$ aus den Beziehungen (4.61a), (4.62) und (4.73) ergibt nach zahlreichen Umformungen die Änderungsrate der Gleichgewichtsfunktion:

$$\hat{a}_q = \frac{a_0}{a_y \cdot \sigma_y + a_q} \cdot \hat{a}_0 - \frac{(1 - \sigma_y)\,a_y}{e_y(a_y \cdot \sigma_y + a_q)} \cdot e_0 \cdot \hat{e}_0 + \frac{(1 - \sigma_y)\,a_y}{e_y(a_y \cdot \sigma_y + a_q)} \cdot e_q \cdot \hat{e}_q \tag{4.74}$$

Gemäß (4.74) gilt also mit $\hat{a}_q := da_q/a_q$ und $\hat{e}_q := de_q/e_q$ für die durch (4.71a) determinierte Gleichgewichtsfunktion G:

$$\frac{da_q}{de_q} := G_{eq} = \frac{(1 - \sigma_y) \cdot a_y \cdot a_q}{e_y(a_y \cdot \sigma_y + a_q)} \gtreqless 0 \qquad \Leftrightarrow \qquad \sigma_y \lesseqgtr 1$$

D. h. die Gerade FG in Abb. 4.11 steigt monoton / verläuft horizontal / fällt monoton genau dann, wenn $\sigma_y \lesseqgtr 1$ ist. Elimination der Variablen $\hat{a}_q$ und $\hat{e}_q$ aus (4.74) und der differenzierten Gewässergüteproduktionsfunktion, $\hat{q}_s = \tau_{aq} \cdot \hat{a}_q + \tau_{eq} \cdot \hat{e}_q$ mit $\tau_{vq} := Q_{vq} \cdot v_q/q_s > 0$ und $v = a$, e, ergibt mit $\tau_{aq} + \tau_{eq} = 1$ nach Umformungen:

$$\hat{e}_q = -\frac{\tau_{aq} \cdot e_y}{\tau} \cdot a_0 \cdot \hat{a}_0 + \frac{\tau_{aq}(1 - \sigma_y)a_y}{\tau} \cdot e_0 \cdot \hat{e}_0 + \frac{e_y(a_y \cdot \sigma_y + a_q)}{\tau} \cdot \hat{q}_s \tag{4.75a}$$

$$\hat{a}_q = \frac{\tau_{eq} \cdot e_y}{\tau} \cdot a_0 \cdot \hat{a}_0 - \frac{\tau_{eq}(1 - \sigma_y)a_y}{\tau} \cdot e_0 \cdot \hat{e}_0 + \frac{(1 - \sigma_y)a_y \cdot e_q}{\tau} \cdot \hat{q}_s \tag{4.75b}$$

Es gilt die Notation $\tau := \tau_{eq} \cdot e_y(a_y \cdot \sigma_y + a_q) + \tau_{aq}(1 - \sigma_y) \cdot a_y \cdot e_q$. Der Term τ läßt sich mithilfe von $\tau_{aq} := Q_a \cdot a_q/q_s$, $\tau_{eq} := Q_e \cdot e_q/q_s$, der Kosten-deckungsvorschrift im Klärwerk $p_e = a_q/e_y$, der Kostenminimierung im Industriesektor $p_e = Y_e/Y_a$ und den Notationen $Y_e/Y_a =: r_y$, $Q_e/Q_a =: r_q$ und r $:= r_q - r_y$ umformen zu:

$$\tau := \frac{a_y \cdot \sigma_y \cdot e_q \cdot e_y \cdot \tau_{aq}}{a_q} \cdot r + \tau_{eq} \cdot e_y \cdot a_q \cdot + \tau_{aq} \cdot a_y \cdot e_q > 0 \qquad (4.76)$$

Dabei repräsentiert das Symbol r_q die Grenzkosten der vom Klärwerk nachgefragten Selbstreinigungsdienste und r_y steht für die Grenzkosten der vom Industriesektor nachgefragten Selbstreinigungsdienste. Der Term τ ist für alle $\sigma_y > 0$ positiv. Das erläutern wir: Bei *kostenminimaler* Realisierung des Gewässergütestandards im Klärwerk gilt wegen (4.49a) $r_y = r_q$ bzw. $r_q - r_y = 0$. In diesem Fall ist

$$\tau = \tau_{eq} \cdot e_y \cdot a_q \cdot + \tau_{aq} \cdot a_y \cdot e_q > 0; \qquad\qquad r_q - r_y = 0$$

für alle $\sigma_y > 0$. Und bei *kostendeckender* Einhaltung des Standards ist die Grenzkostendifferenz r in (4.76) positiv und somit ist der Ausdruck τ ebenfalls eindeutig positiv. Das begründen wir: Wegen der angenommenen linearen Homogenität beider Produktionsfunktionen ist $r_q := Q_e/Q_a = S^q(k_q)$ und $r_y := Y_e/Y_a = S^y(k_y)$. Wie vorstehend erläutert, gilt bei Kostenminimierung im Klärwerk $r_q^0 := S^q(k_q^0) = r_y^0 := S^y(k_y^0)$ bzw.

$$r_q^0 - r_y^0 = 0 \qquad\qquad \text{[Kostenminimierung im Klärwerk] (4.77a)}$$

Bei Kostendeckung gilt, wie wir im dritten Absatz von Proposition 4.7 gezeigt haben

$$r_q^d - r_y^d > 0 \qquad\qquad \text{[Kostendeckung im Klärwerk] (4.77b)},$$

so daß in (4.76) $\tau > 0$ ist für alle $\sigma_y > 0$. Ferner erhält man mit (4.62) aus (4.75):

$$\hat{e}_y = \frac{\tau_{aq} \cdot e_q}{\tau} \cdot a_0 \cdot \hat{a}_0 + \frac{\tau_{eq}(a_y \cdot \sigma_y + a_q)}{\tau} \cdot e_0 \cdot \hat{e}_0 - \frac{e_q(a_y \cdot \sigma_y + a_q)}{\tau} \cdot \hat{q}_s \qquad (4.78a)$$

$$\hat{a}_y = \frac{\sigma_y \cdot \tau_0 + \tau_{aq} \cdot e_q}{\tau} \cdot a_0 \cdot \hat{a}_0 + \frac{\tau_{eq}(1 - \sigma_y)a_q}{\tau} \cdot e_0 \cdot \hat{e}_0 -$$

$$- \frac{(1 - \sigma_y)a_q \cdot e_q}{\tau} \cdot \hat{q}_s \tag{4.78b}$$

Dabei gilt in (4.78b) die Notation $\tau_0 := \frac{e_q}{a_q} \cdot e_y \cdot r \cdot \tau_{aq} > 0$. Einsetzen von (4.75b) und (4.78a) in (4.73) bzw. äquivalent dazu von (4.78a) und (4.78b) in die Gleichung (4.61a) ergibt mit Verwendung von $\tau_{aq} + \tau_{eq} = 1$ und (4.7b) nach Umformungen:

$$\hat{p}_e = \frac{\tau_0}{\tau} \cdot a_0 \cdot \hat{a}_0 - \frac{\tau_{eq} \cdot a_0}{\tau} \cdot e_0 \cdot \hat{e}_0 + \frac{e_q \cdot a_0}{\tau} \cdot \hat{q}_s \tag{4.79}$$

Und aus (4.79) resultiert mit (4.60) unmittelbar

$$\hat{p}_y = \Theta_{ey} \cdot \hat{p}_e = \Theta_{ey} \cdot \frac{\tau_0}{\tau} \cdot a_0 \cdot \hat{a}_0 - \Theta_{ey} \cdot \frac{\tau_{eq} \cdot a_0}{\tau} \cdot e_0 \cdot \hat{e}_0 + \Theta_{ey} \cdot \frac{e_q \cdot a_0}{\tau} \cdot \hat{q}_s \tag{4.80}.$$

Weiter erhält man durch Substitution von (4.75) und (4.78) in die Gleichungen der Arbeitsintensitäten:

$$\hat{k}_q = \hat{a}_q - \hat{e}_q = \frac{e_y}{\tau} \cdot a_0 \cdot \hat{a}_0 - \frac{(1 - \sigma_y)a_y}{\tau} \cdot e_0 \cdot \hat{e}_0 +$$

$$+ \frac{(1 - \sigma_y)a_y \cdot e_0 - e_y \cdot a_0}{\tau} \cdot \hat{q}_s \tag{4.81}$$

$$\hat{k}_y = \hat{a}_y - \hat{e}_y = \sigma_y \cdot \frac{\tau_0}{\tau} \cdot a_0 \cdot \hat{a}_0 - \sigma_y \cdot \frac{\tau_{eq} \cdot a_0}{\tau} \cdot e_0 \cdot \hat{e}_0 + \sigma_y \cdot \frac{e_q \cdot a_0}{\tau} \cdot \hat{q}_s \tag{4.82}$$

Schließlich gewinnt man durch Einsetzen von (4.80) in differenzierte Budget-restriktion (4.70),

$$\hat{y} = \hat{a}_0 - \hat{p}_y \tag{4.83},$$

bzw. äquivalent dazu durch Substitution von (4.78) in die Gleichung der Konsumgutproduktionsfunktion, $\hat{y} = \tau_{ay} \cdot \hat{a}_y + \tau_{ey} \cdot \hat{e}_y$ mit $\tau_{ay} + \tau_{ey} = 1$ nach Umstellungen:

$$\hat{y} = \frac{\tau_{ay} \cdot \sigma_y \cdot \tau_0 + \tau_{aq} \cdot e_q}{\tau} \cdot a_0 \cdot \hat{a}_0 + \Theta_{ey} \cdot \frac{\tau_{eq} \cdot a_0}{\tau} \cdot e_0 \cdot \hat{e}_0 - \Theta_{ey} \cdot \frac{e_q \cdot a_0}{\tau} \cdot \hat{q}_s \qquad (4.84)$$

Tabelle 4.4. Komparative Statik des Gewässergütestandardmodells bei kostendeckender Gewässergüteproduktion

Änderung \\ Reaktion	$\hat{a}_\bullet$	$\hat{e}_\bullet$	$\hat{q}_s$
1. $\hat{a}_q$	+ [+]	? [−]	? [+]
2. $\hat{e}_q$	− [−]	? [+]	+ [+]
3. $\hat{a}_y$	+ [+]	? [+]	? [−]
4. $\hat{e}_y$	+ [+]	+ [+]	− [−]
5. $\hat{p}_e$	+ [+]	− [−]	+ [+]
6. $\hat{k}_q$	+ [+]	? [−]	? [+]
7. $\hat{k}_y$	+ [+]	− [−]	+ [+]
8. $\hat{y}$	+ [+]	+ [+]	− [−]
9. $\hat{p}_y$	+ [+]	− [−]	+ [+]

In der Tabelle 4.4 sind in den eckigen Klammern die Vorzeichen der komparativ–statischen Ergebnisse bei kostenminimaler Einhaltung des Standards aus der Tabelle 4.3 den Vorzeichen bei Kostendeckung als Referenz gegenüber gestellt. Wie aus der Tabelle 4.3 ersichtlich ist, stimmen die komparativ-statischen Wirkungsrichtungen beider Kostenvorschriften nur hinsichtlich der exogenen Änderung des Arbeitsangebots auf die endogenen Variablen vollständig überein. Dagegen zeigen für $\sigma_y \geq 1$, wie aus den Gleichungen (4.75), (4.78b) und (4.81) ersichtlich ist, die endogenen Variablen a_q, e_q, a_y und k_q bei einer exogenen Variation c. p. der Assimilationskapazität e_0 und die Variablen a_q, a_y und k_q bei einer exogenen Veränderung des Standards q_s gemessen an der Kostenminimierungsvorschrift eine falsche Wirkungsrichtung.

Im folgenden konzentrieren wir uns auf die Analyse der komparativ–statischen Wirkung einer Verschärfung des Standards. Offensichtlich hängt, wie die Gleichungen (4.75b), (4.78b) und (4.81) zeigen, die Wirkung dieses Instrumenteinsatzes auf den sektoralen Arbeitseinsatz a_q und a_y und die Arbeitsintensität k_q im Klärwerk sensitiv vom Wert der Faktorsubstitutionselastizität σ_y im Industriesekor ab. Basierend auf den Gleichungen (4.75)–(4.84) und der Tabelle 4.4 ist die Wirkung der Standardverschärfung bei unterschiedlichen σ_y durch folgende Verlaufsdiagramme darstellbar:

Verschärfung des Standards c. p. für $\sigma_y = 1$:

$$q_s\uparrow \longrightarrow P_e\uparrow \longrightarrow \left[\begin{array}{l} e_y\downarrow \\ P_y\uparrow \end{array}\right] \longrightarrow \left[\begin{array}{l} e_q\uparrow \\ y\downarrow \end{array}\right]$$

Verschärfung des Standards c. p. für $0 < \sigma_y < 1 \ (\sigma_y > 1)$:

$$q_s\uparrow \longrightarrow \left[\begin{array}{l} P_e\uparrow(\uparrow) \\ a_q\downarrow(\uparrow) \end{array}\right] \longrightarrow \left[\begin{array}{l} e_y\downarrow(\downarrow) \\ P_y\uparrow(\uparrow) \\ a_y\uparrow(\downarrow) \end{array}\right] \longrightarrow \left[\begin{array}{l} e_q\uparrow(\uparrow) \\ y\downarrow(\downarrow) \end{array}\right]$$

Wie beide Verlaufsdiagramme und die Gleichung (4.79) zeigen, erhöht das Klärwerk für alle $\sigma_y \geq 0$ die Entwässerungsgebühr p_e. Im Fall $\sigma_y = 1$ reagiert der Industiesektor auf die Gebührenerhöhung gemäß (4.78) nur durch eine Reduktion der Nachfrage nach Selbstreinigungsdiensten (Schadstoffemission e_y) und ändert seinen Arbeitseinsatz a_y nicht, wodurch die Arbeitsnachfrage des Klärwerks nach Maßgabe von (4.75b) ebenfalls unverändert bleibt (Pethig 1989b, S. 88). Das ist wie folgt zu erklären:

1. Bei der Nachfrage nach Selbstreinigungsdiensten wirken für alle $\sigma_y \geq 0$ die *Faktorsubstitutionseffekte* $e_y \cdot a_y \cdot \sigma_y$ und $e_q \cdot a_y \cdot \sigma_y$ im Term $\frac{e_y(a_y \cdot \sigma_y + a_q)}{\tau} \cdot \hat{q}_s$ von (4.75a) und im Ausdruck $\frac{e_q(a_y \cdot \sigma_y + a_q)}{\tau} \cdot \hat{q}_s$ von (4.78a) in die gleiche Richtung (der Industriesekor fragt weniger und das Klärwerk verstärkt Selbstreinigungsdienste nach) wie die *Faktormengeneffekte* $e_y \cdot a_q$ und $e_q \cdot a_q$.[70]

2. Bei der Nachfrage nach Arbeit werden im Fall $\sigma_y = 1$, wie die Terme $\frac{(1 - \sigma_y)a_y \cdot e_q}{\tau} \cdot \hat{q}_s$ und $\frac{(1 - \sigma_y)a_q \cdot e_q}{\tau} \cdot \hat{q}_s$ aus (4.75b) und (4.78b) zeigen, die Faktormengeneffekte $a_y \cdot e_q$ und $a_q \cdot e_q$ jeweils durch die entgegenwirkenden Faktorsubstitutionseffekte $\sigma_y \cdot a_y \cdot e_q$ und $\sigma_y \cdot a_q \cdot e_q$ kompensiert. Folglich ist eine Standardverschärfung im Fall $\sigma_y = 1$ auf den Arbeitseinsatz unwirksam.

Aufgrund der verringerten industriellen Nachfrage nach Selbstreinigungsdiensten geht die Konsumgutproduktion, wie (4.84) zeigt, zurück und der Produktionsfaktor e_q steigt solange, bis der verschärfte Standard realisiert ist. Dabei reduziert der Industriesektor nach der Gebührenerhöhung seine Schadstoffemission e_y gerade soweit, daß die Gewinnmaximierungsbedingung (4.11b) erfüllt ist. Weiter wälzt der Industriesektor (4.80) zufolge die Zahllast der Gebührenerhöhung anteilig an den repräsentativen Konsumenten ab, indem er den Konsumgutpreis p_y erhöht.

---

[70]Der Faktormengeneffekt besteht darin, daß das Klärwerk verstärkt Arbeit und Selbstreinigungsdienste zur Einhaltung des verschärften Standards nachfragt. Der Faktorsubstitutionseffekt entsteht dadurch, daß aufgrund der Gebührenerhöhung Selbstreinigungsdienste in Relation zur Arbeit teurer werden und folglich Arbeit nach der Standardverschärfung relativ stärker nachgefragt wird.

Die Fälle $\sigma_y > 1$ und $\sigma_y < 1$ unterscheiden sich bezüglich der Wirkung der Standardverschärfung vom Fall $\sigma_y = 1$ nur dadurch, daß bei den sektoralen Arbeitsnachfragen in (4.75b) und (4.78b) die Faktormengeneffekte und die Faktorsubstitutionseffekte jeweils betragsmäßig unterschiedlich stark sind. Und zwar ist im Fall $\sigma_y < 1$ ($\sigma_y > 1$), wie aus (4.75b) und (4.78b) ersichtlich ist, der Faktorsubstitutionseffekt geringer (stärker) als der Faktormengeneffekt, so daß der Arbeitseinsatz im Klärwerk steigt (sinkt) und im Industriesektor sinkt (steigt). Dabei fließt im Fall $\sigma_y > 1$ der gestiegene Arbeitseinsatz a_y im Industriesektor nach der Standardverschärfung verstärkt in die intra–industrielle Schadstoffreduktion der ersten Stufe (Abb. 4.1), so daß die Konsumgutproduktion effektiv zurückgeht. Zusammenfassend halten wir fest:

1. Im Fall $\sigma_y = 1$ wird die Standardverschärfung *ausschließlich* durch den Nachfragerückgang des Industriesektors nach Selbstreinigungsdiensten getragen.

2. Für $\sigma_y < 1$ wird die Standardverschärfung durch den Rückgang der Nachfrage e_y des Industriesektors nach Selbstreinigungsdiensten und durch erhöhten Arbeitseinsatz a_q in der zweiten Schadstoffreduktionsstufe im Klärwerk getragen.

3. Bei $\sigma_y > 1$ wird die Standardverschärfung durch den Rückgang der Nachfrage e_y des Industriesektors nach Selbstreinigungsdiensten und durch verstärkten Arbeitseinsatz a_y in der ersten Schadstoffreduktionsstufe getragen.

4.4.3 Modelle mit Abwasserabgabe und Entwässerungsgebühr

Steuertechnische Ausgestaltung der Abwasserabgabe. Gemäß § 1 und § 9 des bundesdeutschen Abwasserabgabengesetz (AbwAG) vom 13. September 1976, das am 1. Januar 1978 in Kraft getreten ist und seit 1994 in der vierten Novellierung gültig ist, wird seit dem 1. Januar 1981 durch die Bundesländer von jedem Direkteinleiter als Abgabeschuldner eine Abwasserabgabe für das

Einleiten von Abwasser in einen Wasserkörper (Abgabetatbestand) erhoben
(Engelhardt u. a. 1993, S. 82 ff.; Bundesumweltministerium 1994e, S. 242)
und Gawel 1994, S. 2 f.).[71]

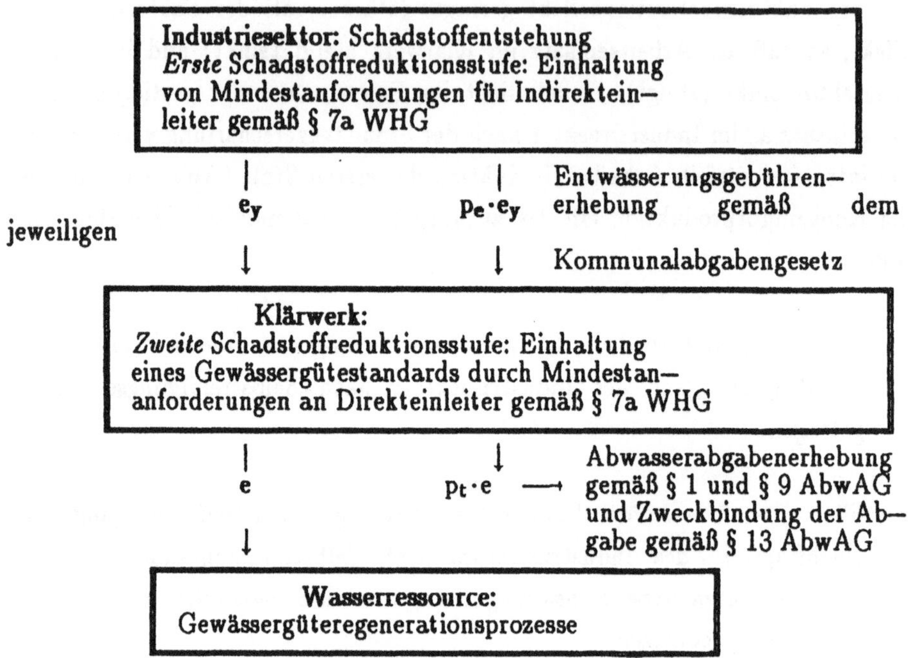

Abb. 4.12. Zweistufige Schadstoffreduktion, Entwässerungsgebühr und Abwasserabgabe

In der die bundesdeutsche Gewässerschutzgesetzgebung stilisiert darstellenden
Abb. 4.12 sind vereinfachend die Haushalte als Indirekteinleiter nicht mit
berücksichtigt.[72] Dabei ist ein Gewässergütestandard durch den § 7a WHG

---

[71]In Frankreich, Italien und in den Niederlanden wird ebenso eine Abwassergabe erhoben.
Dabei fungiert die Abgabe in Italien und Deutschland vorwiegend als pekuniäres Anreizinstrument zur Verminderung von Restschadstoffemissionen und in Frankreich und
den Niederlanden in erster Priorität als fiskalisches Intrument zur Einnahmenerzielung
(Opschoor und Vos 1989, S. 36 f.; Wicke und Huckestein 1991, S. 99 ff.).

[72]Eine übersichtliche Darstellung des ordungsrechtlichen Vollzugprozesses des § 7a Abs. 3
WHG geben Gawel und van Mark (1993, S. 115).

implizit – und zwar durch die Mindestanforderungen nach den allgemein anerkannten Regeln der Technik an die Reinigungsleistung im Klärwerk – festgelegt (Engelhardt u. a. 1993, S. 62 und Bundesumweltministerium 1994e, S. 242). Wie das Abb. 4.12 zeigt, hat in unserem Gewässergütestandardmodell mit zweistufiger Schadstoffreduktion nur das Klärwerk als Direkteinleiter die Abwasserabgabe zu zahlen.[73] Dagegen ist der Industriesektor als Indirekteinleiter gemäß § 2 AbwAG (Engelhardt u. a. 1993, S. 82 f.) nicht von der Abwasserabgabenzahlung betroffen, sondern bezahlt die Entwässerungsgebühr p_e an das Klärwerk für die Inanspruchnahme der Schadstoffreduktion der zweiten Stufe. Dabei besteht innerhalb des in Abb. 4.12 dargestellten zweistufigen Schadstoffreduktionsprozesses der Unterschied zwischen Entwässerungsgebühr und Abwasserabgabe in der Bemessungsgrundlage und in der Verwendung der Einnahmen beider pekuniärer Anreizinstrumente. Während die Bemessungsgrundlage der Entwässerungsgebühr die dem Klärwerk nach Durchlaufen der ersten Schdastoffreduktionsstufe zugeführte Schadstoffemission e_y ist, fungiert als Bemessungsgrundlage der Abwasserabgabe die Restschadstoffemission e, die das Klärwerk nach Anwendung der zweiten Reduktionstufe direkt in den Vorfluter der aggregierten Wasserressource einleitet. Weiter wird das Gebührenaufkommen $p_e \cdot e_y$ zur Kostendeckung im Klärwerk verwendet (Kanowski 1985, S. 11; Paulus 1989, S. 66; Opschoor und Vos 1991, S. 34), während die Verwendung des Abwasserabgabenaufkommens $p_t \cdot e$ gemäß § 13 AbwAG für die Finanzierung von Maßnahmen zur Verbesserung der Gewässergüte zweckgebunden ist (Kirchhof 1983, S. 37; Engelhardt u. a. 1993, S. 89).[74]

Dabei beträgt die Höhe des Abwasserabgabensatzes p_t, der von 1981 bis 1993 schrittweise erhöht wurde, heute, 1995, 60 DM/Schadeinheit·Jahr und soll gemäß der 1994 verabschiedeten 4. Novelle zum AbwAG auf 70 DM/Schadeinheit·Jahr erhöht werden (Bundesumweltministerium 1994e, S. 242).

---

[73]Die Modellierung des Klärwerks als Direkteinleiter ist gemäß dem Landesamt für Wasser und Abfall (1985, S. 7 ff.) empirisch relevant, da 80 % aller Direkteinleiter Klärwerke sind und die Industrieunternehmen und Haushalte zu den übrigen 20 % gehören, die ihr Abwasser direkt in einen Wasserkörper verbringen.

[74]Gemäß Smith (1992, S. 37) ist ebenso in einigen weiteren europäischen Staaten das Abwasserabgabenaufkommen "...earmarked to expenditures on water quality management...".

Gewässerschutzrechtlich fungiert das AbwAG als Vollzugsunterstützungs—instrument des WHG. Und zwar soll das AbwAG die in unserem Modell durch den Gewässergütestandard q_s inkorporierten ordnungsrechtlichen Mindestanforderungen des § 7a WHG durch die Abwasserabgabe als in der Pigou—Tradition wirksames *pekuniäres* Anreizinstrument zur Verbesserung von Reinigungsleistungen ergänzen (Kirchhof 1983, S. 5; Breuer 1987, S. 369; Kloepfer 1989, S. 653 ff.). Dabei selektiert das Ordnungsrecht zur Einhaltung eines Gewässergütestandards ausschließlich zwischen nichterlaubten und erlaubten Schadstoffemissionen durch Ge— bzw. Verbote. Jedoch bezieht das Ordnungsrecht dabei nicht die durch die Schadstoffemission verursachten Kosten einer Gewässergüteminderung ins Kalkül mit ein. Folglich bedarf das Ordungsrecht einer Flankierung durch die Abwasserabgabe, die als pekuniäres Anreizinstrument die Gewässergüteminderungskosten internalisiert (Gawel 1993, S. 160).

In der Literatur besteht dabei nach wie vor starker Dissenz sowohl über die Einordnung der Abwasserabgabe in das klassische bundesdeutsche System der öffentlichen Abgaben bestehend aus Steuern, Gebühren, Beiträgen und Son—derausgaben (Zimmermann und Henke 1987, S. 16 f.) als auch über die Rechtsnatur der Abwassergabe (Hansmeyer 1989, S. 51; Gawel 1991, S. 33). Einige Autoren wie z. B. Hansmeyer (1989, S. 51) ordnen die Abwasserabgabe als Steuer ein. Dagegen ist aus juristischem Blickwinkel gemäß Kirchhof (1983, S. 20 ff.) die Abwasserabgabe als eine 'Sonderabgabe' anzusehen.

Weiter werden im Zuge der neueren Ökosteuer—Debatte mithilfe juristischer Kriterien die unseres Erachtens nach 'irreführenden' Be—zeichnungen wie z. B. ökologisch motivierte Sonderabgaben, Öko—Abgaben bzw. Öko—Steuern verwendet (Franke 1991, S. 24). Wir schließen uns im folgenden Hansmeyer an und ordnen die Abwasserabgabe aus finanzwissen—schaftlicher Sicht als Steuer ein; denn diese ist dem Autor (1989, S. 51) zufolge eine "Zwangsabgabe ohne Anspruch auf Gegenleistung".

Im angelsächsischen Sprachraum unterscheidet man die der Abwasser—abgabe entsprechende 'emission tax' bzw. 'effluent charge' von der 'sewage charge', die der Entwässerungsgebühr bzw. 'user charge' entspricht (Opschoor und Vos 1989, S. 15; OECD 1993, S. 22).

Die Sichtweise der Literatur über die Abwasserabgabe. In der umweltökonomischen Literatur "Emission charges of almost any design hold intrinsic interest for economists, and even a system of uniform charges would represent an important break with past policy design – at least in the [United States]" (Russell 1986, S. 13). Weiter bezeichnen Bohm und Russel (1985, S. 404) das AbwAG als "pioneering work" und heben dabei hervor: "It is perhaps too extreme to say that new German national effluent charge law is the only economic incentive system for pollution control ever successfully legislated" (ebd., S. 405). Schon Anfang der 70–er schätzte Kneese (1971, S. 163) die Wirkung einer Abwasserabgabenerhebung wie folgt ein: "The effluent charges system would give these municipalities an incentive to proceed expeditiously in the effective treatment of waste" und empfielt dabei (ebd., S. 164) "... preferably, the revenues could be used to establish regional water quality management agencies", also eine Zweckbindung der Abwasserabgabe.[75] Weiter schlagen Brown und Johnson (1984, S. 929 ff.) vor, eine Abwasserabgabe nach bundesdeutschem Vorbild in den USA einzuführen und Kummert und Stumm (1992, S. 307 ff.) empfehlen eine Abwasserabgabenerhebung ebenso für die Schweiz. Dabei haben im deutschsprachigen Sprachraum gemäß Jass (1990, S. 72) "kritische Anmerkungen [zur Abwasserabgabe] einen gewissen Seltenheitswert". Der Rat der Sachverständigen für Umweltfragen (1974, S. 12) und Ewringman und Schafhausen (1985, S. 1) bezeichnen die Abwasserabgabe als "ökonomischen Hebel", der als flankierende Maßnahme zur ordnungsrechtlichen Standardsetzung in § 7a WHG "durchschlagende Bedeutung" hat. Weiter erklären Faber, Stephan und Michaelis (1989, S. 56 f.) das Sinken der Abwassermenge der Baden–Württembergischen Industrie um 40 % trotz eines 10%–tigen Anstiegs der Bruttoproduktion im Zeitraum von 1975–1979 durch die Ankündigung der Erhebung einer Abwasserabgabe ab dem 1.1.1981 und empfehlen "zur Durchsetzung von Emissionsminderungen,

---

[75]Seit Anfang der 70–er Jahre gab es wiederholt Versuche, eine Abwasserabgabe in den USA zu installieren. Jedoch "... none has survived to the stage of implementation" (Bohm und Russel 1985, S. 404). Insgesamt hat sich dabei in den USA die Mengenregulierung in Form der begrenzten Ausgabe von Emissionslizenzen zur Erreichung bestimmter Gewässergüteziele gegenüber der Preisregulierung durch Erhebung von Entwässerungsgebühren und der Abwasserabgabe durchgesetzt. Dagegen werden im europäischen Raum umweltpolitische Eingriffe zur Realisation vorgegebener Emissions– bzw. Gütestandards mithilfe von Gebühren und Abwasserabgaben als pekuniäre Anreizinstrumente durchgeführt (Tietenberg 1990, S. 18 ff., Cropper und Oates 1992, S. 689 ff., Hahn und Stavins 1992, S. 464; Smith 1992, S. 31).

das Instrument der Emissionsabgabe stärker als bisher zu verwenden". Schließlich hebt Gawel (1991, S. 84) hervor: "Eine Einbettung von Abgabenlösungen in ordnungsrechtliche Normengefüge erscheint unter ökologischen Wirkungsgrad — wie unter ökonomischen Effizienzgesichtspunkten vielversprechend". Einige Autoren wie z. B. Wicke (1981, S. 109) und Pethig (1989a, S. 219 ff.) sehen in der Funktionsweise des Preises für Selbstreinigungsdienste bzw. der Entwässerungsgebühr das allokativ relevante effizienzsteigernde Instrument.

Innerhalb der neueren umweltökonomischen Literatur hat sich dabei folgende etwas kritischere Sichtweise über die Anreizwirkung der Abwasserabgabe herausgebildet: Und zwar konstatieren z. B. Hansmeyer (1987, S. 257) und Gawel (1993b, S. 377 und 1994, S. 167), daß die Abwasserabgabe ihre etwa gemäß Wicke (1981, S. 100) in der Erreichung eines vorgegebenen Gewässergüteziels "... mit geringstmöglichem Ressourceneinsatz und damit mit minimalen gesamtwirtschaftlichen Kosten ..." bestehenden *theoretischen* Vorzüge aus den folgenden Gründen in der Erhebungspraxis nicht ausspielt:

1. Die Bemessungsgrundlage der Abwasserabgabe bezieht sich auf sog. Ersatzbemessungsgrößen[76] und ist somit nicht emissionsbezogen und es werden falsche allokative Preissignale gesetzt (Siebert 1976b, S. 35 f.).

---

[76]Wie bei der Entwässerungsgebührenerhebung bezieht man bei der realpraktizierten Abwasserabgabenerhebung aus Mangel an Information über die Restschadstoffmenge die Abwasserabgabe nicht direkt auf die Restschadstoffemission, sondern auf eine durch sog. Schadeinheiten ausgedrückte 'Ersatz—Bemessungsgröße' (Siebert 1976b, S. 35; Breuer 1987, S. 371). In die Berechnung einer jeweiligen auf die Schmutzwassermenge eines Einwohners pro Jahr (Einwohnergleichwert) normierten Schadeinheit gehen die in der Anlage zum § 3 AbwAG aufgeführten Daten ein. Diese Werte basieren jedoch nicht auf Messungen der tatsächlichen Einleitungen in einen Wasserkörper, sondern werden aus auf der Eigenkontrolle der jeweiligen Direkteinleiter basierenden wasserrechtlichen Bescheiden entnommen, und zwar zur Einsparung von Verwaltungs— und Meßaufwand (Breuer 1987, S. 371). Dabei ist gemäß § 4 Abs. 4 AbwAG die Einhaltung des Bescheids im Rahmen der Gewässerüberwachung durch staatliche und staatlich anerkannte Institutionen (Wasserwirtschaftsbehörde) zu überwachen (Engelhardt u. a. 1993, S. 84). Mögliche etwa von Karl und Klemmer (1994, S. 36 f) bezüglich der Wasserwirtschaft analysierte aus der Informationsasymetrie zwischen Direkteinleiter und Wasserwirtschaftsbehörde resultierende Prinzipal—Agent—Problem—Strukturen — dabei ist der Prinzipal die jeweilige Wasserwirtschaftsbehörde und der Agent der jeweilige Direkteinleiter — klammern wir aus unserer Betrachtung aus. Die Problematik der verursachergerechten Messung von Restschadstoffemissionen analysiert z. B. Kanowski (1985, S. 11 ff.).

2. Der Abwasserabgabensatz ist für die Ausübung einer Anreizwirkung zur Verminderung von Restschadstoffemissionen 'zu niedrig' bemessen.

3. Innerhalb des bundesdeutschen Gewässerschutzrechts ist das AbwAG weitgehend auf eine vollzugsunterstützende Funktion des WHG — insbesondere auf den § 7a — beschränkt.

4. Die in § 10 Abs. 3 und 4 des AbwAG gesetzgeberisch festgelegten steuererleichternden Verrechnungsoptionen der Abwasserabgabe schwächen deren intendierte Anreizwirkung erheblich ab.

Dabei ist die Wirkung der Abwasserabgabe auf theoretischer Ebene in der umweltökonomischen Literatur hinreichend häufig untersucht worden (Smith 1992, S. 21 ff.). Ein wesentliches Ergebnis, das bereits von Pigou 1920 abgeleitet wurde, ist, daß die mit der Abgabe belasteten Direktemittenten die entstandenen Schadstoffmengen gerade soweit beseitigen, bis die Grenzkosten der Schadstoffreduktion der jeweilige Höhe des Abgabensatzes entsprechen (Der Rat der Sachverständigen für Umweltfragen 1974, S. 13; Buck 1983, S. 278; Pearce und Turner 1990, S. 89 ff.; Gawel 1993b, S. 383; Spulber und Sabbaghi 1994, S. 120 f.). D. h. das Abwasserabgabeninstrument erfüllt in diesen Modellen das Kriterium der Produktionseffizienz. Jedoch ist dieses Ergebnis nach unserem Wissen nur mithilfe von einstufigen Schadstoffreduktionsmodellen, die nur die intra—industrielle Schadstoffreduktionsstufe in die Analyse einbeziehen und die zweite klärwerksseitige Reduktionsstufe nicht berücksichtigen, etwa von Hass (1970, S. 357 ff.), Klevorick und Kramer (1973, S. 107 ff.), Gronych (1980), Conrad (1985, S. 392 ff.), Russell (1986, S. 14 ff.), Maas (1987, S. 71 ff.), Xepapadeas (1992, S. 259 ff.), Gawel (1991, S. 33 ff. und 1993b, S. 381 ff.), Sinn (1993, S. 82 f.) und Spulber und Sabbaghi (1994, S. 120 f.) abgeleitet worden.

Im folgenden überprüfen wir die vorstehend skizzierten Sichtweisen der umweltökonomischen Literatur über die Wirkung der Abwasserabgabe im Kontext des in der Abb. 4.12 dargestellten zweistufigen Schadstoffreduktionsmodells. Dabei berücksichtigen wir also *zwei* unterschiedliche pekuniäre Anreizintrumente, nämlich die Entwässerungsgebühr p_e auf der *ersten* Schadstoffreduktionsstufe und die Abwasserabgabe mit dem Abgaben—

satz p_t auf der *zweiten* Reduktionsstufe. Wir erweitern die vorstehend analysierten Gewässergütestandardmodelle, indem wir die Erhebung der Abwasserabgabe vom Klärwerkssektor berücksichtigen, deren Bemessungsgrundlage die Restschadstoffemission ist. Somit ist die Abwasserabgabe in unseren Modellen *emissionsbezogen*. Dabei gehen wir zunächst abweichend vom § 13 AbwaG zur Vereinfachung davon aus, daß das Aufkommen der Abwasserabgabe nicht zweckgebunden verwendet wird, und unterstellen alternativ die kostenminimale und kostendeckende Einhaltung eines umweltpolitisch gesetzten Gewässergütestandards durch das Klärwerk.

Nicht–zweckgebundene Abwasserabgabe. Bei Berücksichtigung einer Abwasserabgabe im Modell der kostenminimalen Gewässergüteproduktion hat das Klärwerk für jede direkt in die Wasserressource eingeleitete Restschadstoffeinheit e einen umweltpolitisch gesetzten Abwasserabgabensatz in der Höhe von $p_t > 0$ an eine staatliche Wasserwirtschaftsbehörde zu entrichten. Das resultierende Abwasserabgabenaufkommen $p_t \cdot e$ erhöht die Kosten der Gewässergüteproduktions im Klärwerk, so daß sich dessen Kostenfunktion gegenüber der des Gewässergütemodells ohne Abgabenerhebung zu

$$K_p := a_q + p_e \cdot e_q + p_t \cdot e > 0$$

modifiziert. Zur Finanzierung der Kosten der Gewässergüteproduktion erhebt die Wasserwirtschaftsbehörde eine *Pauschsteuer* in der Höhe von K_p vom repräsentativen Konsumenten und zahlt wie im Kostenminimierungsmodell ohne Abgabe den positiven Ertragswert $p_e \cdot e_0$ der Selbstreinigungsdienste an diesen aus. Weiter erzielt das repräsentative Individuum ein Arbeitseinkommen in der Höhe von a_0 und wegen der Linear–Homogenität der Funktion Y ein maximales Gewinneinkommen von $Gy = 0$. Bei Nicht–Zweckbindung der Abwasserabgabe zahlt die Wasserwirtschaftsbehörde das Aufkommen $p_t \cdot e$ an den repräsentativen Konsumenten. Somit gilt für dessen Budgetrestriktion

$$p_y \cdot y = a_0 + p_e \cdot e_0 - K_p + p_t \cdot e.$$

Wie im Modell bei kostenminimaler Standardeinhaltung ohne Abgabenerhebung erhält man nach Umformungen mit (4.7) und $K_p := a_q + p_e \cdot e_q + p_t \cdot e$ die Budgetrestriktion (4.48).

Definition 4.6. *Mit 'konventionellen' Märkten für Arbeit und das Konsumgut ist ein Standard–Preis–Gleichgewicht bei kostenminimaler Gewässergüteproduktion und nicht–zweckgebundener Abwasserabgabe determiniert durch eine erreichbare Allokation $(a_{qp}^0,\ a_{yp}^0,\ e_{qp}^0,\ e_{yp}^0,\ q_s = konstant,\ y_p^0)$, einen nicht–negativen Preisvektor $(p_a = 1,\ p_{ep}^0,\ p_q = 0,\ p_{yp}^0)$ und die Abwasserabgabe $p_t \cdot e$ derart, daß*

1. $(a_{qp}^0,\ e_{qp}^0) = arg\ min\ K_p := a_q + p_{ep}^0 \cdot e_q + p_t \cdot e > 0\ u.\ d.\ B.\ q_s \leq Q(a_q,\ e_q)$;

2. $(a_{yp}^0,\ e_{yp}^0,\ y_p^0) = arg\ max\ G^y := p_{yp}^0 \cdot y - a_y - p_{ep}^0 \cdot e_y \geq 0\ u.\ d.\ B.\ y \leq Y(a_y,\ e_y)$;

3. *die Budgetrestriktion durch (4.48) gegeben ist und*

4. *die Ressourcenrestriktionen $a_{qp}^0 + a_{yp}^0 = a_0$ und $e_{qp}^0 + e_{yp}^0 = e_0$ erfüllt sind.*

In der Definition 4.6 indiziert das Superskript ^{0}, daß das Klärwerk kostenminimal operiert, und das Subskript $_p$ zeigt an, daß das Klärwerk die Abwasserabgabe zu bezahlen hat.

Zur Analyse der allokativen Wirkung der Abwasserabgabe konzentrieren wir uns im folgenden mithilfe der vorstehenden Abb. 4.4 auf deren Bemessungsgrundlage. Wie die Abb. 4.4 und die Beziehung (4.3g) zeigen, ist die Restschadstoffemission e^A durch die Vorgabe des Gewässergüteniveaus q^A und durch die Assimilationskapazität e_0 der Wasserressource festgelegt. Im folgenden setzen wir $q^A = q_s$. Dann kann man die Restschadstoffemission e als Bemessungsgrundlage der Abwasserabgabe mit (4.3f) und (4.3g) gemäß Pethig und Fiedler (1989, S. 79) schreiben als:

$$e := e_0 - e_q^s = e_0 - F^0(\, q_s) =: F(\, e_0, \, q_s) = \text{konstant}; \quad e_q^s := F^0(\, q_s)\ [77]$$

Die Eigenschaften der Funktion F^0 hängen unmittelbar von den in (4.2a) aufgelisteten Eigenschaften der auf den Definitionsbereich $[q_0, \; q_{max}]$ beschränkten Monod–Funktion E mit $e = E(q)$ der Abb.er 4.2 und 4.4 ab:

1. $F^0(q_s) = 0$ für $q_s = 0$: Es gilt $F^0(q_s) = e_0 - e$. Die in (4.2a) gegebene Eigenschaft $e_0 = E(q_0)$ der Funktion E und die im Anhang 4B bei der Beziehung (B4.3) eingeführte Normierung $q_0 := 0$ implizieren $F^0(q_s) = e_0 - e_0 = 0$.

2. $F^0(q_s) = e_0$ für $q_s = q_{max}$: Aus $F^0(q_s) = e_0 - E(q_s)$ folgt mit der in (4.2a) gegebenen Eigenschaft $e = E(q_{max}) = 0$ der Funktion E unmittelbar $F^0(q_{max}) = e_0 - 0 = e_0$.

3. $F_q^0 \geq 0$ und $F_{qq}^0 > 0$: Unter Beachtung der Eigenschaften $E_q \leq 0$ und $E_{qq} < 0$ der Funktion E ergibt Differentiation der Gleichung $F^0(q_s) = e_0 - E(q_s)$ die Terme $\dfrac{dF^0}{dq_s} = -E_q =: F_q^0 \geq 0$ und $\dfrac{d^2F^0}{dq_s^2} = -E_{qq} =: F_{qq}^0 > 0$.

Das Aufkommen der Abwasserabgabe ist

$$T(q_s) := p_t \cdot [e_0 - F^0(\, q_s)] = p_t \cdot F(\, e_0, \, q_s) = \text{konstant} \qquad (4.85),$$

also eine exogene Größe, da deren Bemessungsgrundlage, $e := e_0 - F^0(q_s)$, exogen ist und der Abwasserabgabensatz p_t umweltpolitisch gesetzt ist. Folglich wirkt die Abwasserabgabe allokativ wie eine *Pauschsteuer*. Aufgrund der in (4.85) gegebenen Definition des Abgabenaufkommens und der Eigenschaf–

---

[77]Dabei ist die Restschadstoffemission e vom Arbeitseinsatz a_q des Klärwerks unabhängig, da e gemäß (4.3f) mithilfe der von a_q unabhängigen Bruttonachfrage e_q^b des Klärwerks nach Selbstreinigungsdiensten definiert ist. Daß die Variable e von a_q unabhängig ist, erkennt man ebenfalls unmittelbar aus der Monod–Funktion (2.30), $e = E^\mu(q)$, und aus der auf den Definitionsbereich $[q_0, \; q_{max}]$ beschränkten Monod–Funktion $e = E(q)$. Mithin läßt sich die Restschadstoffemission mithilfe beider Funktionen bei gegebener Assimilationskapazität e_0 und gegebenem Standard q_s unmittelbar schreiben als $e = \tilde{E}^\mu(e_0, q_s)$ bzw. $e = \tilde{E}(e_0, q_s)$.

ten der Funktion F^0 gilt für alle $p_t > 0$:

1. $T(q_s) = 0$ für $q_s = q_{max}$

2. $T(q_s) = p_t \cdot e_0 =: T_{max}$ für $q_s = 0$ und $T(0) \geq T(q_s')$ für alle q_s'

3. $T_q \leq 0$ und $T_{qq} < 0$

Als Pauschsteuer übt die Abwasserabgabe bei Kostenminimierung im Klärwerk gemäß Definition 4.6 keine allokative Anreizwirkung zur Verminderung der direkt in die Wasserressource eingeleiteten Restschadstoffmenge e aus. Die kostenminimale Einhaltung des Standards im Klärwerk und die Gewinnmaximierung im Industriesektor implizieren wie das zugrundeliegende Modell ohne Abwasserabgabenerhebung die Produktionseffizienzbedingungen (4.49a). Die Allokation der Definition 4.6 ist also produktionseffizient. Die ordnungsrechtliche Vorgabe des Standards legt nämlich über (4.2b) die erlaubte Restschadstoffemission als Bemessungsgrundlage der Abwasserabgabe bereits eindeutig fest. Das Klärwerk reagiert mit seinem Kostenminimierungskalkül nicht auf eine Einführung bzw. Erhöhung der Abgabe. Zusammenfassend ist daher die Abwasserabgabe bei Kostenminimierung im Klärwerk als 'überflüssig' einzuordnen; denn

1. der Preis p_e für Selbstreinigungsdienste (Entwässerungsgebühr) legt wie im Modell ohne Abwasserabgabe das Standard–Preis–Gleichgewicht fest, indem dieses pekuniäre Anreizinstrument via Verhaltensmaxime der Kostenminimierung im Klärwerk und der Gewinnmaximierung im Industriesektor die produktionseffiziente Allokation der Selbstreinigungsdienste als knappen Produktionsfaktor steuert und

2. die Vorgabe des Standards q_s im Bereich $0 < q_s < q_{max}$ stellt die ökologische Tragfähigkeit dieser Gewässergütepolitik sicher.

Da die Abwasserabgabe in diesem Modell allokativ wirkungslos ist, sind dessen komparativ–statischen Eigenschaften identisch mit denen des Modells mit Kostenminimierung im Klärwerk ohne Abwasserabgabenerhebung.

Ausgehend vom *Kostendeckungsmodell* ohne Erhebung einer Abwasserabgabe vom Klärwerk modifiziert sich die Kostendeckungsvorschrift

$$D := p_e \cdot e_y - a_q = 0$$

mit Abwasserabgabe zu

$$D_p := p_e \cdot e_y - a_q - T = 0 \ .$$

Aus $D_p = 0$ folgt unmittelbar $p_e \cdot e_y - a_q = T > 0$, so daß im Gegensatz zum Kostendeckungsmodell ohne Erhebung der Abwasserabgabe im Klärwerk mit Abwasserabgabenerhebung die Einnahmen $p_e \cdot e_y$ aus der Entwässerungsgebühr die Arbeitskosten a_q um den Betrag des Aufkommens T der Abwasserabgabe übersteigen müssen. D. h. das Klärwerk muß einen *Überschuß* in der Höhe des Aufkommens $T > 0$ der Abwasserabgabe erzielen, um die Kostendeckungsvorschrift $D_p = 0$ einhalten zu können.

Bei nicht–zweckgebundener Abwasserabgabe zahlt die Wasserwirtschaftsbehörde das Aufkommen T der Abwasserabgabe an den repräsentativen Konsumenten. Wie im Kostendeckungsmodell ohne Abwasserabgabenerhebung erzielt dieser ein Arbeitseinkommen in der Höhe von a_0 und wegen der Linear– Homogenität der Funktion Y ein maximales Gewinneinkommen von $G^y = 0$. Folglich modifiziert sich dessen Budgetrestriktion (4.70) zu:

$$p_y \cdot y = a_0 + T \tag{4.86}$$

Definition 4.7. Mit 'konventionellen' Märkten für Arbeit und das Konsumgut ist ein Standard–Preis–Gleichgewicht bei kostendeckender Gewässergüteproduktion und nicht–zweckgebundener Abwasserabgabe determiniert durch eine erreichbare Allokation $(a^d_{qp},\ a^d_{yp},\ e^d_{qp},\ e^d_{yp},\ q_s = konstant,\ y^d_p)$, den nicht–negativen Preisvektor $(p_a = 1,\ p^d_{ep},\ p_q = 0,\ p^d_{yp})$ und die Abwasserabgabe $T = p_t \cdot F(e_0,\ q_s)$ derart, daß

1. $(a^d_{qp},\ e^d_{qp})$ die Kostendeckungsbedingung $D_p := p^d_{ep} \cdot e_y - a_q - T = 0$ erfüllt;

2. $(a_{yp}^d,\ e_{yp}^d,\ y_p^d) = arg\ max\ G^y := p_{yp}^d \cdot y - a_y - p_{ep}^d \cdot e_y \geq 0\ u.\ d.\ B.\ y \leq Y(a_y, e_y)$;

3. *die Budgetrestriktion durch (4.86) gegeben ist und*

4. *die Ressourcenrestriktionen* $a_{qp}^d + a_{yp}^d = a_0$ *und* $e_{qp}^d + e_{yp}^d = e_0$ *erfüllt sind.*

In der Definition 4.7 indiziert das Superskript ^{d}, daß das Klärwerk kostendeckend operiert, und das Subskript $_p$ zeigt an, daß das Klärwerk die Abwasserabgabe bezahlt. Bei Erhebung der Abwasserabgabe im Klärwerk resultiert aus der Kostendeckungsauflage $D_p := p_e \cdot e_y - a_q - T = 0$ und den Beziehungen (4.7) und (4.11b) mit $p_a = 1$ und $v = y$ eine gegenüber der Gleichgewichtsfunktion G aus (4.71a) ohne Abwasserabgabe modifizierte Gleichgewichtsfunktion G^t: $\mathbb{R}^+ \longrightarrow \mathbb{R}^+$. Dabei ist

$$a_q = G^t(e_q, T) \tag{4.87a}$$

genau dann erfüllt, wenn

$$a_q = S^y \left[\frac{a_0 - a_q}{e_0 - e_q}\right] \cdot (e_0 - e_q) - T = G^t(e_q, T).$$

Die Funktion G^t legt wie im Kostendeckungsmodell ohne Abwasserabgabe die gleichgewichtige Faktorallokation [$a_{qp}^d := G(e_{qp}^d, T)$, $a_{yp}^d := a_0 - a_{qp}^d$, e_{qp}^d, $e_{yp}^d := e_0 - e_{qp}^d$] fest, wenn der Gewässergütestandard durch $q_s = Q(a_{qp}^d, e_{qp}^d)$ gegeben ist und die Abwasserabgabe $T = p_t \cdot F(e_0, q_s)$ erhoben wird. Dann erhält man mit a_{qp}^d und e_{yp}^d aus der Kostendeckungsauflage $D_t = 0$ die gleichgewichtige Entwässerungsgebühr $p_{ep}^d := a_q^d/e_y^d + T/e_y^d$. Wegen (4.59) beträgt der gleichgewichtige Konsumgutpreis $p_{yp}^d := P^y(p_{ep}^d)$. Schließlich erhält man aus (4.86) die gleichgewichtige Konsumgutmenge $y_p^d := a_0/p_{yp}^d + T/p_{yp}^d$. Somit hat die Abwasserabgabe bei Kostendeckung also eine allokative Funktion, im Gegensatz zur Kostenminimierung, für die gezeigt worden ist, daß die Abgabe keine allokative Wirkung hat.

Im folgenden beschränken wir uns zur Vereinfachung der Analyse auf eine Cobb–Douglas–Produktionstechnologie im Industriesektor, $y = a_y^\gamma \cdot e_y^{1-\gamma}$. Mit dieser Technolgie macht der Industriesektor Nullgewinn, und es gilt $p_e = \frac{1-\gamma}{\gamma} \cdot \frac{a_y}{e_y}$. Weiter vereinfacht sich die Gleichgewichtsfunktion (4.87a) mithilfe der Kostendeckungsbedingung $p_e \cdot e_y = a_q + T$ und der Produktionseffizienzbedingung $p_e = \frac{1-\gamma}{\gamma} \cdot \frac{a_y}{e_y}$ unter Verwendung von (4.7a) nach Umformungen zu:

$$a_q = G^t(T) = (1 - \gamma)a_0 - \gamma \cdot T \qquad\qquad (4.87b)$$

Wie bei den Modellen mit umweltpolitisch gesetztem Standard q_s ohne Abwasserabgabe können ebenso im Rahmen der Modelle mit Abwasserabgabe wegen der fehlenden Information über das vom repräsentativen Konsumenten präferierte Gewässergüteniveau q^* bestenfalls nur 'zweit–beste' Lösungen, nämlich die der Bedingung (4.49a) genügende produktionseffiziente Einhaltung des Standards angestrebt werden. Weiter ist gemäß Proposition 4.6 das Standard–Preis–Gleichgewicht bei Kostendeckung ohne Abwasserabgabe produktions*in*effizient und die Produktions*in*effizienz haben wir mithilfe der Proposition 4.7 charakterisiert. Im folgenden analysieren wir, ob das kostendeckende Standard–Preis–Gleichgewicht mit Abwasserabgabe aus Definition 4.7 produktionseffizient ist. Dabei gilt die

Proposition 4.8. *Bei Erhebung der Abwasserabgabe mit* $T \lesseqgtr D^0 \Leftrightarrow p_t \lesseqgtr p_t^0 =: \frac{D^0}{F(e_0, q_s)} > 0$ *gilt:*

1. *Die Arbeitsintensität im Klärwerk ist 'zu hoch' / produktionseffizient / 'zu gering', im Industriesektor 'zu gering' / produktionseffizient / 'zu hoch' und die Entwässerungs– gebühr ist 'zu gering' / produktionseffizient / 'zu hoch':* $k_{qp}^d \gtreqless k_q^0,\ k_{yp}^d \lesseqgtr k_y^0$ *und* $p_{ed}^d \lesseqgtr p_e^0 \Leftrightarrow T \lesseqgtr D^0 \Leftrightarrow p_t \lesseqgtr p_t^0 > 0$

2. *Die Grenzkosten der vom Klärwerk nachgefragten Selbstreinigungsdienste sind 'zu hoch' / produktionseffizient / 'zu gering' und die Grenzkosten der vom Industriesektor nachgefragten Selbstreinigungsdienste sind 'zu niedrig'*

/ produktionseffizient / 'zu hoch': $r^d_{qp} \gtreqless r^0_q$ *und* $r^d_{yp} \lesseqgtr r^0_y \Leftrightarrow T \lesseqgtr D^0 \Leftrightarrow p_t \lesseqgtr p^0_t$

3. $\quad r^d_{qp} - r^d_{yp} \gtreqless 0 \Leftrightarrow T \lesseqgtr D^0 \Leftrightarrow p_t \lesseqgtr p^0_t$

Beweis.

1. Nach Definition 4.7 gilt wegen (4.87b) im Gleichgewicht $a^d_{qp} := (1 - \gamma)a_0 - \gamma \cdot T$. Produktionseffiziente Realisierung des Standards im Sinne der Proposition 4.6 impliziert $p^0_e \cdot e^0_y - a^0_q = D^0 > 0$. Mit $p^0_e = \frac{1-\gamma}{\gamma} \cdot k^0_y$ und (4.7a) folgt aus $p^0_e \cdot e^0_y - a^0_q = D^0$ nach Umformungen $a^0_q := (1 - \gamma)a_0 - \gamma \cdot D^0$. Subtraktion der Gleichung $a^0_q := (1 - \gamma)a_0 - \gamma \cdot D^0$ von der Beziehung $a^d_{qp} := (1 - \gamma)a_0 - \gamma \cdot T$ ergibt mit Verwendung der Definition $p^0_t := \frac{D^0}{F(e_0,\ q_s)} > 0$ nach Umformungen $a^d_{qp} - a^0_q = \gamma \cdot (D^0 - T) = \gamma \cdot F(e_0, q_s) \cdot (p^0_t - p_t)$. Daraus folgt mit (4.7a) $a^0_y - a^d_{yp} = \gamma \cdot (D^0 - T) = \gamma \cdot F(e_0, q_s) \cdot (p^0_t - p_t)$.[78] Für $T \lesseqgtr D^0 \Leftrightarrow p_t \lesseqgtr p^0_t$ resultieren aus den Gleichungen $a^d_{qp} - a^0_q = \gamma \cdot (D^0 - T) = \gamma \cdot F(e_0, q_s) \cdot (p^0_t - p_t)$ und $a^0_y - a^d_{yp} = \gamma \cdot (D^0 - T) = \gamma \cdot F(e_0, q_s) \cdot (p^0_t - p_t)$ wegen $\gamma > 0$ und $F(e_0, q_s) > 0$ unmittelbar die Relationen:

$$a^d_{qp} \gtreqless a^0_q \Leftrightarrow a^d_{yp} \lesseqgtr a^0_y \Leftrightarrow T \lesseqgtr D^0 \Leftrightarrow p_t \lesseqgtr p^0_t$$

Weiter folgt aus der Beziehung $a^d_{qp} \gtreqless a^0_q$ mithilfe der Isoquantengleichung $e_q = Q^{-1}(a_q, q_s)$ und (4.7b) mit $Q^{-1}_{aq} < 0$

$$e^d_{qp} \lesseqgtr e^0_q \Leftrightarrow e^d_{yp} \gtreqless e^0_y \Leftrightarrow T \lesseqgtr D^0 \Leftrightarrow p_t \lesseqgtr p^0_t.$$

Schließlich gilt für die Arbeitsintensitäten und die Entwässerungsgebühr

---

[78]Dabei ist der bei kostenminimaler Einhaltung des Standards q_s vom Klärwerk erzielte Überschuß D^0 unabhängig vom Abwasserabgabensatz p_t und dem Aufkommen T. Denn die Abwasserabgabe wirkt, wie wir im vorstehenden Modell bereits erläutert haben, als Pauschsteuer und geht folglich nicht in das Kostenminimierungskalkül des Klärwerks ein.

$$kd_{qp} \gtreqless k_q^0 \wedge kd_{yp} \lesseqgtr k_y^0 \wedge p^d_{ep} := \frac{1-\gamma}{\gamma} \cdot kd_{yp} \lesseqgtr p_e^0 := \frac{1-\gamma}{\gamma} \cdot k_y^0 \Leftrightarrow T \lesseqgtr D^0 \Leftrightarrow p_t$$

$$\lesseqgtr p_\ell^0.$$

2. Wegen der Linear–Homogenität der Produktionsfunktionen Q und Y gilt $r_q = S^q(k_q)$ und $r_y = S^y(k_y)$ und die Grenzkosten r_q und r_y steigen in den Arbeitsintensitäten streng monoton. Folglich erhält man mit $kd_{qp} \gtreqless k_q^0$ und $kd_{yp} \lesseqgtr k_y^0$ die Beziehungen $r^d_{qp} := S^q(kd_{qp}) \gtreqless r_q^0 := S^q(k_q^0) \wedge r^d_{yp} := S^y(kd_{yp}) \lesseqgtr r_y^0 := S^y(k_y^0) \Leftrightarrow T \lesseqgtr D^0 \Leftrightarrow p_t \lesseqgtr p_\ell^0.$

3. Aus $r^d_{qp} \gtreqless r_q^0 \wedge r^d_{yp} \lesseqgtr r_y^0 \Leftrightarrow T \lesseqgtr D^0 \Leftrightarrow p_t \lesseqgtr p_\ell^0$ folgt unmittelbar $r^d_{qp} - r^d_{yp} \gtreqless 0 \Leftrightarrow T \lesseqgtr D^0 \Leftrightarrow p_t \lesseqgtr p_\ell^0.$ $\qquad\square$

Es gibt also der Proposition 4.8 zufolge einen Abwasserabgabesatz p_ℓ^0, der die Grenzkosten der vom Klärwerk nachgefragten Selbstreinigungsdienste mit den Grenzkosten der vom Industriesektor nachgefragten Selbstreinigungsdienste gemäß der Produktionseffizienzbedingung (4.49a)' zum Ausgleich bringt, also Produktionseffizienz herstellt. Jedoch ist die Allokation des Standard–Preis–Gleichgewichts nach Definition 4.7 im allgemeinen produktions*in*effizient. Denn bei der Setzung des Abwasserabgabensatzes auf den Wert $p_\ell^0 := \frac{D^0}{F(e_0, q_s)}$ steht die Wasserwirtschaftsbehörde vor einem Informationsproblem: Der Behörde ist zwar die Höhe des Gewässergütestandards q_s — da sie diesen selbst vorgibt — und die Höhe der Assimilationskapazität e_0 als Determinanten der Bemessungsgrundlage $e := F(e_0, q_s)$ der Abwasserabgabe bekannt. Jedoch verfügt sie nicht über die Information der Höhe des produktionseffizienten Überschusses D^0. Denn der Betrag D^0 resultiert aus dem auf privater Information des Klärwerks basierenden Kostenminimierungskalkül. Folglich kann der Steuersatz p_ℓ^0, der eine produktionseffiziente Arbeitsaufteilung zwischen beiden Sektoren generiert, nur *'zufällig'* vorgegeben werden.

Man kann den Sachverhalt, daß das Gleichgewicht nach Definition 4.7 im allgemeinen produktions*in*effizient ist, ebenso wie folgt formal begründen: Der Proposition 4.6 zufolge macht das Klärwerk bei Produktionseffizienz einen

Überschuß in der Höhe von $D^0 := p_e^0 \cdot e_y^0 - a_q^0 > 0$ und nach der Definition 4.7 gilt bei Erhebung der Abwasserabgabe $T = p_{ep}^d \cdot e_{yp}^d - a_{qp}^d > 0$. Im Abwasserabgabenmodell mit Kostendeckung gibt es keinen Mechanismus, der die Überschußbeträge $(p_e^0 \cdot e_y^0 - a_q^0)$ und $(p_{ep}^d \cdot e_{yp}^d - a_{qp}^d)$ zum Ausgleich bringt, also Produktionseffizienz generiert.

Da sich das Abwasserabgabenmodell mit Kostendeckung von dem Modell ohne Abwasserabgabe nur durch die Kostendeckungsvorschrift unterscheidet, können wir die Bausteine des Modells ohne Abwasserabgabe verwenden. Zur Vereinfachung der Notation werden die Indizes d und p an den gleichgewichtigen Variablen unterdrückt. Im folgenden differenzieren wir zunächst das Abwasserabgabenaufkommen (4.85) und die Gleichgewichtsfunktion (4.87b):

$$\hat{T} = \hat{p}_t + \frac{e_0}{e} \cdot \hat{e}_0 - \frac{F_{qs}^0 \cdot q_s}{e} \cdot \hat{q}_s; \qquad F_{qs}^0 > 0 \qquad\qquad (4.88a)$$

$$\hat{e} = \frac{e_0}{e} \cdot \hat{e}_0 - \frac{F_{qs}^0 \cdot q_s}{e} \cdot \hat{q}_s \qquad\qquad (4.88b)$$

$$\hat{a}_q = \frac{1 - \gamma}{a_q} \cdot a_0 \cdot \hat{a}_0 - \frac{\gamma}{a_q} \cdot T \cdot \hat{T} \qquad\qquad (4.89)$$

Eine Variation des Abwasserabgabensatzes p_t hat gemäß der Gleichung (4.88b) keine Wirkung auf die Restschadstoffemission e, da diese, wie aus der Beziehung $e = e_0 - F^0(q_s)$ ersichtlich ist, eindeutig durch die Standardvorgabe q_s und die Höhe der Assimilationskapazität festgelegt ist. Wie die Gleichungen (4.88) weiter zeigen, vermindert wegen $F_{qs}^0 > 0$ bei gegebenem Abwasserabgabensatz eine Verschärfung des Standards die Restschadstoffemission und verringert dadurch das Aufkommen T der Abwasserabgabe. Die Verringerung des Abgabenaufkommens ist, wie wir vorstehend erläutert haben, äquivalent mit einer Verminderung des vom Klärwerk zu erzielenden Überschusses und wirkt somit der Gleichung (4.89) zufolge auf die in (4.87b) gegebene Gleichgewichtsfunktion G^t. Diese Sachverhalte untersuchen wir später bei der Analyse der komparativ-statischen Wirkung einer Standard-

verschärfung. Einsetzen von (4.88) in (4.89) ergibt die differenzierte Gleichgewichtsfunktion:

$$\hat{a}_q = \frac{1-\gamma}{a_q}\cdot a_0\cdot\hat{a}_0 - \frac{\gamma\cdot P_t}{a_q}\cdot e_0\cdot\hat{e}_0 + \frac{\gamma\cdot P_t\cdot F_{qs}^0}{a_q}\cdot q_s\cdot\hat{q}_s - \frac{\gamma}{a_q}\cdot T\cdot\hat{P}_t \qquad (4.90a)$$

Mithilfe der differenzierten Gewässergüteproduktionsfunktion

$$\hat{q}_s = \tau_{aq}\cdot\hat{a}_q + \tau_{eq}\cdot\hat{e}_q \qquad (4.90b)$$

erhält man aus (4.90) nach Umformungen:

$$\hat{e}_q = -\frac{1-\gamma}{e_q\cdot r_q}\cdot a_0\cdot\hat{a}_0 + \frac{\gamma\cdot P_t}{e_q\cdot r_q}\cdot e_0\cdot\hat{e}_0 + \frac{r_q - \gamma\cdot P_t\cdot F_{qs}^0\cdot Q_{eq}}{e_q\cdot r_q\cdot Q_{eq}}\cdot q_s\cdot\hat{q}_s +$$

$$+ \frac{\gamma\cdot T}{e_q\cdot r_q}\cdot\hat{P}_t \qquad (4.91)$$

In (4.91) bezeichnet $r_q := Q_e/Q_a$ die Grenzkosten der vom Klärwerk verwendeten Selbstreinigungsdienste. Mit (4.78) ergibt sich aus (4.90) und (4.91)
nach Umformungen:

$$\hat{a}_y = \frac{\gamma}{a_y}\cdot a_0\cdot\hat{a}_0 + \frac{\gamma\cdot P_t}{a_y}\cdot e_0\cdot\hat{e}_0 - \frac{\gamma\cdot P_t\cdot F_{qs}^0}{a_y}\cdot q_s\cdot\hat{q}_s + \frac{\gamma\cdot T}{a_y}\cdot\hat{P}_t \qquad (4.92)$$

$$\hat{e}_y = \frac{1-\gamma}{e_y\cdot r_q}\cdot a_0\cdot\hat{a}_0 + \frac{r_q - \gamma\cdot P_t}{e_y\cdot r_q}\cdot e_0\cdot\hat{e}_0 - \frac{r_q - \gamma\cdot P_t\cdot F_{qs}^0\cdot Q_{eq}}{e_y\cdot r_q\cdot Q_{eq}}\cdot q_s\cdot\hat{q}_s -$$

$$- \frac{\gamma\cdot T}{e_y\cdot r_q}\cdot\hat{P}_t \qquad (4.93)$$

Weiter erhält man durch Einsetzen von (4.92) und (4.93) in (4.61a) unter Beachtung von $\sigma_y = 1$ und (4.80) nach einigen Umstellungen:

$$\hat{p}_e = \hat{k}_y = \frac{1}{\Theta_{ey}} \cdot \hat{p}_y = \frac{\gamma(r_q - r_y)}{a_y \cdot r_q} \cdot a_0 \cdot \hat{a}_0 + \frac{\gamma(r_q + k_y)p_t - k_y \cdot r_q}{a_y \cdot r_q} \cdot e_0 \cdot \hat{e}_0$$

$$+ \frac{k_y \cdot r_q - \gamma(r_q + k_y)p_t \cdot F_{qs}^0 \cdot Q_{eq}}{a_y \cdot r_q \cdot Q_{eq}} \cdot q_s \cdot \hat{q}_s + \frac{\gamma(r_q + k_y)T}{a_y \cdot r_q} \cdot \hat{p}_t \qquad (4.94)$$

In (4.94) gilt für die Grenzkosten der vom Industriesektor nachgefragten Selbstreinigungsdienste die Notation $r_y := \dfrac{Y_e}{Y_a} = \dfrac{1-\gamma}{\gamma} \cdot \dfrac{a_y}{e_y}$. Einsetzen von (4.90) und (4.91) in (4.81) ergibt nach Umformungen die relative Änderung der Arbeitsintensität k_q:

$$\hat{k}_q = \frac{(1 - \gamma)(r_q + k_y)}{a_q \cdot r_q} \cdot a_0 \cdot \hat{a}_0 - \frac{\gamma(r_q + k_q)p_t}{a_q \cdot r_q} \cdot e_0 \cdot \hat{e}_0 -$$

$$- \frac{k_q \cdot r_q - \gamma(r_q + k_q)p_t \cdot F_{qs}^0 \cdot Q_{eq}}{a_q \cdot r_q \cdot Q_{eq}} \cdot q_s \cdot \hat{q}_s - \frac{\gamma(r_q + k_q)T}{a_q \cdot r_q} \cdot \hat{p}_t \qquad (4.95)$$

Schließlich gewinnt man durch Einsetzen von (4.92) und (4.93) in die Gleichung der Cobb–Douglas–Produktionsfunktion $\hat{y} = \gamma \cdot \hat{a}_y + (1 - \gamma) \cdot \hat{e}_y$ mithilfe von $r_y := \dfrac{Y_e}{Y_a} = \dfrac{1-\gamma}{\gamma} \cdot \dfrac{a_y}{e_y}$ nach Umformungen:

$$\hat{y} = \frac{\gamma \cdot [\gamma \cdot r_q + (1 - \gamma)r_y]}{a_y \cdot r_q} \cdot a_0 \cdot \hat{a}_0 + \frac{(1 - \gamma)k_y \cdot r_q + \gamma^2(r_q - r_y)p_t}{a_y \cdot r_q} \cdot e_0 \cdot \hat{e}_0 +$$

$$- \frac{(1 - \gamma)k_y \cdot r_q + \gamma^2(r_q - r_y)p_t \cdot F_{qs}^0 \cdot Q_{eq}}{a_y \cdot r_q \cdot Q_{eq}} \cdot q_s \cdot \hat{q}_s + \frac{\gamma^2(r_q - r_y)T}{a_y \cdot r_q} \cdot \hat{p}_t \qquad (4.96)$$

Die Tabelle 4.5 faßt die Ergebnisse der komparativen Statik unter der Bedingung zusammen, daß die Grenzkosten r_q der vom Klärwerk nachgefragten

Selbstreinigungsdienste die Grenzkosten r_y der vom Industriesektor nachgefragten Selbstreinigungsdienste übersteigen: $r_q - r_y > 0$.

Tabelle 4.5. Komparative Statik des Modells mit nicht–zweckgebundener Verwendung des
Abwasserabgabenaufkommens

Änderung \\ Reaktion	$\hat{a}_0$	$\hat{e}_0$	$\hat{q}_s$	$\hat{p}_t$
1. $\hat{a}_q$	+	−	+	−
2. $\hat{e}_q$	−	+	?	+
3. $\hat{a}_y$	+	+	−	+
4. $\hat{e}_y$	+	?	?	−
5. $\hat{p}_e$	+	?	?	+
6. $\hat{k}_q$	+	−	?	−
7. $\hat{k}_y$	+	?	?	+
8. $\hat{y}$	+	+	−	+
9. $\hat{p}_y$	+	?	?	+

Vorstehend ist mithilfe der Proposition 4.8 gezeigt worden, daß es einen
Abwasserabgabensatz p_e^q derart gibt, daß die Grenzkostendifferenz $r_q - r_y = 0$
ist, also Produktionseffizienz hergestellt ist. Basierend auf den
komparativ–statischen Eigenschaften dieses Modells weisen wir nun Pethig

und Fiedler (1989, S. 87) folgend die Existenz von p_t^0 auf alternativem Wege nach. Zu diesem Zwecke lassen wir $r_q - r_y \neq 0$ zu. Da die Produktionsfunktionen Y und Q annahmegemäß linear–homogen sind, steigen die Grenzkosten $r_q = S^q(k_q)$ und $r_y = S^y(k_y)$ streng monoton in den Arbeitsintensitäten. Und zwar gibt es, wie die Gleichungen (4.94) und (4.95) zeigen, Funktionen $\tilde{K}^q$ und $\tilde{K}^y$ derart, daß bei *gegebenem* Arbeitsangebot a_0, gegebener Assimilationskapazität e_0 und gegebenem Standard q_s

$$k_q = \tilde{K}^q(\underset{+}{a_0},\ \underset{-}{e_0},\ \underset{?}{q_s},\ \underset{-}{p_t}) =: K^q(\underset{-}{p_t}) \qquad (4.97)$$

$$k_y = \tilde{K}^y(\underset{+}{a_0},\ \underset{?}{e_0},\ \underset{?}{q_s},\ \underset{+}{p_t}) =: K^y(\underset{+}{p_t}) \qquad$$

gilt. Da die Funktionen S^q und S^y in den Arbeitsintensitäten streng monoton steigen, kann man mit (4.97) die Grenzkostendifferenz $(r_q - r_y)$ ausdrücken als:

$$r_q - r_y = S^q[\underset{-}{K^q(p_t)}] - S^y[\underset{+}{K^y(p_t)}] =: R^t(\underset{-}{p_t}) \gtreqless 0 \qquad (4.98)$$

Im dritten Absatz der Proposition 4.8 ist gezeigt, daß ohne Abwasserabgabe $(p_t = 0)$ die Grenzkostendifferenz positiv ist:

$$r_q - r_y = S^q[K^q(p_t{=}0)] - S^y[K^y(p_t{=}0)] =: R^t(p_t{=}0) > 0$$

Die Funktion R^t fällt, wie aus (4.98) ersichtlich ist, im Abwasserabgabensatz p_t streng monoton, $dR^t/dp_t < 0$. Dann ist unter 'einfachen' Regularitätsbedingungen[79] die Grenzkostendifferenz für hohe Werte von p_t negativ, $R^t(p_t) < 0$. Somit gibt es wegen der Stetigkeit von R^t genau einen positiven Abwasserabgabensatz p_t^0 derart, daß gilt:

$$R^t(p_t{=}p_t^0) := S^q[K^q(p_t{=}p_t^0)] - S^y[K^y(p_t{=}p_t^0)] = r_q^0 - r_y^0 = 0 \qquad (4.99)$$

---

[79]Diese bestehen gemäß Pethig und Fiedler (1989, S. 87, Fn. 8) darin, daß der Tangentialpunkt der q_s–Isoquante an eine y–Isoquante, wie es z. B. aus der Abb. 4.11 ersichtlich ist, im Innern der Faktorbox liegt, also Randlösungen ausgeschlossen sind.

In der Proposition 4.8 haben wir Produktionseffizienz mithilfe der Differenzen $(D^0 - T)$ und $(r_q - r_y)$ charakterisiert. Man kann ebenfalls die Menge y des Konsumguts, die mit unterschiedlcih hohen Abwasserabgabensätzen p_t bei jeweils gleichem vorgegebenen Standard q_s produzierbar ist, als Indikator für Produktionseffizienz verwenden. Die Verwendung der Konsumgutmenge als Indikator für Produktionseffizienz hat nämlich gegenüber den Differenzen $(D^0 - T)$ und $(r_q - r_y)$ den Vorteil, daß Produktionsineffizienz "is easily measured by the amount ... of the consumption good wasted" (Pethig 1989b, S. 89) und somit ökonomisch besser interpretierbar ist. Und zwar beträgt z. B. im Spezialfall $p_t = 0$ bei Kostendeckung, wie wir es vorstehend in Abb. 4.11 illustriert haben, die verschwendete Konsumgutmenge $(y^0 - y^d) > 0$. In diesem Fall ist der Abwasserabgabensatz mit $p_t = 0$ gemäß der Proposition 4.8 gemessen am 'produktionseffizienten' Abgabensatz $p_t^e > 0$ 'zu niedrig' vorgegeben, so daß die Konsumgutmenge $(y^0 - y^d) > 0$ verschwendet wird. Basierend auf den komparativ–statischen Ergebnissen der Tabelle 4.5 analysieren wir, wie sich bei gegebenem Standard q_s, gegebenem Arbeitseinsatz a_0 und gegebener Assimilationskapazität e_0 die Konsumgutmenge y als Maßstab für Produktionseffizienz bei der Einführung bzw. Erhöhung der Abwasserabgabe ändert.

Proposition 4.9. *Die Konsumgutmenge y ist eine streng konkave Funktion des Abwasserabgabensatzes p_t mit ihrem globalen Maximum bei $p_t = p_t^e$.*

Beweis. Mit $\hat{a}_0 = \hat{e}_0 = \hat{q}_s = 0$, den Definitionen $\hat{y} := dy/y$ und $\hat{p}_t := dp_t/p_t$, dem Grenzprodukt $Y_a = \gamma \cdot a_y^{\gamma-1} \cdot e_y^{1-\gamma}$ und der Beziehung (4.98) erhält man aus der Gleichung (4.96) nach einigen Umformungen (Pethig und Fiedler 1989, S. 87)

$$\frac{dy}{dp_t} = \frac{\gamma \cdot F(e_0,\ q_s) \cdot Y_a}{r_q} \cdot R^t(p_t) \tag{4.100a},$$

wobei $\dfrac{dy}{dp_t} \gtrless 0 \Leftrightarrow r_q - r_y =: R^t(p_t) \gtrless 0 \Leftrightarrow p_t \lessgtr p_t^e$. Nochmalige Differentiation der Gleichung (4.100a) ergibt mit den Notationen $r_y := Y_e/Y_a$, $Y_a =$

$\gamma\cdot k_y^{\gamma-1}$, $Y_e = (1-\gamma)\cdot k_y^\gamma$, $k_y = \overset{+}{K^y}(p_t)$ und $r_q = \overset{-}{S^q}[\overset{-}{K^q}(p_t)] =: R^{qp}(p_t)$ nach einigen Umformungen:

$$\frac{d^2y}{dp_t^2} = \underset{+}{-}\,\overset{+}{\gamma}(1-\gamma)\underset{+}{F(e_0,\,q_s)}\,\frac{\overset{+}{\gamma}\cdot\overset{+}{r_q^2}\cdot\overset{+}{K^y_{p_t}} + \overset{+}{\gamma}\cdot\overset{+}{k_y^{1-\gamma}}\cdot\overset{+}{K^y_{p_t}}\cdot\overset{+}{r_q} - \overset{+}{k_y^\gamma}\cdot\overset{-}{R^{qp}_{p_t}}}{\underset{+}{r_q^2}} < 0$$

Die Konsumgutmenge ist also streng konkav in p_t. In einem weiteren Schritt zeigen wir, daß in p_t^ϱ das globale Maximum der Konsumgutmenge liegt: Die maximale (produktionseffiziente) Konsumgutmenge erhält man dabei mithilfe des ersten Absatzes von Proposition 4.8. Und zwar beträgt bei Vorgabe des Abwasserabgabensatzes auf $p_t = p_t^\varrho \Leftrightarrow r_q - r_y = R^t(p_t^\varrho) = 0$ der Arbeits–einsatz im Industriesektor $a_{yp}^d = \gamma\cdot a_0 + \gamma\cdot F(e_0, q_s)\cdot p_t^\varrho = a_y^0$ und die Schadstoffemission $e_{yp}^d = e_0 - Q^{-1}\{[a_{qp}^d = (1-\gamma)a_0 - \gamma\cdot F(e_0, q_s)\cdot p_t^\varrho = a_q^0],$ $q_s\} = e_y^0$. Daraus erhält man mit $y = a_y^\gamma\cdot e_y^{1-\gamma}$ die Konsumgutmenge $y^0 :=$ $[a_{yp}^d = a_y^0]^\gamma\cdot[e_{yp}^d = e_y^0]^{1-\gamma}$, wobei y^0 die produktionseffiziente Konsumgutmenge nach Definition 4.4 ist. Es gibt also bei gegebenem Arbeitseinsatz, gegebener Assimilationskapazität und gegebenem Standard eine Funktion Y^t mit

$$y = [\gamma\cdot a_0 + \gamma\cdot F(e_0, q_s)\cdot p_t]^\gamma\cdot[e_0 - Q^{-1}\{(1-\gamma)a_0 - \gamma\cdot F(e_0, q_s)\cdot p_t, q_s]^{1-\gamma} =:$$

$$=: Y^t(p_t) \tag{4.100b},$$

deren Steigungs– und Krümmungseigenschaften durch die Proposition 4.9 beschrieben sind. Dabei ist p_t^ϱ der Maximierer dieser Funktion, $p_t^\varrho = \arg\max[Y^t(p_t)]$, und y^0 ist deren globales Maximum, $y^0 = \max[Y^t(p_t)]$. □

Ferner ist aus der Gleichung (4.100a) wegen $R^t(p_t=0) > 0$ ersichtlich, daß die Einführung der Abwasserabgabe die Konsumgutmenge erhöht:

$$\left.\frac{dy}{dp_t}\right|_{p_t=0} = \frac{\gamma\cdot F(e_0, q_s)\cdot Y_a}{r_q}\cdot R^t(p_t) > 0$$

Für die ökonomische Interpretation der komparativ–statischen Wirkung einer Erhöhung des Abwasserabgabensatzes verwenden wir zunächst die Abb. 4.13 und beschränken uns dabei auf die Konstellation $r_q > r_y$ bzw. $p_t < p_t^0$.

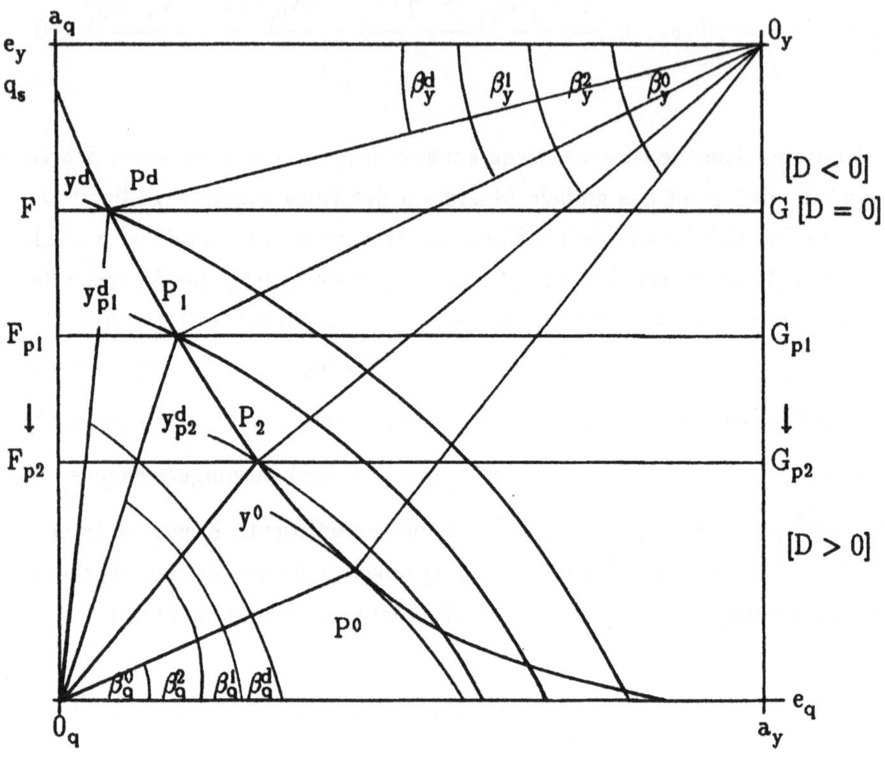

Abb. 4.13. Wirkung einer Erhöhung c. p. des Abwasserabgabensatzes

In Abb. 4.13 ist das Standard–Preis–Gleichgewicht der Definition 4.7 als Ausgangslage durch den Schnittpunkt P_1 der q_s–Isoquante mit der die Gleichgewichtsfunktion (4.87b) repräsentierenden Geraden $F_{p1}G_{p1}$ gegeben. Wie im Modell ohne Abwasserabgabe repräsentiert die Gerade $F_{p1}G_{p1}$ den geometrischen Ort aller Faktorallokationen, die mit Gewinnmaximierung im Industriesektor und Kostendeckung im Klärwerk einhergehen. Als Referenz ist das produktionseffiziente Standard–Preis–Gleichgewicht der Definition 4.4 durch den Tangentialpunkt P^0 und das kostendeckende Standard–Preis–

Gleichgewicht der Definition 4.5 ohne Abwasserabgabenerhebung ($p_t = 0$) durch den Schnittpunkt P^d eingezeichnet. Wegen der Kostendeckungsvorschrift $D_p = 0$ und der Konstellation $p_t < p_t^0$ ist im Schnittpunkt P_1 die Arbeitsintensität im Klärwerk 'zu hoch' ($k_{qp}^{d1} = \tan\beta_q^1 > k_q^0 = \tan\beta_q^0$), die Arbeitsintensität im Industriesektor 'zu gering' ($k_{yp}^{d1} = \tan\beta_y^1 < k_y^0 = \tan\beta_y^0$) und die Entwässerungsgebühr 'zu niedrig' ($p_{ep}^{d1} = S^y(\tan\beta_y^1) < p_e^0 = S^y(\tan\beta_y^0)$).[80]

Eine Anhebung des Abwasserabgabensatzes erhöht c. p. gemäß der Gleichung (4.88) das Aufkommen der Abwasserabgabe. Diese Erhöhung des Abwasseraufkommens hat zur Folge, wie man aus der Kostendeckungsvorschrift $D_p = 0$ unmittelbar erkennt, daß das Klärwerk einen höheren Überschuß zu erzielen hat. Um den höheren Überschuß bei Einhaltung des vorgegebenen Standards q_s zu erzielen, reagiert das Klärwerk in zweifacher Weise:

1. Es reduziert, wie die Gleichung (4.90a) zeigt, den Arbeitseinsatz a_q zur Senkung der Arbeitskosten.

2. Es erhöht, wie die Gleichung (4.94) zeigt, die Entwässerungsgebühr p_e, um einen Anteil der Abwasserabgabenzahllast auf den Industriesektor als Indirekteinleiter abzuwälzen und somit die Einnahmenseite $p_e \cdot e_y$ der Kostendeckungsvorschrift zu erhöhen.

Da die Einhaltung des Standards q_s verbindlich vorgeschrieben ist, muß das Klärwerk gemäß (4.91) die Nachfrage nach Selbstreinigungsdiensten e_q erhöhen, da es den Arbeitseinsatz a_q wegen der Anhebung des Abwasserabgabensatzes reduziert (Substitution der Arbeit gegen Selbstreinigungsdienste). Folglich sinkt durch die Erhöhung von p_t, wie aus der Gleichung (4.95) ersichtlich ist, die Arbeitsintensität k_q im Klärwerk.

---

[80]Wie die beiden Gleichungen (4.97) zeigen, fällt die Arbeitsintensität $k_q = K^q(p_t)$ in p_t streng monoton und die Arbeitsintensität $k_y = K^y(p_t)$ ist in p_t streng monoton steigend. Folglich gelten bei Vorgabe des Abwasserabgabensatzes in der Höhe von $p_t <$ p_t^0 die Relationen $k_{qp}^d = K^q(p_t) > k_q^0 := K^q(p_t^0)$ und $k_{yp}^d = K^y(p_t) < k_y^0 := K^y(p_t^0)$. Aus der letzten Beziehung folgt mit $p_e = \frac{1-\gamma}{\gamma} \cdot k_y$ unmittelbar die Relation $p_{ep}^d := \frac{1-\gamma}{\gamma} \cdot k_{yp}^d < p_e^0 := \frac{1-\gamma}{\gamma} \cdot k_y^0$.

Von der Erhöhung des Abwasserabgabensatzes ist der Industriesektor als Indirekteinleiter dadurch betroffen, daß das Klärwerk als Direkteinleiter die Abwasserabgabe über die Erhöhung der Entwässerungsgebühr (anteilig) auf den Industriesektor abwälzt. Als Gewinnmaximierer reagiert der Industriesektor auf diese Erhöhung der Entwässerungsgebühr wie folgt:

1. Da die durch die Erhöhung des Abwasserabgabensatzes bedingte Entwässerungsgebührenerhöhung die Schadstoffemission e_y relativ zu den Arbeitskräften a_y verteuert, fragt der Industriesektor weniger Selbstreinigungsdienste und vermehrt Arbeitskräfte nach, so daß die Arbeitsintensität k_y steigt. Dabei erhöht der Industriesektor seine Arbeitsintensität k_y gerade soweit, daß die Bedingung $p_e = \frac{1-\gamma}{\gamma} \cdot k_y$ erfüllt ist. Diesen Sach— verhalt zeigen die Gleichungen (4.92)–(4.94).

2. Der Industriesektor wälzt der Gleichung (4.94) zufolge die Zahllast der Entwässerungsgebühren anteilig auf den repräsentativen Konsumenten ab, indem er den Preis p_y für das Konsumgut y erhöht.

Zusammenfassend stellen wir fest, daß eine Anhebung des Abwasserabgabensatzes auf die Faktornachfrage beider Sektoren in zweifacher Weise wirkt:

1. Es werden vom Industriesektor weniger und folglich vom Klärwerk verstärkt Selbstreinigungsdienste nachgefragt.

2. Es wandern Arbeitskräfte vom Klärwerk zum Industriesektor.

Aus ökologischer Sicht besagt diese Faktorreallokation, daß der Industriesektor die dem Klärwerk zugeführte Schadstoffemission e_y reduziert, indem er eine höhere Anzahl von Arbeitskräften zur intra—industriellen Schadstoffreduktion der ersten Stufe in Abb. 4.1 nachfragt. Aufgrund der geringeren industriellen Schadstoffemission benötigt das Klärwerk für die Einhaltung der Gewässergütevorgabe q_s weniger Arbeitskräfte für die Schadstoffreduktion in der zweiten Stufe.

Geometrisch stellt sich in Abb. 4.13 das Abwandern der Arbeitskräfte vom Klärwerk zum Industriesektor durch die Verschiebung der Gleichgewichtsgeraden $F_{p1}G_{p1}$ auf die neue Position $F_{p2}G_{p2}$ dar. Diese Verschiebung basiert auf den Gleichungen (4.89), (4.90) und (4.92) und generiert eine

1. Erhöhung der Arbeitsintensität im Industriesektor von $k_{yp}^{d1} = \tan\beta_y^1$ auf $k_{yp}^{d2} = \tan\beta_y^2 > k_{yp}^{d1}$,

2. Verringerung der Arbeitsintensität im Klärwerk von $k_{qp}^{d1} = \tan\beta_q^1$ auf $k_{qp}^{d2} = \tan\beta_q^2 < k_{qp}^{d1}$,

3. Erhöhung der Entwässerungsgebühr von $p_{ep}^{d1} = S^y(\tan\beta_y^1)$ auf $p_{ep}^{d2} = S^y(\tan\beta_y^2) > p_{ep}^{d1}$ und eine

4. Erhöhung der Konsumgutmenge von y_{p1}^d auf $y_{p2}^d > y_{p1}^d$, da der Fall $r_q > r_y$ zugrunde liegt.

Basierend auf den Gleichungen (4.88)–(4.96) und der Abb. 4.13 kann man die Wirkung einer Erhöhung des Abwasserabgabensatzes c. p. zusammenfassend durch folgendes Verlaufsdiagramm darstellen:

$$
p_t{\uparrow} \longrightarrow T{\uparrow} \left[\begin{array}{l} a_q{\downarrow} \\ e_q{\uparrow} \\ \\ p_e{\uparrow} \end{array} \right. \quad \left[\begin{array}{l} a_y{\uparrow} \\ e_y{\downarrow} \\ k_q{\downarrow} \\ p_y{\uparrow} \end{array} \right. \quad \left[\begin{array}{l} (r_q > r_y){\rightarrow} y{\uparrow} \\ k_y{\uparrow} \end{array} \right.
$$

Dabei hängt die Wirkung einer Erhöhung des Abwasserabgabensatzes auf Produktionseffizienz davon ab, welcher Produktionsineffizienztyp in der Ausgangslage vor der Erhöhung vorliegt. Und zwar ist, wie wir vorstehend im ersten Absatz von Proposition 4.8 gezeigt haben, im Fall $p_t < p_t^0$ ($p_t > p_t^0$) der Arbeitseinsatz im Klärwerk 'zu hoch' ('zu gering') und im Industriesektor 'zu gering' ('zu hoch'). Die Wirkung einer Abgabensatzerhöhung auf diese beiden Produktionsineffizienztypen analysieren wir mithilfe der Gleichungen aus dem Beweis zum ersten Absatz von Proposition 4.8:

$$a_{qp}^d - a_q^0 = a_y^0 - a_{yp}^d = \gamma\cdot(D^0 - T) = \gamma\cdot F(e_0, q_s)\cdot(p_t^0 - p_t) \qquad (4.101a)$$

Differentiation von (4.101a) nach dem Abwasserabgabensatz p_t ergibt wegen $\gamma \cdot F(e_0, q_s) > 0$:

$$\frac{d(a_{qp}^d - a_q^0)}{dp_t} = \frac{d(a_y^0 - a_{yp}^d)}{dp_t} = \gamma \cdot \frac{d(D^0 - T)}{dp_t} = -\gamma \cdot F(e_0, q_s) < 0 \qquad (4.101b)$$

Gemäß (4.101a) und (4.101b) sind folgende Fälle zu unterscheiden:

1. $p_t < p_t^0$: Die Differenzen $(a_{qp}^d - a_q^0) > 0$, $(a_y^0 - a_{yp}^d) > 0$ und $(D^0 - T) > 0$ verringern sich. D. h. die Produktionsineffizienz des zu 'hohen' Arbeitseinsatzes im Klärwerk und des zu 'niedrigen' Arbeitseinsatzes im Industriesektor, im folgenden als *'Produktionsineffezienz I'* bezeichnet, wird durch eine Erhöhung des Abgabensatzes abgemildert.

2. $p_t > p_t^0$: Die Differenzen $(a_{qp}^d - a_q^0) < 0$, $(a_y^0 - a_{yp}^d) < 0$ und $(D^0 - T) < 0$ werden dem Betrage nach größer. D. h. eine Anhebung des Abgabensatzes verschärft die *'Produktionsineffizienz II'*, die darin besteht, daß im Klärwerk 'zu wenig' und im Industriesektor 'zu viel' gearbeitet wird.

Die Abb. 4.14a illustriert den funktionalen Zusammenhang zwischen der Höhe des Abgabensatzes und den in (4.101a) gegebenen Produktionsineffizienz-maßen $(a_{qp}^d - a_q^0)$, $(a_y^0 - a_{yp}^d)$ und $(D^0 - T)$, wobei gemäß Proposition 4.8 $D^0 = p_t^0 \cdot F(e_0, q_s)$ ist.

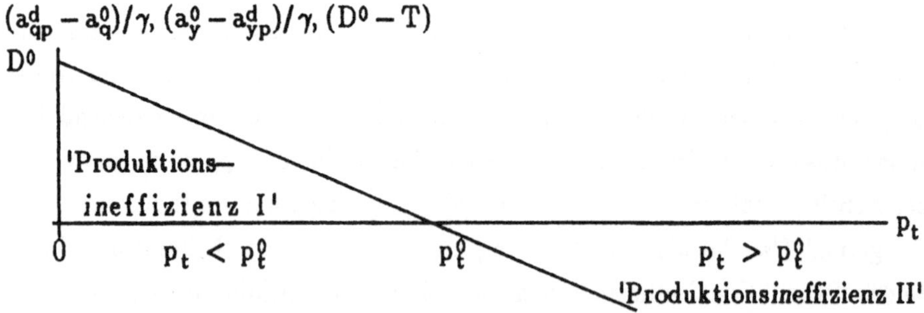

Abb. 4.14a. Funktionale Abhängigkeit der Produktionsineffizienzmaße $(a_{qp}^d - a_q^0)$, $(a_y^0 - a_{yp}^d)$ und $(D^0 - T)$ von der Höhe des Abwasserabgabensatzes p_t

Basierend auf den Gleichungen (4.100) ist, wie aus der folgenden Abb. 4.14b ersichtlich ist, die Wirkung einer Abgabensatzerhöhung auf beide Produktionsineffizienztypen ebenfalls mithilfe der Konsumgutmenge y analysierbar. Weiter ist die Wirkung einer Verschärfung c. p. des Standards q_s mithilfe der Abb. 4.15 für den Fall $p_t < p_t^0$ veranschaulicht.

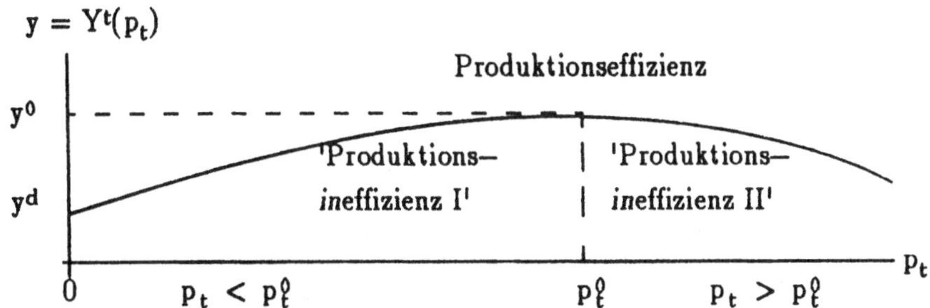

Abb. 4.14b. Funktionale Abhängigkeit der Konsumgutmenge y von der Höhe des Abwasserabgabensatzes p_t

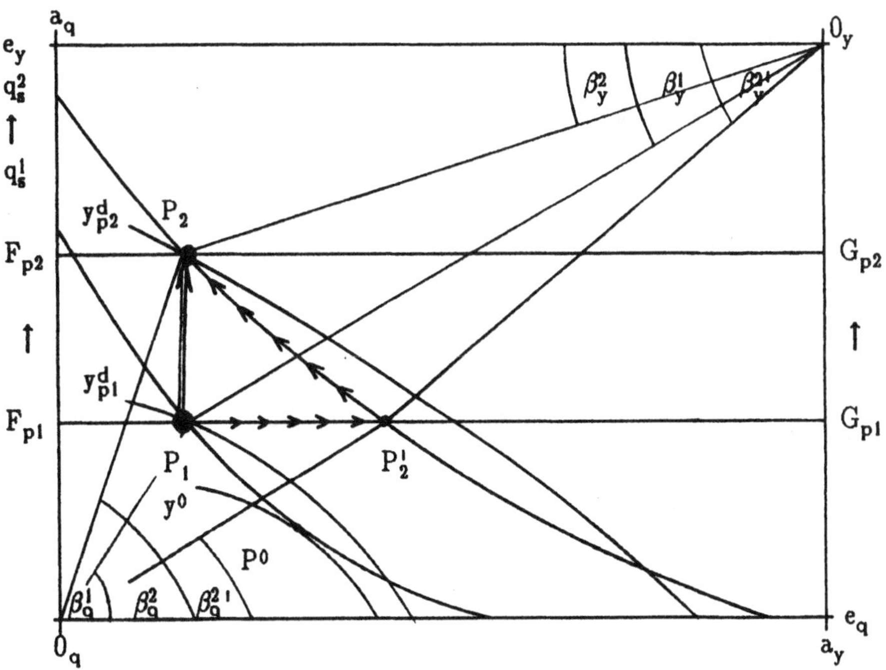

Abb. 4.15. Wirkung einer Verschärfung c. p. des Standards q_s

In Abb. 4.15 ist der Standard vor der Verschärfung durch die q_s^1–Isoquante repräsentiert. Als Ausgangslage ist wie in Abb. 4.13 das Standard–Preis–Gleichgewicht durch den Schnittpunkt P_1 der q_s^1–Isoquante mit der Gleichgewichtsgeraden $F_{p1}G_{p1}$ gegeben. Eine Standardverschärfung verschiebt den Gleichungen (4.90) zufolge

1.   die Gewässergüte–Isoquante von der Ausgangslage q_s^1 auf $q_s^2 > q_s^1$ und

2.   die Gleichgewichtsgerade von $F_{p1}G_{p1}$ nach oben auf die neue Position $F_{p2}G_{p2}$,

so daß sich das neue Standard–Preis–Gleichgewicht im Schnittpunkt P_2 der q_s^2–Isoquante mit der Gleichgewichtsgeraden $F_{p2}G_{p2}$ ergibt. Dabei ist, wie man aus der Abb. 4.15 weiter erkennt, die Bewegung von P_1 nach P_2 in Analogie zur Slutzky–Zerlegung (Varian 1992, S. 119 ff.; Silberberg 1990, S. 329 ff.) analytisch in folgende zwei Komponenten zerlegbar:

1.   *Outputeffekt.* Dieser ist in Abb. 4.15 durch die Bewegung von der Ausgangslage P_1 auf die Position P_2^1 gegeben. Der Outputeffekt stellt die bereits vorstehend im Kostendeckungsmodell ohne Abgabenerhebung ($p_t = 0$) für den Fall $\sigma_y = 1$ analysierte Wirkung der Standardverschärfung dar. Analytisch erhält man den Outputeffekt, indem man in den zur Standardvariation $\hat{q}_s$ gehörigen Termen der Gleichungen (4.91) und (4.93)–(4.96) $p_t = 0$ setzt. Wie vorstehend erläutert, ist charakteristisch für den Outputeffekt, daß der Faktor Arbeit unverändert bleibt, die Standardverschärfung also 'ausschließlich' von dem durch die Entwässerungsgebührenerhöhung induzierten Nachfragerückgang des Industriesektors nach Selbstreinigungsprozesse getragen wird:

Outputeffekt:

$$q_s \uparrow \longrightarrow P_e \uparrow \quad \Bigg[\begin{array}{l} e_y \downarrow \\ p_y \uparrow \end{array} \quad \Bigg[\begin{array}{l} e_q \uparrow \\ y \downarrow \end{array}$$

2. *Faktorsubstitutionseffekt.* Dieser ist in Abb. 4.15 durch die Bewegung von $P_2^!$ zum Standard–Preis–Gleichgewicht P_2 dargestellt. Diese Reaktion wird dadurch hervorgerufen, daß die Standardverschärfung auf die Kostendeckungsbedingung wirkt. Und zwar vermindert die Verschärfung des Standards, wie aus den Gleichungen (4.88) ersichtlich ist, über die Reduktion der Restschadstoffmenge das Aufkommen der Abwasserabgabe und somit gemäß $D_p = 0$ den vom Klärwerk zu erzielenden Überschuß. Aufgrund der Verminderung des zu erzielenden Überschusses erfolgen im Klärwerk Reaktionen, die genau invers zu der Wirkung einer Anhebung des Abwasserabgabensatzes sind: Es erhöht der Gleichung (4.90a) zufolge den Arbeitseinsatz, verringert gemäß dem zur Standardvariation $\hat{q}_s$ gehörigen Zählerterm $[-\gamma \cdot p_t \cdot F_{qs}^0 \cdot Q_{eq}]$ der Gleichung (4.91) die Nachfrage nach Selbstreinigungsdiensten (Substitution der Selbstreinigungsdienste entlang der q_s^2–Isoquante gegen den Faktor Arbeit) und reduziert, wie in der Gleichung (4.94) der zur Standardvariation $\hat{q}_s$ gehörige Zählerterm $[-\gamma(r_q + k_y)p_t \cdot F_{qs}^0 \cdot Q_{eq}]$ zeigt, die Entwässerungsgebühr. Diese Reaktionen erfolgen dabei gerade in dem Maße, daß die Kostendeckungsbedingung $D_p = 0$ erfüllt und der verschärfte Standard $q_s^2 > q_s^!$ realisiert ist. Aus Sicht des Industriesektors verteuert die Verminderung der Entwässerungsgebühr den Arbeitseinsatz a_y relativ zu der dem Klärwerk zugeführten Schadstoffemission e_y. Folglich fragt der Industriesektor weniger Arbeit und verstärkt den Faktor Selbstreinigungsdienste nach, so daß, wie (4.94) zeigt, die Arbeitsintensität k_y sinkt. Dabei vermindert der Industriesektor seine Arbeitsintsität k_y gerade soweit, daß die Bedingung $p_e = \frac{1-\gamma}{\gamma} \cdot k_y$ erfüllt ist. Schließlich gibt der Industriesektor die Verringerung der Entwässerungsgebühr anteilig an den repräsentativen Konsumenten weiter, indem er den Konsumgutpreis p_y vermindert. Der Faktorsubstitutionseffekt ist basierend auf (4.88)–(4.96) wie folgt darstelltbar:

Faktorsubstitutionseffekt:

$$q_s\uparrow \;\rightarrow\; e\downarrow \;\longrightarrow\; T\downarrow \left[\begin{array}{l} \rightarrow a_q\uparrow \\ \rightarrow e_q\downarrow \\ \rightarrow p_e\downarrow \rightarrow p_y\downarrow \end{array}\right. \left. \begin{array}{l} \rightarrow a_y\downarrow \\ \rightarrow e_y\uparrow \\ \rightarrow k_q\uparrow \end{array}\right[\begin{array}{l} \rightarrow (r_q > r_y)\rightarrow y\downarrow \\ \rightarrow k_y\downarrow \end{array}$$

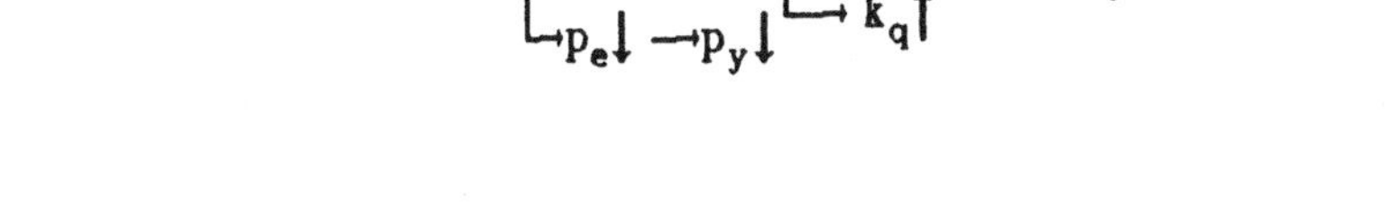

Im Ergebnis ist, wie aus den Gleichungen (4.91) und (4.93)–(4.95) ersichtlich ist, die Gesamtwirkung der Standardverschärfung, die aus dem Faktorsubstitutions– und dem Outputeffekt besteht, auf die endogenen Variablen e_q, e_y, k_y, k_q, p_e und p_y im Vorzeichen nicht eindeutig. Der Gesamteffekt hängt jeweils davon ab, welcher von beiden Effekten überwiegt und ist dabei offensichtlich sensitiv von der Höhe des Abwasserabgabensatzes p_t abhängig. Dabei sind, wie aus den Gleichungen (4.91) und (4.93) ersichtlich ist, drei Fälle hinsichtlich der Standardwirkung auf die sektoralen Nachfragen nach Selbstreinigungsdienste zu unterscheiden:

1. Fall. $p_t < \dfrac{r_q}{\gamma \cdot F_{qs}^0 \cdot Q_{eq}}$

Der Outputeffekt überwiegt den Faktorsubstitutionseffekt. Dieser Fall ist zur graphischen Illustration der Gesamtwirkung der Standardverschärfung im Abb. 4.15 zugrundegelegt. Und zwar steigt (sinkt), wie die Gleichungen (4.91) und (4.93) zeigen, *netto* die Nachfrage des Klärwerks (Industriesektors) nach Selbstreinigungsdiensten, wenn der Standard verschärft wird. Im Rahmen des ersten Falls sind basierend auf (4.94) und (4.95) folgende drei Unterfälle zu unterscheiden:

Fall 1a. $\dfrac{k_y}{k_y + r_q} \cdot \dfrac{r_q}{\gamma \cdot F_{qs}^0 \cdot Q_{eq}} < p_t$ und $\dfrac{k_q}{k_q + r_q} \cdot \dfrac{r_q}{\gamma \cdot F_{qs}^0 \cdot Q_{eq}} < p_t$

In diesem Unterfall, der in Abb. 4.15 illustriert ist, senkt das Klärwerk netto die Entwässerungsgebühr von $p_{ep}^{d1} = Sy(\tan\beta_y^1)$ auf $p_{ep}^{d2} = Sy(\tan\beta_y^2) < p_{ep}^{d1}$, der Industriesektor reduziert seine Arbeitsintensität von $k_{yp}^{d1} = \tan\beta_y^1$ auf $k_{yp}^{d2} = \tan\beta_y^2 < \tan\beta_y^1$ und die Arbeitsintensität steigt im Klärwerk von $k_{qp}^{d1} = \tan\beta_q^1$ auf $k_{qP}^{d2} = \tan\beta_q^2 < \tan\beta_q^1$.

Fall 1b. $\dfrac{k_y}{k_y + r_q} \cdot \dfrac{r_q}{\gamma \cdot F_{qs}^0 \cdot Q_{eq}} = p_t$ und $\dfrac{k_q}{k_q + r_q} \cdot \dfrac{r_q}{\gamma \cdot F_{qs}^0 \cdot Q_{eq}} = p_t$

In diesem Fall ist wegen den Gleichungen (4.94) und (4.95) eine Standardva–

riation auf die Entwässerungebühr und die Arbeitsintensitäten wirkungslos.

$$\text{Fall 1c.} \qquad \frac{k_y}{k_y + r_q} \cdot \frac{r_q}{\gamma \cdot F_{qs}^0 \cdot Q_{eq}} > p_t \text{ und } \frac{k_q}{k_q + r_q} \cdot \frac{r_q}{\gamma \cdot F_{qs}^0 \cdot Q_{eq}} > p_t$$

Im Unterfall 1c steigt, wie aus (4.94) und (4.95) ersichtlich ist, die Entwässerungsgebühr und die Arbeitsintensität im Industriesektor, und die Arbeitsintensität im Klärwerk sinkt.

$$\text{2. Fall. } p_t = \frac{r_q}{\gamma \cdot F_{qs}^0 \cdot Q_{eq}}$$

Im 2. Fall wird der Outputeffekt, wie die Gleichungen (4.91) und (4.93) zeigen, vom entgegenwirkenden Faktorsubstitutionseffekt kompensiert, so daß eine Standardvariation auf die sektoralen Nachfragen nach Selbstreinigungsdiensten wirkungslos ist. Wegen $\frac{k_y}{k_y + r_q} < 1$ und $\frac{k_q}{k_q + r_q} < 1$ gilt in diesem Fall wie beim Unterfall 1a:

$$\frac{k_y}{k_y + r_q} \cdot \frac{r_q}{\gamma \cdot F_{qs}^0 \cdot Q_{eq}} < p_t \text{ und } \frac{k_q}{k_q + r_q} \cdot \frac{r_q}{\gamma \cdot F_{qs}^0 \cdot Q_{eq}} < p_t$$

Netto sinken die Entwässerungsgebühr und die Arbeitsintensität k_y, und die Arbeitsintensität k_q steigt.

$$\text{3. Fall. } p_t > \frac{r_q}{\gamma \cdot F_{qs}^0 \cdot Q_{eq}}$$

Der Faktorsubstitutionseffekt überwiegt den Outputeffekt. In diesem Fall steigt (sinkt), wie die Gleichungen (4.91) und (4.93) zeigen, netto die Nachfrage des Industriesektors (Klärwerks) nach Selbstreinigungsdiensten:

$$\frac{k_y}{k_y + r_q} \cdot \frac{r_q}{\gamma \cdot F_{qs}^0 \cdot Q_{eq}} < p_t \text{ und } \frac{k_q}{k_q + r_q} \cdot \frac{r_q}{\gamma \cdot F_{qs}^0 \cdot Q_{eq}} < p_t$$

Wie im zweiten Fall und im Unterfall 1a sinken netto die Entwässerungsgebühr und die Arbeitsintensität k_y und die Arbeitsintensität k_q nimmt zu. Die Gesamtwirkung der Standardverschärfung auf die Konsumgutmenge y ist im Vorzeichen, wie aus (4.96) ersichtlich ist, im Fall $r_q > r_y \Leftrightarrow p_t < p_t^e$ eindeutig negativ. Dabei wird im ersten Fall die Standardverschärfung sowohl durch den Nachfragerückgang des Industriesektors nach Selbstreinigungsdiensten als auch durch erhöhten Arbeitseinsatz der zweiten Schadstoffreduktionsstufe im Klärwerk getragen. Dagegen trägt in den Fällen 2. und 3. *'ausschließlich'* der Arbeitseinsatz der zweiten Stufe die Standardverschärfung.

Zweckgebundene Abwasserabgabe. Das Aufkommen der Abwasserabgabe ist, wie es der § 13 Abs. 1 AbwAG vorschreibt, "für Maßnahmen, die der Erhaltung oder Verbesserung der Gewässergüte dienen, zweckgebunden". Die modelltheoretische Darstellung der zweckgebundenen Abwasserabgabe folgt Pethig und Fiedler (1989, S. 71–94) und verwendet ein Zwei–Regionen–Modell. In diesem Modellrahmen nehmen wir ohne Beschränkung der Allgemeinheit bei der Zweckbindung der Abwasserabgabe an, daß die Region 1 die Abwasserabgabe an die Wasserwirtschaftsbehörde zahlt und die Behörde das Abgabenaufkommen der Region 1 als Subvention an die Region 2 auszahlt. Weiter nehmen wir an, daß die Arbeitskräfte interregional vollkommen mobil sind und beide Regionen über jeweils eine Wasserressource verfügen. Dabei sind beide Wasserressourcen getrennt von einander; d. h. es herrscht keine Mobilität des Faktors Selbstreinigungsdienste zwischen beiden Regionen. Mithin gilt:

$$a_{q1} + a_{y1} = a_{01} \tag{4.102a}$$

$$a_{q2} + a_{y2} = a_{02} \qquad (a_{0i} \text{ ist endogen; } i = 1, 2) \tag{4.102b}$$

$$a_{01} + a_{02} = a_0 \qquad (a_0 \text{ ist konstant}) \tag{4.102c}$$

$$e_{q1} + e_{y1} = e_{01} \tag{4.102d}$$

$$e_{q2} + e_{y2} = e_{02} \qquad (e_{0i} \text{ ist konstant; } i = 1, 2) \tag{4.102e}$$

Formal erkennt man die vollkommene Mobilität der Arbeitskräfte zwischen beiden Regionen in (4.102a)–(4.102c) daran, daß die regionalen Arbeitskräfteangebote a_{0i} sich in der Resourcenrestriktion (4.102c) zum Gesamtangebot a_0 addieren, also *endogene* Variablen sind. Die Immobilität des Faktors Selbstreinigungsdienste im Zwei–Regionen–Modell ist dadurch kenntlich gemacht, daß die e_{0i} jeweils *exogen* sind. Weiter produzieren beide Regionen jeweils dasselbe Konsumgut in den Mengen y_1 und y_2, die unterschiedlich sein können, mithilfe interregional identischer annahmegemäß linear–homogener Produktionsfunktionen:

$$y_1 = Y(a_{y1}, e_{y1}) \tag{4.103a}$$

$$y_2 = Y(a_{y2}, e_{y2}) \tag{4.103b}$$

$$y_1 + y_2 =: y \tag{4.103c}$$

Hinsichtlich der Produktionsfunktionen für Gewässergüte und der umweltpolitisch gesetzten Standards für Gewässergüte gilt in beiden Regionen

$$q_{s1} = Q^1(a_{q1}, e_{q1}) \tag{4.104a}$$

$$q_{s2} = Q^2(a_{q2}, e_{q2}) \tag{4.104b},$$

wobei die Standards q_{s1} und q_{s2} unterschiedlich sein können. Produktionseffizienz ist in beiden Regionen durch die Maximierung der Gesamtgüterproduktion (4.103c) unter den Bedingungen (4.102) und (4.104) determiniert. Mithin resultieren aus der Lagrangefunktion

$$\begin{aligned}
L = &\ \lambda_y(y_1 + y_2) + \lambda_{y1}[Y(a_{y1}, e_{y1}) - y_1] + \lambda_{y2}[Y(a_{y2}, e_{y2}) - y_2] + \\
&+ \lambda_{q1}[Q^1(a_{q1}, e_{q1}) - q_{s1}] + \lambda_{q2}[Q^2(a_{q2}, e_{q2}) - q_{s2}] + \\
&+ \lambda_a(a_0 - a_{q1} - a_{y1} - a_{q2} - a_{y2}) + \lambda_{e1}(e_{01} - e_{q1} - e_{y1}) + \\
&+ \lambda_{e2}(e_{02} - e_{q2} - e_{y2})
\end{aligned}$$

bei Betrachtung innerer Lösungen folgende relativ zu beiden vorgegebenen regionalen Standards q_{s1} und q_{s2} gültigen Produktionseffizienzbedingungen:

$$\frac{Y_{e1}}{Y_{a1}} = \frac{\lambda_{e1}}{\lambda_a} = \frac{Q^1_{e1}}{Q^1_{a1}} \tag{4.105a}$$

$$\frac{Y_{e2}}{Y_{a2}} = \frac{\lambda_{e2}}{\lambda_a} = \frac{Q^2_{e2}}{Q^2_{a2}} \tag{4.105b}$$

Die Produktionseffizienzbedingungen (4.105) sind jeweils formal identisch mit der Bedingung (4.8a) des Ein–Regionen–Grundmodells. Und zwar sind die Arbeit und die Selbstreinigungsdienste zwischen Industriesektor und Klärwerk in beiden Regionen so zu alloziieren, daß die regionalen Grenzkosten Y_{ei}/Y_{ai} (i = 1, 2) der vom Industriesektor nachgefragten Selbstreinigungsdienste den regionalen Grenzkosten Q^i_{ei}/Q^i_{ai} der vom Klärwerk beanspruchten Selbstreinigungsdienste entsprechen.

Es ist zu zeigen, daß im Falle einer inneren Lösung Produktionseffizienz genau dann vorliegt, wenn $\lambda_{e1} = \lambda_{e2}$ und $\lambda_{y1} = \lambda_{y2} = \lambda_y$ ist: Aus der Lagrangefunktion resultiert durch Nullsetzen der ersten partiellen Ableitungen nach den Variablen y_1 und y_2 und Umstellungen unmittelbar $\lambda_{y1} = \lambda_{y2} = \lambda_y$. Mit $\lambda_{y1} = \lambda_{y2} = \lambda_y$ erhält man aus den Bedingungen $L_{a_{y1}} = 0$ und $L_{a_{y2}} = 0$ die Beziehung $Y_{a1} = Y_{a2}$. Wegen der Linear–Homogenität der Funktion Y gilt (Henderson und Quandt 1980, S. 108; Silberberg 1990, S. 95):

$$Y_{a1}(a_{y1}, e_{y1}) = Y_{a1}\left[\frac{a_{y1}}{e_{y1}}, 1\right] =: Y^a_1(k_{y1}) =$$

$$= Y^a_2(k_{y2}) := Y_{a2}\left[\frac{a_{y2}}{e_{y2}}, 1\right] = Y_{a2}(a_{y2}, e_{y2})$$

Da die Funktion Y interregional identisch ist, ist die Gleichung $Y^a_1(k_{y1}) = Y^a_2(k_{y2})$ genau dann erfüllt, wenn $k_{y1} = k_{y2}$ ist. Ferner sind die Grenzproduktivitäten Y_{e1} und Y_{e2} aufgrund der Linear–Homogenität der Funktion Y ebenfalls von den Arbeitsintensitäten abhängig: $Y_{e1} = Y^e_1(k_{y1})$ und $Y_{e2} = Y^e_2(k_{y2})$. Wegen $k_{y1} = k_{y2}$ gilt

$$Y_{e1} = Y^e_1(k_{y1}) = Y_{e2} = Y^e_2(k_{y2}).$$

Schließlich resultiert aus den Gleichungen $Y_{a1} = Y_{a2}$ und $Y_{e1} = Y_{e2}$ unmittelbar

$$\frac{Y_{e1}}{Y_{a1}} = \frac{Y_{e2}}{Y_{a2}},$$

und daraus folgt unter Berücksichtigung von (4.105) $\lambda_{e1} = \lambda_{e2}$. Für interregionale Produktionseffizienz ist also ein einheitlicher Preis für das Gut Y und für den Faktor Selbstreinigungsdienste notwendig (Pethig und Fiedler 1989, S. 79). Mit Verwendung von $\lambda_{e1} = \lambda_{e2}$ fassen wir die Produktionseffizienzbedingungen (4.105) zusammen:

$$\frac{Y_{e1}}{Y_{a1}} = \frac{Q_{e1}^1}{Q_{a1}^1} = \frac{Y_{e2}}{Y_{a2}} = \frac{Q_{e2}^2}{Q_{a2}^2} \tag{4.105c}$$

Dieser interregionalen Produktionseffizienzbedingung zufolge müssen die Grenzkosten der Selbstreinigungsdienste nicht nur sektoral jeweils in beiden Regionen übereinstimmen, sondern auch interregional gleich sein.

Kostenminimale Gewässergüteproduktion. Wie vorstehend erläutert, hat bei der Modellierung der Abgabenzweckbindung das Klärwerk der Region 1 die Abgabe zu bezahlen und das Aufkommen T^1 der Abgabe fließt dem Klärwerk der Region 2 als Subvention Z^2 zu. Somit gilt, wenn das Klärwerk aus Region 1 für jede emittierte Schadstoffeinheit $e_1 = F^1(e_{01}, q_{s1})$ einen Abgabensatz von $p_{t1} > 0$ zu entrichten hat:

$$T^1 = p_{t1} \cdot F^1(e_{01}, q_{s1}) = Z^2 \tag{4.106}$$

Solange p_{t1} und q_{s1} umweltpolitisch nicht verändert werden, ist das Aufkommen T^1 der Abwasserabgabe und die Subvention Z^2 konstant, da deren Bemessungsgrundlage $F^1(e_{01}, q_{s1})$ wie im Ein–Region–Modell konstant ist. Weiter betragen die Kosten des Klärwerks aus Region 1

$$K_p^1 := a_{q1} + p_e \cdot e_{q1} + T^1.$$

Da das Klärwerk der Region 2 die Subvention $Z^2 = p_{t1} \cdot e_1 > 0$ erhält, betragen dessen Kosten

$$K_p^2 := a_{q2} + p_e \cdot e_{q2} - Z^2.$$

Dabei haben wir wie in den Ein–Region–Modellen in beiden Regionen den Faktorpreis $p_a = 1$ gesetzt. Weiter sind, wie vorstehend im Grundmodell erläutert, die Entwässerungsgebühr und der Konsumgutpreis in beiden Regionen jeweils identisch. Die Wasserwirtschaftsbehörde erhebt zur Finanzierung der Einhaltung der Standards in beiden Regionen eine Pauschsteuer in der Höhe von $(K_p^1 + K_p^2)$ vom repräsentativen Konsumenten und zahlt den Ertrag $p_e(e_{01} + e_{02})$ der Selbstreinigungsdienste beider (von einander getrennten Wasserressourcen) an diesen aus. Weiter erzielt der repräsentative Konsument in beiden Regionen ein Arbeitseinkommen $a_{01} + a_{02} =: a_0$. Wegen der Linear–Homogenität der Funktion Y beträgt das maximale Gewinneinkommen $(Gy^1 + Gy^2) = 0$. Mithin gilt für die Budget–restriktion

$$p_y(y_1 + y_2) = a_0 + p_e(e_{01} + e_{02}) + - (K_p^1 + K_p^2).$$

Mithilfe von (4.102), $K_p^1 := a_{q1} + p_e \cdot e_{q1} + T^1$ und $K_p^2 := a_{q2} + p_e \cdot e_{q2} - Z^2$ resultiert daraus nach Umformungen:

$$p_y \cdot y_1 + p_y \cdot y_2 = a_{y1} + a_{y2} + p_e \cdot e_{y1} + p_e \cdot e_{y2} \tag{4.107}$$

Definition 4.8. *Mit 'konventionellen' Märkten für Arbeit und das Konsumgut ist im Zwei–Regionen–Modell ein Standard–Preis–Gleichgewicht bei kosten–minimaler Gewässergüteproduktion in beiden Klärwerken determiniert durch eine erreichbare Allokation [(a_{qpi}^0, a_{ypi}^0, e_{qpi}^0, e_{ypi}^0, $q_{si} = $ konstant, y_{pi}^0); $i = 1$, 2], einen nicht–negativen Preisvektor ($p_a = 1$, p_{ep}^0, $p_q = 0$, p_{yp}^0) und den Steuer–Subventions–Vektor [T^1, T^2, Z^2] derart, daß*

1. *(a_{qp1}^0, e_{qp1}^0) = arg min $K_p^1 := a_{q1} + p_{ep}^0 \cdot e_{q1} + T^1 > 0$ u. d. B. $q_{s1} \leq Q^1(a_{q1}, e_{q1})$ und*

$(a^0_{qp2}, e^0_{qp2}) = arg\ min\ K^2_p := a_{q2} + p^0_{ep} \cdot e_{q2} - Z^2 > 0\ u.\ d.\ B.\ q_{s2} \leq Q^2(a_{q2}, e_{q2});$

2. $(a^0_{yp1}, e^0_{yp1}, y^0_{p1}) = arg\ max\ G^{y1} := p^0_{yp} \cdot y_1 - a_{y1} - p^0_{ep} \cdot e_{y1} \geq 0\ u.\ d.\ B.\ y_1 \leq Y(a_{y1}, e_{y1})$
und
$(a^0_{yp2}, e^0_{yp2}, y^0_{p2}) = arg\ max\ G^{y2} := p^0_{yp} \cdot y_2 - a_{y2} - p^0_{ep} \cdot e_{y2} \geq 0\ u.\ d.\ B.\ y_2 \leq Y(a_{y2}, e_{y2});$

3. *die Budgetrestriktion durch (4.107) eingehalten ist;*

4. *die Ressourcenrestriktionen* $a^0_{qp1} + a^0_{yp1} + a^0_{qp2} + a^0_{yp2} = a_0,\ e^0_{qp1} + e^0_{yp1} = e_{01}$ *und* $e^0_{qp2} + e^0_{yp2} = e_{02}$ *erfüllt sind und*

5. *der Steuer–Subventions–Vektor wie folgt spezifiziert ist:*

   a. *Bei Nicht–Zweckbindung der Abwasserabgabe durch* $T^1 = p_{t1} \cdot e_1,\ T^2 = p_{t2} \cdot e_2,\ Z^2 = 0$

   b. *Bei Zweckbindung der Abwasserabgabe durch* $T^1 = p_{t1} \cdot e_1 = Z^2,\ T^2 = 0$

   mit $e_i = F^i(e_{0i}, q_{si}) = e_{0i} - F^{0i}(q_{si})$ *und* $i = 1, 2.$

Im folgenden untersuchen wir das Standard–Preis–Gleichgewicht aus Definition 4.8 auf Produktionseffizienz. Und zwar gilt die

Proposition 4.10. *Das Standard–Preis–Gleichgewicht der Definition 4.8 ist produktionseffizient.*

Beweis. Aus der kostenminimalen Einhaltung der Standards q_{s1} und q_{s2} durch die Klärwerke und der Gewinnmaximierung beider Industriesektoren resultiert in beiden Regionen unabhängig davon, ob die Abwasserabgabe zweckgebunden oder nicht–zweckgebunden ist, die vorstehend im Zwei–Regionen–Grundmodell hergeleitete interregionale Produktionseffizienzbedingung (4.105c). □

Aus der Produktionseffizienzbedingung (4.105c) ist ersichtlich, daß die Abwasserabgabe im Falle der Kostenminimierung sowohl bei Zweckbindung als auch bei Nicht–Zweckbindung in beiden regionalen Klärwerken allokativ wirkungslos sind, da nämlich wie im Ein–Region–Modell beide Aufkommen T^1 und T^2 und wegen (4.106) die Subvention Z^2 exogen sind. Daher wirken die Abgabe und die Subvention jeweils als Pauschinstrumente und werden folglich von beiden regionalen Klärwerken nicht in das Marginalkalkül einbezogen.

Kostendeckende Gewässergüteproduktion. Da das Klärwerk aus der Region 1 bei der Zweckbindungspolitik (4.106) die Abgabe zu zahlen hat und das Klärwerk der Region 2 die Subvention erhält, gilt für die regionalen Kostendeckungsvorschriften:

$$D_{p1} = p_e \cdot e_{y1} - a_{q1} - T^1 = 0 \qquad \Leftrightarrow \quad p_e \cdot e_{y1} - a_{q1} = T^1 > 0$$

$$D_{p2} = p_e \cdot e_{y2} - a_{q2} + Z^2 = 0 \qquad \Leftrightarrow \quad p_e \cdot e_{y2} - a_{q2} = - Z^2 < 0$$

Während das besteuerte Klärwerk aus Region 1 wie im Ein–Region–Modell einen *Überschuß* in der Höhe des Abgabenaufkommens T^1 erzielen muß, hat das subventionierte Klärwerk der Region 2 ein *Defizit* in der Höhe des Aufkommens $T^1 = Z^2$ zu erzielen, um kostendeckend zu operieren.

Bei der Zweckbindungspolitik erzielt der repräsentative Konsument das Arbeitseinkommen $a_{01} + a_{02} =: a_0$. Das Gewinneinkommen beträgt wegen der Linear–Homogenität der Funktion $Y (G y^1 + G y^2) = 0$, so daß für die Budgetrestriktion gilt:

$$p_y \cdot y_1 + p_y \cdot y_2 = a_0 \qquad\qquad (4.108)$$

Da im Zwei–Regionen–Modell bei Nicht–Zweckbindung der Abgabe beide regionalen Klärwerke die Abgabe an die Wasserwirtschaftsbehörde zu entrichten haben, gilt mit $T^1 > 0$, $T^2 > 0$ und $Z^2 = 0$ für beide regionalen Kostendeckungsvorschriften

$$D_{pi} := p_e \cdot e_{yi} - a_{qi} - T^i = 0$$

Der repräsentative Konsument erhält bei Nicht–Zweckbindung der Abwasserabgabe neben dem Arbeitseinkommen zusätzlich beide regionalen Abgabenaufkommen T^1 und T^2 als Pauschtransferzahlungen. Mithin gilt dann für dessen Budgetrestriktion:

$$p_y \cdot y_1 + p_y \cdot y_2 = a_0 + (T^1 + T^2) \qquad (4.109)$$

Definition 4.9. *Mit 'konventionellen' Märkten für Arbeit und das Konsumgut ist im Zwei–Regionen–Modell ein Standard–Preis–Gleichgewicht bei kostendeckender Gewässergüteproduktion in beiden Klärwerken determiniert durch eine erreichbare Allokation $[(a_{qpi}^d,\ a_{ypi}^d,\ e_{qpi}^d,\ e_{ypi}^d,\ q_{si} = konstant,\ y_{pi}^d);\ i = 1, 2]$, einen nicht–negativen Preisvektor $(p_a = 1,\ p_{ep}^d,\ p_q = 0,\ p_{yp}^d)$ und den Steuer–Subventions–Vektor $[T^1,\ T^2,\ Z^2]$ derart, daß*

1. *$(a_{qp1}^d,\ e_{qp1}^d)$ die Kostendeckungsbedingung $D_{p1} := p_{ep}^d \cdot e_{y1} - a_{q1} - T^1 = 0$ und*

   $(a_{qp2}^d,\ e_{qp2}^d)$ die Kostendeckungsbedingung $D_{p2} := p_{ep}^d \cdot e_{y2} - a_{q2} - (T^2 - Z^2) = 0$ erfüllt;

2. *$(a_{yp1}^d,\ e_{yp1}^d,\ y_{p1}^d) = arg\ max\ G^{y1} := p_{yp}^d \cdot y_1 - a_{y1} - p_{ep}^d \cdot e_{y1} \geq 0\ u.\ d.\ B.\ y_1 \leq Y(a_{y1},\ e_{y1})$ und*

   $(a_{yp2}^d,\ e_{yp2}^d,\ y_{p2}^d) = arg\ max\ G^{y2} := p_{yp}^d \cdot y_2 - a_{y2} - p_{ep}^d \cdot e_{y2} \geq 0\ u.\ d.\ B.\ y_2 \leq Y(a_{y2},\ e_{y2});$

3. *die Budgetrestriktion bei Nicht–Zweckbindung der Abwasserabgabe*

   a. durch (4.108) bzw. alternativ bei Zweckbindung durch
   b. (4.109) gegeben ist;

4. *die Ressourcenrestriktionen $a_{qp1}^d + a_{yp1}^d + a_{qp2}^d + a_{yp2}^d = a_0$, $e_{qp1}^d + e_{yp1}^d = e_{01}$ und $e_{qp2}^d + e_{yp2}^d = e_{02}$ erfüllt sind und*

5. der Steuer–Subventions–Vektor wie folgt spezifiziert ist:

a. Bei Nicht–Zweckbindung der Abwasserabgabe durch $T^1 = p_{t1} \cdot e_1$, $T^2 = p_{t2} \cdot e_2$, $Z^2 = 0$

b. Bei Zweckbindung der Abwasserabgabe durch $T^1 = p_{t1} \cdot e_1 = Z^2$, $T^2 = 0$

mit $e_i = F^i(e_{0i}, q_{si}) = e_{0i} - F^{0i}(q_{si})$ *und* $i = 1, 2$.

Wie im Ein–Region–Modell bei Kostendeckungsvorschrift hat die Abwasserabgabe ebenfalls im Zwei–Regionen–Modell mit Kostendeckung eine allokative Funktion, und zwar sowohl bei Zweckbindung als auch bei Nicht–Zweckbindung. Das interregionale Standard–Preis–Gleichgewicht ist basierend auf der Definition 4.9, den Modellbausteinen (4.87b), $p_e = \dfrac{1-\gamma}{\gamma} \cdot \dfrac{a_{yi}}{e_{yi}}$, (4.102), (4.104) und der Notation $\delta_2 := T^2 - Z^2$ determiniert durch folgendes Gleichungssystem:

Region 1:

$$a_{q1} = (1 - \gamma)a_{01} - \gamma \cdot T^1$$

$$a_{y1} = \gamma(a_{01} + T^1)$$

$$e_{q1} = [Q^1]^{-1}(a_{q1}, q_{s1})$$

$$P_e = \frac{1 - \gamma}{\gamma} \cdot \frac{a_{y1}}{e_{y1}}$$

$$e_{q1} + e_{y1} = e_{01}$$

Region 2:

$$a_{q2} = (1 - \gamma)a_{02} - \gamma \cdot \delta_2$$

$$a_{y2} = \gamma(a_{02} + \delta_2)$$

$$e_{q2} = [Q^2]^{-1}(a_{q2}, q_{s2})$$

$$P_e = \frac{1 - \gamma}{\gamma} \cdot \frac{a_{y2}}{e_{y2}}$$

$$e_{q2} + e_{y2} = e_{02}$$

$$(4.110)$$

$$a_{01} + a_{02} = a_0; \text{ mit } a_{qi} + a_{yi} = a_{0i}, \; i = 1, 2$$

In (4.110) gilt gemäß Pethig und Fiedler (1989, S. 90 f.) alternativ bei Nicht–Zweckbindung der Abgabe $\delta_2 = T^2 = p_{t2} \cdot e_2$ und bei Zweckbindung δ_2

$= - T^1 = - p_{t1} \cdot e_1$. Nach Elimination der Variablen a_{qi}, a_{yi}, e_{qi} und e_{yi} resultiert aus (4.110) folgendes Gleichungssystem:

$$p_e = \frac{(1 - \gamma)(a_{01} + T^1)}{e_{01} - [Q^1]^{-1}[(1 - \gamma)a_{01} - \gamma \cdot T^1, \; q_{s1}]} =: R\mathbf{y}^1(\underset{+}{a_{01}}, \underset{?}{e_{01}}, \underset{?}{q_{s1}}, \underset{+}{T^1})$$

$$p_e = \frac{(1 - \gamma)(a_{02} - Z^2)}{e_{02} - [Q^2]^{-1}[(1 - \gamma)a_{02} + \gamma \cdot Z^2, \; q_{s2}]} =: R\mathbf{y}^2(\underset{+}{a_{02}}, \underset{?}{e_{02}}, \underset{?}{q_{s2}}, \underset{+}{\delta_2}) \quad (4.111)$$

$$a_{01} + a_{02} = a_0$$

Die Vorzeichen der ersten Ableitungen der Funktionen $R\mathbf{y}^i$ sind jeweils aus der Gleichung (4.94) für den Fall $r_{qi} > r_{yi}$ ersichtlich. Diese Bedingung wird im folgenden bei der Analyse des Zwei–Regionen–Modells zugrundegelegt. Pethig und Fiedler (1989, S. 83) folgend zeigen wir graphisch, daß die Gleichungen (4.111) bei jeweils gegebenen e_{0i}, q_{si} und p_{ti} die interregionalen Gleichgewichtswerte p_{ep}^d, a_{01}^d und a_{02}^d sowohl bei Nicht–Zweckbindung als auch bei Zweckbindung der Abgabe eindeutig festlegen.

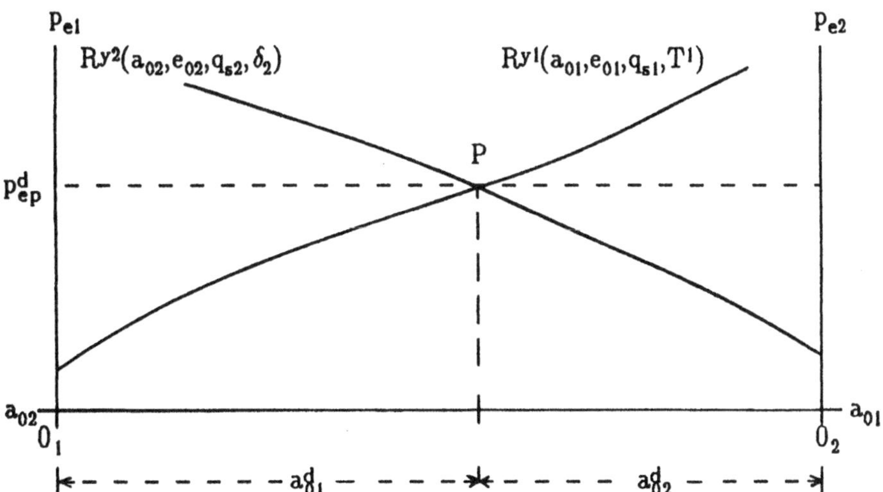

Abb. 4.16. Interregionales Standard–Preis–Gleichgewicht bei Kostendeckung in beiden regionalen Klärwerken

In Abb. 4.16 ist die Gleichung $a_{01} + a_{02} = a_0$, welche die interregionale Arbeitskräftemobilität repräsentiert, geometrisch durch den Streckenzug $0_1 0_2$ gegeben. Das interregionale Standard–Preis–Gleichgewicht P ergibt sich als Schnittpunkt der Graphen der Funktionen R^{yi} ($i = 1, 2$). Wie Abb. 4.16 weiter zeigt, ist das Gleichgewicht P eindeutig, da beide Funktionen R^{yi} in der jeweiligen endogenen Variablen a_{0i} streng monoton steigen, $R_a^{yi} > 0$. Schließlich gilt im Gleichgewicht $a_{01} = a_{01}^d$, $a_{02} = a_{02}^d$ und $p_{e1} = p_{e2} = p_{ep}^d$. Die weiteren gleichgewichtigen Faktoreinsatzmengen (a_{qpi}^d, a_{ypi}^d, e_{qpi}^d, e_{ypi}^d) bestimmt man durch sukzessives Einsetzen von $a_{01} = a_{01}^d$, $a_{02} = a_{02}^d$ und $p_{e1} = p_{e2} = p_{ep}^d$ in die Gleichungen (4.110). Weiter ergibt sich der gleichgewichtige Konsumgutpreis wie im Ein–Region–Kostendeckungsmodell mit Abwasserabgabenerhebung mit (4.59) durch $p_{yp}^d := P^y(p_{ep}^d)$, und die regionalen gleichgewichtigen Konsumgutmengen sind gegeben durch $y_{pi}^d = \gamma \cdot a_{ypi}^d + (1-\gamma) e_{ypi}^d$.

Dabei gilt für das Standard–Preis–Gleichgewicht der Definition 4.9 mit nicht–zweckgebundener Abwasserabgabe die

Proposition 4.11. *Bei Erhebung der Abwasserabgabe mit* $T^i \lesseqgtr D_i^0 \Leftrightarrow p_{ti} \lesseqgtr p_{ti}^0$

$$=: \frac{D_i^0}{F^i(e_{0i},\ q_{si})} > 0 \ gilt^{81}, \ wobei \ i = 1, 2:$$

1. *Die Arbeitsintensitäten in beiden regionalen Klärwerken sind 'zu hoch' / produktionseffizient / 'zu gering', in beiden Industriesektoren 'zu gering' / produktionseffizient / 'zu hoch' und die Entwässerungsgebühr ist 'zu gering' / produktionseffizient / 'zu hoch':* $k_{qpi}^d \gtreqless k_q^0$, $k_{ypi}^d \lesseqgtr k_y^0$ *und* $p_{ep}^d \lesseqgtr p_e^0 \Leftrightarrow T^i \lesseqgtr D_i^0 \Leftrightarrow p_{ti} \lesseqgtr p_{ti}^0$

2. *Die Grenzkosten der von den Klärwerken nachgefragten Selbstreinigungsdienste sind 'zu hoch' / produktionseffizient / 'zu gering' und die*

---

[81]Dabei symbolisiert D_i^0 den Überschuß, den das regionale Klärwerk bei kostenminimaler, also produktionseffizienter Einhaltung des Standards q_{si}, gemäß der Proposition 4.6 erzielt.

Grenzkosten der von den Industriesektoren nachgefragten Selbstreinigungsdienste sind 'zu niedrig' / produktionseffizient / 'zu hoch': $r_{qpi}^d \gtreqqless$ r_{qi}^0 *und* $r_{ypi}^d \lesseqqgtr r_{yi}^0 \Leftrightarrow T^i \lesseqqgtr D_i^0 \Leftrightarrow p_{ti} \lesseqqgtr p_{\xi i}^0$

3. $r_{qpi}^d - r_{ypi}^d \gtreqqless 0 \Leftrightarrow T^i \lesseqqgtr D_i^0 \Leftrightarrow p_{ti} \lesseqqgtr p_{\xi i}^0$

Beweis. Dieser wird analog zum Beweis der Proposition 4.8 geführt.   □

Nach Maßgabe von Proposition 4.11 gibt es bei Zweckbindung also Abgabensätze $p_{\xi i}^0$, welche wie im Ein–Region–Modell jeweils die Grenzkosten der von den regionalen Klärwerken nachgefragten Selbstreinigungsdienste mit den Grenzkosten der von den Industriesektoren nachgefragten Selbstreinigungsdienste zum Ausgleich bringen. Mithin folgt für $p_{ti} = p_{\xi i}^0$ gemäß der Proposition 4.11 $p_{ep}^d = p_e^0$, $r_{qpi}^d = r_{qi}^0$, $r_{ypi}^d = r_{yi}^0$ und $r_{qpi}^d = r_{ypi}^d$. Aus diesen Beziehungen resultiert, unter Beachtung, daß die Entwässerungsgebühr interregional identisch ist, mithilfe der Notationen $r_{qi}^0 := S^q(k_{qpi}^d) = Q_{ei}/Q_{ai} = p_e^0$ und $r_y^0 := S^y(k_{yp}^d) = Y_e/Y_a = p_e^0$, die Bedingung (4.105c) für interregionale Produktionseffizienz. Dabei ist das Standard–Preis–Gleichgewicht der Definition 4.9 jedoch im allgemeinen produktionsineffizient. Denn die Behörde steht, wie im Ein–Region–Modell bei der Setzung der Abgabensätze auf die Werte $p_{\xi i}^0$, vor dem Informationsproblem, den regionalen produktionseffizienten Überschuß D_i^0 nicht zu kennen.

Für das Standard–Preis–Gleichgewicht der Definition 4.9 bei zweckgebundener Abwasserabgabe gilt die

Proposition 4.12.

1. *Bei Zweckbindung gibt es in der besteuerten Region 1 genau einen Abgabensatz $p_{\xi 1}^0$, mit dem Produktionseffizienz erreicht werden kann.*

2. *In der subventionierten Region 2 ist die Arbeitsintensität im Klärwerk ineffizient hoch, im Industriesektor ineffizient niedrig, und die*

Entwässerungsgebühr ist ineffizient gering.

Beweis.

1. Der Beweis ist analog zum Beweis des Absatzes 1 der Proposition 4. 8 zu führen.

2. Für die subventionierte Region 2 erhält man bei Bezug auf den Beweis zum ersten Absatz der Proposition 4.8 mit dem produktionseffizienten Überschuß $D_2^0 > 0$ und der Kostendeckungsvorschrift $D_{p2} = p_{ep}^d \cdot e_{yp2}^d - a_{qp2}^d + Z^2$ nach Umformungen:

$$a_{qp2}^d - a_{q2}^0 = a_{y2}^0 - a_{yp2}^d = \gamma \cdot (D_2^0 + Z^2) > 0$$

Daraus resultiert mithilfe der Isoquantengleichung $e_q = Q^{-1}(a_q, q_s)$ und (4.7b) wegen $Q_{aq}^{-1} < 0$

$$e_{qp2}^d < e_{q2}^0 \Longleftrightarrow e_{yp2}^d > e_{y2}^0.$$

Somit gilt für die Arbeitsintensitäten und die Entwässerungsgebühr

$$k_{qp2}^d > k_{q2}^0 \wedge k_{yp2}^d < k_{y2}^0 \wedge p_{ep2}^d := \frac{1-\gamma}{\gamma} \cdot k_{yp2}^d < p_{e2}^0 := \frac{1-\gamma}{\gamma} \cdot k_{y2}^0. \qquad \square$$

Da der Proposition 4.12 zufolge die Region 2 produktionsineffizient ist, ist das interregionale Standard–Preis–Gleichgwicht der Definition 4.9 bei Zweckbindung in jedem Fall produktionsineffizient, auch dann, wenn in der besteuerten Region 1 durch Vorgabe des Abgabensatzes p_{t1}^0 zufällig Produktionseffizienz erreicht wird.

Die komparativ–statische Wirkung der Abgabensatzerhöhung c. p. in der Region 1 ist analog zur Abgabensatzerhöhung im Ein–Region–Modell zu analysieren, wenn man $a_{01} = $ konstant setzt. Da bei Abgabenzweckbindung die Subventionierung der Region 2 wie eine 'negative Besteuerung' wirkt ($\delta_2 = - Z^2 = - T^1 = - p_{t1} \cdot e_1$), kann die Wirkung der Subventionierung c. p. ebenfalls mithilfe der Gleichungen (4.88)–(4.96) bei Beachtung der Vorzeichenumkehr der Wirkung des Abgabensatzes p_{t1} auf die jeweiligen endogenen Variablen analog zur Abgabensatzerhöhung für $a_{02} = $ konstant untersucht werden. Geometrisch stellt sich der Effekt der Subvention c. p. als 'negative Abgabe' in Abb. 4.13 (genau invers zur Erhöhung des Abgabensatzes wirkend) durch die Verschiebung der Gleichgewichtsgeraden $F_{p2}G_{p2}$ auf die Position $F_{p1}G_{p1}$ dar, wenn man in Abb. 4.13 den Schnittpunkt P_2 der q_s–Isoquante mit der Horizontalen $F_{p2}G_{p2}$ als Ausgangsgleichgewicht ansieht. Dabei ist, wie aus der Abb. 4.13 ersichtlich ist, wegen $p_{t1} < p_{t1}^0$ in der Ausgangslage P_2 die Arbeitsintensität im Klärwerk 'zu hoch' ($k_{qp}^0 = \tan\beta_q^2 > k_q^0 = \tan\beta_q^0$), die Arbeitsintensität im Industriesektor 'zu gering' ($k_{yp}^{d2} = \tan\beta_y^2 < k_y^0 = \tan\beta_y^0$) und die Entwässerungsgebühr 'zu niedrig' ($p_{ep}^{d2} = S^y(\tan\beta_y^2) < p_e^0 = S^y(\tan\beta_y^0)$). Es liegt also die Produktionsineffizienz I vor. Durch die Subventionierung

1. verringert sich die Arbeitsintensität im Industriesektor von $k_{yp}^{d2} = \tan\beta_y^2$ auf $k_{yp}^{d1} = \tan\beta_y^1 < k_{yp}^{d2}$,

2. erhöht sich die Arbeitsintensität im Klärwerk von $k_{qp}^{d2} = \tan\beta_q^2$ auf $k_{qp}^{d1} = \tan\beta_q^1 > k_{qp}^{d2}$,

3. verringert sich die Entwässerungsgebühr von $p_{ep}^{d2} = S^y(\tan\beta_y^2)$ auf $p_{ep}^{d1} = S^y(\tan\beta_y^1) < p_{ep}^{d2}$, und

4. die Konsumgutmenge vermindert sich von y_{p2}^d auf $y_{p1}^d < y_{p2}^d$.

Bei Arbeitskräfteimmobilität, $a_{0i} = $ konstant $(i = 1, 2)$, wird in Region 2 die Produktionsineffizienz I durch die Abgabenzweckbindung verschärft, während in der besteuerten Region 1, wie vorstehend erläutert, die Produktionsineffizienz I abgemildert wird.

Bei vollständiger Arbeitskräftemobilität im Zwei–Regionen–Modell verwenden wir ebenfalls die Gleichungen (4.90)–(4.96) des Ein–Region–Modells und indizieren die Regionen mit 1 bzw. 2. Dabei ist zu beachten, daß die a_{0i} $(i = 1, 2)$ aus (4.110) und (4.111) nun endogene Variablen sind. Da die Wirkung des Standards bereits im Ein–Region–Modell ausführlich analysiert ist, unterstellen wir im folgenden, daß die Wasserwirtschaftsbehörde die Standards in beiden Regionen nicht variiert. Daher können wir im folgenden die Konsumgutmenge $y := y_1 + y_2$ als Indikator für interregionale Produktionseffizienz relativ zu den jeweils vorgegebenen Gewässergüteniveaus q_{s1} und q_{s2} verwenden. Weiter nehmen wir an, daß die Assimilationskapazitäten beider regionaler Wasserressourcen sich nicht ändern und daß das Arbeitskräfteangebot a_0 unverändert bleibt. Mithin gilt dann $\hat{a}_0 = \hat{e}_{0i} = \hat{q}_{si} = 0$.

Ferner konzentrieren wir uns auf die Wirkung einer Erhöhung der regionalen Abgabensätze auf die regionalen Arbeitsangebote a_{0i}. Zur Vereinfachung der Schreibweise unterdrücken wir dabei das Superskript d und das Subskript p an allen gleichgewichtigen Variablen. Differentiation der Gleichung (4.102c) ergibt:

$$\hat{a}_{01} = -\frac{a_{02}}{a_{01}}\cdot\hat{a}_{02} \quad (\hat{a}_0 = 0) \tag{4.112}$$

Weiter gewinnt man aus der Gleichung (4.94) des Ein–Region–Kostendeckungsmodells mit Erhebung der Abwasserabgabe für die Region i (i = 1, 2) mit der Notation $\delta_2 := T^2 - Z^2$ und $\hat{e}_{0i} = \hat{q}_{si} = 0$:

$$\hat{p}_e = \hat{k}_y = \frac{\gamma\cdot(r_{q1} - r_y)}{a_{y1}\cdot r_{q1}}\cdot a_{01}\cdot\hat{a}_{01} + \frac{\gamma\cdot(r_{q1} + k_y)T^1}{a_{y1}\cdot r_{q1}}\cdot\hat{p}_{t1} \tag{4.113a}$$

$$\hat{p}_e = \hat{k}_y = \frac{\gamma\cdot(r_{q2} - r_y)}{a_{y2}\cdot r_{q2}}\cdot a_{02}\cdot\hat{a}_{02} + \frac{\gamma\cdot(r_{q2} + k_y)\delta_2}{a_{y2}\cdot r_{q2}}\cdot\hat{\delta}_2 \tag{4.113b}$$

In der Gleichung (4.113b) gilt bei Nicht–Zweckbindung $\delta_2 = T^2 = p_{t2}\cdot e_2$ und somit $\delta_2\cdot\hat{\delta}_2 = T^2\cdot\hat{p}_{t2}$, und bei Zweckbindung ist $\delta_2 = -Z^2 = -T^1 = -p_{t1}\cdot e_1$ gültig, woraus $\delta_2\cdot\hat{\delta}_2 = -T^1\cdot\hat{p}_{t1}$ folgt. Nach Elimination von $\hat{p}_e$ und Umformungen resultiert mit den Notationen $r_i := r_{qi} - r_y > 0$ und $\rho := r_1\cdot a_{y2}\cdot r_{q2} + r_2\cdot a_{y1}\cdot r_{q1} > 0$ aus den Gleichungen (4.112) und (4.113)

$$\hat{a}_{01} = -\frac{(r_{q1} + k_y)a_{y2}\cdot r_{q2}}{\rho\cdot a_{01}}\cdot T^1\cdot\hat{p}_{t1} + \frac{(r_{q2} + k_y)a_{y1}\cdot r_{q1}}{\rho\cdot a_{01}}\cdot\delta_2\cdot\hat{\delta}_2 \tag{4.114a}$$

$$(4.114b) \qquad \hat{a}_{02} = \frac{(r_{q1} + k_y)a_{y2} \cdot r_{q2}}{\rho \cdot a_{02}} \cdot T^1 \cdot \hat{p}_{t1} - \frac{(r_{q2} + k_y)a_{y1} \cdot r_{q1}}{\rho \cdot a_{02}} \cdot \delta_2 \cdot \hat{\delta}_2 \, .$$

Mithilfe der Spezifikation $\delta_2 \cdot \hat{\delta}_2 = T^2 \cdot \hat{p}_{t2}$ erhält man ohne Zweckbindung aus (4.114a) und (4.114b)

$$\hat{a}_{01} = -\frac{(r_{q1} + k_y)a_{y2} \cdot r_{q2}}{\rho \cdot a_{01}} \cdot T^1 \cdot \hat{p}_{t1} + \frac{(r_{q2} + k_y)a_{y1} \cdot r_{q1}}{\rho \cdot a_{01}} \cdot T^2 \cdot \hat{p}_{t2} \qquad (4.114c),$$

$$\hat{a}_{02} = \frac{(r_{q1} + k_y)a_{y2} \cdot r_{q2}}{\rho \cdot a_{02}} \cdot T^1 \cdot \hat{p}_{t1} - \frac{(r_{q2} + k_y)a_{y1} \cdot r_{q1}}{\rho \cdot a_{02}} \cdot T^2 \cdot \hat{p}_{t2} \qquad (4.114d),$$

und bei Zweckbindung resultiert mit $\delta_2 \cdot \hat{\delta}_2 = - T^1 \cdot \hat{p}_{t1}$ nach Umformungen:

$$\hat{a}_{01} = -\frac{[(r_{q1} + k_y)a_{y2} \cdot r_{q2} + (r_{q2} + k_y)a_{y1} \cdot r_{q1}]}{\rho \cdot a_{01}} \cdot T^1 \cdot \hat{p}_{t1} \qquad (4.114e)$$

$$\hat{a}_{02} = \frac{[(r_{q1} + k_y)a_{y2} \cdot r_{q2} + (r_{q2} + k_y)a_{y1} \cdot r_{q1}]}{\rho \cdot a_{02}} \cdot T^1 \cdot \hat{p}_{t1} \qquad (4.114f)$$

Die ökonomische Interpretation von (4.114) ist wie folgt: Aufgrund der vollständigen Mobilität der Arbeitskräfte wandert bei Nicht–Zweckbindung der Abwasserabgabe der Faktor Arbeit jeweils von der zusätzlich besteuerten Region zu der Region, in welcher der Abgabensatz nicht erhöht ist. Bei Zweckbindung wandern die Arbeitskräfte von der besteuerten Region 1 hin zur subventionierten Region 2.

Ferner erhält man die Gleichungen der regionalen Konsumgutmengen y_i (i = 1, 2) aus der Gleichung (4.96) des Ein–Region–Kostendeckungsmodells mit der Notation $\delta_2 := T^2 - Z^2$ für $\hat{e}_{0i} = \hat{q}_{si} = 0$:

$$\hat{y}_1 = \frac{\gamma \cdot [\gamma \cdot r_{q1} + (1 - \gamma)r_y]}{a_{y1} \cdot r_{q1}} \cdot a_{01} \cdot \hat{a}_{01} + \frac{\gamma^2(r_{q1} - r_y)}{a_{y1} \cdot r_{q1}} \cdot T^1 \cdot \hat{p}_t \qquad (4.115a)$$

$$\hat{y}_2 = \frac{\gamma \cdot [\gamma \cdot r_{q2} + (1 - \gamma) r_y]}{a_{y2} \cdot r_{q2}} \cdot a_{02} \cdot \hat{a}_{02} + \frac{\gamma^2 (r_{q2} - r_y)}{a_{y2} \cdot r_{q2}} \cdot \delta_2 \cdot \hat{\delta}_2 \qquad (4.115b)$$

Das Dachkalkül der Gesamtkonsumgutmenge ergibt sich mit Verwendung der Beziehungen $\gamma/a_{yi} = Y_a/y_i$ $(i = 1, 2)$ und $r_{q1} - r_{q2} = r_1 - r_2$ und der Notation $r_i := r_{qi} - r_y > 0$ durch Einsetzen von (4.115) in die differenzierte Gleichung (4.103c)

$$\hat{y} = \frac{y_1}{y} \cdot \hat{y}_1 + \frac{y_2}{y} \cdot \hat{y}_2$$

nach Umformungen als:

$$\hat{y} = \frac{Y_a}{y} \left[\frac{r_y(1 - \gamma)(r_1 - r_2)}{r_{q1} \cdot r_{q2}} \cdot a_{02} \cdot \hat{a}_{02} + \frac{\gamma \cdot r_1}{r_{q1}} \cdot T^1 \cdot \hat{p}_{t1} + \frac{\gamma \cdot r_1}{r_{q2}} \cdot \delta_2 \cdot \hat{\delta}_2 \right] \qquad (4.116)$$

Mit (4.114b) modifiziert sich (4.116) nach Umstellungen zu

$$\hat{y} = \frac{Y_a}{y \cdot r_{q1} \cdot r_{q2}} \left[\frac{r_y(1 - \gamma)(r_1 - r_2)(r_{q1} + k_y) a_{y2} \cdot r_{q2}}{\rho} \cdot T^1 \cdot \hat{p}_{t1} + \right.$$

$$+ \gamma \cdot r_{q2} \cdot r_1 \cdot T^1 \cdot \hat{p}_{t1} - \frac{r_y(1 - \gamma)(r_1 - r_2)(r_{q2} + k_y) a_{y1} \cdot r_{q1}}{\rho} \cdot \delta_2 \cdot \hat{\delta}_2 +$$

$$\left. + \gamma \cdot r_{q1} \cdot r_2 \cdot \delta_2 \cdot \hat{\delta}_2 \right] \qquad (4.117a)$$

Schließlich ergibt sich aus der Gleichung (4.117a) mit der Spezifikation des Terms $\delta_2 \cdot \hat{\delta}_2 = T^2 \cdot \hat{p}_{t2}$ bei Nicht–Zweckbindung

$$\hat{y} = \frac{Y_a}{y \cdot r_{q1} \cdot r_{q2}} \left[\frac{r_y(1 - \gamma)(r_1 - r_2)(r_{q1} + k_y) a_{y2} \cdot r_{q2}}{\rho}^{[1]} \cdot T^1 \cdot \hat{p}_{t1} + \right.$$

$$+ \gamma \cdot r_{q2} \cdot r_1 \cdot T^1 \cdot \hat{p}_{t1} - \frac{r_y(1 - \gamma)(r_1 - r_2)(r_{q2} + k_y) a_{y1} \cdot r_{q1}}{\rho}^{[3]} \cdot T^2 \cdot \hat{p}_{t2} +$$

$$+ \gamma \cdot r_{q_1} \cdot r_2 \cdot T^2 \cdot \hat{p}_{t2} \overset{[4]}{\Big]} \tag{4.117b}$$

und im Fall der Zweckbindung erhält man aus (4.117a) mit $\delta_2 \cdot \hat{\delta}_2 = - T^1 \cdot \hat{p}_{t1}$ nach einigen Umformungen:

$$\hat{y} = \frac{r_y \cdot Y_a}{y \cdot r_{q1} \cdot r_{q2}} \left[(1-\gamma) \cdot \frac{(r_{q1} + k_y)a_{y2} \cdot r_{q2} + (r_{q2} + k_y)a_{y1} \cdot r_{q1}}{\rho} + \gamma \right] (r_1 -$$

$$- r_2) T^1 \cdot \hat{p}_{t1} \tag{4.117c}$$

Bei der ökonomischen Interpretation der Wirkung der Abwasserabgabe auf die Konsumgutmenge betrachten wir zuerst den Fall ohne Zweckbindung in (4.117b). In dieser Gleichung beschreiben die Terme [2] und [4] die im Ein–Region–Modell analysierte *sektorale* Arbeitskräftewanderung innerhalb der jeweiligen Region i = 1, 2. Und zwar wandern gemäß den Gleichungen (4.90) und (4.92) bei einer Erhöhung des Abgabensatzes p_{ti} innerhalb der Region i jeweils Arbeitskräfte vom Klärwerk zum Industriesektor. Im zugrunde gelegten Fall $r_i := r_{qi} - r_y \geq 0 \Leftrightarrow p_{ti} \leq p_{ti}^0 := D_i^0/e_i$ [mit $e_i := F^i(e_{0i}, q_{si})$] steigt dabei c. p. die jeweilige regionale Konsumgutmenge y_i, wenn der Abgabensatz p_{ti} erhöht wird.

Die interregionale Mobilität der Arbeitskräfte ist in (4.117b) durch die Terme [1] und [4] repräsentiert. Während die Differenzen $r_i := r_{qi} - r_y$, wie wir im Ein–Region–Modell erläutert haben, jeweils als Maßstab für *regionale* Produktionseffizienz fungieren, ist in (4.116) und (4.117) die Differenz $r_1 - r_2 = r_{q1} - r_{q2}$ wie folgt als Maßstab für interregionale Produktionseffizienz anwendbar:

1. $r_1 \gtreqless r_2$ bzw. $r_{q1} \gtreqless r_{q2}$ besagt, daß das Klärwerk der Region 1 weniger / genauso / stärker produktionseffizient operiert als / wie / als das Klärwerk der Region 2.

2. $|r_1 - r_2| = 0$ indiziert interregionale Produktionseffizienz und $|r_1 - r_2| > 0$ zeigt interregionale Produktionsineffizienz an.

Die Wirkung einer Erhöhung des Abgabensatzes p_{ti} hängt, wie aus den Termen [1] und [3] in (4.117b) ersichtlich ist, vom Vorzeichen der Differenz $(r_1 - r_2)$ ab. Und zwar erhöht (reduziert) man durch eine Erhöhung des Abgabensatzes p_{ti} genau dann die Konsumgutmenge, wenn das Klärwerk der besteuerten Region i weniger produktionseffizient, $r_i > r_j$, (produktionseffizienter $(r_i < r_j)$) arbeitet als das Klärwerk aus der Region j ($i = 1, 2$ und $j = 1, 2$ sowie $i \neq j$). Denn die Arbeitskräfte wandern jeweils von der zusätzlich besteuerten zur anderen bzw. subventionierten Region, wie aus den vorstehenden Gleichungen (4.114c)–(4.114f) ersichtlich ist. Durch diesen Effekt steigt (sinkt) die Konsumgutmenge genau dann, wenn die Arbeitskräfte von der weniger effizient (effizienter produzierenden) Region zur effizienteren (weniger effizient produzierenden) Region wandern.

Weiter existiert in Analogie zum Ein–Regionen–Kostendeckungsmodell mit Abgabenerhebung, wie aus der Gleichung (4.117b) ersichtlich ist, eine Funktion Y* derart, daß

$$y = Y^*(p_{t1}, p_{t2})$$

ist. Wir zeigen im folgenden basierend auf Pethig und Fiedler (1989, S. 90 f.), daß es positive Abwasserabgabensätze (p^0_{t1}, p^0_{t2}) gibt, derart daß $(p^0_{t1}, p^0_{t2}) = $ arg max$[Y^*(p_{t1}, p_{t2})]$ gilt. Dazu analysieren wir die Monotonie der Differenzen $r_1 := r_{q1} - r_y \geq 0$, $r_2 := r_{q2} - r_y \geq 0$ und $(r_1 - r_2)$ in beiden Abwasserabgabensätzen p_{t1} und p_{t2} mithilfe der komparativ–statischen Ergebnisse. Man erhält durch Einsetzen von (4.114c) in (4.113a), bzw. äquivalent dazu, durch Substitution von (4.114d) in (4.113b) nach Umformungen

$$\hat{k}_y = \frac{\gamma \cdot (r_{qi} + k_y)r_j}{\rho} \cdot T^i \cdot \hat{p}_{ti} + \frac{\gamma \cdot (r_{qj} + k_y)r_i}{\rho} \cdot T^j \cdot \hat{p}_{tj} \ (i, j = 1, 2 \text{ und } i \neq j).$$

Folglich gibt es eine Funktion Ky* derart, daß

$$k_y = Ky^*(\underset{+}{p_{ti}}, \underset{+}{p_{tj}})$$

gilt. Da die Produktionsfunktion Y linear–homogen ist, steigen die Grenzkosten $r_y = Sy(k_y)$ streng monoton in k_y und es gilt:

$$r_y = S^y[K^{y*}(p_{t\,i},\ p_{t\,j})] =: R^{y*}(p_{t\,i},\ p_{t\,j}) \qquad (4.118)$$

Weiter erhält man durch Einsetzen von (4.114c) bzw. (4.114d) in die Gleichung (4.95) für $i = 1, 2$ nach Umformungen

$$\hat{k}_{qi} = -\frac{(1 - \gamma)(r_{qi} + k_y)a_{yj}\cdot r_{qj} + \gamma\cdot\rho}{a_{qi}\cdot r_{qi}\cdot\rho}\cdot(r_{qi} + k_y)T^i\cdot\hat{p}_{ti} +$$

$$+\frac{(1 - \gamma)(r_{qi} + k_y)(r_{qj} + k_y)a_{yi}}{a_{qi}\cdot\rho}\cdot T^j\cdot\hat{p}_{tj}$$

Wie aus dieser Gleichung ersichtlich ist, gibt es Funktionen K^{qi} derart, daß

$$k_{qi} = K^{qi}(p_{ti},\ p_{t\,j})$$

ist. Weiter steigen die Grenzkosten $r_{qi} = S^{qi}(k_{qi})$ aufgrund der Linear-Homogenität der Produktionsfunktion Q in k_{qi} streng monoton, so daß

$$r_{qi} = S^{qi}[K^{qi}(p_{ti},\ p_{t\,j})] =: R^{qi}(p_{ti},\ p_{t\,j}) \qquad (4.119)$$

gilt. Aus (4.118) und (4.119) resultiert

$$r_i := r_{qi} - r_y = R^{qi}(p_{ti},\ p_{t\,j}) - R^{y*}(p_{t\,i},\ p_{t\,j}) =: R^{ti}(p_{t\,i},\ p_{t\,j}) \qquad (4.120a).$$

Aufgrund der Produktionseffizienzbedingung (4.105c) und der in (4.120) gegebenen funktionalen Beziehung ist das Tupel $(p^\varrho_{t1},\ p^\varrho_{t2})$, das interregionale Produktionseffizienz generiert, determiniert durch

$$r_1 = R^{t1}(p^\varrho_{t1},\ p^\varrho_{t2}) = r_2 = R^{t2}(p^\varrho_{t1},\ p^\varrho_{t2}) = 0 \qquad (4.120b).$$

Jedoch gibt es in diesem Zwei–Regionen–Kostendeckungsmodell keinen (Preis)–Mechanismus, der 'dafür sorgt', daß die vorstehende Bedingung $r_1 =$

$r_2 = 0$ erfüllt ist. Denn wie vorstehend erläutert, verfügt die Behörde nicht über vollständige Information bezüglich der Höhe der Abgabensätze p^0_{ti}, da ihr die Beträge der regionalen produktionseffizienten Überschüsse D^0_i nicht bekannt sind.

Schließlich gilt wegen der Beziehung $r_1 - r_2 = r_{q1} - r_{q2}$:

$$r_1 - r_2 = R^{q1}(p_{t1}, p_{t2}) - R^{q2}(p_{t1}, p_{t2}) =: \tilde{R}^t(p_{t1}, p_{t2}) \qquad (4.121)$$

Nachdem wir die Monotonie der Differenz $(r_1 - r_2)$ in beiden Abgabensätzen p_{ti} analsiert haben, beschreiben wir nun Pethig und Fiedler (1989, S. 90 f.) folgend ein Verfahren zur Auffindung des Tupels (p^0_{t1}, p^0_{t2}). In der Ausgangslage sei $p_{t1} = p_{t2} = 0$. Somit gilt, wie wir bereits mithilfe des dritten Absatzes der Proposition 4.7 gezeigt haben, in Analogie zur Beziehung (4.77b) des Ein–Region–Kostendeckungsmodells ohne Abgabe:

$$r_1 = R^{t1}(p_{t1}{=}0,\ p_{t2}{=}0) > 0 \qquad (4.122)$$

$$r_2 = R^{t2}(p_{t1}{=}0,\ p_{t2}{=}0) > 0$$

Weiter sei ohne Beschränkung der Allgemeinheit angenommen, daß die Region 1 in der Ausgangslage weniger effizient produziere als die Region 2:

$$R^{t1}(p_{t1}{=}0,\ p_{t2}{=}0) > R^{t2}(p_{t1}{=}0,\ p_{t2}{=}0)$$

Das Verfahren besteht aus folgenden zwei Schritten:

1. Zunächst wird nur der Abwasserabgabensatz p_{t1} bei unverändertem Abgabensatz $p_{t2} = 0$ sukzessive solange erhöht ($dp_{t1} > 0$ und $dp_{t2} = 0$), bis wegen der aus Gleichung (4.121) ersichtlichen Monotonie $\tilde{R}^t_{p_{t1}} < 0$ der Abgabensatz $p_{t1} = p^*_{t1}$ erreicht ist, bei dem

$$R^{t1}(p^*_{t1},\ 0) - R^{t2}(p_{t1},\ 0) = 0 \qquad (4.123)$$

bzw. $r_1 - r_2 = 0$ ist. Da die Differenz $(r_1 - r_2)$ annahmegemäß in der Ausgangslage positiv war, steigt, wie die Terme [1] und [3] der Gleichung (4.117b) zeigen, bei der Erhöhung des Abgabensatzes von $p_{t1} = 0$ auf $p_{t1} = p_{t1}^* > 0$ die Konsumgutmenge y solange, bis wegen (4.123) die Differenz $r_1 - r_2 = 0$ ist.

2. Im zweiten Schritt werden beide Abgabensätze p_{t1} und p_{t2} in der Weise gelichzeitig erhöht ($dp_1 > 0$ und $dp_{t2} > 0$), daß die Gleichung $r_1 - r_2 = 0$ stets erfüllt bleibt. Dann haben in der Gleichung (4.117b) die Terme [1] und [3] den Wert Null und die Terme [2] und [4] sind positiv. Folglich steigt die Konsumgutmenge y bei sukzessiver Erhöhung von p_{t1} und p_{t2} solange, bis $r_1 = r_2 = 0$ ist, also die interregionale Produktionseffizienzbedingung (4.105c) erfüllt ist. Sei $(\bar{p}_{t1}, \bar{p}_{t2})$ das Abgabensatzupel, welches die Bedingung $R^{t1}(\bar{p}_{t1}, \bar{p}_{t2}) = R^{t2}(\bar{p}_{t1}, \bar{p}_{t2}) = 0$ erfüllt. Dann ist wegen (4.120b) offensichtlich, daß $(\bar{p}_{t1}, \bar{p}_{t2}) = (p_{t1}^\varrho, p_{t2}^\varrho)$ ist. Der Bedingung (4.120b) zufolge induziert das Tupel $(p_{t1}^\varrho, p_{t2}^\varrho)$ in beiden regionalen Klärwerken kostenminimale Gewässergüteproduktion.

Nachdem die Effizienzimplikationen nicht–zweckgebundener Abwasserabgaben ermittelt sind, analysieren wir die Wirkung der zweckgebundenen Abgabe auf die Konsumgutmenge y mithilfe von (4.117c). Dazu ermitteln wir zunächst die Monotonie der Differenz $(r_1 - r_2) = r_{q1} - r_{q2}$ im Abwasserabgabensatz p_{t1}. Da die Grenzkosten r_{qi} ($i = 1, 2$) wegen der Linear–Homogenität der Funktion Q streng monoton in den Arbeitsintensitäten k_{qi} steigen, $r_{qi} = S^{qi}(\underset{+}{k_{qi}})$, ermitteln wir zunächst die Änderungsraten der Arbeitsintensitäten k_{qi} bei der Zweckbindungspolitik. Man erhält durch Einsetzen der Gleichungen (4.114e) und (4.114f) in die Gleichung (4.95) für $i = 1, 2$ jeweils nach Umformungen:

$$\hat{k}_{q1} = -\frac{(1 - \gamma)[(r_{q2} + k_y)a_{y1}\cdot r_{q1} + (r_{q1} + k_y)a_{y2}\cdot r_{q2}] + \gamma\cdot\rho}{a_{q1}\cdot r_{q1}\cdot\rho}\cdot(r_{q1} +$$

$$+ k_y)T^1\cdot\hat{p}_{t1}$$

$$k_{q2} = \frac{(1 - \gamma)[(r_{q1} + k_y)a_{y2}\cdot r_{q2} + (r_{q2} + k_y)a_{y1}\cdot r_{q1}] + \gamma\cdot\rho}{a_{q2}\cdot r_{q2}\cdot\rho}\cdot(r_{q2} +$$

$$+ k_y)T^1\cdot\hat{p}_{t1}$$

Folglich existieren Funktionen $\tilde{K}^{q1}$ und $\tilde{K}^{q2}$ mit

$$k_{q1} = \tilde{K}^{q1}(\underset{-}{p}_{t1})$$

$$k_{q2} = \tilde{K}^{q2}(\underset{+}{p}_{t1}) , \qquad \text{so daß}$$

$$r_{q1} = S^{q1}[\tilde{K}^{q1}(\underset{-}{p}_{t1})] =: \tilde{R}^{q1}(\underset{-}{p}_{t1})$$

$$r_{q2} = S^{q2}[\tilde{K}^{q2}(\underset{+}{p}_{t1})] =: \tilde{R}^{q2}(\underset{+}{p}_{t1})$$

und schließlich

$$r_1 - r_2 = r_{q1} - r_{q2} = \tilde{R}^{q1}(\underset{-}{p}_{t1}) - \tilde{R}^{q2}(\underset{+}{p}_{t1}) =: \tilde{R}^{q}(\underset{-}{p}_{t1}) \tag{4.124}$$

gilt. In der Gleichung (4.117c), welche die Wirkung zweckgebundener Abgaben auf die Konsumgutmenge y beschreibt, sind basierend auf der durch (4.124) gegebenen Monotonie $\tilde{R}^{q}_{p_t} < 0$ folgende zwei Fälle zu unterscheiden:

1. Wenn in der durch $p_{t1} = 0$ gegebenen Ausgangslage die Differenz $(r_1 - r_2)$
    > 0 ist, also die besteuerte Region 1 weniger effizient produziert als die
    subventionierte Region 2, dann steigt die Konsumgutmenge y bei sukzes-
    siver Erhöhung von p_{t1} solange an, bis der Abgabensatz $p_{t1} = p_{t1}^1$ erreicht
    ist, der definiert ist durch

$$r_1 - r_2 = \tilde{R}^{q1}(\underset{-}{p}_{t1}^1) - \tilde{R}^{q2}(\underset{+}{p}_{t1}^1) =: \tilde{R}^{q}(\underset{-}{p}_{t1}^1) = 0 .$$

Bei jeder weiteren Anhebung des Abwasserabgabensatzes auf $p_{t1} > p'_{t1}$ ist die Differenz $(r_1 - r_2) < 0$, so daß gemäß (4.117c) die Konsumgutmenge y bei einer weiteren Erhöhung von p_{t1} über p'_{t1} hinaus wieder abnimmt.

2. Falls in der Ausgangslage $p_{t1} = 0$ der Term $(r_1 - r_2) < 0$ ist, also die besteuerte Region 1 effizienter operiert als die subventionierte Region 2, dann sinkt die Konsumgutmenge y bei jeder Erhöhung von p_{t1}.

Wenn also die besteuerte Region 1 in der Ausgangslage $p_{t1} = 0$ weniger effizient (effizienter) produziert als die subventionierte Region 2, dann wird die durch die Subvention verursachte Abnahme der Produktionseffizienz in Region 2 durch die Zunahme der Produktionseffizienz in Region 1 kompensiert (nicht kompensiert).

4.5 Abschließende Bemerkungen zum Kapitel 4

Basierend auf einem zweistufigen Abwasserbehandlungsmodell wurde die zwischen Schadstoffaufnahme und qualitativem Konsum bestehende Nutzungskonkurrenz an einer aggregierten Wasserressource in statischen (stationären) Allokationsmodellen analysiert.

Zunächst wurde mithilfe der Monod–Regenerationsfunktion eine Produktionsfunktion für Gewässergüte konstruiert. Während das Klärwerk in konventioneller Sicht mithilfe von Arbeit 'reduzierte' Schadstoffmengen produziert, setzt dieses in der neuen Perspektive als Produzent von Gewässergüte neben dem Faktor Arbeit den Faktor Selbstreinigungsdienste ein. Dabei ist die *Netto*nachfrage nach Selbstreinigungsdiensten zu betrachten, da das Klärwerk einerseits als *Nachfrager* der natürlichen, von der Wasserressource angebotenen Selbstreinigungsdienste e_0 auftritt und andererseits als *Anbieter* von Reinigungsdiensten, nämlich in Form der reduzierten Schadstoffmengen, fungiert. Durch diese neue Sichtweise kann die Nutzungskonkurrenz an der Wasserressource mithilfe konventionller neoklassischer Zwei–Sektoren–Zwei–Faktoren–Modelle analysiert werden.

Das Gewässergütemodell mit vollständigen aber teilweise fiktiven Märkten —
fiktiv sind die Märkte für das Konsumgut Gewässergüte und den Faktor
Selbstreinigungsdienste — dient als Referenz für paretoeffiziente Preise, welche
die Nutzungskonkurrenz an der Wasserressource lösen, während das Laissez-
faire–Modell als Ansatzpunkt für gewässergütepolitische Direktiven fungiert.

Bei umweltpolitisch vorgegebenem Standard für Gewässergüte (second-
best) macht das Klärwerk einen Überschuß, wenn es unter der Vorgabe der
Kostenminimierung, also produktionseffizient operiert. Mithilfe der kostenminimalen Standardeinhaltung kann gezeigt werden, daß bei Kostendeckung die Arbeitsintensität im Klärwerk ineffizient hoch und im Industriesektor ineffizient niedrig ist, und die Entwässerungsgebühr 'zu gering' ist.

Einem Teil der umweltökonomischen Literatur zufolge kann die Abwasserabgabe ihre theoretischen Vorzüge deshalb nicht ausspielen, weil ihre Bemessungsgrundlage nicht emissionsbezogen und der Abwasserabgabensatz zu
niedrig gesetzt ist. Die modelltheoretische 'Überprüfung' dieser Sichtweise
mithilfe eines Zwei–Regionen–Zwei–Sektoren–Zwei–Faktoren– Modells,
ergab folgende Ergebnisse:

1. Bei *Kostenminimierung* ist die zweckgebundene und die nicht–zweck-
    gebundene Abwasserabgabe allokativ wirkungslos. Denn deren Bemes-
    sungsgrundlage, die Restschadstoffemission, ist in der jeweilgen Region
    durch den exogenen Gewässergütestandard festgelegt und somit eine
    exogene Größe. Folglich wirkt die Abwasserabgabe sowohl bei Zweck-
    bindung als auch bei Nicht–Zweckbindung als Pauschinstrument und
    wird von den regionalen Klärwerken nicht im Kostenminimierungs-
    kalkül berücksichtigt.

2. Bei *Kostendeckung* kann mithilfe nicht–zweckgebundener Abwasserab-
    gaben 'zufällig' Produktionseffizienz erreicht werden. Und zwar genau
    dann, wenn die Höhe des Abgabensatzes in beiden Regionen jeweils so
    vorgegeben ist, daß das regionale Abgabenaufkommen jeweils gleich
    demjenigen Überschuß ist, den das Klärwerk bei kostenminimaler
    Einhaltung des regionalen Gewässergütestandards erzielt. Eine 'ge-
    zielte' Vorgabe der Abgabensätze, die Produktionseffizienz erzeugen, ist
    jedoch aufgrund unvollkommener Information der Wasserwirtschafts-

behörde über die Höhe der produktionseffizienten Überschußbeträge beider regionalen Klärwerke nicht möglich. Bei Kostendeckung kann mithilfe zweckgebundener Abwasserabgaben die gesamte Konsumgutmenge beider Regionen, die bei gegebenen regionalen Gewässergütestandards als Indikator für Produktionseffizienz fungiert, nur dann erhöht werden, wenn das Klärwerk der besteuerten Region weniger produktionseffizient operiert als das Klärwerk der subventionierten Region.

Bei unseren Untersuchungen über die Wirkung von Entwässerungsgebühr und Abwasserabgabe ist jedoch zu beachten, daß die Haushalte als Indirekteinleiter nicht in die Analyse mit einbezogen wurden und der Industriesektor ausschließlich als Indirekteinleiter modelliert wurde. Modelliert man den Industriesektor als Direkteinleiter — zunehmend führen nämlich Industriebetriebe ihre Abwasserklärung vermittels industrieller Kläranlagen selbst durch (Bayer Umweltbericht, ohne Autor, 1995, S. 70 ff.; Umweltmagazin, ohne Autor, 1995 S. 61 und Kunz 1992), wobei die im § 7a des WHG vorgeschrieben allgemein anerkannten Regeln der Technik eingehalten sind —, dann "effluent charges take precisely that place which is held by sewage charges in the case of industrial indirect dischargers" (Pethig und Fiedler 1989, S. 92).

4.6 Anhang zum Kapitel 4

4.6.1 Herleitung des Nettoemissionsansatzes aus dem Bruttoemissionsansatz

Der 'Bruttoansatz' von Siebert (1974, S. 496 ff.) und von Siebert u. a. (1980 S. 20–29) dient uns in erster Priorität dazu, die im 'Nettoansatz' (4.1) enthaltene Schadstoffentstehung und die intraindustrielle Schadstoffreduktion explizit darzustellen und ökonomisch zu verstehen: Und zwar produziert der Industriesektor mithilfe von Arbeit a_p die Menge y eines Konsumgutes gemäß der Produktionsfunktion[82]:

---

[82]Dabei gilt für die Differentialquotienten im folgenden wieder die verkürzte Schreibweise $F_a := \partial F/\partial a_p$, $X_a := \partial X/a_p$, $F_{aa} := \partial^2 F/a_p^2$ und $X_{aa} := \partial^2 X/a_p^2$ etc.

$$y = F(a_p); \qquad F(0) = 0, \qquad F_a > 0, \quad F_{aa} < 0 \qquad\qquad (A4.1)$$

Dabei entsteht in starrer Kuppelproduktion[83] zu der Menge y kontinuierlich die Schadstoffmenge e_p als unerwünschtes Kuppelprodukt über die Kuppelproduktionsfunktion:

$$e_p = X(a_p); \qquad X(0) = 0, \qquad X_a > 0, \quad X_{aa} \geq 0 \qquad\qquad (A4.2)$$

Die Schadstoffmenge e_p ist eine Stromgröße und weder konsumierbar noch wie in Recyclingmodellen (Pethig 1979, S. 61–68 und Siebert u. a. 1980, S. 279–327) für Produktionszwecke verwendbar.[84]

Im Abb. A4.1a ist der durch die Gleichungen (A4.1) und (A4.2) beschriebene starre Kuppelproduktionsprozeß dargestellt.

---

[83]Die Schadstoffmenge e_p heißt starre Kuppelproduktmenge zur Konsumgutmenge, da es nicht möglich ist, durch Variation des Inputs a_p die Schadstoffmenge e_p zu verändern, ohne daß sich dabei gleichzeitig die Konsumgutmenge y mit verändert (Pethig 1979, S. 17).

[84]Ist a_p eine beliebige andere Ressource als Produktionsfaktor, dann hat a_p eine bestimmte konstante Masse. Diese teilt sich dann Siebert (1987, S. 28) zufolge gemäß dem Massenerhaltungsgesetz $\alpha_1 \cdot F(a_p) + \alpha_2 \cdot X(a_p) = a_p$; $\alpha_1, \alpha_2 > 0$ in y und e_p auf. Mithin resultiert nach zweimaliger Differentiation aus dem Massenerhaltungsgesetz:

$$F_{aa} = -\frac{\alpha_1}{\alpha_2} \cdot X_{aa} \Rightarrow F_{aa} \gtreqless 0 \Leftrightarrow X_{aa} \lesseqgtr 0$$

D. h. die Funktion F ist genau dann konvex / linear / konkav, wenn die Funktion X konkav / linear / konvex ist. Wir bringen die beiden dem Massenerhaltungsgesetz widersprechenden Annahmen $F_{aa} < 0$ und $X_{aa} = 0$ mit der Massenerhaltung gemäß Pethig (1979, S. 18) in Einklang, indem wir annehmen, daß in dem starren Kuppelproduktionsprozeß (A 4.1) und (A 4.2) ein weiteres in die Analyse nicht explizit eingehendes Kuppelprodukt e_z, etwa über $e_z = Z(a_p)$, $Z(0) = 0$, $Z_a > 0$ und $Z_{aa} > 0$, entsteht. Weiter setzen wir Pethig (1979, S. 18) folgend voraus, daß dieses Kuppelprodukt weder für ökonomische Zwecke verwendbar noch in der Wasserressource als Schadstoff wirksam ist, so daß wir dieses aus der folgenden Analyse ausklammern können.

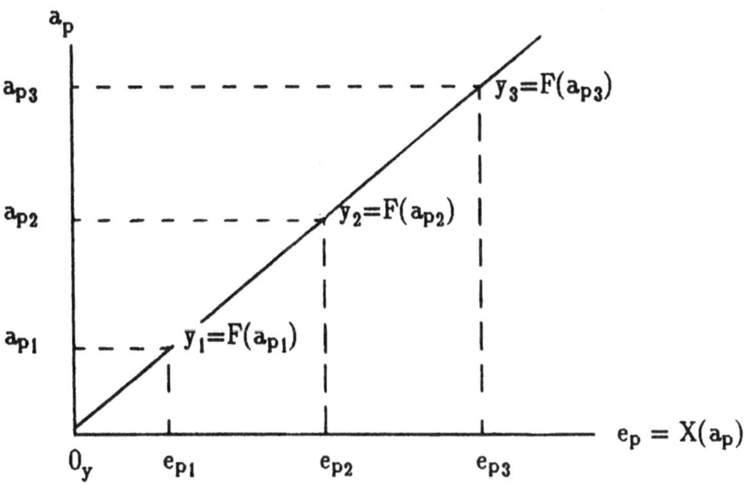

Abb. A4.1a. Starre Kuppelproduktion von Konsumgut und Schadstoffmenge

Auf dem Graphen der Kuppelproduktionsfunktion (A4.2) sind exemplarisch alternative Konsumgutproduktionsniveaus $y_i = F(a_{pi})$ mit $y_1 < y_2 < y_3$ und $i = 1, 2, 3$ eingezeichnet. Beim starren Kuppelproduktionsprozeß ist jedem y_i genau ein Schadstoffproduktionsniveau e_{pi} zugeordnet.

Dabei ist Siebert u. a. (1980, S. 50) zufolge zu beachten, daß in Abb. A4.1a der unterhalb des Graphen der Funktion X liegende Bereich wegen des Massenerhaltungsgesetzes nicht erreichbar ist. Denn es ist in (A4.2) Siebert u. a. (1980, S. 50) folgend, unmöglich "... to produce arbitrarily large amounts of an output [e_p] from a finite amount of input [a_p]." D. h. also eine Ungleichung $e_p > X(a_p)$ widerspricht dem Massenerhaltungsgesetz für alle Tupel (a_p, e_p).

Der Kuppelproduktionsprozeß wird variabel[85], wenn der Industriesektor durch zusätzlichen Arbeitseinsatz a_{ry} 'vor Ort' die permanent anfallende Schadstoffmenge e_p kontinuierlich um einen Betrag von e_{ry} nach Maßgabe der intra–industriellen Schadstoffreduktionsfunktion

$$e_{ry} = R^y(a_{ry}); \qquad R^y(0) = 0, \qquad R^y_a > 0, \qquad R^y_{aa} < 0 \qquad (A4.3),$$

---

[85]Das Gut X ist bei Berücksichtigung von (A4.3) variables Kuppelprodukt zum Konsumgut, da es im Gegensatz zur starren Kuppelproduktion nun möglich ist, durch Variation des Gesamtinputs ($a_p + a_{ry}$), die Produktionsmenge von X zu verändern, ohne daß sich dabei gleichzeitig die Konsumgutmenge verändert.

vermindern kann[86]. Der durch Gleichung (A4.3) beschriebene intra–industrielle Schadstoffreduktionsprozeß stellt die erste Schadstoffreduktionsstufe der zweistufigen Abwasserreinigung aus Abb. 4.1 dar. Die Abb. A4.1b zeigt den Graphen der Schadstoffreduktionsfunktion.

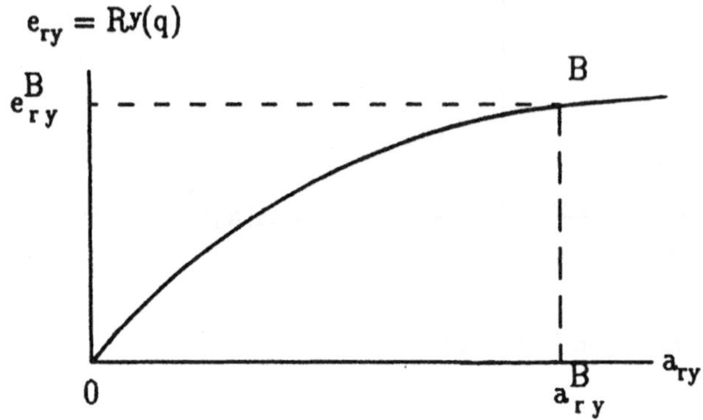

Abb. A4.1b. Intra–industrielle Schadstoffreduktion der ersten Reinigungsstufe

Gemäß Abb. A4.1b ist folgende Interpretation von (A4.3) ebenfalls möglich: Der zusätzliche Arbeitseinsatz a_{ry} 'produziert' reduzierte Schadstoff–emissionen. Dabei verringert sich bei beliebig vorgegebenem Arbeitseinsatz von a^{B}_{ry} die Bruttoschadstoffmenge um $e^{B}_{ry} = R\mathcal{Y}(a^{B}_{ry})$. Im Industriesektor beträgt der gesamte Arbeitseinsatz:

$$a_y := a_p + a_{ry}; \qquad a_p \geq 0, \qquad a_{ry} \geq 0 \qquad\qquad (A4.4)$$

Nach intra–industrieller Entsorgung leitet der Industriesektor als Indirekteinleiter die *Netto*schadstoffmenge

$$e_y := e_p - e_{ry} \geq 0 \qquad\qquad (A4.5)$$

---

[86]Wegen des Massenerhaltungsgesetzes geht in (A4.3) die Schadstoffreduktion mit der Entstehung eines vierten Gutes einher. Dieses klammern wir Pethig (1979, S. 23) folgend aus unserer Analyse aus, indem wir annehmen, daß es weder für Konsum– noch für Produktionszwecke verwendbar und ökologisch vollkommen neutral — also kein Schadstoff — ist.

in die zum Klärwerk führende Kanalisation ein.[87] Aus dem Bruttoansatz gewinnt man durch Elimination der Variablen a_p, a_{ry}, e_p und e_{ry} die Produktionstechnologie des Industriesektors in Gestalt der Funktionsgleichung[88]

$$(A4.6) \quad e_y = X[F^{-1}(y)] - R^y[a_y - F^{-1}(y)].$$

Graphisch stellt die Funktionsgleichung (A4.6) für parametrisch vorgegebenes y eine Isoquante in einem (a_y, e_y)–Koordinatensystem dar und impliziert den durch (4.1) gegebenen Nettoansatz. Dieser stellt gegenüber dem analytisch wesentlich schwerfälligeren Bruttokonzept insofern eine erhebliche Verbesserung dar. Denn der Nettoansatz enthält in einer konventionellen Produktionsfunktion (4.1) die Konsumgutproduktion, die Schadstoffentstehung durch die Kuppelproduktion, die gesamte intra–industrielle Schadstoffreduktion und die nach intra–industrieller Reduktion verbleibende Nettoemission e_y sowie den Arbeitseinsatz a_y.

Byrne und Spiro (1973, S. 106), Kohn und Aucamp (1976, S. 947 f.) und Burrows (1979, S. 17 f.) verwenden ein Kuppelproduktionsmodell mit linear-limitationaler Entsorgungstechnologie, das mit dem Bruttoansatz der Gleichungen (A4.1)–(A4.5) vergleichbar ist. In diesem Modell ist die Gleichung $e_p = X(a_p)$ aus Abb. A 4.1a geometrisch als *Prozeßstrahl* zu interpretieren. Dabei gehen alternative Prozeßstrahlen mit unterschiedlichen Emissionsniveaus bei jeweils gleicher Konsumgutproduktion einher. Intra–industrielle Schadstoffreduktionsaktivitäten werden durch die Substitution von Prozessen mit hohem Emissionsniveau durch solche mit relativ geringem Emissionsniveau abgebildet. Dadurch ist die lineare Schadstoffreduktionstechnologie definiert ($R^y_{aa} = 0$). Die Verbindungsgeraden gleichen Outputs

---

[87]Im allgemeineren Kuppelproduktionsmodellen von Pethig (1979, S. 16—26) und Siebert u. a. (1980, S. 279—327), die eine Recyclierung der Nettoschadstoffemission zulassen, ist ebenfalls eine negative Nettoschadstoffemission möglich.

[88]In (A4.6) stellt der Term $X[F^{-1}(y)] = e_p$ mit $F^{-1}(y) = a_p$ den starren Kuppelproduktionsprozeß und der Ausdruck $R^y[a_y - F^{-1}(y)] = e_{ry}$ mit $[a_y - F^{-1}(y)] = a_{ry}$ den intra–industriellen Schadstoffreduktionsprozeß dar. Dabei wird der starre Kuppelproduktionsprozeß durch diesen Schadstoffreduktionsprozeß variabel. Denn man kann ein beliebig vorgegebenes $y = y_0 = F(a_{po})$ sowohl ohne intra–industrielle Schadstoffreduktion [$a_{ry} = 0 \Rightarrow R^y(0) = e_{ry} = 0$ und $e_y = e_p$] als auch mit intra–industrieller Schadstoffreduktion [$a_{ry} > 0 \Rightarrow R^y(a_{ry}) = e_{ry} > 0$ und $e_y := e_p - e_{ry}$] produzieren.

zwischen unterschiedlichen Prozeßstrahlen sind die (linearen) Isoquanten einer Produktionsfunktion $B(a_y, e_y)$, die mit dem Nettoansatz vergleichbar ist. Betrachtet man unendlich viele solcher Prozeßstrahlen (Burrows 1979, S. 20), dann verlaufen die Isoquanten von $B(a_y, e_y)$ konvex ($R^Y_{aa} < 0$) zum Ursprung wie bei dem Bruttoansatz (A4.1)–(A4.5) und man erhält eine mit (4.1) vergleichbare Netto–Produktionsfunktion.

Obwohl der Nettoansatz von Siebert (1987, S. 36) und von Gronych (1980, S. 106) dahingehend kritisiert wurde, daß er nicht zwischen dem Arbeitseinsatz für die Konsumgutproduktion und dem Arbeitseinsatz für die intraindustrielle Schadstoffreduktion unterscheidet, hat sich unserer Einschätzung zufolge der Nettoansatz gegenüber dem Bruttokonzept in umweltökonomischer Literatur wie z. B. in Pethig (1975, S. 100–105); Burrows (1977, S. 358); Yohe (1979, S. 188); Gronych (1980, S. 117); Vogt (1981, S. 29); Yu (1982, S. 305); Gebauer (1985, S. 42); Baumol und Oates (1988, S. 289); Pethig (1989, S. 78); Pethig und Fiedler (1989, S. 76); Kitabatake (1989, S. 172); Wang (1990, S. 293) und in Brännlund und Löfgren (1994) weithin durchgesetzt.

Wenn die Beziehungen (A4.1)–(A4.5) des Bruttoansatzes gegeben sind, dann hat die in (4.1) gegebene Funktion $Y: D_y \rightarrow R_+$ aus dem Nettoansatz folgende Eigenschaften[89]:

1. Der Definitionsbereich von $Y(a_y, e_y)$ ist $D_y := \{(a_y, e_y) \geq 0 \mid e_y \leq X(a_y)\}$: Bei intra–industrieller Schadstoffreduktion gilt $a_{ry} \geq 0$ und $e_{ry} = R^y(a_{ry}) \geq 0$. Mithilfe von (A4.3)–(A4.5) erhält man aus (A4.2) unter Verwendung des Massenerhaltungsgesetzes[90] und der Ausnutzung der strengen Monotonie der Funktion X folgende den Inputraum (a_y, e_y) begrenzende Halbebenenungleichung[91]:

---

[89]Vgl. ebenfalls Siebert u. a. (1980, S. 19–53).

[90]Wie wir vorstehend erläutert haben, gilt wegen des Massenerhaltungsgestzes $e_p \leq X(a_p)$.

Somit gehört z. B. das Tupel $(\tilde{a}_y, \tilde{e}_y)$ mit $\tilde{e}_y > X(\tilde{a}_y)$ nicht zum Definitionsbereich D_y, da es nicht dem Massenerhaltungsgesetz genügt. Denn mit (A4.4) und (A4.5) folgt aus $\tilde{e}_y > X(\tilde{a}_y)$ die Relation $\tilde{e}_p > X(\tilde{a}_p + \tilde{a}_{ry}) + \tilde{e}_{ry}$. Diese Ungleichung widerspricht dem durch die vorstehende Relation $e_p \leq X(a_p)$ gegebenen Massenerhaltungsgesetz, da die Funktion X streng monoton ist, und $a_{ry} \geq 0$, $e_{ry} \geq 0$ sind.

[91]Vgl. zu dieser Technik der Beweisführung Siebert u. a. (1980, S. 47).

$$e_p - e_{ry} := e_y \leq \underset{+}{X(a_p)} \leq \underset{+}{X(a_p + a_{ry})} = \underset{+}{X(a_y)}$$

bzw.

$$e_y \leq X(a_y) \tag{A4.7}$$

2. Y hat negativ geneigte Isoquanten, die konvex zum Ursprung verlaufen:
Totale Differentiation von (A4.6) ergibt nach Umformungen:

$$dy = \frac{F_a(a_p) \cdot R_a^y(a_{ry})}{X_a(a_p) + R_a^y(a_{ry})} \cdot da_y + \frac{F_a(a_p)}{X_a(a_p) + R_a^y(a_{ry})} \cdot de_{y'}$$

$$\text{wobei } F_y^{-1}(y) = \frac{1}{F_a(a_p)} \tag{A4.8}$$

Nach Umformungen resultiert mit $dy = 0$ aus (A4.8)

$$\frac{de_y}{da_y} = - \underset{+}{R_a^y(a_{ry})} < 0 \tag{A4.9}.$$

Und nach nochmaliger Differentiation folgt daraus

$$\frac{d^2 e_y}{da_y^2} = - R_{aa}^y \geq 0 \tag{A4.10}.$$

3. Y steigt in den Variablen a_y und e_y streng monoton: Mit $de_y = 0$ erhalten
wir aus (A4.8), und mit $da_y = 0$ folgt aus (A4.8):

$$\frac{\partial y}{\partial a_y} := Y_a = \frac{\overset{+}{F}_a(a_p) \cdot \overset{+}{R}_a^y(a_{ry})}{\underset{+}{X}_a(a_p) + \underset{+}{R}_a^y(a_{ry})} > 0 \tag{A4.11}$$

$$\frac{\partial y}{\partial e_y} := Y_e = \frac{\overset{+}{F}_a(a_p)}{\underset{+}{X}_a(a_p) + \underset{+}{R}_a^y(a_{ry})} > 0 \tag{A4.12}$$

4. Die Funktion Y ist streng konkav, wenn $Y_{aa} < 0$, $Y_{ee} < 0$ und $Y_{aa} \cdot Y_{ee} - (Y_{ae})^2 > 0$ ist (Silberberg 1990, S. 111): Totale Differentiation der Gleichungen (A4.2) bis (A4.5) und (A4.11) ergibt mit $de_y = 0$ nach einigen Umformungen folgendes lineare Gleichungssystem:

$$dY_a = \frac{F_{aa} \cdot R_a^y (R_a^y + X_a) \cdot da_p + F_a \cdot R_{aa}^y \cdot X_a \cdot da_{ry}}{(R_a^y + X_a)^2} \qquad (A4.13a)$$

$$da_p = \frac{R_a^y}{(R_a^y + X_a)} \cdot da_y \qquad (A4.13b)$$

$$da_{ry} = \frac{X_a}{(R_a^y + X_a)} \cdot da_y \qquad (A4.13c)$$

Nach Rücksubstitution und einigen Umstellungen erhalten wir (A4.13):

$$\frac{\partial Y_a}{\partial a_y} := Y_{aa} = \frac{\overset{-}{F_{aa}} \cdot (\overset{+}{R_a^y})^2 \cdot (R_a^y \overset{+}{+} X_a) + \overset{+}{F_a} \cdot \overset{-}{R_{aa}^y} \cdot \overset{+}{X_a^2}}{(R_a^y + X_a)^3 \atop +} < 0 \qquad (A4.14)$$

Weiter gewinnt man durch totale Differentiation der Gleichungen (A4.2) bis (A4.5) und (A4.12) mit $da_y = 0$ nach einigen Umformungen:

$$dY_e = \frac{F_{aa} \cdot R_a^y (R_a^y + X_a) \cdot da_p - F_a \cdot R_{aa}^y \cdot da_{ry}}{(R_a^y + X_a)^2} \qquad (A4.15a)$$

$$da_p = - da_{ry} = \frac{1}{(R_a^y + X_a)} \cdot de_y \qquad (A4.15b)$$

Aus diesen drei Gleichungen erhalten wir nach einigen Umformungen:

$$\frac{\partial Y_e}{\partial e_y} := Y_{ee} = \frac{\overset{-}{F_{aa}} \cdot (R_a^y \overset{+}{+} X_a) + \overset{+}{F_a} \cdot \overset{-}{R_{aa}^y}}{(R_a^y + X_a)^3 \atop +} < 0 \qquad (A4.16)$$

Den Gleichungen (A4.14) und (A4.16) zufolge ist die Funktion Y in den Variablen a_y und e_y konkav. Zur Ermittlung der gemischten Ableitung zweiter Ordnung setzen wir die Gleichungen (A4.13b) und (A4.13c) in den Ausdruck (A4.15a) bzw. — äquivalent dazu — die Gleichungen (A4.15b) in (A4.13a) ein und erhalten nach Umstellungen:

$$\frac{\partial Y_e}{\partial a_y} = \frac{\partial Y_a}{\partial e_y} := Y_{ae} = \frac{\overset{-}{F_{aa}} \cdot \overset{+}{R_a^y}(\overset{+}{X_a} + R_a^y) - \overset{+}{F_a} \cdot \overset{-}{R_{aa}^y} \cdot \overset{+}{X_a}}{(\underset{+}{R_a^y} + X_a)^3} \gtrless 0 \qquad (A4.17)$$

Nach Einsetzen von (A4.14), (A4.16) und (A4.17) erhält man:

$$Y_{aa} \cdot Y_{ee} - (Y_{ae})^2 = (\underset{+}{R_a^y})^2 + \underset{+}{X_a} + 2\underset{+}{R_a^y} \cdot \underset{+}{X_a} > 0$$

Es gilt also die hinreichende Konkavitätsbedingung $Y_{aa} \cdot Y_{ee} - (Y_{ae})^2 > 0$.

5. Für $e_y = 0$ und $y > 0$ gilt

$$a_y = F^{-1}(y) + (R^y)^{-1}[X[F^{-1}(y)]] > 0.$$

Dieses Ergebnis erhalten wir durch Einsetzen von $a_p = F^{-1}(y)$ und $a_{ry} = R^{y-1}[e_{ry}]$ in (A4.4) mithilfe von $e_y = 0 \Leftrightarrow e_{ry} = e_p = X[a_p]$ und $a_p = F^{-1}(y)$. Im (a_y, e_y)–Koordinatensystem stoßen die y–Isoquanten also an die a_y–Achse.

6. Es gilt $y = Y(0, 0) = 0$. Mit $a_y = e_y = 0$ folgt diese Eigenschaft aus (A4.6).

Zur graphischen Herleitung der Nettoproduktionsfunktion aus dem Bruttoansatz positionieren wir Pethig (1976b, S. 118 und 1979, S. 25) folgend das Schadstoffreduktionskoordinatensystem aus der Abb. A4.1b mit seinem Ursprungspunkt 0 etwa auf das Konsumgutproduktionsniveau $y_2 = F(a_{p2})$ des Kuppelproduktionsfunktionsgraphen in Abb. A4.1a und erhalten dadurch die graphische Darstellung der Abb. A4.2.

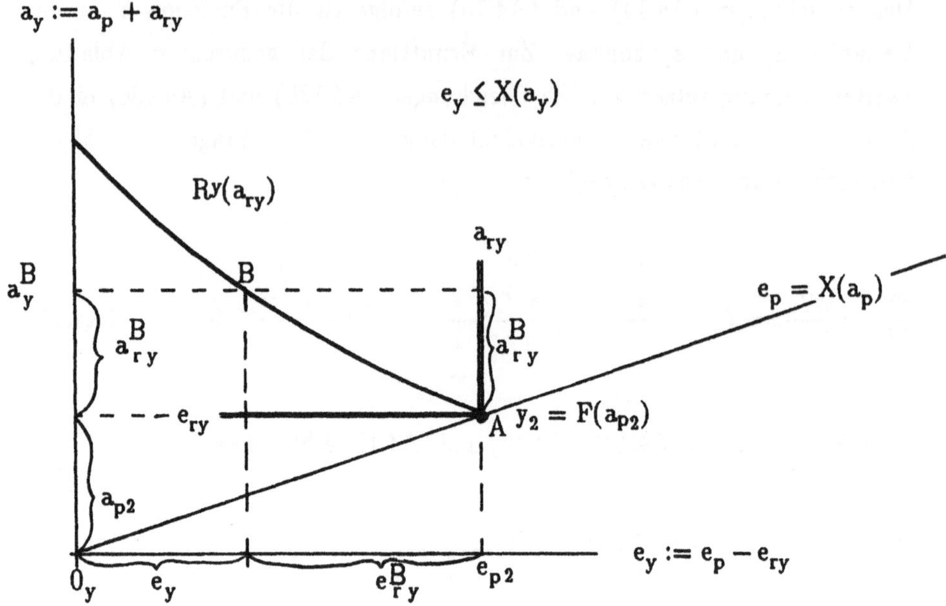

Abb. A4.2. Graphische Herleitung der Produktionsfunktion im Industriesektor

In Abb. A4.2 findet im Punkt A, der sich auf dem Produktionsniveau $y_2 = F(a_{p2})$ des Kuppelproduktionsfunktionsgraphen befindet, noch keine intra–industrielle Schadstoffreduktion statt. Ausgehend von A reduzieren die für die intra–industrielle Schadstoffreduktion zuständigen an der Abzisse des Schadstoffreduktionskoordinatensystems abgetragenen Arbeitskräfte a_{ry}^B die Bruttoschadstoffmenge e_{p2} um den an dessen Ordinate abgetragenen Betrag e_{ry}^B. Es resultiert der mit intra–industrieller Schadstoffreduktion einhergehende Punkt B auf dem Graph der Schadstoffreduktionsfunktion.

Dabei ist der Arbeitseinsatz für die Konsumgutproduktion in beiden (beliebigen) Punkten A und B auf dem Graph der Schadstoffreduktionsfunktion jeweils der gleiche und beträgt a_{p2}. Somit ist wegen (A4.1) in A und B die produzierte Konsumgutmenge ebenfalls gleich und beträgt $y^A = y^B = F(a_{p2}) = y_2$. Jedes beliebige Inputtupel (a_y, e_y) auf dem Graph der Schadstoffreduktionsfunktion geht mit dem Arbeitseinsatz von a_{p2} und folglich jeweils mit der Konsumgutmenge von $y_2 = F(a_{p2})$ einher. Somit beschreibt dieser Graph eine Isoquante der Funktion Y.

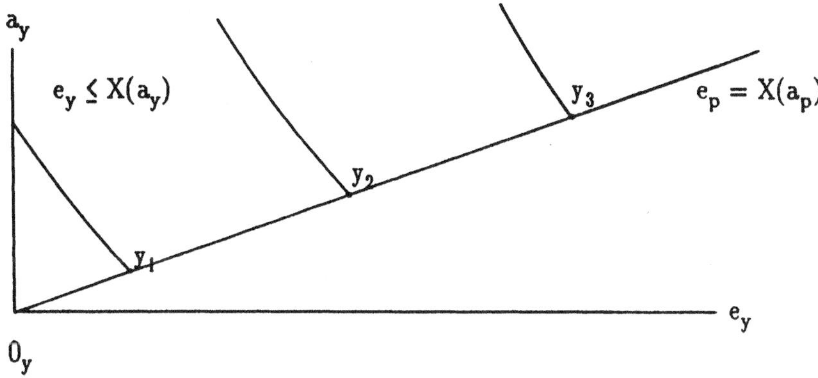

Abb. A4.3. Produktionsfunktion im Industriesektor

In Abb. A4.3 erhält man beliebig viele weitere y–Isoquanten, indem man das Schadstoffbeseitigungskoordinatensystem der Abb. A4.1b mit seinem Ur–sprungspunkt 0 jeweils auf beliebige weitere Konsumgutproduktionsniveaus des Kuppelproduktionskoordinatensystems in Abb. A4.1a positioniert.

4.6.2 Herleitung der Eigenschaften der stationären ökologischen Gleichgewichtsfunktion

1. Die Gleichgewichtsfunktion $q = E^{-1}(e)$ fällt streng monoton: Durch Differentiation von (4.2b) ergibt sich mithilfe der Notation $G(e) := \dfrac{\mu(k_0 0_s - e) - k_0 k_a}{k_0 k_a k_p}$ nach Umformungen:

$$\frac{dE^{-1}}{de} := E_e^{-1} = \frac{\mu}{2k_0 k_a k_p} \cdot \left[1 - \frac{\frac{G(e)}{2}}{\left[\frac{[G(e)]^2}{4} - \frac{k_m}{k_p} \right]^{1/2}} \right] < 0 \tag{B4.1}$$

Denn es ist $\dfrac{G(e)}{2} > \left[\dfrac{[G(e)]^2}{4} - \dfrac{k_m}{k_p} \right]^{1/2}$ wegen $G(e) > 0$ $k_m > 0$ und $k_p > 0$.

2. Die Funktion $q = E^{-1}(e)$ verläuft konkav: Nach Differentiation von (B4.1) resultiert:

$$\frac{d^2 E^{-1}}{de^2} :=$$

$$:= E_{ee}^{-1} = \frac{\frac{\mu}{2k_0 k_a k_p}}{\frac{[G(e)]^2}{4} - \frac{k_m}{k_p}} \cdot \left[\left[\frac{[G(e)]^2}{4} - \frac{k_m}{k_p} \right]^{1/2} - \frac{\frac{[G(e)]^2}{4}}{\left[\frac{[G(e)]^2}{4} - \frac{k_m}{k_p} \right]^{1/2}} \right] < 0 \qquad (B4.2)$$

Denn nach Umstellungen erhält man aus (B4.2) die wahre Aussage $k_m/k_p > 0$.

3. $q = E^{-1}$ hat eine obere Schranke in $q_{max} = E^{-1}(e{=}0) \geq E^{-1}(e)$: Mit $e = 0$ erhält man diese Gleichung aus (4.2b) mithilfe der bei der Analyse der Eigenschaften der stationären Monod–Selbstreinigungsfunktion verwendeten Definitionen $\alpha := \frac{\mu o_s - k_a}{k_a k_p} = G(e{=}0)$, $s_{min} := \frac{\alpha}{2} - \left[\frac{\alpha^2}{4} - \frac{k_m}{k_p} \right]^{1/2}$ und $q_{max} := q_{nat} - s_{min}$ für die maximale Gewässergüte:

$$q \leq E^{-1}(e{=}0) = q_{nat} - \frac{\alpha}{2} + \left[\frac{\alpha^2}{4} - \frac{k_m}{k_p} \right]^{1/2} = q_{nat} - s_{min} =: q_{max}$$

4. Es gilt $q_0 = E^{-1}(e{=}e_0)$: Nach Umstellungen gewinnt man aus (4.2b) diese Gleichung mithilfe von $s_0 := (k_m/k_p)^{1/2}$, $e_0 := k_0 o_s - k_0 k_a \cdot \frac{2k_m + s_0}{\mu s_0}$ und der aus der Indexfunktion (2.26) resultierenden Definition $q_0 := q_{nat} - s_0$:

$$q = E^{-1}(e{=}e_0) = q_{nat} - \left[\frac{k_m}{k_p} \right]^{1/2} = q_{nat} - s_0 =: q_0$$

Im folgenden normieren wir die (geringe) Gewässergüte q_0, die mit einer kontinuierlichen Restschadstoffemission e in der Höhe der natürlichen Assimilationskapazität e_0 einhergeht, auf $q_0 := 0$. Mithin ist dann

$$q_0 := 0 = E^{-1}(e{=}e_0) \leq E^{-1}(e) \qquad (B4.3)$$

eine untere Schranke der Funktion E^{-1}.

4.6.3 Herleitung der Eigenschaften der Gewässergüteproduktionsfunktion

Mithilfe des Gewässergüteproduktionsmodells bestehend aus den Gleichungen (4.2b) und (4.3)–(4.5) sowie der Annahme $e_q^n \geq 0$ weisen wir folgende Eigenschaften der Gewässergüteproduktionsfunktion (4.6) nach:

1. Q hat negativ geneigte Isoquanten, die konvex zum Ursprung verlaufen: Nach totaler Differentiation von (4.6) resultiert:

$$dq = -E_e^{-1} \cdot de_q - R_a^q \cdot da_q; \qquad E_e^{-1}(e) = \frac{1}{E_q(q)} \tag{C4.1}$$

Aus (C4.1) folgt mit $dq = 0$ nach Umformungen:

$$\frac{de_q}{da_q} = - R_{\underset{+}{a}}^q(a_q) < 0 \tag{C4.2}$$

Nach nochmaliger Differentiation ergibt sich aus (C4.2)

$$\frac{d^2 e_y}{da_y^2} = - R_{\underset{-}{aa}}^q > 0 \tag{C4.3}.$$

2. Q steigt streng monoton in den Variablen a_q und e_q: Mit $de_q = 0$ erhalten wir aus (C4.1)

$$\frac{\partial q}{\partial a_q} := Q_a = - E_{\underset{-}{e}}^{-1}(e) \cdot R_{\underset{+}{a}}^q(a_q) > 0 \tag{C4.4}$$

und mit $da_q = 0$

$$\frac{\partial q}{\partial e_q} := Q_e = - E_{\underset{-}{e}}^{-1}(e) > 0 \tag{C4.5}.$$

3. Die Funktion Q ist konkav, wenn $Q_{aa} < 0$, $Q_{ee} < 0$ und $Q_{aa} \cdot Q_{ee} - (Q_{ae})^2 > 0$ ist. Nach erneuter partieller Differentiation der Gleichungen (C4.4) und (C4.5) unter Beachtung von (4.3b) und Umformungen erhalten wir:

$$\frac{\partial Q_a}{\partial a_q} := Q_{aa} = \underset{-}{E_{ee}^{-1}} \cdot (\underset{+}{R_a^q})^2 - \underset{-}{E_e^{-1}} \cdot \underset{-}{R_{aa}^q} < 0 \tag{C4.6}$$

$$\frac{\partial Q_e}{\partial e_q} := Q_{ee} = \underset{-}{E_{ee}^{-1}} < 0 \tag{C4.7}$$

Mit der gemischten Ableitung zweiter Ordnung

$$\frac{\partial Q_e}{\partial a_q} = \frac{\partial Q_a}{\partial e_q} := Q_{ae} = \underset{-}{E_{ee}^{-1}} \cdot \underset{+}{R_a^q} < 0 \tag{C4.8}$$

und den Gleichungen (C4.6) und (C4.7) erhält man

$$Q_{aa} \cdot Q_{ee} - (Q_{ae})^2 = -\underset{-}{E_e^{-1}} \cdot \underset{-}{R_{aa}^q} \cdot \underset{-}{E_{ee}^{-1}} > 0.$$

Es gilt also die hinreichende Konkavitätsbedingung $Q_{aa} \cdot Q_{ee} - (Q_{ae})^2 > 0$.

4. Es gilt $q = Q(a_q=0, e_q=0) = 0$: Denn bei $a_q = e_q = 0$ ist gemäß (4.3) und (4.5) $e = e_0$. Wegen (B4.3) und (4.6) gilt somit:

$$E^{-1}(e_0) = Q(a_q=0, e_q=0) = q_0 = 0 \tag{C4.9}$$

5. Es gilt $q = Q(a_q>0, e_q=0) > 0$: Denn bei $e_q = 0$ und $a_q > 0$ ist gemäß (4.3) $e_{rq} > 0$ und es ist wegen (4.5) $e < e_0$. Da die Funktion $E^{-1}(e)$ in der Variablen e gemäß (B4.1) streng monoton fällt, gilt mit (B4.3) und (4.6):

$$E^{-1}(e_0) = 0 < E^{-1}(e<e_0) =: Q(a_q>0, e_q=0) = q$$

6. Es ist $q = Q(a_q=0, e_q>0) > 0$: Denn bei $a_q = 0$ und $e_q > 0$ ist wegen (4.5) wieder $e < e_0$. Da die Funktion $E^{-1}(e)$ in e streng monoton fällt, gilt mit (B4.3) und (4.6) ebenso:

$$E^{-1}(e_0) = 0 < E^{-1}(e<e_0) =: Q(a_q=0, a_q>0) = q$$

Wegen der Eigenschaften 5. und 6. stößt eine beliebige Gewässergüte–Isoqante $q = \bar{q}$ an die a_q–Achse im (a_q, e_q)–Koordinatensystem in $a_q = Q^{-1}(\bar{q}, e_q{=}0) := K^a(\bar{q}) > 0$ und stößt bei $e_q = Q^{-1}(\bar{q}, a_q{=}0) := K^e(\bar{q}) > 0$ auf die e_q–Achse.

7. Der Wertebereich von Q ist durch q_{max} nach oben beschränkt: Mit (4.3b), (B4.1) und der Eigenschaft $q = E^{-1}(e{=}0) \leq q_{max}$ der stationären Gleichgewichtsfunktion E^{-1} resultiert unmittelbar:

$$q = E^{-1}(e{=}0) = Q(a_q, e_q) \leq q_{max}$$

4.6.4 Zweiter Schritt des Beweises zur Proposition 4.4 mithilfe des Bruttoansatzes

Mithilfe des Bruttoansatzes wird gezeigt, daß der Industriesektor im Laissez–faire keine Arbeitskräfte zur intra–industriellen Schadstoffreduktion einsetzt und die maximale Konsumgutmenge bei maximaler Schadstoffemission produziert.

Wir gehen von der Gewinnmaximierung im Industriesektor unter den Nebenbedingungen (A4.1)–(A4.5) des Bruttoemssionsansatzes aus[92]:

---

[92]Eine vergleichbare Formulierung der Gewinnmaximierung im Industriesektor verwendet Siebert (1987, S. 60).

Maximiere $G^y = p_y \cdot y - p_a \cdot a_y - p_e \cdot e_y \geq 0$

$a_y, \, a_p, \, a_{ry}$

$e_y, \, e_p, \, e_{ry}, \, y$

u. d. B.

$y \leq F(a_p)$

$e_p \leq X(a_p)$

$e_{ry} \leq R^y(a_{ry})$

$a_y := a_p + a_{ry}$

$e_y := e_p - e_{ry}$

Aus der zum industriellen Gewinnmaximierungsproblem gehörigen Lagrange–funktion

$$L = p_y \cdot y - p_a \cdot a_y - p_e \cdot e_y + \lambda_y[F(a_p) - y] + \lambda_x[X(a_p) - e_p] + \lambda_r[R^y(a_{ry}) -$$
$$- e_{ry}] + \lambda_a(a_y - a_p - a_{ry}) + \lambda_e(e_y - e_p + e_{ry})$$

resultieren die folgenden Kuhn–Tucker–Bedingungen:

$$L_{a_y} = - p_a + \lambda_a \leq 0; \; a_y \geq 0 \text{ und } a_y \cdot L_{a_y} = 0 \tag{D4.1}$$

$$L_{e_y} = - p_e + \lambda_e \leq 0; \; e_y \geq 0 \text{ und } e_y \cdot L_{e_y} = 0 \tag{D4.2}$$

$$L_y = p_y - \lambda_y \leq 0; \; y \geq 0 \text{ und } y \cdot L_y = 0 \tag{D4.3}$$

$$L_{a_p} = \lambda_y \cdot F_{a_p} + \lambda_x \cdot X_{a_p} - \lambda_a \leq 0; \; a_p \geq 0 \text{ und } a_p \cdot L_{a_p} = 0 \tag{D4.4}$$

$$L_{e_p} = - \lambda_x - \lambda_e \leq 0; \; e_p \geq 0 \text{ und } e_p \cdot L_{e_p} = 0 \tag{D4.5}$$

$$L_{e_{ry}} = - \lambda_r + \lambda_e \leq 0; \; e_{ry} \geq 0 \text{ und } e_{ry} \cdot L_{e_{ry}} = 0 \tag{D4.6}$$

$$L_{a_{ry}} = \lambda_r \cdot R^y_{ar} - \lambda_a \leq 0; \; a_{ry} \geq 0 \text{ und } a_{ry} \cdot L_{a_{ry}} = 0 \tag{D4.7}$$

$$L_{\lambda_y} = F(a_p) - y \geq 0; \ \lambda_y \geq 0 \text{ und } \lambda_y \cdot L_{\lambda_y} = 0 \qquad\qquad \text{(D4.8)}$$

$$L_{\lambda_x} = X(a_p) - e_p \geq 0; \ \lambda_x \geq 0 \text{ und } \lambda_x \cdot L_{\lambda_x} = 0 \qquad\qquad \text{(D4.9)}$$

$$L_{\lambda_r} = Ry(a_{ry}) - e_{ry} \geq 0; \ \lambda_r \geq 0 \text{ und } \lambda_r \cdot L_{\lambda_r} = 0 \qquad\qquad \text{(D4.10)}$$

$$L_{\lambda_a} = a_y - a_p - a_{ry} = 0; \ \lambda_a \geq 0 \qquad\qquad \text{(D4.11)}$$

$$L_{\lambda_e} = e_y - e_p + e_{ry} = 0; \ \lambda_e \geq 0 \qquad\qquad \text{(D4.12)}$$

Wir nehmen an, daß der Industriesektor das Konsumgut Y produziert. Dann ist $t > 0$ für $t = a_y, e_y, y, a_p, e_p$ und es gilt in (D4.1)–(D4.5) $L_t = 0$. Im Laissez–faire ist $p_e = 0$ und $p_a > 0$ sowie $p_y > 0$, da der Markt für Selbstreinigungsdienste inaktiv ist und nur der Markt für Arbeit und das Konsumgut vollständig funktioniert. Weiter ist das Konsumgut, der Produktionsfaktor Arbeit und die intra–industriell reduzierte Schadstoffmenge e_{ry} annahmegemäß knapp und die Kuppelproduktmenge e_p ist nicht knapp. Dann gilt für die Schattenpreise dieser Güter $\lambda_y > 0$, $\lambda_a > 0$, $\lambda_r > 0$ und $\lambda_x = 0$.

Mit $p_e = 0$ und $e_y > 0$ folgt aus (D4.2) $L_{ey} = \lambda_e = 0$. Diese Gleichung ist nur durch $\lambda_e = 0$ erfüllbar. Wegen $\lambda_e = 0$ und $\lambda_r > 0$ vereinfacht sich (D4.6) zu $L_{ery} = - \lambda_r < 0$. Bei $L_{ery} = - \lambda_r < 0$ ist die Bedingung $e_{ry} \cdot L_{ery} = 0$ nur durch eine intra–industriell reduzierte Schadstoffmenge von $e_{ry} = 0$ erfüllt. Weiter gilt in (D4.10) wegen $\lambda_r > 0$ und $e_{ry} = 0$ die Beziehung $L_{\lambda_r} = Ry(a_{ry}) = 0$. Gemäß (A4.3) ist die Gleichung $Ry(a_{ry}) = 0$ nur dann erfüllt, wenn der Arbeitseinsatz zur intra–industriellen Schadstoffreduktion $a_{ry} = 0$ beträgt. Mit $a_{ry} = e_{ry} = 0$ folgt aus (D4.11) und (D4.12) unmittelbar $a_y = a_p$ und $e_y = e_p$. Da dem ersten Beweisschritt der Proposition 4.4 zufolge der Arbeitseinsatz im Klärwerk $a_q = 0$ ist, gilt wegen (4.7a) $a_y = a_p = a_0$ und gemäß (4.4) und (4.5) $e = e_y = e_p$. Ferner ist wegen $\lambda_y > 0$ in (D4.8) die Bedingung $\lambda_y \cdot L_{\lambda_y} = 0$ nur durch $L_{\lambda_y} = 0$ bzw. $y = F(a_p)$ erfüllt. Somit gilt im Bruttoansatz mit $a_p = a_0$ für die maximal produzierbare Konsumgutmenge $y_{max} := F(a_0)$.

Weiter ist mit $\lambda_x = 0$ in (D4.9) die Bedingung $\lambda_x \cdot L_{\lambda_x} = 0$ durch die Beziehungen $L_{\lambda_x} = X(a_p) - e_p = 0$ bzw. $L_{\lambda_x} = X(a_p) - e_p > 0$ erfüllbar. Da

aber die Schadstoffmenge e_p in starrer Kuppelproduktion zur Konsumgut-
menge y entsteht, folgt aus $L_{\lambda_y} = F(a_p) - y = 0$ die Beziehung $L_{\lambda_x} = X(a_p) - e_p = 0$. Mit $a_p = a_0$ läßt sich im Bruttoansatz die maximale Schadstoffemission schreiben als $e = e_y = e_p = e_{max} := X(a_0)$. $\qquad\qquad\Box$

5 Effiziente Trinkwasserpreissetzung

5.1 Problemstellung

In Deutschland und in den meisten anderen westlichen Staaten wird die Trinkwasserversorgung zum größten Anteil durch die Entnahme von Rohwasser aus Grundwasserreservoirs sichergestellt (Kraft 1991, S. 22; Winje und Lühr 1991, S. 20; Bank 1993, S. 41; Nutzinger 1994, S. 175 ff.). Dabei ist Bergmann und Kortenkamp (1988, S. 31) zufolge in erster Priorität die Nutzung einer Wasserressource zur Trinkwasserversorgung sensitiv 'anfällig' gegenüber den Auswirkungen der Nutzung als Aufnahmemedium für Schadstoffe. An der Spitze dieses Nutzungskonfliktes steht die Beeinträchtigung der Beschaffenheit von Grundwasservorkommen durch die Düngung landwirtschaftlich genutzter Flächen — etwa im Land Niedersachsen in den Landkreisen Vechta und Cloppenburg (Hübler und Schablitzki 1991, S. 175; Götz 1993, S. 183). Die Konsequenz ist, daß qualitativ hochwertiges Grundwasser in diesen Regionen knapp ist (Wissenschaftsrat 1994, S. 20).

In den folgenden auf Pethig und Fiedler (1992) und Pethig (1994c, S. 22 ff.) basierenden statischen Modellen wird die Analyse der Nutzungskonkurrenz an der aggregierten Wasserressource erweitert, indem neben der qualitativen Wassernutzung die *quantitative* Nutzung (offstream use)[1] durch die Entnahme von Rohwasser für die Aufbereitung zu Trinkwasser in die Analyse mit einbezogen wird.

Dazu wird die Analyse gegenüber den Modellen aus dem vierten Kaptel modifiziert, indem das Klärwerk — und somit die zwei–stufige Abwasserbehandlung — ausgeklammert und statt dessen die Aufbereitung von Rohwasser zu Trinkwasser, die Rohwasserentnahme und die Produktion von Rohwassergüte in die Analyse mit einbezogen werden. Zudem wird neben den Faktoren Arbeit und Selbstreinigungsdiensten der Faktor Boden berücksichtigt. Der Faktor Boden wird industriell und als Wasserschutzgebiet zur Trinkwasserversorgung genutzt. Die Größe des ausgewiesenen Wasserschutz-

---

[1]Diese Bezeichnung für die Wasserentnahme gebrauchen z. B. Young und Haveman 1985, S. 467) und Pethig (1989a, S. 214). Die qualitative Nutzung von Wasser als Schadstoffaufnahmemedium oder als Konsumgut — also die Nutzung ohne Wasserentnahme — wird den vorstehend zitierten Autoren zufolge als instream use bezeichnet.

gebietes determiniert die Rohwassermenge und dient ebenso als Produktions—
faktor für Rohwassergüte.

Im Kontext des folgenden allgemeinen Gleichgewichtsmodells werden effi—
ziente Schattenpreise ermittelt, welche die Konkurrenz von qualitativer und
quantitativer Nutzung an der aggregierten Wasserressource lösen. Weiter
werden die Bedingungen für die Knappheit von Rohwasser bei linear—homo—
gener und null—homogener Produktionsfunktion für Rohwassergüte herausge—
arbeitet. Es wird gezeigt, daß ein effizienter Trinkwasserpreis die marginalen
Betriebskosten des Wasserwerks übersteigen muß, da zur Erreichung eines
effizienten Trinkwasserpreises ein Kostenaufschlag für Rohwasserquantität
und —qualität einkalkuliert werden muß. Durch eine bestehende Knappheit
von Rohwasser kann die Erhebung eines *'Entgelts für Wasserentnahmen'*, der
sog. *Wasserpfennig*, ökonomisch begründet werden.[2] Die allokative Wirkung
des Wasserpfennigs wird abschließend untersucht.

5.2 Das Trinkwassergrundmodell

5.2.1 Konsumgutproduktionstechnologie im Industriesektor

Der Industriesektor produziert mithilfe der konventionellen Produktions—
faktoren Arbeit a_y und Boden b_y das Konsumgut in der Menge y. Dabei fällt
kontinuierlich ein Schadstoff in der Menge m_y an, der nach intra—industrieller
Schadstoffreduktion in die im 'Industriegebiet' b_y gelegene Wasserressource
emittiert wird, wobei die Emission in ein angrenzendes Wasserschutzgebiet
der Größe b_q verboten ist (Bank 1993, S. 46; Wolf 1988, S. 142 ff.). Diese
'Drei—Faktoren—Produktionstechnologie'[3] ist gegeben durch folgende konkave
und linear—homogene Produktionstechnologie:

---

[2] Die 'amtliche' Bezeichnung für den Wasserpfennig ist gemäß den §§ 17 a—f des
Wassergesetzes für das Land Baden—Württemberg 'Entgelt für Wasserentnahmen'.

[3] Zwei—Sektoren—Drei—Faktoren—Modelle sind unseres Wissens zuerst von Batra und Casas
(1973, S. 297 ff. und 1976, S. 21 ff.) formalisiert worden. Pethig (1979) und Gronych
(1980) haben diese aus der Außenhandelstheorie stammenden Modelle in die umwelt—
ökonomische Theorie integriert.

$$y = \tilde{Y}(\underset{+}{a_y}, \underset{+}{b_y}, \underset{+}{m_y}) \qquad (5.1a)$$

Die Funktion $\tilde{Y}$ hat den konvexen Definitionsbereich $D_y := \{(a_y, b_y, m_y) \geq 0$

$| \; m_y \leq \varphi(a_y, b_y)\}$ und die Eigenschaft $\tilde{Y}(0, 0, 0) = 0$. Dabei ist die Funktion φ konvex und monoton steigend.[4]

Zur Vereinfachung der Analyse nehmen wir ebenso wie Berndt und Christensen (1973, S. 404), Gronych (1980, S. 26) und Pethig und Fiedler (1992, S. 484) an, daß die Funktion $\tilde{Y}$ schwach separabel ist in dem Sinne, daß:

$$y = \tilde{Y}(a_y, b_y, e_y/\mu_e) = Y[a_y, H(b_h, e_h)] \qquad (5.1b)$$

In (5.1b) gilt $b_y = b_h$, $e_y = e_h$. Dabei ist $e_h := \mu_e \cdot m_y$ mit der Konstante $\mu_e \in [0, 1)$ der Schadstoffstrom der, wie die nachstehende Abb. 5.1 zeigt, vom Industriegebiet b_h in das angrenzende Wasserschutzgebiet b_q gelangt. Somit kann e_h ökonomisch als implizite Nachfrage des Industriesektors nach Selbstreinigungsdiensten im Wasserschutzgebiet interpretiert werden, wobei jedoch zu beachten ist, daß die *direkte* Schadstoffemission in ein Wasserschutzgebiet untersagt ist.

Die Funktion H aus (5.1b) kann man dahingehend interpretieren, daß ein aggregierter *'Zulieferbetrieb'* nach Maßgabe der annahmegemäß linear–homogenen Produktionsfunktion[5]

$$h = H(\underset{+}{b_h}, \underset{+}{e_h}) \qquad (5.2)$$

ein *'Zwischenprodukt'* H in der Menge h produziert, das ausschließlich zur Herstellung des Konsumgutes Y gemäß der linear–homogenen Technologie

$$y = Y(\underset{+}{a_y}, \underset{+}{h_y}) \qquad (5.3)$$

---

[4]Zur detaillierten Formalisierung dieser Drei–Faktoren–Produktionsfunktion siehe Pethig (1979, S. 21 f.) und Gronych (1980, S. 117).

[5]Batra und Casas (1973, S. 298 f.) verwenden ebenso diese Annahme für die Produktionsfunktion H.

verwendet wird. Dabei sind in den Produktionstechnologien (5.1)–(5.3) die Produktionsfaktoren Arbeit, Boden und die Schadstoffemission als Primärfaktoren anzusehen.

5.2.2 Bereitstellung von Selbstreinigungsdiensten und Rohwassermenge und Produktion von Rohwassergüte im Rohwasserwerk

Zur Trinkwasserversorgung wird Rohwasser in ausreichender Menge und genügend hoher Güte gebraucht. In unserem Modell (Pethig und Fiedler 1992, S. 483 ff.) bietet ein Rohwasserwerk[6] die drei Güter Rohwassermenge, Rohwasserqualität und Selbstreinigungsdienste an. Das Rohwasserwerk beansprucht den Faktor Boden b_q (Wasserschutzgebiet)[7], um zu verhindern, daß dieses Gebiet und eine darin gelegene Rohwasserressource direkt durch Schadstoffemissionen des Zulieferbetriebes kontaminiert wird. Wir unterstellen, daß das im Industriegebiet b_h vorhandene (Grund–)Wasser so stark verschmutzt ist, daß es nicht zur Rohwasserentnahme für Trinkwasserzwecke nutzbar ist. Folglich ist die entnehmbare Menge des Rohwassers durch die Größe des Wasserschutzgebiets bestimmt. Zur Vereinfachung nehmen wir Pethig und Fiedler (1992, S. 484) folgend an, daß die in jeder Periode maximal entnehmbare Rohwassermenge r direkt proportional zur Größe des Wasserschutzgebietes b_q ist:

$$r = \rho \cdot b_q; \text{ mit } \rho > 0 \tag{5.4}$$

---

[6]In der Praxis der Entnahme und Aufbereitung von Rohwasser zu Trinkwasser gibt es zwar kein Rohwasserwerk sondern ein Wasserwerk. Dennoch wählen wir Pethig und Fiedler (1992, S. 484) und Pethig (1994, S. 15) folgend diese Bezeichnung als Modellbaustein. Zudem wird in unserem Rohwasserwerk im Unterschied zum Wasserwerk keine Arbeit zur Schadstoffreduktion in der zweiten Stufe eingesetzt.

[7]Wasserschutzgebiete werden in Deutschland gemäß dem § 19 Abs. 1 Nr. 1 WHG ausgewiesen, um "Gewässer im Interesse der derzeit bestehenden oder künftigen öffentlichen Wasserverorgung vor nachteiligen Entwicklungen zu schützen..." (Storm 1995, S. 201), also um die Trinkwasserversorgung der Bevölkerung zu gewährleisten. Weiter ist das Verbringen von Schadstoffen in Wasserschutzgebiete durch den § 19 Abs. 2 Nr. 1 verboten (ebd.). Ebenso werden z. B. in den USA über den 'Safe Drinking Water Act' Wasserschutzgebiete vorrangig zur Sicherstellung der Trinkwasserversorgung ausgewiesen (Committee on Ground Water Quality Protection 1986, S. 170 ff.; Wolf 1988, S. 142 ff.).

Dabei wird vereinfachend unterstellt, daß Periode für Periode die Rohwassermenge r entnommen werden kann, ohne daß das Wasserschutzgebiet oder angrenzenden Regionen 'trocken fallen', also ohne daß der Grundwasserspiegel abgesenkt wird und ökologische Schäden eintreten (vgl. ebd.).[8] Bank (1993, S. 42) zufolge ist in Ballungsräumen die Grundwasserbilanz oft negativ und gemäß Kraft (1991, S. 24) ebenso im Nordrand der Lüneburger Heide, im hessischen Vogelsberggebiet sowie im hessische Ried zwischen Frankfurt und Mannheim. Man findet die in unserem Modell ausgeklammerte ökonomische Analyse der Wirkungen einer Absenkung des Grundwasserspiegels z. B. in Pethig (1988a, S. 203 ff.), in Bergmann und Kortenkamp (1988, S. 39 ff.) und bei Xepapadeas und Zilberman (1994, S. 3 ff.). Dabei kommt Pethig (1988a, S. 211 ff.) in seiner kontrolltheoretischen Analyse zu dem Ergebnis, daß Rohwasser im stationären Mengengleichgewicht zwischen Rohwasserentnahme und −zufluß immer positive Nutzungskosten hat. Ebenso bezieht Linde (1988, S. 67) in einem Trinkwassermodell eine Schädigung landwirtschaftlicher Produktion durch die Rohwasserentnahme in seine Analyse mit ein.

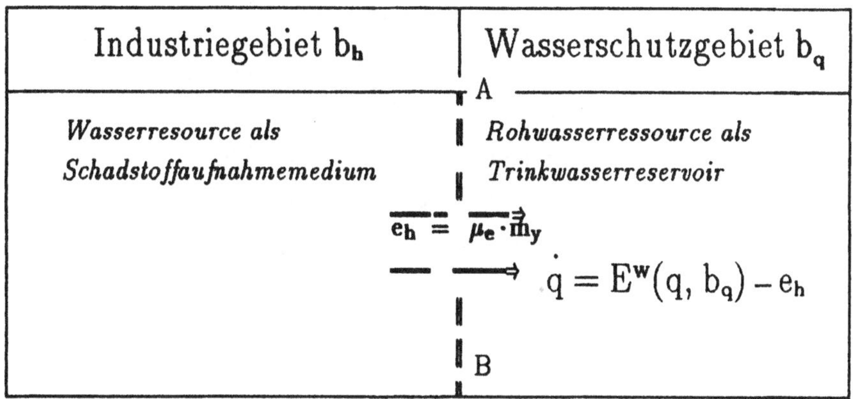

Abb. 5.1. Schadstoffstrom e_h vom Industriegebiet in das Wasserschutzgebiet

---

[8]Diese Annahme impliziert, daß nach jeder Rohwasserentnahme über eine quantitative Rohwasser–Regenerationsfunktion (Pethig 1988a, S. 204; Tsur und Zemel 1995, S. 150) genügend Rohwassermengen 'nachfließen', so daß der Rohgrundwasserspiegel stationär ist.

Wie vorstehend erläutert, ist die direkte Schadstoffemission ins Wasserschutzgebiet zwar nicht zugelassen, jedoch gelangt, wie in der Abb. 5.1 dargestellt ist, über die gestrichelt gezeichnete Grenze AB zwischen dem Industriegebiet b_h und dem Wasserschutzgebiet b_q, permanent ein Schadstoffstrom $e_h = \mu_e \cdot m_y$ mit $\mu_e \in [0, 1)$ über Stofftransportprozesse von der verschmutzten Wasserressource in die Rohwasserresource des Wasserschutzgebietes b_q. In der Rohwasserresource laufen permanent Selbstreinigungsdienste $E^w(q, b_q)$ ab. Die zeitliche Änderung $\dot{q} := \frac{dq}{dt}$ der Rohwassergüte q innerhalb der Rohwasserresource läßt sich durch folgende Differentialgleichung beschreiben:

$$\dot{q} = E^w(q, b_q) - e_h \qquad\qquad\qquad (5.5)$$

In (5.5) ist die Regenerationsfunktion E^w ökologisch als eine 'um die Variable b_q ergänzte' Monod–Regenerationsfunktion E^μ zu interpretieren. Während wir nämlich bei der Herleitung der Monod–Funktion implizit für die Fläche b_q, auf der Selbstreinigungsdienste ablaufen, $b_q = 1$ angenommen haben[9], nehmen wir nun an, daß die Fläche des Wasserschutzgebietes $b_q > 1$ beträgt, also eine *endogene* Variable ist. Daher muß die 'Selbstreinigungsfläche' explizit in die Selbstreinigungsanalyse einbezogen werden. Pethig und Fiedler (1992, S. 485) nehmen plausiblerweise an, daß die Fähigkeit der Rohwasserressource, den Schadstoffstrom e_h zu assimilieren, mit steigender Größe b_q des Wasserschutzgebietes zunimmt und, daß die Funktion E^w wie die Funktion E^μ auf dem Intervall $]q_0, q_{max}]$ in der Variablen q streng monoton fällt und konkav ist. Weiter unterstellen wir, daß die Funktion E^w ebenso wie die durch (4.2a) spezifizierte Funktion E auf den Bereich $[q_0, q_{max}]$ beschränkt ist:

$$E^w_b > 0 \qquad\qquad\qquad\qquad\qquad\qquad (5.6)$$
$$E^w_q \leqq 0$$
$$E^w_{qq} < 0$$
$$e_h = E^w(b_q, q_{max}) = 0; \qquad\qquad (q_{max} = \text{konstant})$$

---

[9]Die im zweiten Kapitel dieser Arbeit verwendete Annahme, daß das Kontrollvolumenelement ein Volumen von $V = 1$ hat, impliziert, daß die Selbstreinigungsfläche $b_q = 1$ beträgt, also eine exogene Variable ist.

Ferner nehmen wir an, daß E^w ein globales Maximum in $q_0 := \arg \max\limits_{q}[E^w(b_q, q)]$ hat, das für alle b_q gleich ist und die Assimilationskapazität der Rohwasserressource nach Maßgabe von

$$e_q^* := \max\limits_{q}[E^w(b_q, q)] = \eta \cdot b_q; \text{ mit } \eta > 0 \tag{5.7}$$

direkt proportional zur Größe b_q des Wasserschutzgebietes ist (ebd. S. 485). Dabei ist zu beachten, daß die Assimilationskapazität im Trinkwassermodell eine *endogene* Variable ist, die vom Rohwasserwerk angeboten wird, während die Assimilationskapazität in den Modellen des zweiten, dritten und vierten Kapitels das maximale *exogene* Angebot der Wasserresssource an Selbstreinigungsdiensten darstellt.

Gleichzeitig fragt das Rohwasserwerk den Anteil e_q der Assimilationskapaziät zur Produktion von Rohwassergüte q nach. Wenn man den Schadstoffstrom e_h vom Industriegebiet in das Wasserschutzgebiet ökonomisch als implizite Nachfrage des Zulieferbetriebes nach Selbstreinigungsdiensten im Wasserschutzgebiet interpretiert, dann stehen das Rohwasserwerk und der Zulieferbetrieb bezüglich der Selbstreinigungsdienste als Produktionsfaktor in Nutzungskonkurrenz zueinander. Mithin gilt die Ressourcenrestriktion:

$$e_q + e_h = \eta \cdot b_q \tag{5.8a}$$

In (5.8a) repräsentiert e_q die *Brutto*nachfrage des Rohwasserwerks nach Selbstreinigungsdiensten. Die *Netto*nachfrage $(e_q - \eta \cdot b_q) = - e_h < 0$ des Rohwasserwerks nach Selbstreinigungsdiensten ist im Gegensatz zu der im vierten Kapitel durch (4.3c) gegebenen Nettonachfrage des Klärwerks nach diesem Faktor eindeutig negativ. Folglich stellt der positive Term

$$(\eta \cdot b_q - e_q) = e_h > 0 \tag{5.8b}$$

das *Nettoangebot* des Rohwasserwerks an Selbstreinigungsdiensten dar, welches vom Zulieferbetrieb nachgefragt wird. Dabei steht der Ausdruck $\eta \cdot b_q$ für das Bruttoangebot. In Analogie zu der im vierten Kapitel eingeführten Sichtweise des Klärwerks als Produzent von Gewässergüte modellieren wir ebenso das Rohwasserwerk als Rohwassergüteproduzent. Dazu ermitteln wir aus (5.5) die *stationäre Regenerationsfunktion* für Rohwassergüte, indem wir $\dot{q} = 0$ setzen:

$$e_h = E^w(\underset{-}{q}, \underset{+}{b_q}) \tag{5.9}$$

Im stationären Gleichgewicht wird der Schadstoffstrom e_h langfristig gerade so durch den im Wasserschutzgebiet der Fläche b_q ablaufenden Regenerationsprozeß assimiliert, daß langfristig eine dem Strom e_h genau entsprechende stationäre Rohwassergüte q aufrecht erhalten wird. Durch Einsetzen von (5.9) in (5.8a) ergibt sich folgende implizite Produktionsfunktion für Rohwassergüte:

$$e_q + E^w(\underset{+}{b_q}, \underset{-}{q}) - \eta \cdot b_q = 0 \tag{5.10}$$

Als *Primärfaktoren* gehen in die Produktion der Rohwassergüte q die Fläche b_q des Wasserschutzgebietes und die *Brutto*nachfrage e_q des Rohwasserwerks nach Selbstreinigungsdiensten ein. Und zwar operieren wir in diesem Modell mit der Bruttonachfrage, da die Nettonachfrage, wie vorstehend erläutert, eindeutig negativ ist, woraus sich interpretative Schwierigkeiten der Nettonachfrage als Produktionsfaktor für Rohwassergüte ergeben. Hier besteht ein wesentlicher Unterschied zwischen dem Klärwerk aus dem vorstehenden Kapitel und dem Rohwasserwerk als Produzenten von Gewässergüte: In die Produktionsfunktion (4.6) für Gewässergüte geht nämlich die (als positiv angenommene) *Netto*nachfrage des Klärwerks nach Selbstreinigungsdiensten ein.

Aufgrund der Beschränkung des Definitionsbereiches der Funktion E^w auf das Intervall $[q_0, q_{max}]$ mit $E^w_q \leq 0$ existiert deren Inverse E^b, so daß sich die Funktion (5.10) explizit schreiben läßt als:

$$q = E^b[b_q, (\eta \cdot b_q - e_q)] =: Q^w(b_q, e_q) \tag{5.11}$$

Dabei hängen die Eigenschaften der Funktion Q^w von den Eigenschaften der Funktion E^w ab. Jedoch liegt uns auf der im zweiten Kapitel dieser Arbeit analysierten naturwissenschaftlichen Ebene keine vollständige Information über die Spezifikation der Funktion E^w vor. Daher operieren wir wie Pethig und Fiedler (1992, S. 485 f.) mit den folgenden *zwei* alternativen Hypothesen über die Produktionsfunktion Q für Rohwassergüte q, die beide mit den in (5.10) vorliegenden Eigenschaften der Funktion E^w kompatibel sind.

Hypothese 1: Die Produktionstechnologie für Rohwassergüte ist monoton steigend in beiden Argumenten, konkav und linear–homogen. Die Hypothese 1 geht davon aus, daß die Funktion Q^w mit dem Definitionsbereich $D_q :=$ $\{(b_q, e_q)\mid b_q \geq 0,\ 0 \leq e_q \leq \eta \cdot b_q\}$ linear–homogen ist. Im folgenden zeigen wir basierend auf Pethig und Fiedler (1992, S. 485 f.), daß die in (5.6) und (5.10) gegegebenen Eigenschaften der Funktion E^w — unter drei zusätzlichen Annahmen über E^w — mit den Eigenschaften $Q^w_b > 0$, $Q^w_e > 0$ und der Konkavität von Q^w kompatibel sind.

1. Die Funktion Q^w steigt in den Variablen b_q und e_q streng monoton: Totale Differentiation von (5.10) ergibt:

$$de_q + E^w_b(b_q,\ q)\cdot db_q + E^w_q(b_q,\ q)\cdot dq - \eta\cdot db_q = 0 \tag{5.12}$$

Mit $de_q = 0$ und den in (5.6) gegebenen Eigenschaften der Funktion E^w erhält man aus (5.12) nach Umformungen:

$$\frac{\partial q}{\partial b_q} := Q^w_b = \frac{[\eta - \overset{+}{E^w_b}(b_q,\ q)]}{\underset{-}{E^w_q}(\,b_q,\ q)} \tag{5.13}$$

Gemäß (5.13) gilt nur unter der *1. Zusatzannahme*, $(\eta - E^w_b) < 0$, die Relation $Q^w_b > 0$. Weiter gewinnt man $db_q = 0$ aus (5.12):

$$\frac{\partial q}{\partial e_q} := Q^w_e = -\frac{1}{\underset{-}{E^w_q}(b_q,\ q)} = -E^b_e(e_q,\ q) > 0 \tag{5.14}$$

2. Q^w verläuft im gesamten Definitionsbereich D_q konkav: Nochmalige Differentiation von (5.13) mithilfe des Theorems über implizite Funktionen ergibt:

$$\frac{\partial Q_b^w}{\partial b_q} := Q_{bb}^w = -\frac{\overset{+}{E_{bb}^w} \cdot \overset{-}{E_q^w} + (\eta - \overset{-}{E_b^w})\overset{+}{E_{qb}^w}}{\underset{+}{E_{bq}^w} \cdot \underset{-}{E_q^w} + (\eta - \underset{-}{E_b^w})\underset{-}{E_{qq}^w}} < 0 \tag{5.15}$$

Unter der *2. Zusatzannahme*, $|E_{bq}^w \cdot E_q^w| > |(\eta - E_b^w)E_{qq}^w|$, gilt $Q_{bb}^w < 0$.[10] Weiter erhalten wir durch erneute Differentiation von (5.18) nach der Variablen e_q

$$\frac{\partial Q_e^w}{\partial e_q} := Q_{ee}^w = -\underset{+}{E_{ee}^b} < 0 \tag{5.16}.$$

Die gemischte Ableitung zweiter Ordnung ergibt sich durch Differentiation von (5.14) nach b_q:

$$\frac{\partial Q_e^w}{\partial b_q} := Q_{eb}^w = Q_{be}^w = \frac{\overset{+}{E_{bq}^w}}{[E_q^w]^2} > 0 \tag{5.17}$$

Schließlich nehmen wir wie Pethig und Fiedler (1992, S. 486) an, daß die Funktion Q^w im relevanten Bereich ihres Definitionsbereiches konkav, $Q_{bb}^w \cdot Q_{ee}^w - [Q_{eb}^w]^2 > 0$, und in erster Näherung linear–homogen ist. Bei Konkavität von Q^w *(3. Zusatzannahme)* muß die Funktion E^w der Bedingung

$$\frac{E_{bb}^w \cdot E_q^w + (\eta - E_b^w)E_{bq}^w}{E_{bq}^w \cdot E_q^w + (\eta - E_b^w)E_{qq}^w} \cdot E_{ee}^b - \frac{[E_{bq}^w]^2}{[E_q^w]^4} > 0$$

genügen, deren ökologische Implikation wir jedoch nicht diskutieren, um den Rahmen der Studie nicht zu verlassen.

---

[10]Es ist zu beachten, daß die Annahme $\eta < E_b^w$ die Eigenschaft $E_{bq} = E_{qb} > 0$ impliziert (Pethig und Fiedler 1992, S. 486). Denn es gilt $\eta := E_b^w\big|_{q=q_o}$. Somit muß für $q > q_o$ wegen $\eta < E_b^w\big|_{q>q_o}$ die Relation $E_{bq} > 0$ gelten. Im Aufsatz von Pethig und Fiedler (1992, S. 485) ist im Nenner des Q_{bb}–Differentialausdrucks $E_{qq} > 0$ zu ersetzen durch $E_{qq} < 0$.

Hypothese 2: Die Produktionstechnologie für Rohwassergüte ist null‑homogen. Die zweite Hypothese geht davon aus, daß die Funktion E^w wie folgt durch die auf den Bereich $[q_0, q_{max}]$ beschränkte Monodfunktion E mit den in (4.2a) gegebenen Eigenschaften spezifiziert ist:

$$E^w(b_q, q) = b_q \cdot E(q) \tag{5.18}$$

Wegen (4.2a) hat die Funktion E^w aus (5.18) folgende Eigenschaften:

$$E^w_q \lessgtr 0 \Leftrightarrow q \gtrless q_0 \tag{5.19a}$$
$$q_0 = \arg \max_q [E^w(b_q, q)] \tag{5.19b}$$
$$E^w_{qq} < 0 \tag{5.19c}$$
$$e^q_0 := \max_q [E^w(b_q, q)] = b_q \cdot E(q_0) \tag{5.19d}$$
$$e_h = E^w(b_q, q_{max}) = 0 \; ; \qquad (q_{max} = \text{konstant}) \tag{5.19e}$$

Wir setzen $\eta = E(q_0)$ und haben somit eine Äquivalenz von (5.7) und (5.19d). Mithilfe von (5.10) resultiert aus (5.18) nach Umformungen die folgende null‑homogene Produktionsfunktion für Rohwassergüte

$$q = E^{-1}\left[\eta - \frac{e_q}{b_q}\right] =: Q^w(b_q, e_q) \tag{5.20},$$

deren Definitionsbereich $D_q := \{(b_q, e_q)\mid b_q > 0, \; 0 \le e_q \le b_q \cdot E(q_0) = \eta \cdot b_q\}$ ist. Dabei ist E^{-1} die in (4.2b) gegebene stationäre ökologische Gleichgewichtsfunktion, also die Inverse zu der auf das Intervall $[q_0, q_{max}]$ beschränkten Monod–Funktion E, und $e_b := \eta - e_q/b_q = e_h/b_q > 0$ stellt den Schadstoffstrom dar, der dauerhaft die Güte der Rohwasserressource des Wasserschutzgebietes vermindert:

$$\frac{dq}{de_b} := E_e^{-1} < 0 \tag{5.21a}$$

Weiter gilt, wie im Anhang 4b zum Kapitel 4 in (B4.2) gezeigt ist:

$$\frac{d^2q}{de_b^2} := E_{ee}^{-1} < 0 \qquad (5.21b)$$

Im folgenden zeigen wir basierend auf Pethig und Fiedler (1992, S. 486 f.) mithilfe der in (5.20) und (5.21) gegebenen Eigenschaften der Funktion E^{-1}, daß die Funktion Q^w aus (5.20) in der Variablen b_q streng monoton fällt, in der Variablen e_q streng monoton steigt und nicht–konkav ist.

1. Q^w fällt in der Variablen b_q und steigt in der Variablen e_q streng monoton: Totale Differentiation von (5.20) ergibt mit der Notation $e_b := \eta - e_q/b_q$:

$$dq = \frac{\overline{E_e^{-1}}(e_b)}{b_q} \cdot \left[\frac{e_q}{b_q} \cdot db_q - de_q \right] \qquad (5.22)$$

Aus (5.22) folgt mit $de_q = 0$ und $E_e^{-1}(e_b) < 0$

$$\frac{\partial q}{\partial b_q} := Q_b^w = \underset{-}{E_e^{-1}}(e_b) \cdot \frac{e_q}{b_q^2} < 0 \qquad (5.23)$$

und mit $db_q = 0$ erhält man aus (5.22)

$$\frac{\partial q}{\partial e_q} := Q_e^w = - \underset{-}{E_e^{-1}}(e_b) \cdot \frac{1}{b_q} > 0 \qquad (5.24).$$

2. Die Funktion Q^w ist nicht–konkav: Nochmalige partielle Differentiation von (5.23) nach der Variablen b_q ergibt unter Beachtung von $e_b := \eta - e_q/b_q$ nach Umstellungen:

$$\frac{\partial Q_b^w}{\partial b_q} := Q_{bb}^w = \frac{e_q}{b_q^3} \cdot \left[\underset{-}{E_{ee}^{-1}} \cdot \frac{e_q}{b_q} - 2 \cdot \underset{-}{E_e^{-1}} \right] \gtreqless 0 \Leftrightarrow \frac{e_q}{b_q} \cdot \frac{\overline{E_{ee}^{-1}}}{\underset{-}{E_e^{-1}}} \gtreqless 2 \qquad (5.25)$$

Die Funktion Q^w ist also in der Variablen b_q genau dann konkav, wenn

$\frac{e_q}{b_q} \cdot \frac{E_{ee}^{-1}}{E_e^{-1}} < 2$ ist. Man kann folgendes Beispiel einer in den Variablen e_q und b_q

null–homogenen Funktion mit $Q_{bb}^w > 0$ im gesamten Definitionsbereich angeben: Bei der Spezifikation $E^w(b_q, q) = b_q(h_0 \cdot q - h_1 \cdot q^2)$ mit den positiven Konstanten h_0 und h_1 erhält man wegen (5.10) nach Umstellungen die Funktion

$$q^2 - 2 \cdot q_0 = \frac{1}{h_1} \cdot \left[\frac{e_q}{b_q} - \eta\right]; \ q_0 := h_0/2 \cdot h_1 = \text{arq max}[h_0 \cdot q - h_1 \cdot q^2].$$

Zweimalige partielle Differentiation nach der Variablen b_q ergibt unter Beachtung der Beschränkung auf $q \in [q_0, q_{max}]$

$$Q_{bb}^w = \frac{1}{h_1} \cdot \frac{1}{(q - q_0)} \cdot \frac{e_q}{b_q^3} > 0.$$

Jedoch ist es uns nicht gelungen, ein Beispiel für eine in den Variablen e_q und b_q null–homogene Funktion angeben, die auf ihrem gesamten Definitionsbereich in der Variablen b_q eindeutig konkav verläuft, $Q_{bb} < 0$. Z. B. gilt bei der parametrischen Funktion $q = Q^w\left[\frac{e_q}{b_q}\right] = c \cdot \left[1 - e^{-f \cdot \frac{e_q}{b_q}}\right]$ mit den positiven Konstanten c und f und der Eulerschen Zahl e:

$$Q_{bb}^w = -c \cdot f \cdot \frac{e_q}{b_q^2} \cdot e^{-f \cdot \frac{e_q}{b_q}} \cdot \left[f - \frac{2}{b_q}\right] \gtreqless 0 \leftrightarrow b_q \lesseqgtr \frac{2}{f}$$

Also ist die Funktion Q^w in der Variablen b_q für $b_q \in [0, 2/f]$ konvex und für $b_q \in [2/f, b_0]$ konkav. Für $f \to \infty$ gilt $2/f \to 0$. In diesem Fall ist die Funktion Q^w (approximativ) für alle $b_q \in [0, b_0]$ konkav.

Weiter verläuft die durch (5.20) spezifizierte Funktion Q^w in der Variablen e_q konkav. Denn durch erneute Differentiation von (5.24) nach der Variablen e_q erhält man:

$$\frac{\partial Q_e^w}{\partial e_q} := Q_{ee}^w = E_{ee}^{-1} \cdot \frac{1}{b_q^2} < 0 \tag{5.26}$$

Ferner erhält man die gemischte Ableitung zweiter Ordnung durch Differentiation von (5.23) nach der Variablen e_q:

$$\frac{\partial Q_{bb}^w}{\partial e_q} := Q_{be}^w = \frac{1}{b_q^2} \cdot \left[\underline{E_e^{-1}} - \underline{E_{ee}^{-1}} \cdot \frac{e_q}{b_q} \right] \tag{5.27}$$

Jedoch ist die Funktion Q^w auf ihrem Definitionsbereich nicht–konkav: Denn die hinreichende Konkavitätsbedingung, $Q_{bb}^w \cdot Q_{ee}^w - [Q_{eb}^w]^2 > 0$, ist nicht erfüllt. Einsetzen von (5.25)–(5.27) in diese Bedingung ergibt nach Umformungen

$$Q_{bb}^w \cdot Q_{ee}^w - [Q_{eb}^w]^2 = - [E_e^{-1}]^2 \cdot \frac{1}{b_q^4} < 0.$$

Man kann die durch (5.20) spezifizierte Gewässergüteproduktionsfunktion Q^w des Rohwasserwerks wie folgt mit der Produktionsfunktion Q des Klärwerks aus (4.6) vergleichen: Beide Funktionen basieren auf der stationären ökologischen Gleichgewichtsfunktion (4.2b) und deren Eigenschaften (B4.1) und (B4.2). Weiter steigen Q^w und Q konkav in der Variablen e_q, wobei jedoch zu beachten ist, daß e_q in Q^w die Bruttonachfrage und in Q die Nettonachfrage nach Selbstreinigungsdiensten darstellt. Der wesentliche Unterschied beider Gewässergüteproduktionsfunktionen liegt in der Wirkung des Arbeitskräfteeinsatzes auf Q und der Wirkung des Bodens auf Q^w. Während der Faktor Arbeit in Q gemäß (4.4) und (4.5) die Restschadstoffemission e in die aggregierte Wasserressource vermindert und gemäß (C4.3) Gewässergüte produziert, vermindert ein verstärkter Bodeneinsatz im Rohwasserwerk die Gewässergüte. Und zwar gilt für die Schadstoffwirkung in der Rohwasserressource $e_b := \eta - e_q/b_q$. Daraus folgt für eine Erhöhung des Faktors Boden

$$\frac{\partial e_b}{\partial b_q} = \frac{e_q}{b_q^2} > 0.$$

Demnach erhöht eine verstärkte Ausweisung des Wasserschutzgebietes die Schadstoffwirkung in der Rohwasserressource, wodurch die Rohwassergüte, wie aus (5.23) ersichtlich ist, sinkt. Dafür gibt es folgende Erklärung: Durch die Vergrößerung des Wasserschutzgebietes wird die implizite Nachfrage des Zulieferbetriebes nach Selbstreingungsdiensten, e_h, im Wasserschutzgebiet erhöht. Denn es gilt wegen (5.9), (5.10) und $e_b := \eta - e_q/b_q$ ebenso $e_h = e_b \cdot b_q$, woraus für eine Bodenerhöhung c. p. des Rohwasserwerks folgt:

$$\frac{\partial e_h}{\partial b_q} = e_b > 0$$

5.2.3 Produktionstechnologie für Trinkwasser im Wasserwerk

Das Wasserwerk produziert Trinkwasser[11] in der Menge w mithilfe der folgenden limitationalen Technologie

$$w = \min[\, r_w, \, W(a_w, \, q_w)] \tag{5.28}.$$

Wie diese Produktionsfunktion zeigt, hängt die Trinkwassermenge w ab vom Arbeitseinsatz a_w im Wasserwerk, von der zu Trinkwasserzwecken aus dem Wasserschutzgebiet entnommenen Rohwassermenge r_w und von der Rohwassergüte q_w. Die Minimumformulierung in (5.28) basiert auf dem Massenerhaltungsgesetz, dem zufolge die Trinkwassermenge w nach oben durch die Rohwassermenge r_w begrenzt ist:

$$w = W(a_w, q_w) \leq r_w \tag{5.29}$$

Dabei nehmen wir Pethig und Fiedler (1992, S. 487) folgend an, daß die Produktionsfunktion $W(a_w, q_w)$ linear–homogen und konkav ist. Falls im Was-

---

[11]Der gleichbedeutende Fachausdruck für Trinkwasserproduktion ist 'Aufbereitung von Rohwasser (Grund–, Oberflächen– und Quellwasser) für Trinkwasserzwecke'. Die einzelnen Aufbereitungsschritte werden z. B. von Kraft (1991, S. 24) und der OECD (1994, S. 111 ff.) aufgeführt. Dabei ist zu beachten, daß in (5.28) die Variable w nicht nur eine gewisse Menge an Trinkwasser darstellt, sondern auch als Trinkwassergüte–variable verstanden werden muß. Trinkwasserstandards sind in Deutschland durch die Trinkwasserverordnung (TVO) festgelegt (Bank 1993, S. 37 ff.) und in den USA durch die Environmental Protection Agency (EPA) (Wolf 1988, S. 141 f.).

serschutzgebiet reichlich Rohwasser vorhanden ist, gilt für die Trinkwasseraufbereitung die unbeschränkte Funktion W:

$$w = W(a_w, q_w) = W[a_w, Q(b_q, e_q)] \tag{5.30}$$

Da nach wie vor die Analyse von Allokationseffizienz im Mittelpunkt unseres Interesses steht und Distributionsaspekte nicht analysiert werden, operieren wir auf der Nachfrageseite des Modells mit folgender streng quasi–konkaver und homothetischer Nutzenfunktion eines repräsentativen Konsumenten:

$$u = U(\underset{+}{y_d}, \underset{+}{w_d}) \tag{5.31}$$

Schließlich vervollständigen wir das Modell durch die Ressourcenrestriktionen:

$$
\begin{aligned}
a_y + a_w &\leq a_0 \\
b_h + b_q &\leq b_0 \qquad &&\text{[Primärfaktoren] (5.32)} \\
e_h + e_q &\leq \eta \cdot b_q
\end{aligned}
$$

$$
\begin{aligned}
h_y &\leq h \\
q_w &\leq q \qquad &&\text{[Zwischenprodukte] (5.33)}
\end{aligned}
$$

$$
\begin{aligned}
r_w &\leq r \\
w_d &\leq w \qquad &&\text{(5.34)} \\
y_d &\leq y \qquad &&\text{[Endprodukte] (5.35)}
\end{aligned}
$$

In (5.32) ist a_0 das konstante Arbeitsangebot und b_0 die konstante Gesamtfläche, die sich auf das Industriegebiet und auf das Wasserschutzgebiet aufteilt. Dabei ist die Rohwassermenge r ein rein privates Gut, und die Rohwassergüte q ist ein öffentliches Gut. Da wir jedoch mit einem einzigen (aggregierten) Rohwasserwerk als Anbieter von Rohwassergüte und einem einzigen (aggregierten) Wasserwerk als Nachfrager von Rohwassergüte operieren, hat die Eigenschaft der Rohwassergüte, ein öffentliches Gut zu sein, keine allokative Auswirkung.[12]

---

[12]In einem disaggregierteren Modell mit mehreren Rohwasser– und Wasserwerken ist dagegen ein 'Lindahl Markt' für Rohwassergüte einzuführen.

5.2.4 Struktur des Trinkwassergrundmodells

Die Struktur des Trinkwassergrundmodells ist in Abb. 5.2 dargestellt.

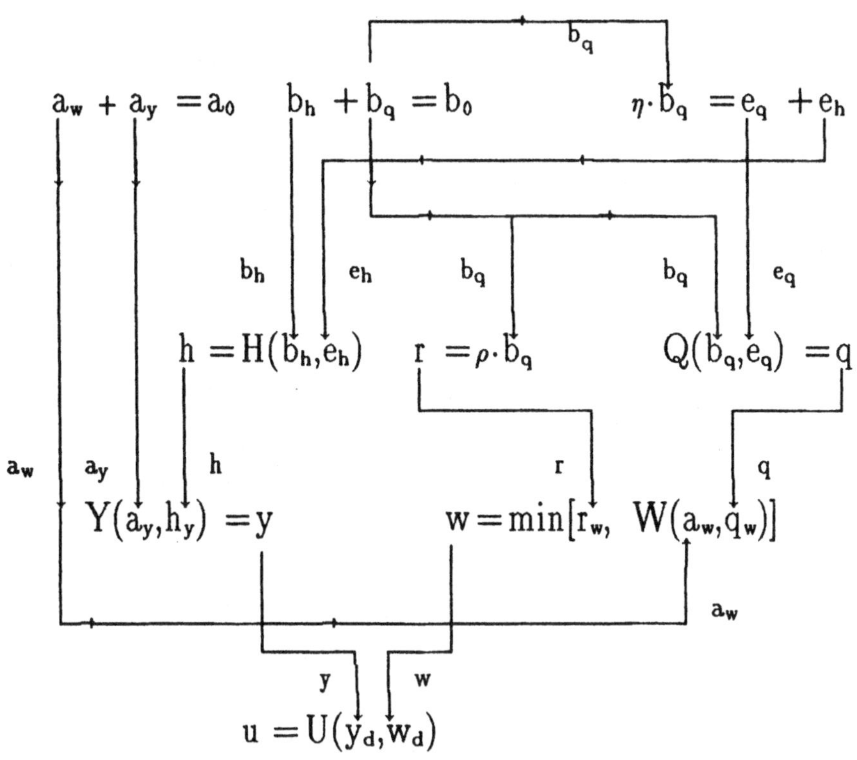

Abb. 5.2. Struktur des Trinkwassergrundmodells

Die Modellstruktur der Abb. 5.2 zeigt, wie die drei Primärfaktoren Arbeit, Boden und Selbstreinigungsdienste über die drei Zwischenprodukte Rohwassergüte, Zwischenprodukt H und Rohwassermenge in die Endproduktion des Konsumgutes und des Trinkwassers eingehen. Dabei stehen der Zulieferbetrieb, der das Zwischenprodukt H herstellt, und das Rohwasserwerk in *Nutzungskonkurrenz* bezüglich des Faktors Boden und der Selbstreinigungsdienste zueinander. Und der Industriesektor konkurriert mit dem Wasserwerk um die Arbeitskräfte. Das Rohwasserwerk nimmt eine besondere

Stellung ein: Es bietet *drei* Güter an, die Assimilationskapazität (Selbstreinigungsdienste) $\eta \cdot b_q$, die Rohwassermenge $r = \rho \cdot b_q$ und die Rohwassergüte q und fragt gleichzeitig die Menge e_q an Selbstreinigungsdiensten zur Produktion von Rohwassergüte nach. Dabei sind die Rohwassermenge r und die Selbstreinigungsdienste als Kuppelprodukte des Faktors Boden b_q anzusehen. Das Wasserwerk fragt Rohwassergüte auf dem Niveau q_w und Rohwasser in der Menge r_w vom Rohwasserwerk nach und bietet die aufbereitete Trinkwassermenge w an.

Weiter fragt der Industriesektor die Menge h_y des Zwischenproduktes nach, das vom Zulieferbetrieb in der Menge h angeboten wird, und beansprucht die Arbeitskräfte a_y für die Konsumgutproduktion in der Angebotsmenge y.

Schließlich fragt der repräsentative Konsument das Konsumgut in der Menge y_d und Trinkwasser in der Menge w_d basierend auf der seine Präferenzen repräsentierenden Nutzenfunktion nach. Aufgrund der schwachen Separabilität der Funktionen Y und W ist dabei eine Aufteilung in folgende zwei Produktionsstufen möglich: In der *ersten* Produktionsstufe werden die drei Zwischenprodukte H, Q und r aus den Primärfaktoren Arbeit, Boden und den Selbstreinigungsdiensten gefertigt. Die *zweite* Produktionsstufe verwendet den Faktor Arbeit und die drei Zwischenprodukte zur Herstellung der zwei Endprodukte W und Y.

Dabei steht die (nicht vermeidbare, implizite) Nutzung der Rohwasserressource als Schadstoffaufnahmemedium für Produktionszwecke im Zulieferbetrieb wie folgt in Konkurrenz zur Nutzung durch die Rohwasserentnahme zu Trinkwasserzwecken: Je intensiver die Rohwasserressource durch Schadstoffe belastet wird, desto schlechter ist die 'Ausgangsgüte' des Rohwassers zu Trinkwasserzwecken, und desto mehr Arbeit muß das Wasserwerk eingesetzen, um den repräsentativen Konsumenten mit der von ihm nachgefragten Trinkwassermenge zu versorgen.[13]

---

[13]Eine vergleichbare Nutzungskonkurrenz wird von Pethig (1989a, S. 214 ff.) herausgearbeitet.

5.2.5 Effiziente Schattenpreise

Formal resultiert eine paretoeffiziente Allokation für beide Spezifikationen der Funktion Q^w aus der Maximierung des Nutzens (5.31) des repräsentativen Konsumenten unter den Nebenbedingungen (5.2)–(5.4), (5.11) bzw. (5.20), (5.28) und (5.32)–(5.35. Das Maximierungsproblem lösen wir mithilfe der folgenden Lagrangefunktion:

$$L = U(y_d, w_d) + \lambda_y[Y(a_y, h_y) - y] + \lambda_w[W(a_w, q_w) - w] +$$
$$+ \lambda_h[H(b_h, e_h) - h] + \lambda_q[Q^w(b_q, e_q) - q] + \lambda_r(r_w - w) + \lambda_\rho(\rho \cdot b_q - r) +$$
$$+ p_y(y - y_d) + p_w(w - w_d) + p_h(h - h_y) + p_q(q - q_w) + p_r(r - r_w) +$$
$$+ p_a(a_0 - a_y - a_w) + p_b(b_0 - b_h - b_q) + p_e(\eta \cdot b_q - e_h - e_q) \qquad (5.36)$$

In (5.36) symbolisieren die p_v mit $v = a, b, e, h, q, w, y$ die nicht–negativen 'Nachfrage(schatten)preise' und die λ_v mit $v = a, b, e, h, q, \rho, w, y$ sind die nicht–negativen 'Produzenten(schatten)preise'. Aus der Lagrangefunktion leiten wir die folgenden Kuhn–Tucker–Bedingungen ab:

a. Mengenvariablen:

$$L_{y_d} = U_{y_d} - p_y \leq 0; \qquad y_d \geq 0 \text{ und } y_d \cdot L_{y_d} = 0 \qquad (5.37a)$$

$$L_y = -\lambda_y + p_y \leq 0; \qquad y \geq 0 \text{ und } y \cdot L_y = 0 \qquad (5.37b)$$

$$L_{w_d} = U_{w_d} - p_w \leq 0; \qquad w_d \geq 0 \text{ und } w_d \cdot L_{w_d} = 0 \qquad (5.38a)$$

$$L_w = -\lambda_w - \lambda_r + p_w \leq 0; \qquad w \geq 0 \text{ und } w \cdot L_w = 0 \qquad (5.38b)$$

$$L_{a_y} = \lambda_y \cdot Y_a - p_a \leq 0; \qquad a_y \geq 0 \text{ und } a_y \cdot L_{a_y} = 0 \qquad (5.39)$$

$$L_{h_y} = \lambda_y \cdot Y_h - p_h \leq 0; \qquad h_y \geq 0 \text{ und } h_y \cdot L_{h_y} = 0 \qquad (5.40a)$$

$$L_h = -\lambda_h + p_h \leq 0; \qquad h \geq 0 \text{ und } h \cdot L_h = 0 \qquad (5.40b)$$

$$L_{a_w} = \lambda_w \cdot W_a - p_a \leq 0; \qquad a_w \geq 0 \text{ und } a_w \cdot L_{a_w} = 0 \qquad (5.41)$$

$$L_{qw} = \lambda_w \cdot W_q - p_q \leq 0; \qquad\qquad q_w \geq 0 \text{ und } q_w \cdot L_{qw} = 0 \qquad\qquad (5.42a)$$

$$L_q = -\lambda_q + p_q \leq 0; \qquad\qquad q \geq 0 \text{ und } q \cdot L_q = 0 \qquad\qquad (5.42b)$$

$$L_{rw} = \lambda_r - p_r \leq 0; \qquad\qquad r_w \geq 0 \text{ und } r_w \cdot L_{rw} = 0 \qquad\qquad (5.43a)$$

$$L_r = -\lambda_\rho + p_r \leq 0; \qquad\qquad r \geq 0 \text{ und } r \cdot L_r = 0 \qquad\qquad (5.43b)$$

$$L_{bh} = \lambda_h \cdot H_b - p_b \leq 0; \qquad\qquad b_h \geq 0 \text{ und } b_h \cdot L_{bh} = 0 \qquad\qquad (5.44)$$

$$L_{eh} = \lambda_h \cdot H_e - p_e \leq 0; \qquad\qquad e_h \geq 0 \text{ und } e_h \cdot L_{eh} = 0 \qquad\qquad (5.45)$$

$$L_{bq} = \lambda_q \cdot Q_b^w + \lambda_\rho \cdot \rho - p_b + p_e \cdot \eta \leq 0 \qquad\qquad b_q \geq 0 \text{ und } b_q \cdot L_{bq} = 0 \quad (5.46)$$

$$L_{eq} = \lambda_q \cdot Q_e^w - p_e \leq 0; \qquad\qquad e_q \geq 0 \text{ und } e_q \cdot L_{eq} = 0 \qquad\qquad (5.47)$$

b. Preisvariablen:

$$L_{py} = y - y_d \geq 0; \qquad\qquad p_y \geq 0 \text{ und } p_y \cdot L_{py} = 0 \qquad\qquad (5.48a)$$

$$L_{\lambda_y} = Y(a_y, h_y) - y \geq 0; \qquad\qquad \lambda_y \geq 0 \text{ und } \lambda_y \cdot L_{\lambda_y} = 0 \qquad\qquad (5.48b)$$

$$L_{pw} = w - w_d \geq 0; \qquad\qquad p_w \geq 0 \text{ und } p_w \cdot L_{pw} = 0 \qquad\qquad (5.49a)$$

$$L_{\lambda_w} = W(a_w, q_w) - w \geq 0; \qquad\qquad \lambda_w \geq 0 \text{ und } \lambda_w \cdot L_{\lambda_w} = 0 \qquad\qquad (5.49b)$$

$$L_{\lambda_r} = r_w - w \geq 0; \qquad\qquad \lambda_r \geq 0 \text{ und } \lambda_r \cdot L_{\lambda_r} = 0 \qquad\qquad (5.49c)$$

$$L_{ph} = h - h_y \geq 0; \qquad\qquad p_h \geq 0 \text{ und } p_h \cdot L_{ph} = 0 \qquad\qquad (5.50a)$$

$$L_{\lambda_h} = H(b_h, e_h) - h \geq 0; \qquad\qquad \lambda_h \geq 0 \text{ und } \lambda_h \cdot L_{\lambda_h} \qquad\qquad (5.50b)$$

$$L_{pq} = q - q_w \geq 0; \qquad\qquad p_q \geq 0 \text{ und } p_q \cdot L_{pq} = 0 \qquad\qquad (5.51a)$$

$$L_{\lambda_q} = Q^w(b_q, e_q) - q \geq 0; \qquad\qquad \lambda_q \geq 0 \text{ und } \lambda_q \cdot L_{\lambda_q} = 0 \qquad\qquad (5.51b)$$

$$L_{p_r} = r - r_w \geq 0; \qquad\qquad p_r \geq 0 \text{ und } p_r \cdot L_{p_r} = 0 \qquad\qquad (5.52a)$$

$$L_{\lambda_\rho} = \rho \cdot b_q - r \geq 0; \qquad\qquad \lambda_\rho \geq 0 \text{ und } \lambda_\rho \cdot L_{\lambda_\rho} \qquad\qquad (5.52b)$$

$$L_{p_a} = a_0 - a_w - a_y \geq 0; \qquad\qquad p_a \geq 0 \text{ und } p_a \cdot L_{p_a} = 0 \qquad\qquad (5.53)$$

$$L_{p_b} = b_0 - b_h - b_q \geq 0; \qquad\qquad p_b \geq 0 \text{ und } p_b \cdot L_{p_b} = 0 \qquad\qquad (5.54)$$

$$L_{p_e} = \eta \cdot b_q - e_h - e_q \geq 0; \qquad\qquad p_e \geq 0 \text{ und } p_e \cdot L_{p_e} = 0 \qquad\qquad (5.55)$$

Im Falle der *linear*–homogenen Produktionsfunktion Q^w für Rohwassergüte q sind die Kuhn–Tucker–Bedingungen notwendig und hinreichend für die Existenz einer inneren Lösung (Intriligator 1971, S. 495). Jedoch sind die Kuhn–Tucker–Bedingungen bei der *null*–homogenen Funktion Q^w weder notwendig noch hinreichend, da Q^w, wie wir vorstehend gezeigt haben, in diesem Fall nicht–konkav ist. Wir nehmen bei der null–homogenen Funktion Q Pethig und Fiedler (1992, S. 495) folgend an, daß eine Lösung existiert und deren Eigenschaften durch die Kuhn–Tucker–Bedingungen charakterisiert werden. Wir unterstellen, daß es eine innere Lösung gibt, bei der alle ökonomischen Variablen positive Werte annehmen und beschränken unsere folgende Analyse zur Vereinfachung auf eine solche Lösung.

Die Kuhn–Tucker–Bedingungen (5.37)–(5.55) analysieren wir in drei Schritten: Im *ersten* Schritt zeigen wir, daß die Schattenpreise p_v (v = a, b, e, h, q, w y) und λ_v positiv sind, daß $p_v = \lambda_v$ (v = h, q, w y) ist, und die Nachfragemengen h_y, q_w, w_d und y_d gleich den Angebotsmengen h, q, w und y sind: Und zwar folgt mit $y_d > 0$, $y > 0$ und $U_{y_d} > 0$ aus den Bedingungen (5.37) unmittelbar $L_{y_d} = L_y = 0$ bzw.

$$U_{y_d} = p_y = \lambda_y > 0 \qquad\qquad (5.56).$$

Mit $h_y > 0$, $h > 0$, $Y_h > 0$ und $\lambda_y > 0$ gilt in (5.40) $L_{h_y} = L_h = 0$ und somit:

$$\lambda_y \cdot Y_h = p_h > 0 \qquad\qquad (5.57a)$$

$$p_h = \lambda_h > 0 \qquad\qquad (5.57b)$$

Bei $b_h > 0$ und $e_h > 0$ gewinnt man aus (5.44) und (5.45) $L_{bh} = L_{eh} = 0$. Daraus ergibt sich wegen $\lambda_h > 0$, $H_b > 0$ und $H_{eh} > 0$:

$$\lambda_h \cdot H_b = p_b > 0 \tag{5.58a}$$

$$\lambda_h \cdot H_e = p_e > 0 \tag{5.58b}$$

Ferner resultiert mit $e_q > 0$ aus (5.47) $L_{eq} = 0$ und mit $q > 0$ aus (5.42b) $L_q = 0$, woraus wegen $p_e > 0$ und $Q_e^w > 0$ unmittelbar

$$\frac{p_e}{Q_e^w} = p_q = \lambda_q > 0 \tag{5.59}$$

folgt. Die Bedingung (5.39) vereinfacht sich mit $a_y > 0$ zu $L_{ay} = 0$, so daß sich wegen $\lambda_y > 0$ und $Y_a > 0$

$$\lambda_y \cdot Y_a = p_a > 0 \tag{5.60}$$

ergibt. Operiert man in der Bedingung (5.41) mit $a_w > 0$, dann gilt $L_{aw} = 0$, und man erhält wegen $p_a > 0$ und $W_a > 0$:

$$\frac{p_a}{W_a} = \lambda_w > 0 \tag{5.61}$$

Der Nachfrage(schatten)preis p_w, den der repräsentative Konsument bei Paretoeffizienz für Trinkwasser zahlen muß, hängt davon ab, ob das Rohwasser ein *knappes* Gut ($p_r > 0$) oder *reichlich* vorhanden ist ($p_r = 0$). Ebenso ist die vollständige Ausschöpfung des Rohwasserangebots $\rho \cdot b_q$ davon abhängig, ob Rohwasser knapp ist oder nicht. Mit $r_w > 0$ und $r > 0$ ergibt sich aus der Bedingung (5.43) $L_{rw} = L_r = 0$ bzw.

$$p_r = \lambda_r = \lambda_\rho \gtreqless 0 \tag{5.62}.$$

Und wegen $w_d > 0$, $w > 0$ resultiert aus (5.38) $L_{wd} = L_w = 0$. Somit gilt mit $\lambda_r = p_r \gtreqless 0$ und $\lambda_w > 0$

$$U_{wd} = p_w = \lambda_w + p_r \geq \lambda_w > 0 \qquad (5.63a).$$

Dabei ist $p_r \geq 0$ der Knappheitspreis des Rohwassers und λ_w der Grenz‑
kostenpreis der Trinkwasserproduktion aus dem Rohwasser. Da die Pro‑
duktionsfunktion $W(a_w, q_w)$ linear–homogen ist, gilt das Euler–Theorem: w
$= W_a \cdot a_w + W_q \cdot q_w$. Mithilfe der Bedingungen (5.42a) und (5.42a) modifiziert
sich der Ausdruck $w = W_a \cdot a_w + W_q \cdot q_w$ zu $\lambda_w = \frac{p_a \cdot a_w}{w} + \frac{p_q \cdot q_w}{w}$. Ersetzt
man in (5.63a) λ_w durch den Term $\frac{p_a \cdot a_w}{w} + \frac{p_q \cdot q_w}{w}$, dann gilt für den Konsu‑
mentenpreis p_w für Trinkwasser:

$$p_w = \frac{p_a \cdot a_w}{w} + \frac{p_q \cdot q_w}{w} + p_r \qquad (5.63b)$$

Der effiziente Konsumentenpreis p_w für Trinkwasser muß die pro Einheit
Trinkwasser anfallenden Arbeitskosten $\frac{p_a \cdot a_w}{w}$ um die Kosten der Rohwasser‑
güteproduktion $\frac{p_q \cdot q_w}{w}$ und den Knappheitspreis p_r des Rohwassers über‑
schreiten.

Bei Rohwasser*knappheit*, $p_r = \lambda_r = \lambda_\rho > 0$, erhält man mit $p_w > 0$ aus den
Bedingungen (5.49) und (5.52) $L_{p_w} = L_{\lambda_w} = L_{\lambda_r} = L_{p_r} = L_{\lambda_\rho} = 0$ bzw.

$$\rho \cdot b_q = r = r_w = w = w_d = W(a_w, q_w) \qquad (5.64a).$$

Demnach wird das Rohwasserangebot $\rho \cdot b_q$ bei Knappheit von Rohwasser also
vollständig für die Trinkwasserproduktion ausgeschöpft.

Bei *reichlichem* Rohwasservorkommen, $p_r = \lambda_r = \lambda_\rho = 0$, muß der effi‑
ziente Konsumentenpreis p_w für Trinkwasser, wie aus (5.63b) ersichtlich ist,
die Arbeitskosten $\frac{p_a \cdot a_w}{w}$ nur um die Kosten der Rohwassergüteproduktion
$\frac{p_q \cdot q_w}{w}$ überschreiten. Ferner gewinnt man in diesem Fall mithilfe von $p_w > 0$,
$\lambda_w > 0$ aus den Bedingungen (5.49) und (5.52)

$$\rho \cdot b_q \geq r \geq r_w \geq w = w_d = W(a_w, q_w) \qquad (5.64b).$$

Nach Maßgabe von (5.64b) wird das Rohwasserangebot also nur im Grenzfall vollständig zur Trinkwasseraufbereitung verwendet, wenn das Rohwasservorkommen im Wasserschutzgebiet b_q reichlich ist.

Schließlich ergeben sich mit $p_h = \lambda_h > 0$, $p_q = \lambda_q > 0$ und $p_y = \lambda_y > 0$ aus den Bedingungen (5.48), (5.50) und (5.51) wegen $L_{ph} = L_{\lambda_h} = L_{Pq} = L_{\lambda_q} = L_{Py} = L_{\lambda_y} = 0$ die Gleichgewichtsbedingungen:

$$h_y = h \tag{5.65}$$
$$q_w = q$$
$$y_d = y$$

Und man erhält mithilfe von $p_a > 0$, $p_b > 0$ und $p_e > 0$ aus (5.53)–(5.55) die Beziehungen $L_{Pa} = L_{Pb} = L_{Pe} = 0$. D. h die Arbeitsausstattung a_0, der verfügbare Boden b_0 und die maximale Assimilationskapazität $\eta \cdot b_q$ werden vollständig ausgenutzt:

$$a_y + a_w = a_0 \tag{5.66a}$$
$$b_h + b_q = b_0 \tag{5.66b}$$
$$e_h + e_q = \eta \cdot b_q = e\bar{\beta} \tag{5.66c}$$
$$r = \rho \cdot b_q \tag{5.66d}$$

Im *zweiten* Schritt analysieren wir die Knappheit von Rohwasser: Aus empirischer Sicht bestehen bei der heutigen Rohwassernutzung im wesentlichen keine Knappheitsprobleme für die öffentliche Wasserversorgung. Jedoch sind die für Trinkwasserzwecke nutzbaren Rohwasservorkommen, also Rohwasser guter Qualität, z. B. in den USA und in Deutschland regional sehr ungleich verteilt, so daß ein (mit Kosten verbundener) Transport von Rohwasserüberschuß— in Rohwasserknappheitsgebiete erforderlich ist (Hirshleifer, de Haven und Milliman 1969, Sn. 4, 177 ff.; Bain, Caves und Margolis 1966, S. 625 ff.; Kraft 1991, S. 23). Diese Problematik der regionalen Knappheit von Rohwasser ist in unserer Analyse ausgeklammert.

In unserem Modell sind die vorstehenden Kuhn–Tucker–Bedingungen (5.37)–(5.55) im Fall einer inneren Lösung sowohl mit $p_r > 0$ als auch mit $p_r = 0$ vereinbar. D. h. das System (5.37)–(5.55) liefert keine Information, die es erlaubt, einen von beiden Fällen $p_r > 0$ bzw. $p_r = 0$ auszuschließen.

Es gibt also paretoeffiziente Allokationen, in denen Rohwasser ein freies Gut ist, und solche, die mit Rohwasserknappheit einhergehen. Dabei ist es von hohem ökonomischen Interesse, wenigstens Bedingungen für die Knappheit von Rohwasser anzugeben. Dazu betrachten wir zunächst den Spezialfall, daß vom Industriegebiet überhaupt *kein* Schadstoff in das Wasserschutzgebiet gelangt, $\mu_e = 0$:

Proposition 5.1. *In der paretoeffizienten Allokation ist Rohwasser knapp ($p_r >$ 0), wenn vom Industriegebiet kein Schadstoff in das Wasserschutzgebiet gelangt ($\mu_e = 0$).*

Beweis. Mit $\mu_e = 0$ folgt aus $e_h = \mu_e \cdot m_y$ unmittelbar $e_h = 0$. Und $e_h = 0$ impliziert wegen (5.6), (5.8a) und (5.19e) die Beziehungen[14]

$$e_q = \eta \cdot b_q$$
$$q = q_{max} = Q^w(b_q, e_q) \, .$$

Wenn also kein Schadstoff in das Wasserschutzgebiet gelangt, dann herrscht dort die maximale Rohwassergüte q_{max}. Die letzten beiden Beziehungen lassen sich mit (5.65) zusammenfassen:

$$q = q_w = q_{max} = Q^w(b_q, \eta \cdot b_q)$$

Weiter erhält man für $b_q > 0$ durch Einsetzen von (5.59) in die Bedingung (5.46) unter Beachtung der Beziehungen $p_r = \lambda_r = \lambda_\rho \geq 0$ und (5.58a) nach Umformungen den Bodenpreis

$$p_b = \lambda_q(Q^w_b + Q^w_e \cdot \eta) + p_r \cdot \rho > 0; \rho > 0 \, .$$

Nach totaler Differentiation der Gleichung $q_{max} = Q^w(b_q, \eta \cdot b_q)$ erhält man den Differentialterm $dq_{max} = (Q^w_b + Q^w_e \cdot \eta)db_q = 0$, der für *beide* alternative Hypothesen zur Funktion Q^w gilt. Der obige Differentialausdruck impliziert

---

[14]Bei $e_h = 0$ ist die Funktion $h = H(b_h, e_h)$ durch eine Funktion $h = \beta \cdot b_h$ zu ersetzen, wobei β eine positive Konstante ist (Pethig und Fiedler 1992, S. 490).

$(Q_b^w + Q_e^w \cdot \eta) = 0$. Mit $(Q_b^w + Q_e^w \cdot \eta) = 0$ vereinfacht sich der obige Ausdruck für den Bodenpreis zu $p_b = p_r \cdot \rho > 0$ und für den Knappheitspreis des Rohwassers gilt:

$$p_r = \frac{p_b}{\rho} > 0; \ \rho > 0 \qquad\qquad\qquad \square$$

Der Proposition 5.1 zufolge ist *qualitativ hochwertiges* Rohwasser der maximalen Güte von $q = q_{max}$ knapp ($p_r = p_b/\rho > 0$). Denn der Faktor Boden ist, wie die Bedingung (5.58a) zeigt, ein knapper Produktionsfaktor ($p_b > 0$) und hat positive Opportunitätskosten. Denn eine Ausweitung des Wasserschutzgebietes b_q für die Produktion von Rohwassergüte q vermindert aufgrund der konstanten Gesamtflächen b_0 die für die Fertigung des Zwischenproduktes verfügbare Fläche b_h des Industriegebietes. Dadurch sinkt wegen $H_b > 0$ die Produktionsmenge h des (knappen) Zwischenproduktes. Eine nicht vollständige Ausssschöpfung des maximalen Rohwasserangebotes r $= b_q \cdot \rho$ wäre somit gleichbedeutend mit einer *'Verschwendung'* des Bodens im Wasserschutzgebiet als knappen Produktionsfaktor. Da der 'verschwendete' Boden alternativ für die Fertigung des Zwischenproduktes genutzt werden kann (bei entsprechender Erweiterung des Industriegebietes) resultieren aus der 'Bodenverschwendung' nicht produzierte, also 'verlorene' Mengeneinheiten des Zwischenproduktes, denen keine zusätzlich produzierten Rohwassergüteeinheiten gegenüberstehen. Mit anderen Worten, unter der Annahme $\mu_e = 0$ hat die Nicht–Ausnutzung des gesamten Rohwasserpotentials $\rho \cdot b_q$ immer positive Opportunitätskosten.

Im *dritten* Schritt ermitteln wir aus den Kuhn–Tucker–Bedingungen (5.37)–(5.55) die Bedingungen für Produktionseffizienz in beiden Produktionsstufen und die (hinreichende) Bedingung für Paretoeffizienz:

a. *Produktionseffizienz in der ersten Produktionsstufe:*
Die Gleichungen (5.44)–(5.47) implizieren ($p_r = \lambda_r = \lambda_\rho \gtrless 0$):

$$\frac{H_e}{H_b} = \frac{p_e}{p_b} > 0 \qquad\qquad\qquad (5.67a)$$

$$\frac{Q_e^w}{Q_b^w} = \frac{p_e}{p_b^n}; \quad \text{mit } p_b^n := p_b - p_r \cdot \rho - p_e \cdot \eta < p_b \tag{5.67b}$$

In (5.67b) ist p_b^n der *Netto*schattenpreis des Wasserschutzgebietes b_q. Dieser ergibt sich aus dem *Brutto*schattenpreis $p_b > 0$ abzüglich der Preise $p_r \cdot \rho > 0$ und $p_e \cdot \eta > 0$, die das Rohwasserwerk aus der in (5.4) und (5.8a) beschriebenen Produktion des Rohwassers und der Selbstreinigungsdienste erzielt.

Dabei gilt in (5.67a) bei *linear–homogener* Produktionsfunktion für Rohwassergüte gemäß (5.13) $Q_b^w > 0$ und wie die Bedingung (5.59) zeigt, ist der Rohwassergütepreis $p_q = \lambda_q$ bei Betrachtung einer inneren Lösung ebenfalls positiv. Folglich ist der Nettoschattenpreis für $b_q > 0$ gemäß der Bedingung (5.46) positiv, $p_b^n = p_q \cdot Q_b^w > 0$. Den Bedingungen (5.67a) und (5.67b) zufolge sind der Boden und die Selbstreinigungsdienste vom Rohwasserwerk und dem Zulieferbetrieb bei linear–homogener Rohwassergütetechnologie so zu beanspruchen, daß die in Bodeneinheiten ausgedrückten Grenzkosten Q_e^w/Q_b^w der vom Rohwasserwerk verwendeten Selbstreinigungsdienste höher sind als die in Bodeneinheiten gemessenen Grenzkosten H_e/H_b der vom Zulieferbetrieb nachgefragten Selbstreinigungsdienste:

$$\frac{Q_e^w}{Q_b^w} = \frac{p_e}{p_b^n} > \frac{H_e}{H_b} = \frac{p_e}{p_b} > 0 \tag{5.67c}$$

Im Rohwasserwerk geht gemäß (5.67c) die Substitution einer Bodeneinheit durch Selbstreinigungsdienste bei Aufrechterhaltung der Rohwassergüte mit höheren Grenzkosten einher als im Zulieferbetrieb, da durch den Bodeneinsatz ebenso, wie aus (5.4) und (5.7) ersichtlich ist, die Rohwassermenge und die Assimilationskapazität bereitgestellt wird.

Die durch (5.20) gegebene *null–homogene* Technologie Q^w hat wegen (5.23) die Eigenschaft $Q_b^w < 0$ und somit ist $p_b^n = p_q \cdot Q_b^w < 0$. D. h. bei der null–homogenen Technologie Q^w überschreitet der Ausdruck $(p_r \cdot \rho + p_e \cdot \eta)$ den Bruttoschattenpreis p_b, so daß der Nettoschattenpreis negativ ist, $p_b^n < 0$. Somit gilt mit Berücksichtigung der bei Null–Homogenität gültigen Eigen–

schaft $\dfrac{b_q \cdot Q_b^w}{q} + \dfrac{e_q \cdot Q_e^w}{q} = 0$ bzw. $\dfrac{Q_e^w}{Q_b^w} = -\dfrac{b_q}{e_q}$ die folgende Relation für die Grenzkosten der Selbstreinigungsdienste:

$$\frac{Q_e^w}{Q_b^w} = -\frac{b_q}{e_q} = \frac{p_e}{p_b^n} < 0 < \frac{H_e}{H_b} = \frac{p_e}{p_b} \tag{5.67d}$$

In (5.67d) erzielt das Rohwasserwerk bei Substitution einer Bodeneinheit durch Selbstreinigungsdienste bei Aufrechterhaltung der Rohwassergüte einen Grenzerlös [= negative Grenzkosten], da die Grenzproduktivität Q_b^w des Bodens negativ ist. Weiter resultiert aus (5.40), (5.42b) und (5.44)–(5.47):

$$\frac{H_e}{Q_e^w} = \frac{p_q}{p_h} > 0 \tag{5.68a}$$

$$\frac{H_b}{Q_b^w} = \frac{p_q}{p_h} \cdot \frac{p_b}{p_b^n} \tag{5.68b}$$

Die Bedingung (5.68a) verlangt bei beiden Hypothesen zur Technologie für Rohwassergüte, daß die Grenzopportunitätskosten H_e/Q_e^w — diese sind durch für eine zusätzliche Rohwassergüteeinheit 'entgangene' Mengeneinheiten des Zwischenproduktes ausgedrückt — gleich dem Schattenpreisverhältnis p_q/p_h sind. Der Bedingung (5.68b) zufolge müssen bei linear–homogener Technologie für Rohwassergüte die Grenzopportunitätskosten H_b/Q_b einer zusätzlich produzierten Rohwassergüteeinheit gleich dem mit dem Relativpreis p_b/p_b^n Schattenpreisverhältnis p_q/p_h sein. Dabei gilt wegen $p_b^n < p_b$ die Relation:

$$\frac{H_b}{Q_b} > \frac{H_e}{Q_e} > 0 \tag{5.68c}$$

Im Fall der *null–homogenen* Funktion Q^w ist in (5.68b) der Term H_b/Q_b^w als Grenzerlös zu interpretieren und es gilt wegen $Q_b^w < 0$ und $p_b^n < 0$ die Relation:

$$\frac{H_b}{Q_b} < 0 < \frac{H_e}{Q_e} \qquad\qquad (5.68d)$$

b. Produktionseffizienz in der zweiten Produktionsstufe:

In der zweiten Produktionsstufe implizieren die Beziehungen (5.39), (5.40), (5.41) und (5.42) die folgenden Produktionseffizienzbedingungen:

$$\frac{Y_h}{Y_a} = \frac{p_h}{p_a} > 0 \qquad\qquad (5.69a)$$

$$\frac{W_q}{W_a} = \frac{p_q}{p_a} > 0 \qquad\qquad (5.69b)$$

Die Bedingung (5.69a) verlangt, daß die in Arbeitseinheiten gemessenen Grenzkosten Y_h/Y_a des vom Industriesektor nachgefragten Zwischenproduktes gleich dem Faktorrelativschattenpreis p_h/p_a ist und die Bedingung (5.69b) schreibt vor, daß die in Arbeitseinheiten ausgedrückten Grenzkosten W_q/W_a der vom Wasserwerk nachgefragten Rohwassergüte dem Faktorrelativschattenpreis p_q/p_a entsprechen.

Mithilfe der in (5.68a) gegebenen Grenzrate der Transformation zwischen der Rohwassergüte und dem Zwischenprodukt lassen sich (5.69a) und (5.69b) wie folgt zusammenfassen:

$$\frac{W_q}{W_a}\cdot\frac{Q_e^w}{H_e} = \frac{Y_h}{Y_a} = \frac{p_h}{p_a} > 0 \qquad\qquad (5.69c)$$

In der Bedingung (5.69c) fungiert der Term $Q_e^w/Y_e = p_q^*/p_y^*$ quasi als 'Umrechnungsfaktor'. Und zwar werden auf der linken Gleichungsseite von (5.69c) die Grenzkosten W_q/W_a durch Multiplikation mit dem Faktor Q_e^w/H_e als Grenzkosten Y_h/Y_a ausgedrückt. Hervorzuheben ist, daß die Bedingung (5.69c) sowohl bei reichlichem als auch bei knappem Rohwasser gilt.

Weiter erhält man aus den Bedingungen (5.37b), (5.38b), (5.39), (5.41) und (5.42) nach Umfomungen ($p_r = \lambda_r = \lambda_\rho \geq 0 \Rightarrow p_w = \lambda_w + p_r$):

$$\frac{Y_a}{W_a} = \frac{\lambda_w}{\lambda_y} = \frac{p_w - p_r}{p_y} > 0 \qquad (5.70a)$$

Der Bedingung (5.70a) zufolge müssen die in entgangenen Konsumguteinheiten gemessenen Grenzopportunitätskosten Y_a/W_a einer zusätzlichen Trinkwassereinheit bei knappem Rohwasser dem Schattenpreisverhältnis $\lambda_w/\lambda_y = (p_w - p_r)/p_y$ und bei reichlichem Rohwasser dem Relativschattenpreis $\lambda_w/\lambda_y = p_w/p_y$ entsprechen. Mithilfe von (5.68a) gewinnt man aus den Bedingungen (5.69) und (5.70) nach Umformungen:

$$\frac{Y_h}{W_q} \cdot \frac{H_e}{Q_e^w} = \frac{Y_a}{W_a} = \frac{p_w - p_r}{p_y} > 0 \qquad (5.70b)$$

In der Bedingung (5.70b) sind die Grenzopportunitätskosten Y_h/W_q, die dadurch entstehen, daß eine Zwischenprodukteinheit aus der Konsumgutproduktion abgezogen wird und dafür eine zusätzliche Rohwassergüteeinheit in die Trinkwasserproduktion eingeht, durch Multiplikation mit dem Faktor $H_e/Q_e^w = p_h/p_q$ in die Grenzopportunitätskosten Y_a/W_a umgerechnet, die durch Umlenkung einer Arbeitseinheit vom Industriesektor zum Wasserwerk entstehen.

c. Konsumeffizienz:

Die Bedingung für Konsumeffizienz gewinnt man aus den Gleichungen (5.37) und (5.38):

$$\frac{U_w}{U_y} = \frac{p_w}{p_y} > 0 \qquad (5.71)$$

Nach Maßgabe von (5.71) muß die Grenzzahlungsbereitschaft des repräsentativen Konsumenten für eine (zusätzliche) Trinkwassereinheit (gemessen in Einheiten des Konsumgutes) gleich dem (Konsumenten)–Preisverhältnis p_w/p_y sein.

d. Paretoeffizienz:

Paretoeffizienz ist realisiert, wenn die notwendigen Bedingungen (5.67)–(5.71) erfüllt sind und die hinreichende Bedingung

$$\frac{U_w}{U_y} = \frac{p_w}{p_y} \geq \frac{Y_a}{W_a} = \frac{p_w - p_r}{p_y} > 0 \tag{5.72}$$

gilt. Nach Maßgabe von (5.72) entspricht bei reichlichem Rohwasservorkommen ($p_r = 0$) im Wasserschutzgebiet die Grenzzahlungsbereitschaft des repräsentativen Konsumenten den Grenzopportunitätskosten der Aufbereitung des Trinkwassers. Und bei knappen Rohwasser ist die Grenzzahlungsbereitschaft höher als die Grenzopportunitätskosten, da in diesem Fall, wie aus (5.63b) ersichtlich ist, der effiziente Konsumentenpreis p_w den Produzentenpreis λ_w um den Knappheitspreis $p_r > 0$ des Rohwassers überschreiten muß.

5.3 Trinkwassermodelle mit vollständigen Märkten

5.3.1 Modell 1: Linear–homogene Rohwassergütetechnologie

Im folgenden analysieren wir die Knappheit von Rohwasser bei linear–homogener Funktion Q^w in einem Modell mit vollständigen und teilweise fiktiven Wettbewerbsmärkten. Als fiktiv sind dabei, wie wir im vierten Kapitel erläutert haben, der Markt für Rohwassergüte und der Markt für Selbstreinigungsdienste einzuordnen. Bei der Analyse der Rohwasserknappheit gehen wir zunächst davon aus, daß Rohwasser nicht knapp, also $p_r = 0$ ist. In einem weiteren Schritt untersuchen komparativ–statisch, wie ein Überschußangebot an Rohwasser auf Änderungen der Parameter a_0 und b_0 und auf Änderungen der Präferenz des repräsentativen Konsumenten für Trinkwasser reagiert. Dabei lassen wir wieder zu, daß ein Schadstoffstrom vom Industriegebiet ins Wasserschutzgebiet gelangt, $\mu_e > 0$.

In der ersten Produktionsstufe unterstellen wir zur Etablierung eines Marktes für den Faktor Boden, daß eine Wasserwirtschaftsbehörde das alleinige Nutzungsrecht an der insgesamt verfügbaren konstanten Bodenfläche

b_0 hat und diese zum Preis p_b anbietet. Das Rohwasserwerk fragt von der Behörde die Fläche b_q zum Preis p_b nach, um zu verhindern, daß der Zulieferbetrieb das Gebiet b_q als Schadstoffaufnahmemedium nutzt. Auf diese Weise nutzt das Rohwasserwerk die Fläche b_q zur Produktion der Rohwassergüte q. In Nutzungskonkurrenz zum Rohwasserwerk beansprucht der Zulieferbetrieb die verbleibende Fläche b_h als Schadstoffaufnahmemedium ebenfalls zum Preis p_b. Den Ertragswert $p_b \cdot b_0$ des Bodens transferiert die Behörde an den repräsentativen Konsumenten. Der Konsument erzielt ein Arbeitseinkommen $p_a \cdot a_0$ und die Gewinneinkommen $G^q \geq 0$, $G^h \geq 0$, $G^w \geq 0$ und $G^y \geq 0$ und gibt sein Einkommen zum Kauf des Konsumgutes und des Trinkwassers zu den Preisen p_y und p_w aus. Deshalb gilt für dessen Budgetrestriktion:

$$p_y \cdot y + p_w \cdot w = p_a \cdot a_0 + p_b \cdot b_0 + G^q + G^h + G^w + G^y \qquad (5.73a)$$

Dabei symbolisieren im folgenden die p_v mit v = a, b, e, h, q, w, y die Preise, die sich auf den einzelnen Märkten bei vollständiger Konkurrenz ergeben.

Zur Etablierung eines Marktes für Selbstreinigungsdienste nehmen wir an, daß die vorstehend eingeführte Wasserwirtschaftsbehörde verbunden mit dem Nutzungsrecht an der Bodenfläche ebenso das Nutzungsrecht an den Selbstreinigungsdiensten hat. Wie im Gewässergütemarktmodell aus dem vierten Kapitel bietet die Behörde Emissionslizenzen in der Höhe der Assimilationskapazität $e_h^q := \eta \cdot b_q$ an. Das Rohwasserwerk fragt die Menge e_q an Emissionslizenzen zum Preis p_e nach, um diese aus dem Markt zu nehmen und dadurch zu verhindern, daß der Zulieferbetrieb e_q als Aufnahmemedium für den Schadstoff nutzt. Der Zulieferbetrieb bezahlt für die verbleibenden Linzenzen e_h den gleichen Preis p_e an die Behörde. Den Ertragswert $p_e \cdot e_h^q$ der Selbstreinigungsdienste transferiert die Behörde an das Klärwerk.[15]

Das Rohwasserwerk erzielt aus der Produktion von Rohwasser*güte* q den Erlös $p_q \cdot q$, und aus dem Ertragswert der Selbstreinigungsdienste erhält es die

---

[15] Es ist ebenso folgende Konstruktion möglich: Die Nutzungsrechte der Selbstreinigungsdienste liegen beim Klärwerk. Der Zulieferbetrieb bezahlt dem Klärwerk den Betrag $p_e \cdot e_h$ als Entschädigung dafür, daß der Schadstoffstrom e_h in das Gebiet b_q gelangt (Pethig 1989a, S. 225).

Einnahmen $p_e \cdot e_q^b$. Aus der Kuppelproduktion der Rohwasser*menge* r resultiert wegen $p_r = 0$ kein Erlös. Somit läßt sich unter Berücksichtigung der Kosten $p_b \cdot b_q$ für die Nutzung des Faktors Boden und der Kosten $p_e \cdot e_q$ für die Nutzung der Selbstreinigungsdienste der Rohwasserwerksgewinn schreiben als:

$$G^q := p_q \cdot q + p_e \cdot e_q^b - p_b \cdot b_q - p_e \cdot e_q \qquad (5.74)$$

Diese Gewinnfunktion modifiziert sich mithilfe der Beziehung $e_q^b := \eta \cdot b_q$ und der Definition $p_b^n := p_b - p_e \cdot \eta$ des Nettobodenpreises bei reichlich vorhandenem Rohwasser nach Umformungen zu:

$$G^q := p_q \cdot q - p_b^n \cdot b_q - p_e \cdot e_q \qquad (5.75a)$$

Gemäß (5.75a) fungiert das Rohwasserwerk implizit nur als Produzent von Rohwassergüte, wobei Kosten aus der Nutzung des Bodens, $p_b^n \cdot b_q$, und der Nutzung der Selbstreinigungsdienste, $p_e \cdot e_q$, entstehen. Dabei kann das Rohwasserwerk nur den Teil e_q der Assimilationskapazität nutzen, da die verbleibende Menge e_h vom Zulieferbetrieb als Schadstoffaufnahmemedium verwendet wird. Da die Rohwassergütetechnologie annahmegemäß linear–homogen ist, gilt aufgrund des Euler–Theorems $q = Q_b \cdot b_q + Q_e \cdot e_q$. Weiter gilt wegen der Grenzproduktivitätsentlohnung beider Faktoren b_q und e_q für die Grenzprodukte $Q_b = p_b^n/p_q$ und $Q_e = p_e/p_q$. Folglich macht das Rohwasserwerk einen maximalen Gewinn von Null ($G^q = 0$) und der Preis p_q für Rohwassergüte läßt sich schreiben als[16]:

$$p_q = \frac{p_b^n \cdot b_q}{q} + \frac{p_e \cdot e_q}{q} \qquad (5.75b)$$

---

[16]Das Klärwerk macht Nullgewinn, da wegen der Linear–Homogenität der Funktion Q^w ebenso die zusammengesetzte Funktion $F(b_q, e_q) := Q^w(b_q, e_q) + \eta \cdot b_q = q + e_o^b$ homogen vom Grade 1 ist. Denn aus $\lambda \cdot q = Q^w(\lambda \cdot b_q, \lambda \cdot e_q)$ und $\lambda \cdot e_o^b = \lambda \cdot \eta \cdot b_q$ folgt $F(\lambda \cdot b_q, \lambda \cdot e_q) = Q^w(\lambda \cdot b_q, \lambda \cdot e_q) + \lambda \cdot \eta \cdot b_q = \lambda(q + e_o^b)$.

Der Rohwassergütepreis setzt sich zusammen aus den *Netto*bodenkosten, die pro produzierter Rohwassergüteeinheit q anfallen, und den Kosten der Selbstreinigungsdienste, die für jede Rohwassergüteeinheit zu zahlen sind.

Der Zulieferbetrieb erhält aus der Produktion des Zwischenproduktes die Einnahmen $p_h \cdot h$, die mit den Kosten $p_b \cdot b_h$ und $p_e \cdot e_h$ zu saldieren sind. Bei linear–homogener Technologie H beträgt wegen des Euler–Theorems der maximale Gewinn des Zulieferbetriebes Null:

$$G^h := p_h \cdot h - p_b \cdot b_h - p_e \cdot e_h = 0 \qquad (5.76\text{a})$$

Folglich setzt sich der Preis p_h des Zwischenproduktes zusammen aus den Bodenkosten, die für jede Mengeneinheit h anfallen, und den Kosten der Selbstreinigungsdienste pro Mengeneinheit h:

$$p_h = \frac{p_b \cdot b_h}{h} + \frac{p_e \cdot e_h}{h} \qquad (5.76\text{b})$$

In der zweiten Produktionsstufe erzielt das Wasserwerk bei reichlichem Rohwasservorkommen den Erlös $p_w \cdot w$ aus dem Trinkwasserverkauf. Dabei fallen die Faktorkosten für die Entlohnung der Arbeitskräfte, $p_a \cdot a_w$, und die Nutzung der Rohwassergüte, $p_q \cdot q_w$, an. Bei linear–homogener Trinkwassertechnologie W ist im Wasserwerk der maximale Gewinn Null:

$$G^w := p_w \cdot w - p_a \cdot a_w - p_q \cdot q_w = 0 \qquad (5.77\text{a})$$

Somit besteht der Trinkwasserpreis p_w, wie wir bereits mithilfe der Bedingung (5.63c) erläutert haben, aus den Arbeitskosten und den Nutzungskosten für Rohwassergüte, die jeweils pro Trinkwassermengeneinheit w anfallen, wenn Rohwasser reichlich ist:

$$p_w = \frac{p_a \cdot a_w}{w} + \frac{p_q \cdot q_w}{w} \qquad (5.77\text{b})$$

Der Industriesektor erhält den Erlös $p_y \cdot y$ aus dem Verkauf des Konsumgutes. Die Fak torkosten für die Entlohnung der Arbeitskräfte betragen $p_a \cdot a_y$ und die Kosten für die Verwendung des Zwischproduktes sind $p_h \cdot h_y$. Bei linear–homogener Produktionstechnologie Y ist der maximale Gewinn wie in den übrigen Sektoren ebenfalls Null:

$$G^y := p_y \cdot y - p_a \cdot a_y - p_h \cdot h_y = 0 \tag{5.78}$$

Wegen $G^q = G^h = G^w = G^y = 0$ vereinfacht sich die Restriktion (5.73a) zu:

$$p_y \cdot y + p_w \cdot w = p_a \cdot a_0 + p_b \cdot b_0 \tag{5.73b}$$

Das Marktgleichgewicht ist wie folgt definiert:

Definition 5.1. *Ein Gleichgewicht bei vollständigem Wettbewerb ist determiniert durch eine erreichbare Allokation* $(a_a^\dagger, a_y^\dagger, b_q^\dagger, b_h^{*}, e_q^\dagger, e_h^{*}, h_y^\dagger, h*, q_w^\dagger, q*, r*, w_d^\dagger,$ $w*, y_d^\dagger, y*)$ *und einen nicht–negativen Preisvektor* $(p_a^\dagger, p_b^\dagger, p_e^\dagger, p_h^{*}, p_q^\dagger, p_r^\dagger = 0,$ $p_w^\dagger, p_y^\dagger)$ *derart, daß*

1. $(b_q^\dagger, e_q^\dagger, q*) = arg\ max\ (p_q^\dagger \cdot q - (p_b^\dagger - p_e^\dagger \cdot \eta)b_q - p_e^\dagger \cdot e_q)$ *u. d. B.* $q \leq Q^w(b_q, e_q);$

2. $(b_h^{*}, e_h^{*}, h*) = arg\ max\ (p_h^{*} \cdot h - p_b^\dagger \cdot b_h - p_e^\dagger \cdot e_h)$ *u. d. B.* $h \leq H(b_h, e_h);$

3. $(a_w^\dagger, q_w^\dagger, w*) = arg\ max\ (p_w^\dagger \cdot w - p_a^\dagger \cdot a_w - p_q^\dagger \cdot q_w)$ *u. d. B.* $w \leq W(a_w, q_w);$

4. $(a_y^\dagger, h_y^\dagger, y*) = arg\ max\ (p_y^\dagger \cdot y - p_a^\dagger \cdot a_y - p_y^\dagger \cdot h_y)$ *u. d. B.* $y \leq Y(a_y, h_y);$

5. $(w_d^\dagger, y_d^\dagger) = arg\ max\ u = U(w_d, y_d)$ *u. d. B.* $p_y^\dagger \cdot y + p_w^\dagger \cdot w = p_a^\dagger \cdot a_0 + p_b^\dagger \cdot b_0;$

6. *die Marktgleichgewichtsbedingungen* $h_y^\dagger = h*$, $q_w^\dagger = q*$, $w_d^\dagger = w*$ *und* $y_d^\dagger = y*$ *und*

7. *die Ressourcenrestriktionen* $a_y^\dagger + a_w^\dagger = a_0$, $b_h^{*} + b_q^\dagger = b_0$, $e_h^{*} + e_q^\dagger = b_q^\dagger \cdot \eta$ *und* $r* = \rho \cdot b_q^\dagger$ *erfüllt sind.*

Im folgenden ermitteln wir die Eigenschaften des Marktgleichgewichts aus der Definition 5.1., dessen Stabilität, Existenz und Eindeutigkeit wir voraussetzen (Vgl. Fn. 32 im Kapitel 4 auf S. 101):

Proposition 5.2. *Das Marktgleichgewicht der Definition 5.1 ist paretoeffizient.*

Beweis. Aufgrund der Verhaltensmaximen der Gewinn— und der Nutzenmaximierung erhält man durch die Anwendung der Definition 5.1 bei Beschränkung auf innere Lösungen die Marginalbedingungen (5.67a), (5.67b) (5.68a), (5.68b), (5.69a), (5.69b), (5.69c), (5.70b), (5.70d), (5.71), (5.72). Identifiziert man wie im Beweis der Proposition 4.1 im vierten Kapitel die Schattenpreise dieser Bedingungen mit den Marktpreisen, dann ist gemäß dem ersten Hauptsatz der Wohlfahrtsökonomie das Marktgleichgewicht aus Definition 5.1 paretoeffizient.   □

Weiter ist das Marktgleichgewicht aus der Definition 5.1 ökologisch tragfähig, da die Wasserwirtschaftsbehörde Emissionslizenzen in der ökologisch tolerierbaren Höhe, e_z^z, der Assimilationskapazität — und *nicht* darüber — ausgibt[17].

Bei der folgenden komparativ–statischen Analyse unterdrücken wir zur Vereinfachung der Schreibweise das in der Gleichgewichtsdefinition 5. 1 verwendete Superskript *. Außerdem nehmen wir an, daß die vier Produktionstechnologien Q^w, H, W, und Y Cobb–Douglas–Technologien sind:

$$q = Q^w(b_q, e_q) = b_q^{\delta} \cdot e_q^{1-\delta}; \qquad \text{mit } 0 < \delta < 1 \qquad (5.79a)$$

$$h = H(b_h, e_h) = b_h^{\alpha} \cdot e_h^{1-\alpha}; \qquad \text{mit } 0 < \alpha < 1 \qquad (5.79b)$$

$$w = W(a_q, q_w) = a_w^{\xi} \cdot q_w^{1-\xi}; \qquad \text{mit } 0 < \xi < 1 \qquad (5.79c)$$

$$y = Y(a_y, h_y) = a_y^{\beta} \cdot h_y^{1-\beta}; \qquad \text{mit } 0 < \beta < 1 \qquad (5.79d)$$

---

[17]Somit ist die Bedingung 1 für den Ablauf des stationären Monod–Prozesses aus dem zweiten Kapitel erfüllt. Die Gültigkeit der beiden übrigen Ablaufbedingungen setzen wir wie bei den Modellen aus dem dritten und vierten Kapitel ebenso bei allen Trinkwassermodellen dieses Kapitels voraus.

Wir analysieren die komparativ–statische Wirkung einer Änderung der Präferenz des repräsentativen Konsumenten für Trinkwasser und das Konsumgut, indem wir die Nutzenfunktion (5.31) durch folgende *limitationale* Nutzenfunktion spezifizieren:

$$u = \min[w_d, \gamma \cdot y_d]; \qquad \text{mit } \gamma > 0 \tag{5.80a}$$

Gemäß der Nutzenfunktion in (5.80a) ist die Nachfrage nach dem Trinkwasser und dem Konsumgut streng komplementär. Denn die notwendige Bedingung dafür, daß ein Güterbündel (w_d, y_d) vom repräsentativen Konsumenten nachgefragt wird, besteht darin, daß (w_d, y_d) die Gleichung

$$w_d = \gamma \cdot y_d \tag{5.80b}$$

erfüllt, der zufolge beide Güter in einem konstanten Verhältnis nachgefragt werden. Der Nachfrageparameter γ gibt an, wieviele Mengeneinheiten an Trinkwasser w pro Mengeneinheit des Konsumgutes nachgefragt werden. Eine Erhöhung des Nachfrageparameters γ besagt, daß das Gut Trinkwasser im Verhältnis zum Konsumgut stärker nachgefragt wird als vor der Parametererhöhung.

Die komparative Statik erfolgt in drei Schritten: Im ersten Schritt reduzieren wir in der ersten Produktionsstufe die Gleichungen der Änderungsraten durch Rücksubstitutionen soweit, daß diese von $\hat{b}_0$ und der Preisvariablen $\hat{\pi}_{hq}$ abhängen. Im darauffolgenden Schritt ermitteln wir in der zweiten Produktionsstufe die vollständig reduzierte Form der Variablen $\hat{\pi}_{hq}$ und lösen im dritten Schritt das gesamte Gleichungssystem.

In der ersten Produktionsstufe erhält man nach Differentiation der Ressourcenrestriktionen (5.66b)–(5.66d) unter Berücksichtigung von $\hat{\eta} = \hat{\rho} = 0$:

$$b_h \cdot \hat{b}_h + b_q \cdot \hat{b}_q = b_0 \cdot \hat{b}_0 \tag{5.81a}$$

$$e_h \cdot \hat{e}_h + e_q \cdot \hat{e}_q = \eta \cdot b_q \cdot \hat{b}_q \tag{5.81b}$$

$$\hat{r} = \hat{b}_q \tag{5.81c}$$

Weiter impliziert die Gewinnmaximierung in der ersten Stufe gemäß Definition 5.1 die Produktionseffizienzbedingungen (5.67a), (5.67b) und (5.68a), wenn man die Schattenpreise mit den Marktpreisen identifiziert. Mit Verwendung der Cobb–Douglas–Technologien (5.79a) und (5.79b) und den Notationen $\pi_{be} := p_b/p_e$ und $\pi_{hq} := p_h/p_q$ modifizieren sich diese Bedingungen unter Beachtung von $p_r = 0$ nach Umformungen zu:

$$\frac{H_b}{H_e} = \pi_{be} = \frac{\alpha}{1 - \alpha}\cdot\frac{e_h}{b_h} \qquad (5.67a)'$$

$$\frac{Q_b^w}{Q_e^w} = \pi_{be} = \frac{\delta}{1 - \delta}\cdot\frac{e_q}{b_q} + \eta \qquad (5.67b)'$$

$$\frac{Q_e^w}{H_e} = \pi_{hq} = \frac{(1 - \delta)\cdot\left[\dfrac{b_q}{e_q}\right]^{\delta}}{(1 - \alpha)\cdot\left[\dfrac{b_h}{e_h}\right]^{\alpha}} \qquad (5.68a)'$$

Wegen $\hat{\eta} = 0$ ergibt die Anwendung die Differentiation dieser drei Bedingungen:

$$\hat{\pi}_{be} = \hat{e}_h - \hat{b}_h \qquad (5.82a)$$

$$\hat{\pi}_{be} = \frac{\delta}{1 - \delta}\cdot\frac{e_q}{b_q}\cdot\frac{1}{\pi_{be}}(\hat{e}_q - \hat{b}_q) \qquad (5.82b)$$

$$\hat{\pi}_{hq} = \delta(\hat{b}_q - \hat{e}_q) + \alpha(\hat{e}_h - \hat{b}_h) \qquad (5.82c)$$

Nach Elimination der Variablen $\hat{b}_q$, $\hat{b}_h$, $\hat{e}_q$ und $\hat{e}_h$ aus den Beziehungen (5.82) resultiert:

$$\hat{\pi}_{hq} = K_p\cdot\hat{\pi}_{be} \qquad (5.83)$$

Dabei gilt die Notation

$$K_p := \frac{\alpha}{1 - \alpha} \cdot \frac{e_h}{b_h} \left[(1 - \alpha) \cdot \frac{b_h}{e_h} - (1 - \delta) \cdot \frac{b_q}{e_q} \right],$$

so daß $K_p \gtrless 0$ ist genau dann, wenn $(1-\alpha)b_h/e_h \gtrless (1-\delta)b_q/e_q$ ist. Wie Pethig und Fiedler (1991, S. 30) nehmen wir an, daß $b_h > b_q$ und $e_h < e_q$ die empirisch relevante Konstellation ist und beschränken die folgenden Aus-führungen darauf. Folglich gilt bei Verwendung der Annahme $\delta \geq \alpha$ die Relation $(1-\alpha)b_h/e_h > (1-\delta)b_q/e_q$, so daß $K_p > 0$ ist. Weiter erhalten wir durch Subtraktion der Gleichung (5.81a) von der Gleichung (5.81b) mit Verwendung von (5.82b) nach einigen Umstellungen

$$\hat{b}_q = \hat{b}_0 + \frac{\delta(1 - \alpha)b_h + \alpha(1 - \delta)b_q}{\delta(1 - \alpha)b_0} \cdot \hat{\pi}_{be} \tag{5.84}.$$

Ersetzt man die Preisvariable $\hat{\pi}_{be}$ in (5.84) durch $\hat{\pi}_{be}$ aus der Gleichung (5.83), dann resultiert nach Umformungen

$$\hat{b}_q = \hat{e}\hat{\zeta} = \hat{r} = \hat{b}_0 + K_{bq} \cdot \hat{\pi}_{hq} \tag{5.85}$$

mit

$$K_{bq} := \frac{b_h[\delta(1 - \alpha)b_h + \alpha(1 - \delta)b_q]}{\alpha \cdot \delta \cdot b_0 \cdot e_h \left[(1 - \alpha)\dfrac{b_h}{e_h} - (1 - \delta)\dfrac{b_q}{e_q} \right]} > 0.$$

Wegen der Relation $(1-\alpha)b_h/e_h > (1-\delta)b_q/e_q$ gilt $K_{bq} > 0$. Mithilfe von (5.81a) gewinnt man aus (5.85) unmittelbar

$$\hat{b}_h = \hat{b}_0 - K_{bh} \cdot \hat{\pi}_{hq}, \qquad \text{wobei } K_{bh} := \frac{b_q}{b_h} \cdot K_{bq} > 0 \tag{5.86}.$$

Bei Verwendung von (5.83) und (5.86) folgt aus der Gleichung (5.82a) nach einigen Umformungen

$$\hat{e}_h = \hat{b}_0 + K_{eh} \cdot \hat{\pi}_{hq} \tag{5.87}$$

mit

$$K_{eh} := \frac{b_h \cdot \delta(1 - \alpha)b_h - b_q \cdot \alpha(1 - \delta)b_q}{\alpha \cdot \delta \cdot b_0 \cdot e_h \left[(1 - \alpha)\dfrac{b_h}{e_h} - (1 - \delta)\dfrac{b_q}{e_q}\right]} > 0.$$

Wegen der oben eingeführten Annahmen $b_h > b_q$, $e_h < e_q$ und $\delta \geq \alpha$, gilt im Zähler des Quotienten K_{eh} die Relation $b_h \cdot \delta(1-\alpha)b_h > b_q \cdot \alpha(1-\delta)b_q$, im Nenner von K_{eh} ist $(1-\alpha)b_h/e_h > (1-\delta)b_q/e_q$ und somit ist $K_{eh} > 0$. Weiter gewinnt man durch Elimination der Variablen $\hat{b}_q$ und $\hat{e}_h$ mithilfe der Beziehungen (5.85) und (5.87) aus der Gleichung (5.81b) nach zahlreichen Umformungen

$$\hat{e}_q = \hat{b}_0 + K_{eq} \cdot \hat{\pi}_{hq} \tag{5.88},$$

wobei wegen $(1-\alpha)b_h/e_h > (1-\delta)b_q/e_q$ der Ausdruck

$$K_{eq} := \frac{b_h \cdot e_q[\delta(1 - \alpha)b_h + \alpha(1 - \delta)b_q] + \alpha(1 - \delta)b_0 \cdot b_q \cdot e_h}{\alpha \cdot \delta \cdot b_0 \cdot e_h \cdot e_q \left[(1 - \alpha)\dfrac{b_h}{e_h} - (1 - \delta)\dfrac{b_q}{e_q}\right]} > 0$$

ist. Differentiation der Cobb–Douglas–Produktionsfunktionen (5.79a) und (5.79b) ergibt:

$$\hat{q} = \delta \cdot \hat{b}_q + (1 - \delta)\hat{e}_q \tag{5.89a}$$

$$\hat{h} = \alpha \cdot \hat{b}_h + (1 - \alpha)\hat{e}_h \tag{5.89b}$$

Elimination der Variablen $\hat{b}_h$, $\hat{b}_q$, $\hat{e}_h$ und $\hat{e}_q$ aus (5.89) unter Verwendung der Gleichungen (5.85)—(5.88) ergibt nach einigen Umstellungen:

$$\hat{q} = \hat{b}_0 + K_q \cdot \hat{\pi}_{hq} \tag{5.90a}$$

$$\hat{h} = \hat{b}_0 + K_h \cdot \hat{\pi}_{hq} \tag{5.90b}$$

Dabei gelten die Notationen:

$$K_q := \frac{b_h \cdot e_q[\delta(1-\alpha)b_h + \alpha(1-\delta)b_q] + \alpha(1-\delta)^2 \cdot b_0 \cdot b_q \cdot e_h}{\alpha \cdot \delta \cdot b_0 \cdot e_h \cdot e_q\left[(1-\alpha)\dfrac{b_h}{e_h} - (1-\delta)\dfrac{b_q}{e_q}\right]} > 0$$

$$K_h := \frac{b_h \cdot \delta(1-\alpha)b_h - b_q \cdot \alpha(1-\delta)b_q - b_0 \cdot \alpha \cdot \delta(1-\alpha)b_h}{\alpha \cdot \delta \cdot b_0 \cdot e_h\left[(1-\alpha)\dfrac{b_h}{e_h} - (1-\delta)\dfrac{b_q}{e_q}\right]} < 0$$

Der Term K_h ist aus folgendem Grund negativ: Die Produktionsfunktionen H und Q sind konkav; daher ist die Transformationsfunktion zwischen den beiden Gütern H und Q^w ebenfalls konkav und fällt monoton. Folglich muß die Menge h des Zwischenproduktes H abnehmen und das Rohwassergüteniveau steigen, wenn der Relativpreis π_{hq} steigt. Weiter erhält man durch Subtraktion der Gleichung (5.90b) von der Gleichung (5.90a) nach Umformungen mit Verwendung der Notation

$$K_{qh} := \frac{e_q \cdot \delta(1-\alpha)b_h + e_q(1-\delta)b_q + (1-\delta)^2 \cdot b_q \cdot e_h}{\delta \cdot e_h \cdot e_q\left[(1-\alpha)\dfrac{b_h}{e_h} - (1-\delta)\dfrac{b_q}{e_q}\right]} = K_q - K_h > 0$$

$$\hat{q} - \hat{h} = K_{qh} \cdot \hat{\pi}_{hq} \tag{5.91}$$

In der zweiten Produktionsstufe ergibt die Differentiation der Ressourcenrestriktion (5.66a):

$$a_y \cdot \hat{a}_y + a_w \cdot \hat{a}_w = a_0 \cdot \hat{a}_0 \qquad (5.92)$$

Ferner impliziert Gewinnmaximierung in der zweiten Stufe gemäß Definition 5.1 die Produktionseffizienzbedingungen (5.69) und (5.70b), wenn die Schattenpreise die Marktpreise repräsentieren. Diese Bedingungen modifizieren sich bei Berücksichtigung der Cobb–Douglas–Technologien (5.79) und der Gleichgewichtsbedingungen $h_y = h$ und $q_w = q$ nach Umformungen mit $p_r = 0$ zu:

$$\frac{Y_h}{Y_a} = \pi_{ha} = \frac{1 - \beta}{\beta} \cdot \frac{a_y}{h} \qquad (5.69a)'$$

$$\frac{W_q}{W_a} = \pi_{qa} = \frac{1 - \xi}{\xi} \cdot \frac{a_w}{q} \qquad (5.69b)'$$

$$\frac{1 - \xi}{\xi} \cdot \frac{a_w}{e_q} \cdot \frac{1 - \delta}{1 - \delta} = \frac{1 - \beta}{\beta} \cdot \frac{a_y}{e_h} \qquad (5.69c)'$$

$$\frac{W_a}{Y_a} = \pi_{yw} = \frac{\xi \cdot \left[\dfrac{q}{a_w}\right]^{1-\xi}}{\beta \cdot \left[\dfrac{h}{a_y}\right]^{1-\beta}} \qquad (5.70b)'$$

Dabei gelten die Notationen $\pi_{ha} := p_h/p_a$, $\pi_{qa} := p_q/p_a$ und $\pi_{yw} := p_y/p_w$. Differentiation der obigen vier Produktionseffizienzbedingungen ergibt:

$$\hat{\pi}_{ha} = \hat{a}_y - \hat{h} \qquad (5.93a)$$

$$\hat{\pi}_{qa} = \hat{a}_w - \hat{q} \qquad (5.93b)$$

$$\hat{\pi}_{yw} = (1 - \xi)(\hat{q} - \hat{a}_w) + (1 - \beta)(\hat{a}_y - \hat{h}) \qquad (5.93c)$$

$$\hat{a}_w - \hat{e}_q = \hat{a}_y - \hat{e}_h \qquad (5.93d)$$

Einsetzen der Gleichungen (5.87), (5.88) und (5.92) in die differenzierte Produktionseffizienzbedingung (5.93d) ergibt nach Umformungen:

$$\hat{a}_y = \hat{a}_0 - \frac{a_w}{a_0}(K_{eq} - K_{eh}) \cdot \hat{\pi}_{hq} \qquad (5.94)$$

Dabei ist in (5.94) wegen $(1-\alpha)b_h/e_h > (1-\delta)b_q/e_q$ der Term

$$(K_{eq} - K_{eh}) = \frac{b_q(1-\delta)(e_q + e_h)}{\delta \cdot e_h \cdot e_q \left[(1-\alpha)\dfrac{b_h}{e_h} - (1-\delta)\dfrac{b_q}{e_q}\right]} > 0.$$

Weiter gewinnt man durch Einsetzen von (5.94) in (5.92):

$$\hat{a}_w = \hat{a}_0 + \frac{a_y}{a_0}(K_{eq} - K_{eh}) \cdot \hat{\pi}_{hq} \qquad (5.95)$$

Mithilfe der Gleichungen (5.90), (5.94) und (5.95) reduziert man die Änderungsraten der Produktionsfunktionen

$$\hat{w} = \xi \cdot \hat{a}_w + (1-\xi)\hat{q} \qquad (5.96a)$$

$$\hat{y} = \beta \cdot \hat{a}_y + (1-\beta)\hat{h} \qquad (5.96b)$$

jeweils nach Umformungen wie folgt:

$$\hat{w} = \xi \cdot \hat{a}_0 + (1-\xi)\hat{b}_0 + \frac{\xi \cdot a_y(K_{eq} - K_{eh}) + a_0(1-\xi)K_q}{a_0} \cdot \hat{\pi}_{hq} \qquad (5.97)$$

$$\hat{y} = \beta \cdot \hat{a}_0 + (1-\beta)\hat{b}_0 + \frac{a_0(1-\beta)K_h - \beta \cdot a_w(K_{eq} - K_{eh})}{a_0} \cdot \hat{\pi}_{hq} \qquad (5.98)$$

Aus diesen Beziehungen erhält man mit der differenzierten Nachfragebeziehung (5.80b),

$$(5.99) \qquad \hat{w} - \hat{y} = \hat{\gamma},$$

nach Umformungen die Gleichung

$$(\xi - \beta)\hat{a}_0 + (\beta - \xi)\hat{b}_0 +$$

$$+ \frac{a_0[(1 - \xi)K_q - (1 - \beta)K_h] + (K_{eq} - K_{eh})(a_y \cdot \xi + \beta \cdot a_w)}{a_0} \cdot \hat{\pi}_{hq} = \hat{\gamma}$$

Mithilfe der in Pethig und Fiedler (1991, S. 32 f. und 1992, S. 492 f.) eingeführten Annahme $\xi = \beta$ vereinfacht sich diese Gleichung unter Verwendung der Beziehung $(K_{eq} - K_{eh}) = (K_{qh} - 1) > 0$ nach Umformungen zur vollständig reduzierten Form der $\hat{\pi}_{hq}$–Preisgleichung:

$$\hat{\pi}_{hq} = \frac{1}{K_{qh} + \beta} \cdot \hat{\gamma}, \qquad K_{qh} := K_q - K_h > 0 \qquad\qquad (5.100)$$

Aus den Gleichungen (5.93) resultiert mit der Preisgleichung (5.100) unter Berücksichtigung von $\hat{\pi}_{hq} = \hat{\pi}_{ha} - \hat{\pi}_{qa}$ nach Umstellungen:

$$\hat{\pi}_{yw} = (1 - \beta)\hat{\pi}_{hq} = \frac{1 - \beta}{K_{qh} + \beta} \cdot \hat{\gamma} \qquad\qquad (5.101)$$

Weiter gewinnt man durch Einsetzen der vollständig reduzierten Gleichung (5.100) in die Beziehungen (5.83), (5.85), (5.86), (5.87), (5.88), (5.90), (5.91), (5.94), (5.95), (5.97) und (5.98) die folgenden vollständig reduzierten Ausdrücke:

$$\hat{\pi}_{be} = \frac{1}{K_p} \cdot \hat{\pi}_{hq} = \frac{1}{K_p(K_{qh} + \beta)} \cdot \hat{\gamma}, \qquad K_p > 0 \qquad\qquad (5.102)$$

$$\hat{b}_q = \hat{e}_\beta = \hat{r} = \hat{b}_0 + \frac{K_{bq}}{(K_{qh} + \beta)} \cdot \hat{\gamma}, \qquad K_{bq} > 0 \qquad\qquad (5.103)$$

$$\hat{b}_h = \hat{b}_0 - \frac{K_{bh}}{(K_{qh} + \beta)} \cdot \hat{\gamma}; \qquad K_{bh} > 0 \qquad\qquad (5.104)$$

$$\hat{e}_h = \hat{b}_0 + \frac{K_{eh}}{(K_{qh} + \beta)} \cdot \hat{\gamma}; \qquad K_{eh} > 0 \qquad\qquad (5.105)$$

$$\hat{e}_q = \hat{b}_0 + \frac{K_{eq}}{(K_{qh} + \beta)} \cdot \hat{\gamma}; \qquad K_{eq} > 0 \qquad\qquad (5.106)$$

$$\hat{q} = \hat{b}_0 + \frac{K_q}{(K_{qh} + \beta)} \cdot \hat{\gamma}; \qquad K_q > 0 \qquad\qquad (5.107)$$

$$\hat{h} = \hat{b}_0 + \frac{K_h}{(K_{qh} + \beta)} \cdot \hat{\gamma}; \qquad K_h > 0 \qquad\qquad (5.108)$$

$$\hat{q} - \hat{h} = \frac{K_{qh}}{(K_{qh} + \beta)} \cdot \hat{\gamma}; \qquad K_{qh} := K_q - K_h > 0 \qquad\qquad (5.109)$$

$$\hat{a}_y = \hat{a}_0 - \frac{a_w (K_{eq} - K_{eh})}{a_0 (K_{qh} + \beta)} \cdot \hat{\gamma}; \qquad K_{eq} - K_{eh} > 0 \qquad\qquad (5.110)$$

$$\hat{a}_w = \hat{a}_0 - \frac{a_y (K_{eq} - K_{eh})}{a_0 (K_{qh} + \beta)} \cdot \hat{\gamma} \qquad\qquad (5.111)$$

$$\hat{w} = \xi \cdot \hat{a}_0 + (1 - \xi)\hat{b}_0 + \frac{\xi \cdot a_y (K_{eq} - K_{eh}) + a_0 (1 - \xi) K_q}{a_0 (K_{qh} + \beta)} \cdot \hat{\gamma} \qquad\qquad (5.112)$$

$$\hat{y} = \beta \cdot \hat{a}_0 + (1 - \beta)\hat{b}_0 + \frac{a_0 (1 - \beta) K_h - \beta \cdot a_w (K_{eq} - K_{eh})}{a_0 (K_{qh} + \beta)} \cdot \hat{\gamma} \qquad\qquad (5.113)$$

Die Analyse der Wirkung der Parameter a_0, b_0 und γ auf die Knappheit bzw. 'Reichlichkeit' von Rohwasser steht im Zentrum unseres Interesses. Jedoch haben wir für den Knappheitspreis des Rohwassers $p_r = 0$ angenommen. Daher operieren wir mit dem Quotienten r/w bzw. mit der Differenz $(\hat{r} - \hat{w})$ als

Indikator für die Änderung der Knappheit bzw. Reichlichkeit von Rohwasser (Pethig und Fiedler 1992, S. 493). Wie aus den Beziehungen (5.64) ersichtlich ist, gilt bei Rohwasserknappheit $r/w = 1$ ($p_r > 0$) und bei reichlichem Rohwasser ist $r/w \geq 1$ ($p_r = 0$). Weiter impliziert $r = w$ lokal unmittelbar $\hat{r} = \hat{w}$. Es kann also keine Aussage über die Änderung von 'Rohwasserreichlichkeit' gemacht werden. Daher setzen wir ein Überschußangebot an Rohwasser, also $r/w > 1$, in der Ausgangslage der komparativen Statik voraus. Dann zeigt z. B. $(\hat{r} - \hat{w}) > 0$ eine Erhöhung des Überangebots und $(\hat{r} - \hat{w}) < 0$ eine Verringerung des Überangebots an Rohwasser an.

Einsetzen der Beziehungen (5.103) und (5.112) in die Differenz $(\hat{r} - \hat{w})$ ergibt nach Umformungen:

$$\hat{r} - \hat{w} = -\xi \cdot \hat{a}_0 + \xi \cdot \hat{b}_0 +$$

$$+ \frac{a_0 \cdot K_{bq} - \xi \cdot a_y(K_{eq} - K_{eh}) - a_0(1 - \xi)K_q}{a_0(K_{qh} + \beta)} \cdot \hat{\gamma} \qquad (5.114)$$

Schließlich gewinnt man durch Einsetzen von (5.107), (5.108), (5.110) und (5.111) in die Preisgleichungen (5.93a) und (5.93b) nach einigen Umstellungen:

$$\hat{\pi}_{ha} = \hat{a}_y - \hat{h} = \hat{a}_0 - \hat{b}_0 - \frac{a_w(K_{eq} - K_{eh}) + a_0 \cdot K_h}{a_0(K_{qh} + \beta)} \cdot \hat{\gamma} \qquad (5.115a)$$

$$\hat{\pi}_{qa} = \hat{a}_w - \hat{q} = \hat{a}_0 - \hat{b}_0 + \frac{a_y(K_{eq} - K_{eh}) - a_0 \cdot K_q}{a_0(K_{qh} + \beta)} \cdot \hat{\gamma} \qquad (5.115b)$$

In der Tabelle 5.1 sind die Ergebnisse der komparativen Statik zusammengefaßt.

Tabelle 5.1. Komparative Statik des Trinkwassermodells mit linear–homogener Produktionstechnologie für Gewässergüte

Änderung Reaktion	$\hat{a}_0$	$\hat{b}_0$	$\hat{\gamma}$
1. $\hat{b}_h$	0	+	−
2. $\hat{b}_q = \hat{e}_0^b = \hat{r}$	0	+	+
3. $\hat{e}_h$	0	+	+
4. $\hat{e}_q$	0	+	+
5. $\hat{\pi}_{be}$	0	0	+
6. $\hat{h}$	0	+	−
7. $\hat{q}$	0	+	+
8. $\hat{q} - \hat{h}$	0	0	+
9. $\hat{\pi}_{hq}$	0	0	+
10. $\hat{\pi}_{ha}$	+	−	?
11. $\hat{\pi}_{qa}$	+	−	?
12. $\hat{a}_w$	+	0	+
13. $\hat{a}_y$	+	0	−
14. $\hat{w}$	+	+	+
15. $\hat{y}$	+	+	−
16. $\hat{\pi}_{yw}$	0	0	+
17. $\hat{r} - \hat{w}$	−	+	?

Im folgenden analysieren wir die komparativ–statischen Ergebnisse in erster Priorität hinsichtlich der komparativ–statischen Änderung des Indikators ($\hat{r}$ – $\hat{w}$) für Rohwasserreichlichheit.

Wie die 5., 9. und 16. Zeile der Tabelle 5. 1 zeigen, haben exogene Änderungen des Arbeitsangebotes a_0 und des verfügbaren Bodens b_0 keinen Einfluß auf die Relativpreise π_{be}, π_{hq} und π_{yw}. Weiter wirken exogene Änderungen des Arbeitsangebotes der 1.–4. Zeile aus der Tabelle 5.1 zufolge nicht auf die Variablen b_h, b_q, e_h und e_q. Somit beeinflußt eine Variation des Arbeitsangebots gemäß der 6.–8. Zeile der Tabelle 5.1 ebenso nicht die Fertigung der Zwischenprodukte H und Q^w.

Ferner zeigt die letzte Zeile der Tabelle 5.1, daß eine exogene Änderung des Arbeitsangebots die Reichlichkeit des Rohwassers verringert $[(\hat{r} - \hat{w})/\hat{a}_0 < 0]$. Basierend auf den Gleichungen (5.99)–(5.101), (5.103) und (5.110)–(5.115) stellen wir die Wirkung der Erhöhung des Arbeitsangebots a_0 c. p. – Erhöhungen des Arbeitsangebots kann man als Wachstum der mit Trinkwasser zu versorgenden Bevölkerung interpretieren (Rose und Sauernheimer 1992, S. 429) – durch folgendes Verlaufsdiagramm dar:

Erhöhung des Arbeitsangebots c. p. $(\hat{a}_0 > 0,\ \hat{b}_0 = \hat{\gamma} = 0)$

$$a_0\uparrow \longrightarrow \begin{cases} a_w\uparrow \longrightarrow \begin{cases} w\uparrow \\[4pt] \dfrac{a_w}{q}\uparrow \longrightarrow \pi_{qa}\uparrow \end{cases} \\[10pt] a_y\uparrow \longrightarrow \begin{cases} y\uparrow \\[4pt] \dfrac{a_y}{h}\uparrow \longrightarrow \pi_{ha}\uparrow \end{cases} \\[10pt] r0 \end{cases} \longrightarrow \pi_{hq}0 \longrightarrow \begin{cases} \pi_{yw}0 \\[4pt] \pi_{be}0 \end{cases} \longrightarrow \dfrac{r}{w}\downarrow$$

Wenn das Arbeitsangebot a_0 c. p. steigt, dann erhöht sich zunächst den Gleichungen (5.110) und (5.111) zufolge der Arbeitseinsatz a_y im Industriesektor und der Arbeitseinsatz a_w im Wasserwerk. Dabei erweitern beide Sektoren ihren Arbeitseinsatz jeweils gerade so weit, daß im neuen Gleichgewicht die Gewinnmaximumsbedingungen (5.69a)' und (5.69b)' erfüllt sind. Da sich das erhöhte Arbeitsangebot gemäß den Gleichungen (5.107) und (5.108) nicht auf die Produktion des Zwischenproduktes und der Rohwassergüte auswirkt, steigen die Arbeitsintensitäten a_w/q und a_y/h. Der Faktor Arbeit wird also in beiden Sektoren jeweils weniger knapp im Verhältnis zum Zwischenprodukt und der Rohwassergüte. Folglich steigen, wie aus den Gleichungen (5.115) ersichtlich ist, die Relativpreise π_{ha} und π_{qa}. Ferner erhöht das gestiegene Arbeitsangebot den Gleichungen (5.112) und (5.113) zufolge die Versorgung mit Trinkwasser und die Menge des Konsumguts. Dabei verändern sich gemäß (5.99) und (5.109) die Güterverhältnisse w/y und q/h nicht. Somit bleiben ebenfalls, wie man aus den Gleichungen (5.100)–(5.102) weiter erkennt, die Relativpreise π_{hq} und π_{yw} unverändert. Da der Relativpreis π_{hq} unverändert bleibt, ändert sich ebenfalls der Faktorrelativpreis π_{be} nicht, wie aus der Gleichung (5.102) ersichtlich ist (Wettbewerbspreissetzung). Schließlich macht eine Verstärkung des Arbeitsangebotes, wie die Beziehung (5.103) zeigt, keine Wirkung auf das Rohwasserangebot. Dadurch ist die Rohwassermenge r im Verhältnis zur gestiegenen Trinkwassermenge w relativ weniger reichlich, so daß gemäß der Dachgleichung (5.114) der Indikator r/w für Rohwasserreichlichkeit fällt.

Wie aus der Tabelle 5.1 weiter ersichtlich ist, erhöht eine Vergrößerung des verfügbaren Bodens b_0 die Reichlichkeit von Rohwasser $[(\hat{r} - \hat{w})/\hat{b}_0 > 0]$. Ausgehend von den Gleichungen (5.83), (5.89), (5.99)–(5.109), (5.112) und (5.114) stellen wir die komparativ–statische Wirkung einer Ausdehnung des Bodenangebots b_0 c. p. durch folgendes Verlaufsschema dar:

Erweiterung der verfügbaren Bodenfläche ($\hat{b}_0 > 0$, $\hat{a}_0 = \hat{\gamma} = 0$)

$$b_0\uparrow \to \left[\begin{array}{l} b_h\uparrow \\ b_q\uparrow \end{array}\right. \quad \begin{array}{l} e_\delta\uparrow \to \left[\begin{array}{l} e_h\uparrow \\ e_q\uparrow \end{array}\right. \\ r\uparrow \end{array} \to \left[\begin{array}{l} h\uparrow \\ q\uparrow \\ w\uparrow \end{array}\right. \to \begin{array}{l} \frac{q}{h}0 \to \pi_{hq}0 \to \left[\begin{array}{l} \pi_{yw}0 \\ \pi_{be}0 \end{array}\right. \\ \frac{r}{w}\uparrow \end{array}$$

Eine exogene Vergrößerung des Bodenangebots erhöht c. p. den Gleichungen (5.103) und (5.104) zufolge die Bodennachfrage b_q des Rohwasserwerks und den Bodeneinsatz b_h des Zulieferbetriebes. Mit der zunehmenden Bodennachfrage b_q steigen, wie die Gleichung (5.103) weiter zeigt, gleichzeitig die

Assimilationskapazität e_b^s und die Rohwassermenge r als Kuppelprodukte des Faktors Boden. Aufgrund der höheren Assimilationskapazität vergrößern das Rohwasserwerk und der Zulieferbetrieb gemäß den Gleichungen (5.105) und (5.106) ebenso den Faktoreinsatz e_q bzw. e_h. Beide Sektoren erhöhen dabei die Verwendung der Faktoren b_h, e_h und b_q, e_q jeweils gerade so, daß im neuen Gleichgewicht

1. die Gewinnmaximumsbedingungen (5.67a)' und (5.67b)' gültig sind und

2. die Bodenintensitäten b_h/e_h und b_q/e_q unverändert bleiben und somit gemäß (5.102) der Faktorrelativpreis π_{be} sich nicht ändert.

Wegen der erhöhten Faktoreinsätze b_h, e_h, b_q und e_q steigt in der ersten Produktionsstufe die produzierte Menge h des Zwischenproduktes und die Rohwassergüte q verbessert sich, und in der zweiten Stufe erhöht sich die produzierte Trinkwassermenge w, wie man aus den Gleichungen (5.107), (5.108) und (5.112) weiter erkennt. Dabei ändern sich den Gleichungen (5.99) und (5.109) zufolge die Güterverhältnisse q/h und w/y nicht. Folgerichtig hat, wie die Gleichungen (5.100)–(5.102) zeigen, eine exogene Erhöhung des Bodenangebots ebenso keine Wirkung auf die Güterrelativpreise π_{hq} und π_{yw}. Bei der gleichzeitigen Erhöhung des Rohwasserangebots und der produzierten Trinkwassermenge durch die größere Bodengesamtfläche überwiegt gemäß der Gleichung (5.114) die Angebotserhöhung des Rohwassers die Steigerung der Trinkwasserproduktion. Somit wird, wie man aus der letzten Zeile der Tabelle 5.1 erkennt, die Reichlichkeit des Rohwassers *netto* durch eine Erweiterung des Bodenangebots erhöht und es gilt $(\hat{r} - \hat{w})/\hat{b}_0 > 0$.

Das Vorzeichen der Wirkung einer Erhöhung der Nachfrage nach Trinkwasser ($\hat{\gamma} > 0$) auf den Indikator r/w ist nicht eindeutig, wie aus der Gleichung (5.114) und der letzten Zeile der Tabelle 5.1 ersichtlich ist. Diesen Sachverhalt erläutern wir ausgehend von den Gleichungen (5.85), (5.88), (5.100)–(5.103), (5.107), (5.109), (5.111) und (5.114) mithilfe des folgenden Diagramms:

Erhöhung der Präferenz für Trinkwasser c. p. ($\hat{\gamma} > 0$, $\hat{a}_0 = \hat{b}_0 = 0$)

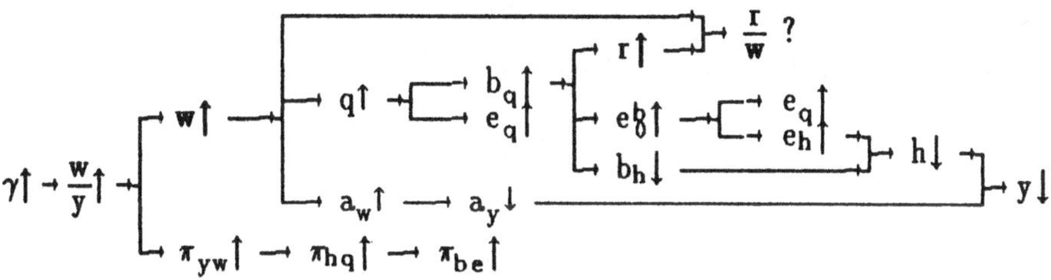

Eine c. p. gestiegene Präferenz γ für Trinkwasser w bewirkt, daß im neuen Gleichgewicht Trinkwasser im Vergleich zum Konsumgut relativ stärker nachgefragt wird als im ('alten') Gleichgewicht vor der Erhöhung der Präferenz für Trinkwasser. Aufgrund der höheren Trinkwasserpräferenz fragt das Wasserwerk, wie aus den Gleichungen (5.107) und (5.111) ersichtlich ist, verstärkt Rohwassergüte q und Arbeitskräfte a_w nach, um die gestiegene Nachfrage des repräsentativen Konsumenten nach Trinkwasser durch eine erhöhte Trinkwasserproduktion zu befriedigen. Und das Rohwasserwerk fragt nach Maßgabe der Gleichungen (5.85) und (5.88) verstärkt Boden b_q und Selbstreinigungsdienste e_q nach, um die höhere Nachfrage des Wasserwerks nach Rohwassergüte durch eine Erhöhung des Rohwassergüteproduktion zu erfüllen. Wegen der stärkeren Bodennachfrage steigen dabei gemäß (5.103) ebenso die Rohwassermenge r und die Assimilationskapazität e_q^b als Kuppelprodukte zur Rohwassergüte. Nach Maßgabe der Gleichung (5.114) wird die Rohwasserreichlichkeit durch eine erhöhte Trinkwasserpräferenz genau dann verringert / nicht beeinflußt / erhöht [$(\hat{r} - \hat{w})/\hat{\gamma} \lesseqgtr 0$], wenn $a_0 \cdot K_{bq} \lesseqgtr \xi \cdot a_y(K_{eq} - K_{eh}) + a_0(1 - \xi)K_q$ ist, also das Rohwasserangebot r relativ weniger als / genauso stark wie / relativ stärker als die nachgefragte Trinkwassermenge w steigt.

Weiter steigen bedingt durch die Erhöhung der Präferenz für Trinkwasser die Relativpreise π_{yw}, π_{hq} und π_{be}, wie man aus den Gleichungen (5.100)–(5.102) erkennt. Denn im neuen Gleichgewicht hat sich die Trinkwassermenge relativ zur Konsumgutmenge vergrößert, so daß Trinkwasser relativ weniger knapp ist als das Konsumgut und der Preis π_{yw} steigt. Ebenso erhöht sich die Rohwassergüte im neuen Gleichgewicht relativ zur Zwischen–

produktmenge, wie aus der Gleichung (5.109) ersichtlich ist; somit steigt π_{hq}. Schließlich wird der Faktor Boden durch die erhöhte Nachfrage b_q des Rohwasserwerks bei konstanter verfügbarer Fläche b_0 und durch die Kuppelproduktion $e_q^\xi = \eta \cdot b_q$ relativ knapper als der Faktor Selbstreinigungsdienste, so daß der Faktorrelativpreis π_{be} steigt.

Die komparativ–statische Analyse liefert lediglich Information darüber, wie die gleichgewichtige Rohwasserreichlichkeit reagiert, wenn sich z. B. das Arbeitsangebot oder die Präferenz für Trinkwasser erhöht. Man erhält jedoch keine Aussage, ob es möglicherweise *Schwellenwerte* für das Arbeitsangebot oder für die Trinkwasserpräferenz gibt, bei denen der Trinkwasserbedarf das Rohwasserdargebot des ausgewiesenen Wasserschutzgebietes überschreitet, also Rohwasser ein knappes Gut ist. Zur Untersuchung dieser Fragestellung dient die

Proposition 5.3. *Wenn die maximal mögliche Trinkwasserproduktion $w_{max} :=$ $W(a_0, q_{max})$ im Gleichgewicht das maximale Rohwassermengenangebot $r_{max} :=$ $\rho \cdot b_0$ überschreitet, dann gibt es*

1. *bei gegebenem Bodenangebot b_0 und gegebenem Nachfrageparameter γ ein Arbeits– angebot a_0^ξ derart, daß für alle $a_0 \geq a_0^\xi$ Rohwasser knapp ist und*

2. *bei gegebenem Arbeits– und Bodenangebot einen Trinkwasserbedarf γ^ξ derart, daß für alle $\gamma \geq \gamma^\xi$ Rohwasser knapp ist.*

Beweis. Der Beweis basiert auf Pethig und Fiedler (1992, S. 493 f.).

1. Den Gleichungen (5.103)–(5.106) zufolge sind in der ersten Produktionsstufe die Inputmengen b_q, b_h, e_q und e_h mit Verwendung der Annahme $\xi = \beta$ im Gleichgewicht durch $b_q(b_0, \gamma)$, $b_h(b_0, \gamma)$, $e_q(b_0, \gamma)$ und $e_h(b_0, \gamma)$ festgelegt, so daß für die Zwischenprodukte $h(b_0, \gamma) :=$ $H[b_h(b_0, \gamma), e_h(b_0, \gamma)]$ und $q(b_0, \gamma) := Q^w[b_q(b_0, \gamma), e_q(b_0, \gamma)]$ gilt. Zur Vereinfachung der Schreibweise unterdrücken wir dabei das Superskript *. Mit der vorstehenden Annahme $\xi = \beta$ impliziert die Trinkwasserproduktionsfunktion $w = a_w^\beta \cdot q^{1-\beta}$ im Wasserwerk einen Arbeitseinsatz von

$$a_w = w^{\frac{1}{\beta}} \cdot q^{\frac{\beta-1}{\beta}} \tag{5.116a}.$$

Den korrespondierenden Arbeitseinsatz des Industriesektors erhält man durch Einsetzen von (5.116a) in die Ressourcenrestriktion (5.66a):

$$a_y = a_0 - w^{\frac{1}{\beta}} \cdot q^{\frac{\beta-1}{\beta}} \tag{5.116b}$$

Unter Beachtung von (5.116b) und den Funktionen $q = q(b_0, \gamma)$ und $h = h(b_0, \gamma)$ läßt sich die Cobb–Douglas–Produktionsfunktion (5.79d) unmittelbar schreiben als

$$y = \left[a_0 - w^{\frac{1}{\beta}} \cdot [q(b_0, \gamma)]^{\frac{\beta-1}{\beta}}\right]^{\beta} \cdot [h(b_0, \gamma)]^{1-\beta} \tag{5.117a},$$

so daß sich mithilfe der Nachfragebeziehung $w = \gamma \cdot y$ nach Umformungen folgende Gleichung ergibt:

$$w = c(b_0, \gamma) \cdot a_0^{\beta} \tag{5.117b}$$

In (5.117b) gilt die verkürzte Schreibweise

$$c(b_0, \gamma) := \frac{\gamma \cdot [h(b_0, \gamma)]^{1-\beta}}{1 + \gamma^{\frac{1}{\beta}} \cdot \left[\frac{[h(b_0, \gamma)]}{[q(b_0, \gamma)]}\right]^{\frac{1-\beta}{\beta}}} > 0.$$

Rohwasser ist knapp, wenn

$$w = c(b_0, \gamma) \cdot a_0^{\beta} \geq r_{max} := \rho \cdot b_0$$

ist, wenn also die zu produzierende Trinkwassermenge w das maximale Rohwasservorkommen r_{max} erreicht bzw. überschreitet. Dieser Relation zufolge gibt es einen Schwellenwert

$$a_0^s := \left[\frac{\rho \cdot b_0}{c(b_0, \gamma)}\right]^{1/\beta}$$

für das Arbeitsangebot, so daß $w \geq r_{max}$ ist , genau dann wenn $a_0 \geq a_0^s$ ist.

2. Gemäß der Gleichung (5.112) ist die Trinkwassermenge w determiniert durch $w(a_0, b_0, \gamma)$ und w steigt in a_0, b_0 und γ streng monoton. Bei festem Arbeits– und Bodenangebot gilt folglich mit Verwendung von (5.117b) die Knappheitsrelation für Rohwasser

$$\underset{+}{w(}\underset{+}{a_0}, \underset{+}{b_0}, \underset{+}{\gamma)} = \underset{+}{c(}\underset{+}{b_0}, \gamma) \cdot a_0^{\beta} \geq r_{max} := \rho \cdot b_0.$$

Diese Relation impliziert die Existenz eines Nachfrageschwellenwertes

$$\gamma^s := w^{-1}(a_0, b_0, \rho \cdot b_0),$$

wobei $w \geq r_{max}$ ist genau dann, wenn $\gamma \geq \gamma^s$ ist.   □

5.3.2 Modell 2: Null–homogene Rohwassergütetechnologie

Wie im Modell mit der linear–homogenen Produktionsfunktion für Rohwassergüte operieren wir in beiden Produktionsstufen zunächst mit den Verhaltensmaximen der Gewinnmaximierung.

Es ist zu beachten, daß die in (5.20) gegebene null–homogene Rohwassergütetechnologie Q^w, wie wir vorstehend gezeigt haben, nicht konkav ist und folglich nicht allgemein sichergestellt werden kann, ob ein Maximum der Gewinnfunktion G^q des Rohwasserwerks für jeden Preisvektor (p_b^n, p_e, p_q) existiert.

In Anlehnung an Pethig und Fiedler (1992, S. 494 f.) zeigen wir mithilfe eines Widerspruchsarguments, daß die Funktion G^q kein Maximum besitzt. Entgegen dieser Behauptung nehmen wir an, daß ein Tupel $(b_q^*, e_q^*) = \arg\max[G^q(b_q, e_q)]$ existiert. Dann läßt sich der maximale Gewinn im Rohwasserwerk schreiben als:

$$G^{q*}(b_q^*, e_q^*) := p_q \cdot q^* - c^* \tag{5.118}$$

In (5.118) ist die gewinnmaximale Rohwassergüte $q^* = Q^w(b_q^*, e_q^*)$ und im Gewinnmaximum betragen die Faktorkosten $c^* := (p_b^n \cdot b_q^* + p_e \cdot e_q^*)$. Wegen (5.23) ist $Q_b^w < 0$ und folglich ist der Nettobodenpreis aufgrund der Grenzproduktivitätsentlohnung negativ, $p_b^n = p_q \cdot Q_b^w < 0$. Daher sind folgende zwei Fälle bezüglich des Vorzeichens der Faktorkosten c^* zu unterscheiden:

1. Fall.   Es ist $c^* > 0$: In diesem Fall erhält man für die Gewinnfunktion, wenn man beide Faktoren b_q^* und e_q^* mit einer Konstanten $\lambda > 0$ multipliziert:

$$G^q_\lambda := G^{q*}(\lambda \cdot b_q^*, \lambda \cdot e_q^*) = p_q \cdot q_\lambda - c_\lambda \tag{5.118b}$$

mit $q_\lambda := Q^w(\lambda \cdot b_q^*, \lambda \cdot e_q^*)$ und $c_\lambda := (p_b^n \cdot \lambda \cdot b_q^* + p_e \cdot \lambda \cdot e_q^*) = \lambda \cdot c^*$. Dabei verändert sich wegen der Null–Homogenität der Funktion Q^w die Rohwassergüte durch eine proportionale Faktorvariation nicht: $q_\lambda = q^*$. Die beiden Gewinnfunktionen (5.118) implizieren wegen $q_\lambda = q^*$

$$c_\lambda \lesseqgtr c^* \text{ und } G^q_\lambda \gtreqless G^{q*} \Leftrightarrow \lambda \lesseqgtr 1.$$

Wie diese Relationen zeigen, kann der als maximal angenommene Gewinn G^{q*} bei gleichbleibender Rohwassergüte $q_\lambda = q^*$ erhöht werden, indem man den Faktoreinsatz gemäß einer Proportionalitätskonstante $\lambda < 1$ vermindert. Folglich ist $(b_q^*, e_q^*) \neq \arg \max[G^q]$.

2. Fall.   Es ist $c^* = 0$: Wenn das Rohwasserwerk den Bodenanteil b_q^* durch den Kauf eines zusätzlichen Flächenanteils Δb von der Wasserwirtschaftsbehörde vergrößert, dann modifiziert sich die Gewinnfunktion (5.118) zu:

$$G^{q*}_{\Delta b}[(b^*_q + \Delta b), e^*_q] := p_q \cdot q^*_{\Delta b} - c^*_{\Delta b} \qquad (5.119a)$$

In (5.119a) gilt die Notation $q^*_{\Delta b} := Q^w[(b^*_q + \Delta b), e^*_q]$ und wegen $p^n_b < 0$ betragen die Faktorkosten $c^*_{\Delta b} := [p^n_b(b^*_q + \Delta b) + p_e \cdot e^*_q]$ $= c^* + p^n_b \cdot \Delta b < c^* = 0$. Eine proportionale Faktorvariation impliziert:

$$G^q_{\Delta b \lambda}[\lambda(b^*_q + \Delta b), \lambda \cdot e^*_q)] := p_q \cdot q_{\Delta b \lambda} - c_{\Delta b \lambda} \qquad (5.119b)$$

Dabei gilt aufgrund der Null–Homogenität der Funktion Q^w die Gleichung $q_{\Delta b \lambda} := Q^w[\lambda(b^*_q + \Delta b), \lambda \cdot e^*_q] = q^*_{\Delta b}$, und die Faktorkosten betragen $c_{\Delta b \lambda} := [p^n_b \cdot \lambda(b^*_q + \Delta b) + p_e \cdot \lambda \cdot e^*_q] = \lambda \cdot c^*_{\Delta b} <$ 0. Wegen $q_{\Delta b \lambda} = q^*_{\Delta b}$ erhält man bei Berücksichtigung von $c^*_{\Delta b}$ < 0 und $c_{\Delta b \lambda} < 0$ aus den beiden Gewinnfunktionen (5.119) die Relationen

$$c_{\Delta b \lambda} \lesseqgtr c^*_{\Delta b} \text{ und } G^q_{\Delta b \lambda} \gtreqless G^{q*}_{\Delta b} \Leftrightarrow \lambda \gtreqless 1 \,.$$

Diesen Relationen zufolge kann der Gewinn $G^{q*}_{\Delta b}$ bei gleichbleibender Rohwassergüte $q_\lambda = q^*$ auf $G^q_{\Delta b \lambda} > G^{q*}_{\Delta b}$ erhöht werden, indem man den Faktoreinsatz gemäß einer Proportionalitätskonstante $\lambda > 1$ verstärkt.   □

Weiter erhält man gemäß Pethig und Fiedler (1992, S. 495) aus den Gewinnfunktionen (5.118) und (5.119b) für $\lambda > 1$ die folgende Ungleichung:

$$p_q \cdot q_{\Delta b \lambda} - c_{\Delta b \lambda} > p_q \cdot q^* - c^*$$

Wie diese Ungleichung zeigt, kann der Gewinn G^{q*} auf $G^q_{\Delta b \lambda} > G^{q*}$ gesteigert werden, indem das Rohwasserwerk den Bodeneinsatz zunächst um den Betrag Δb erhöht und dann beide Produktionsfaktoren e^*_q und $(b^*_q + \Delta b)$ um den Proportionalitätsfaktor $\lambda > 1$ erhöht. Folglich gilt im Fall $c^* = 0$ ebenfalls $(b^*_q, e^*_q) \neq \arg \max[G^q]$.

Da ein Gewinnmaximum bei null–homogener Rohwassergütetechnologie im Rohwasserwerk nicht existiert, kann man keine Gleichgewichtswerte bestimmen und somit auch keine komparativ–statische Analyse durchführen, wenn das Klärwerk als mengenanpassender Gewinnmaximierer modelliert würde. Stattdessen unterstellen wir im folgenden ebenso wie Pethig und Fiedler (1992, S. 495), daß das Rohwasserwerk als *öffentliches* Unternehmen geführt wird und die *Kostendeckungsauflage*

$$-p_b^n \cdot b_q - p_e \cdot e_q = 0 \qquad (5.188b)$$

einzuhalten hat. Da das Rohwasserwerk als Anbieter von Rohwassergüte keinen Erlös aus dem Verkauf von Rohwassergüte erzielt, nutzt das Wasserwerk als Nachfrager von Rohwassergüte diese als 'kostenlosen' Produktionsfaktor. Dabei kann das Wasserwerk das Rohwassergüteniveau jedoch nicht eigenständig bestimmen, sondern muß die jeweils gegebene Rohwassergüte passiv 'hinnehmen'. Aufgrund der Linear–Homogenität der Produktionsfunktion W für Trinkwasser macht das Wasserwerk einen positiven Gewinn $G^w = p_q \cdot q_w > 0$ in der Höhe der nicht–bezahlten Faktorkosten für Rohwassergüte. Das zeigen wir Pethig und Fiedler (1991, S. 35) folgend, indem wir einen *fiktiven* Preis p_q für Rohwassergüte einführen. Dann erhält man aus der Gewinnfunktion (5.77a) unter Beachtung der bei Rohwasserknappheit gültigen Beziehungen $p_r > 0$ und $r = w = W(a_w, q_w)$ nach Umformungen:

$$G^w := p_w \cdot w - p_a \cdot a_w - p_r \cdot r = (p_w - p_r)w - p_a \cdot a_w = p_q \cdot q_w$$

Wie im vorausgegangenen Trinkwassermodell beträgt aufgrund der linear–homogenen Technologien H und Y gemäß den Beziehungen (5.76a) und (5.78) der maximale Gewinn des Zulieferbetriebs und des Industriesekors $G^h = G^y = 0$. Den positiven Gewinn $G^w = p_q \cdot q > 0$ des Wasserwerks transferiert die Wasserwirtschaftsbehörde an den repräsentativen Konsumenten, so daß dessen Budgetrestriktion gegeben ist durch:

$$p_y \cdot y + p_w \cdot w = p_a \cdot a_0 + p_b \cdot b_0 + G^w \qquad (5.120)$$

Definition 5.2. *Ein Gleichgewicht ist determiniert durch eine erreichbare Allokation* $(a_w^*, a_y^*, b_q^*, b_h^*, e_q^*, e_h^*, h_y^*, h^*, q_w^*, q^*, r^* = w^*, w_d^*, y_d^*, y^*)$ *und einen nicht–negativen Preisvektor* $(p_w^*, p_b^*, p_e^*, p_h^{n*}, p_q^* = 0, p_r^*, p_w^*, p_y^*)$ *derart, daß*

1. (b_q^*, e_q^*) *der Kostendeckungsvorschrift* $- p_b^{n*} \cdot b_q - p_e^* \cdot e_q = 0$ *genügt;*

2. $(b_h^*, e_h^*, h*) = \arg\max \, (p_h^* \cdot h - p_b^* \cdot b_h - p_e^* \cdot e_h)$ *u. d. B.* $h \leq H(b_h, e_h)$;

3. $(a_w^*, w*) = \arg\max \, [(p_w^* - p_r^*)w - p_a^* \cdot a_w]$ *u. d. B.* $r = w \leq W(a_w, q_w)$;

4. $(a_y^*, h_y^*, y*) = \arg\max \, (p_y^* \cdot y - p_a^* \cdot a_y - p_h^* \cdot h_y)$ *u. d. B.* $y \leq Y(a_y, h_y)$;

5. $(w_d^*, y_d^*) = \arg\max \, u = U(w_d, y_d)$ *u. d. B.* $p_y^* \cdot y + p_w^* \cdot w = p_a^* \cdot a_0 + p_b^* \cdot b_0$
    $+ \; G^w$;

6. *die Marktgleichgewichtsbedingungen* $h_y^* = h*,\; q_w^* = q*,\; w_d^* = w* = r*$ *und*
    $y_d^* = y*$ *und*

7. *die Ressourcenrestriktionen* $a_y^* + a_w^* = a_0,\; b_h^* + b_q^* = b_0,\; e_h^* + e_q^* = b_q^* \cdot \eta$
    und $r* = \rho \cdot b_q^*$ *erfüllt sind.*

Im folgenden unterstellen wir, daß ein stabiles, eindeutiges Gleichgewicht existiert und ermitteln die Eigenschaften dieses Gleichgewichtes (Vgl. Fn. 32 im Kapitel 4 auf S. 101). Es gilt die

Proposition 5.4. *Das Gleichgewicht aus Definition 5.2 ist nicht produktions– effizient und daher nicht paretoeffizient.*

Beweis.
1. In der ersten Produktionsstufe implizieren die Verhaltensmaximen der Definition 5.2.:

$$\frac{H_e(b_h^*, \; e_h^*)}{H_b(b_h^*, \; e_h^*)} = \frac{p_e^*}{p_b^*} \qquad (5.67a)$$

$$-p_b^{n*} \cdot b_q^* - p_e^* \cdot e_q^* = 0 \; \text{(für alle } p_q \geq 0 \text{ und für alle } q \in (0, q_{max}] \qquad (5.120)$$

Dabei ist die Kostendeckungsvorschrift (5.120) äquivalent zur Produktionseffizienzbedingung

$$\frac{Q_e^w(b_q^*, \; e_q^*)}{Q_b^w(b_q^*, \; e_q^*)} = -\frac{b_q^*}{e_q^*} = \frac{p_e^*}{p_b^{n*}} \qquad (5.67b),$$

wenn man die bei Null–Homogenität der Funktion Q^w gültige Eigenschaft $\frac{Q_e^w}{Q_b^w} = -\frac{b_q^*}{e_q^*}$ verwendet. Wenn man weiter die Schattenpreise der Produktionseffizienzbedingungen (5.67) mit den Marktpreisen identifiziert, wird in der ersten Produktionsstufe also produktionseffizient operiert.[18] In der zweiten Stufe gelten bei Identifikation der Schattenpreise mit den Marktpreisen gemäß Definition 5.2 die Produktionseffizienzbedingungen:

$$\frac{Y_h(a_y^*, \; h_y^*)}{Y_a(a_y^*, \; h_y^*)} = \frac{p_h^*}{p_a^*} \qquad (5.69a)$$

$$W_a = \frac{p_a^*}{p_w^* - p_r^*} \qquad (5.121)$$

Die aus der Gewinnmaximierung des Wasserwerks resultierende Marginalbedingung (5.121) ist aufgrund des fehlenden Marktes für Rohwassergüte nicht mit der Produktionseffizienzbedingung (5.69b) kompatibel, wenn man die Schattenpreise mit den Marktpreisen identifiziert. Folglich ist die zweite Produktionsstufe und somit das Gleichgewicht der

---

[18]Der fehlende Markt für Rohwassergüte hat keinen Einfluß auf die Bedingungen (5.120) und (5.67b), da diese Bedingungen für jeden beliebigen nicht–negativen Preis p_q und für jede beliebige Rohwassergüte gültig sind.

Definition 5.2 nicht produktionseffizient. Da aber Produktionseffizienz eine notwendige Bedingung für Paretoeffizienz ist, ist das Gleichgewicht aus Definition 5.2 nicht paretoeffizient.   □

Im folgenden unterstellen wir, daß die Wasserwirtschaftsbehörde dem Wasserwerk vorschreibt, bei seiner Produktionsplanung als *Gewinnmaximierer*, einen (fiktiven) Preis $p_q^* > 0$ in der Höhe des Wertgrenzproduktes der Rohwassergüte, $p_q^* = (p_w - p_r)W_q$, einzukalkulieren.[19]

Proposition 5.5. *Wenn das Wasserwerk für Rohwassergüte einen fiktiven Preis p_q^* in der Höhe des Wertgrenzproduktes der Rohwassergüte von $p_q^* = (p_w^* - p_r^*)W_q$ einkalkuliert, dann ist das Gleichgewicht aus Definition 5.2 produktionseffizient.*

Beweis. Ergänzt man die Bedingung (5.121) um die (fehlende) Marginalbedingung $p_q^* = (p_w^* - p_r^*)W_q$, dann sind beide Produktionsstufen effizient: Die ersten Stufe genügt den Produktionseffizienzbedingungen (5.67a) und (5.67b). In der zweiten Stufe gelten die Bedingungen (5.69a)–(5.69c), wenn die Schattenpreise die Marktpreise repräsentieren.   □

In der ersten Produktionsstufe legen die Gleichungen (5.67a) und (5.67b) bei gegebenen Preisen p_b^*, p_b^{n*} und p_e^* nur die produktionseffizienten Bodenintensitäten $k_b^{q*} := b_q^*/e_q^*$ und $k_b^{h*} := b_h^*/e_h^*$ fest, jedoch nicht die absoluten Faktoreinsatzwerte b_h^*, b_q^*, e_h^* und e_q^*. Die Bedingung (5.67a) läßt sich mit Ausnutzung der Linear–Homogenität der Funktion H wie folgt als Funktion der Bodenintensität ausdrücken:

$$\frac{p_e^*}{p_b^*} = \frac{H_e(b_h^*, \ e_h^*)}{H_b(b_h^*, \ e_h^*)} = \frac{H_e(k_b^{h*}, \ 1)}{H_b(k_b^{h*}, \ 1)} = S^h(\underset{+}{k_b^{h}}{}^{*}) \tag{5.67a}'$$

____

[19]Von dieser Annahme wird in Pethig und Fiedler (1991, S. 20 und S. 35 ff. und 1992, S. 495 bei der Produktionseffizienzbedingung (21)) ausgegangen.

Und mit Verwendung der Notation $k_b^{q*} := b_q^*/e_q^*$ modifiziert sich die Bedingung (5.67b) unmittelbar zu:

$$\frac{p_e^*}{p_b^{nk*}} = \frac{Q_e^w(b_q^*,\ e_q^*)}{Q_b^w(b_q^*,\ e_q^*)} = -\,k_b^{q*} \qquad (5.67b)'$$

Dabei legt die produktionseffiziente Bodenintensität k_b^{q*} bei der null–homogenen Funktion Q^w eindeutig das produktionseffiziente Niveau $q^* := Q^w(1/k_b^{q*})$ der Rohwassergüte fest. Zur Festlegung der absoluten Faktoreinsatzwerte b_q^* und e_q^* sind jedoch nicht nur die Bedingungen (5.67a)' und (5.67b)' erforderlich, sondern auch die Bedingungen (5.69). Das erläutern wir, indem wir folgende parametrische Produktionsfunktion für Rohwassergüte einführen.

$$q = Q^w(b_q,\ e_q) = \left[\frac{e_q}{b_q}\right]^\delta ; \qquad \text{mit } 0 < \delta < 1 \qquad (5.122)$$

Das Rohwasserwerk muß bei Produktionseffizienz die Grenzproduktivität Q_e^w mithilfe der Bedingung (5.69) so festlegen, daß

$$Q_e^w = \frac{Y_h}{Y_a}\cdot\frac{W_a}{W_q}\cdot H_e \qquad (5.123a)$$

beträgt. Aus (5.123a) erhält man mit den Beziehungen (5.69a), (5.69b) und dem Grenzprodukt $H_e = p_e^*/p_q^*$:

$$Q_e^w = \frac{Ph \cdot p_e^*}{[p_q^*]^2} \qquad (5.123b)$$

Diese Beziehung läßt sich schließlich unter Verwendung des aus der Produktionsfunktion (5.122) hervorgehenden Differentialquotienten $Q_e^w = \frac{\delta}{b_q}\cdot\left[\frac{e_q}{b_q}\right]^{\delta-1}$ und der Eigenschaft $\frac{Q_b^w}{Q_e^w} = -\frac{e_q}{b_q} = \frac{p_b}{p_e}$ umformen zu

$$Q_e^w = \frac{\delta}{b_q^*} \cdot \left[-\frac{p_b^{n*}}{p_e^*} \right]^{\delta-1} = \frac{p_h^* \cdot p_e^*}{[p_q^*]^2},$$

so daß im Gleichgewicht der produktionseffiziente Faktoreinsatz b_q^* bei gegebenen Preisen p_b^{n*}, p_e^*, p_h^* und p_q^* festgelegt ist durch:

$$b_q^* = \frac{1}{\delta} \cdot \frac{p_h^* \cdot p_e^*}{[p_q^*]^2} \cdot \left[-\frac{p_b^{n*}}{p_e^*} \right]^{1-\delta} > 0 \tag{5.123c}$$

Den produktionseffizienten Faktoreinsatz e_q^* erhält man durch Einsetzen von (5.123c) in die Kostendeckungsgleichung (5.120):

$$e_q^* = -\frac{p_b^{n*}}{p_e^*} \cdot b_q^* \tag{5.124}$$

Schließlich ergeben sich die effizienten Faktoreinsatzwerte b_h^* und e_h^* durch Einsetzen von (5.123c) und (5.124) in die Ressourcenrestriktionen (5.66b) und (5.66c) als:

$$b_h^* = b_0 - b_q^* \tag{5.125}$$

$$e_h^* = \left[\eta + \frac{p_b^{n*}}{p_e^*} \right] \cdot b_q^* \tag{5.126}$$

Die effizienten Faktoreinsatzwerte b_h^* und e_h^* legen gemäß $h^* := H(b_h^*, e_h^*)$ die produktionseffiziente Menge des Zwischenproduktes fest.

Im folgenden operieren wir Pethig und Fiedler (1991, S. 20 und S. 35 ff. und S. 495, S. 495) folgend mit der Annahme, daß das Rohwasserwerk wie in der Proposition 5.5 als Gewinnmaximierer einen Preis in der Höhe von $p_q^* = (p_w^* - p_r^*)W_q$ für Rohwassergüte einkalkuliert, also mit dem Gleichgewicht aus der Definition 5.2.

Proposition 5.6. *Die Funktion H sei gegeben durch (5.79b) und die Funktion Q^w sei spezifiziert durch (5.122). Dann ist im Gleichgewicht Rohwasser knapp — d. h. der Preis für Rohwasser ist positiv ($p_r > 0$) — genau dann, wenn die maximale Trinkwasserproduktion $w_{max} := W(a_0, q_{max})$ der Ungleichung*

$$\rho(1-\alpha)b_0 < W(a_0, q_{max}) \tag{5.127}$$

genügt und, wenn die gleichgewichtige Trinkwassermenge $w*$ die Ungleichung

$$\rho(1-\alpha)b_0 \leq w* \leq W(a_0, q_{max}) \tag{5.128}$$

erfüllt.

Beweis. Den Beweis führen wir in Anlehnung an Pethig und Fiedler (1992, S. 496 f.). Zur Vereinfachung der Schreibweise lassen wir das Superskript * bei alle Variablen weg. Dann modifizieren sich die Gewinnmaximierungsbedingung (5.67a) des Zulieferbetriebs und die Kostendeckungsbedingung (5.120) des Rohwasserwerks unter Beachtung von $p_b^n := p_b - p_e \cdot \eta - p_r \cdot \rho$ nach Umformungen zu:

$$\frac{p_b}{p_e} = \frac{\alpha}{1-\alpha} \cdot \frac{e_h}{b_h} \tag{5.129a}$$

$$\frac{p_b}{p_e} = \eta + \frac{p_r \cdot \rho}{p_e} - \frac{e_q}{b_q} \tag{5.129b}$$

Gleichsetzen dieser beiden Beziehungen ergibt unmittelbar:

$$\frac{\alpha}{1-\alpha} \cdot \frac{e_h}{b_h} = \eta + \frac{p_r \cdot \rho}{p_e} - \frac{e_q}{b_q} \tag{5.129c}$$

Aus dieser Gleichung gewinnt man schließlich mit Verwendung von (5.66b), (5.66c) und der Gewinnmaximierungsbedingung des Zulieferbetriebs nach zahlreichen Umformungen die folgenden Gleichungen:

$$b_q = \frac{p_e}{p_b - \rho \cdot p_r} \cdot e_h \qquad (5.130a)$$

$$b_q = \frac{(1 - \alpha)p_b}{\alpha(p_b - \rho \cdot p_r)} \cdot b_h \qquad (5.130b)$$

$$b_q = \frac{(1 - \alpha)p_b}{p_b - \alpha \cdot \rho \cdot p_r} \cdot b_0 \qquad (5.130c)$$

In den Gleichungen (5.103a) und (5.130b) ist der Nenner $(p_b - \rho \cdot p_r) > 0$. Denn mithilfe der Ressourcenrestriktion (5.66c) folgt aus der Bedingung (5.129b) nach Umformungen wegen $p_e > 0$, $b_q > 0$ und $e_h > 0$ die Un–gleichung

$$p_b - \rho \cdot p_r = \frac{p_e}{b_q} \cdot e_h > 0.$$

In der Gleichung (5.130c) ist der Nenner $(p_b - \alpha \cdot \rho \cdot p_r)$ positiv; denn wegen $\alpha < 1$ impliziert die vorstehende Ungleichung die Relation

$$p_b - \alpha \cdot \rho \cdot p_r > p_b - \rho \cdot p_r = \frac{p_e}{b_q} \cdot e_h > 0.$$

Notwendige Bedingung. Wir behaupten, daß in Proposition 5.5 bei Roh–wasserknappheit $(p_r > 0)$ nicht die Beziehung (5.127), sondern die Un–gleichung $\rho(1 - \alpha)b_0 \geq W(a_0, q_{max})$ gilt. Mit $p_r > 0$ folgt aus (5.130c) wegen $[p_b/(p_b - \alpha \cdot \rho \cdot p_r)] < 1$ die Beziehung

$$b_q = \frac{(1 - \alpha)p_b}{p_b - \alpha \cdot \rho \cdot p_r} \cdot b_0 > (1 - \alpha)b_0.$$

Aus dieser Beziehung erhält man mit (5.34) für das Rohwasserangebot die Ungleichung

$$r = \rho \cdot b_q > \rho \cdot (1 - \alpha) b_0,$$

aus der mit der vorstehenden Behauptung $\rho(1 - \alpha) b_0 \geq W(a_0, q_{max})$ unmittelbar die Ungleichung

$$r = \rho \cdot b_q > W(a_0, q_{max}) \tag{5.131a}$$

resultiert. Es gilt $w \in [0, W(a_0, q_{max})]$, da $W(a_0, q_{max})$ die maximal produzierbare Trinkwassermenge ist. Daher impliziert (5.131a):

$$r > w \quad \text{für alle } w \in [0, W(a_0, q_{max})] \tag{5.131b}$$

Im Gleichgewicht nach Definition 5.2 impliziert $r > w$ jedoch $p_r = 0$, was im Widerspruch zu $p_r > 0$ steht. Wir behaupten nun, daß $p_r > 0$, und aber statt (5.128) die Ungleichung $0 \leq w \leq \rho(1 - \alpha) b_0$ gilt. Dies führt jedoch ebenfalls zu einem Widerspruch. Denn wegen $r = \rho \cdot b_q > \rho \cdot (1 - \alpha) b_0$ gelten die Ungleichungen (5.131), die wiederum $p_r = 0$ implizieren.

Hinreichende Bedingung. Wir behaupten, daß im Widerspruch zur Proposition 5.6 Rohwasser reichlich vorhanden ist, also $p_r = 0$ ist für alle w, die der Ungleichung (5.128) genügen. Mit $p_r = 0$ vereinfacht sich die Gleichung (5.130c) zu

$$b_q = (1 - \alpha) b_0 \tag{5.130d},$$

so daß das Rohwasserangebot wegen (5.34)

$$r = \rho(1 - \alpha) b_0 \tag{5.130e}$$

beträgt. Im Gewinnmaximum impliziert $p_r = 0$ jedoch die Ungleichung $r = \rho(1 - \alpha) b_0 \geq w^*$,[20] was der Behauptung $p_r = 0$ *und* $r = \rho(1 - \alpha) b_0 < w^*$ widerspricht. □

---

[20] Die Ungleichung $r = \rho(1 - \alpha) b_0 \geq w^*$ folgt ebenso aus (5.64b), wenn man bei den Bedingungen (5.49) und (5.52) die Schattenpreise mit den Marktpreisen identifiziert.

Bei der komparativ–statischen Analyse nehmen wir Pethig und Fiedler (1992, S. 496) folgend an, daß Rohwasser im Gleichgewicht reichlich vorhanden ist, also ein Überschußangebot, $r/w > 1$ an Rohwasser zum Preis von $p_r = 0$ vorliegt. Weiter unterdrücken wir zur Vereinfachung der Notation das Superskript * und operieren mit den parametrischen Funktionen (5.79b), (5.79c), (5.79d) und (5.122). Dabei ist die Nachfrageseite wie im Modell mit linearhomogener Technologie Q wieder durch die Beziehung (5.80b) repräsentiert, um die komparativ–statische Wirkung einer exogenen Änderung der Präferenz γ für Trinkwasser zu untersuchen.

Die komparative Statik wird in drei Schritten durchgeführt: In der ersten Produktionsstufe reduzieren wir die differenzierten Gleichungen zunächst so, daß diese als von der Mengenvariablen $\hat{q}$ und von $\hat{b}_0$ abhängig ausgedrückt sind. Im zweiten Schritt ermitteln wir die vollständig reduzierte Form der Variablen $\hat{q}$ mithilfe der Gleichungen aus der zweiten Produktionsstufe. Schließlich lösen wir im dritten Schritt mithilfe der vollständig reduzierten $\hat{q}$–Gleichung das gesamte linearisierte Gleichungssystem dieses Modells.

In der ersten Produktionsstufe gelten wegen $p_r = 0$ die Gleichungen (5.130d) und (5.130e) und aus (5.130d) erhält man mit (5.66b) nach Umformungen:

$$b_h = \alpha \cdot b_0 \tag{5.130f}$$

Weiter erhält man durch Einsetzen von (5.130d) in die Ressourcengleichung (5.66c) bzw. äquivalent dazu von (5.130d) und (5.130f) in die Produktionseffizienzbedingung (5.129c):

$$e_q + e_h = e_g^* = \eta \cdot b_q = \eta \cdot (1 - \alpha) b_0 \tag{5.131}$$

Differentiation der Beziehungen (5.130d)–(5.130f) und (5.131) ergibt unter Berücksichtigung von $\hat{\eta} = \hat{\rho} = 0$ folgende Gleichungen:

$$\tag{5.132} \hat{b}_q = \hat{e}_g^* = \hat{r} = \hat{b}_h = \hat{b}_0$$

$$c_q \cdot \hat{e}_q + e_h \cdot \hat{e}_h = \eta \cdot b_q \cdot \hat{b}_q = \eta(1 - \alpha)b_0 \cdot \hat{b}_0 \qquad (5.133).^{21}$$

Durch Differentiation der Beziehungen (5.129a) und (5.130a) erhält man weiter mit der Notation $\hat{\pi}_{be} := \hat{p}_b - \hat{p}_e$:

$$\hat{\pi}_{be} = \hat{e}_h - \hat{b}_h = \hat{e}_h - \hat{b}_q \qquad (5.134)$$

Nach Einsetzen der Gleichung (5.132) in die differenzierte Produktionsfunktion (5.122) für Rohwassergüte

$$\hat{q} = \delta(\hat{e}_q - \hat{b}_q) \qquad (5.135)$$

resultiert:

$$\hat{e}_q = \hat{b}_0 + \frac{1}{\delta} \cdot \hat{q} \qquad (5.136)$$

---

[21]Verwendet man nicht die Cobb–Douglas–Funktion (5.79b), sondern die allgemeinere linear–homogene Funktion $H(b_h, e_h)$ mit $\sigma_h \geq 0$, dann gilt nicht mehr wie in (5.132) $\hat{r}/\hat{\gamma} = \hat{b}_q/\hat{\gamma} = 0$. Vielmehr resultiert mit der nachstehenden Gleichung (5.146) und den Notationen $K_s := b_0 \cdot e_h + b_h \cdot e_q(1 - \sigma_h) > 0$, $K_\gamma := (1 - \beta)[\delta \cdot e_h + (1 - \alpha)e_q + \beta \cdot \eta \cdot b_q] > 0$ aus der Gleichung

$$\hat{r} = \hat{b}_q = \frac{b_0 \cdot e_h}{K_s} \cdot \hat{b}_0 + \frac{b_h \cdot e_q(1 - \sigma_h)}{K_s} \cdot \hat{e}_q$$

nach Umformungen

$$\hat{r} = \hat{b}_q = \frac{K_\gamma \cdot b_0 \cdot e_h + b_h \cdot e_q(1 - \sigma_h)[K_\gamma + (1 - \beta)e_h]}{K_\gamma \cdot K_s} \cdot \hat{b}_0 +$$
$$+ \frac{b_h \cdot e_h \cdot e_q(1 - \sigma_h)}{K_\gamma \cdot K_s} \cdot \hat{\gamma}.$$

Es gilt also bei festem Bodenflächenangebot $\hat{b}_0 = 0$ die Beziehung $\hat{r}/\hat{\gamma} \gtreqless 0$ genau dann, wenn $\sigma_h \lesseqgtr 1$ ist. D. h. die folgenden komparativ–statischen Ergebnisse hängen nicht nur sensitiv von der Technologie Q^w ab, sondern ebenso von der Technologie H.

Mit (5.133) modifiziert sich die Gleichung (5.136) unter Verwendung der Beziehungen $b_q = (1-\alpha)b_0$ und $\eta \cdot b_q - e_q = e_h$ nach Umformungen zu:

$$\hat{e}_h = \hat{b}_0 - \frac{e_q}{\delta \cdot e_h} \cdot \hat{q} \tag{5.137}$$

Ferner gewinnt man durch Substitution von (5.132) und (5.137) in die differenzierte Produktionsfunktion (5.79b)

$$\hat{h} = \alpha \cdot \hat{b}_h + (1-\alpha)\hat{e}_h \tag{5.138}$$

nach Umstellungen:

$$\hat{h} = \hat{b}_0 - \frac{(1-\alpha)e_q}{\delta \cdot e_h} \cdot \hat{q} \tag{5.139}$$

Aus der Preisgleichung (5.134) erhält man unter Verwendung von (5.132) und (5.137):

$$\hat{\pi}_{be} = \hat{e}_h - \hat{b}_h = - \frac{e_q}{\delta \cdot e_h} \cdot \hat{q} \tag{5.140}$$

Wie im Trinkwassermodell mit linear–homogener Technologie Q^w impliziert in der zweiten Produktionsstufe Gewinnmaximierung gemäß der Definition 5.2 die Produktionseffizienzbedingungen (5.69) und (5.70b), wenn man die Schattenpreise als Marktpreise identifiziert. Diese Bedingungen modifizieren sich bei Berücksichtigung der Cobb–Douglas–Technologien (5.79a)–(5.79d), der Produktionsfunktion (5.122) für Rohwassergüte und der Gleichgewichtsbedingungen $h_y = h$ und $q_w = q$ nach Umstellungen mit $p_r = 0$ zu den Cobb–Douglas–Produktionseffizienzbedingungen (5.69a)', (5.69b)' und (5.70b)' und der Bedingung

$$\frac{1-\xi}{\xi} \cdot \frac{a_w}{e_q} \cdot \frac{\delta}{1-\alpha} = \frac{1-\beta}{\beta} \cdot \frac{a_y}{e_h} \tag{5.69c''}$$

Nach Differentiation dieser vier Produktionseffizienzbedingungen erhält man wie im Modell mit linear—homogener Technologie Q die Gleichungen (5.93a)—(5.93d). Einsetzen der Gleichungen (5.92), (5.136) und (5.137) in (5.93d) ergibt nach Umstellungen:

$$\hat{a}_y = \hat{a}_0 - \frac{a_w \cdot \eta \cdot b_q}{a_0 \cdot \delta \cdot e_h} \cdot \hat{q} \tag{5.141}$$

Aus dieser Beziehung erhalten wir mithilfe von (5.92):

$$\hat{a}_w = \hat{a}_0 + \frac{a_y \cdot \eta \cdot b_q}{a_0 \cdot \delta \cdot e_h} \cdot \hat{q} \tag{5.142}$$

Weiter resultiert durch Einsetzen von (5.139), (5.141) und (5.142) in die Gleichungen (5.96) nach Umformungen

$$\hat{y} = \beta \cdot \hat{a}_0 + (1 - \beta) \cdot \hat{b}_0 - \frac{a_w \cdot \beta \cdot \eta \cdot b_q + a_0 (1 - \alpha)(1 - \beta) e_q}{a_0 \cdot \delta \cdot e_h} \cdot \hat{q} \tag{5.143}$$

$$\hat{w} = \xi \cdot \hat{a}_0 + \frac{a_y \cdot \xi \cdot \eta \cdot b_q + a_0 (1 - \xi) \delta \cdot e_h}{a_0 \cdot \delta \cdot e_h} \cdot \hat{q} \tag{5.144}$$

Mithilfe der Gleichungen (5.99), (5.143) und (5.144) gewinnt man nach Umformungen mit Verwendung der im vorstehenden Trinkwassermodell einge—führten vereinfachenden Annahme $\xi = \beta$ die vollständig reduzierte Gleichung

$$\hat{q} = \frac{(1 - \beta) \delta \cdot e_h}{K_\gamma} \cdot \hat{b}_0 + \frac{\delta \cdot e_h}{K_\gamma} \cdot \hat{\gamma} \tag{5.145}.$$

Dabei gilt in (5.145) die Notation

$$K_\gamma := (1 - \beta)[\delta \cdot e_h + (1 - \alpha) e_q] + \beta \cdot \eta \cdot b_q > 0 \,.$$

Weitere vollständig reduzierte Formen erhält man durch Substitution der

Gleichung (5.145) in die Gleichungen (5.136), (5.137) und (5.139)–(5.144) so–
wie $(\hat{r} - \hat{w})$ jeweils nach Umformungen:

$$\hat{e}_q = \frac{K_\gamma + (1 - \beta)e_h}{K_\gamma} \cdot \hat{b}_0 + \frac{e_h}{K_\gamma} \cdot \hat{\gamma} \tag{5.146}$$

$$\hat{e}_h = \frac{(1 - \beta)\delta \cdot e_h + (\beta + \alpha \cdot \beta - \alpha)e_q + \beta \cdot e_h}{K_\gamma} \cdot \hat{b}_0 - \frac{e_q}{K_\gamma} \cdot \hat{\gamma} \tag{5.147}$$

$$\hat{h} = \frac{(1 - \beta)\delta \cdot e_h + \beta \cdot \eta \cdot b_q}{K_\gamma} \cdot \hat{b}_0 - (1 - \alpha) \frac{e_q}{K_\gamma} \cdot \hat{\gamma} \tag{5.148}$$

$$\hat{\pi}_{be} = - (1 - \beta) \frac{e_q}{K_\gamma} \cdot \hat{b}_0 - \frac{e_q}{K_\gamma} \cdot \hat{\gamma} \tag{5.149}$$

$$\hat{a}_y = \hat{a}_0 - (1 - \beta) \frac{a_w \cdot \eta \cdot b_q}{a_0 \cdot K_\gamma} \cdot \hat{b}_0 - \frac{a_w \cdot \eta \cdot b_q}{a_0 \cdot K_\gamma} \cdot \hat{\gamma} \tag{5.150}$$

$$\hat{a}_w = \hat{a}_0 + (1 - \beta) \frac{a_y \cdot \eta \cdot b_q}{a_0 \cdot K_\gamma} \cdot \hat{b}_0 + \frac{a_y \cdot \eta \cdot b_q}{a_0 \cdot K_\gamma} \cdot \hat{\gamma} \tag{5.151}$$

$$\hat{y} = \beta \cdot \hat{a}_0 + (1 - \beta) \frac{a_0(1 - \beta)\delta \cdot e_h + a_y \cdot \beta \cdot \eta \cdot b_q}{a_0 \cdot K_\gamma} \cdot \hat{b}_0 -$$
$$- \frac{a_w \cdot \beta \cdot \eta \cdot b_q + a_0(1 - \alpha)(1 - \beta)e_q}{a_0 \cdot K_\gamma} \cdot \hat{\gamma} \tag{5.152}$$

$$\hat{w} = \xi \cdot \hat{a}_0 + (1 - \xi) \frac{a_0(1 - \xi)\delta \cdot e_h + a_y \cdot \xi \cdot \eta \cdot b_q}{a_0 \cdot K_\gamma} \cdot \hat{b}_0 +$$
$$+ \frac{a_y \cdot \xi \cdot \eta \cdot b_q + a_0(1 - \xi)\delta \cdot e_h}{a_0 \cdot K_\gamma} \cdot \hat{\gamma} \tag{5.153}$$

$$\hat{r} - \hat{w} = - \xi \cdot \hat{a}_0 - \frac{a_y \cdot \xi \cdot \eta \cdot b_q + a_0 (1 - \xi)\delta \cdot e_h}{a_0 \cdot K_\gamma} \cdot \hat{\gamma} +$$

$$+ \frac{a_0 \xi (1 - \xi)\delta \cdot e_h + a_0(1 - \alpha)(1 - \xi)e_q + a_w \cdot \beta \cdot \eta \cdot b_q + a_y \cdot \xi^2 \cdot \eta \cdot b_q}{a_0 \cdot K_\gamma} \cdot \hat{b}_0$$

$$(5.154)$$

Ferner folgt aus der Subtraktion der Gleichung (5.148) von (5.145) nach Umstellungen:

$$\hat{q} - \hat{h} = - \frac{\beta \cdot \eta \cdot b_q}{K_\gamma} \cdot \hat{b}_0 + \frac{\delta \cdot e_h + (1 - \alpha)e_q}{K_\gamma} \cdot \hat{\gamma} \qquad (5.155)$$

Weiter erhält man mithilfe der Gleichungen (5.145), (5.148), (5.150) und (5.151) aus (5.93a) und (5.93b) nach Umformungen:

$$\hat{\pi}_{ha} = \hat{a}_y - \hat{h} = \hat{a}_0 -$$

$$- \frac{a_w(1 - \beta)\eta \cdot b_q + a_0(1 - \beta)\delta \cdot e_h + a_0 \cdot \beta \cdot \eta \cdot b_q}{a_0 \cdot K_\gamma} \cdot \hat{b}_0 -$$

$$- \frac{a_w \cdot \eta \cdot b_q - a_0 (1 - \alpha)e_q}{a_0 \cdot K_\gamma} \cdot \hat{\gamma} \qquad (5.156)$$

$$\hat{\pi}_{qa} = \hat{a}_w - \hat{q} = \hat{a}_0 + (1 - \beta) \frac{a_y \cdot \eta \cdot b_q - a_0 \cdot \delta \cdot e_h}{a_0 \cdot K_\gamma} \cdot \hat{b}_0 +$$

$$+ \frac{a_y \cdot \eta \cdot b_q - a_0 \cdot \delta \cdot e_h}{a_0 \cdot K_\gamma} \cdot \hat{\gamma} \qquad (5.157)$$

Schließlich folgt mit $\hat{\pi}_{hq} = \hat{\pi}_{ha} - \hat{\pi}_{qa}$ und der Gleichung $\hat{\pi}_{yw} = (1 - \beta)\hat{\pi}_{hq}$ aus den Gleichungen (5.156) und (5.157) nach einigen Umstellungen:

$$\hat{\pi}_{hq} = -\frac{\eta \cdot b_q}{K_\gamma} \cdot \hat{b}_0 - \frac{(1 - \delta)e_h + \alpha \cdot e_q}{K_\gamma} \cdot \hat{\gamma} \tag{5.158}$$

$$\hat{\pi}_{yw} = (1 - \beta)\hat{\pi}_{hq} =$$
$$= -(1 - \beta)\frac{\eta \cdot b_q}{K_\gamma} \cdot \hat{b}_0 - (1 - \beta)\frac{(1 - \delta)e_h + \alpha \cdot e_q}{K_\gamma} \cdot \hat{\gamma} \tag{5.159}$$

Die Tabelle 5.2 fast die Ergebnisse der komparativen Statik zusammen.

Tabelle 5.2. Komparative Statik des Trinkwassermodells mit null—homogener Produktionstechnologie für Gewässergüte

Änderung / Reaktion	$\hat{a}_0$	$\hat{b}_0$	$\hat{\gamma}$
1. $\hat{b}_h$	0 [0]	+ [+]	0 [−]
2. $\hat{b}_q = \hat{e}_0^b = \hat{r}$	0 [0]	+ [+]	0 [+]
3. $\hat{e}_h$	0 [0]	+ [+]	− [+]
4. $\hat{e}_q$	0 [0]	+ [+]	+ [+]
5. $\hat{\pi}_{be}$	0 [0]	− [0]	− [+]
6. $\hat{h}$	0 [0]	+ [+]	− [−]
7. $\hat{q}$	0 [0]	+ [+]	+ [+]
8. $\hat{q} - \hat{h}$	0 [0]	− [0]	+ [+]
9. $\hat{\pi}_{hq}$	0 [0]	− [0]	+ [+]
10. $\hat{\pi}_{ha}$	+ [+]	− [−]	? [?]
11. $\hat{\pi}_{qa}$	+ [+]	? [−]	? [?]
12. $\hat{a}_w$	+ [+]	+ [0]	+ [+]
13. $\hat{a}_y$	+ [+]	− [0]	− [−]
14. $\hat{w}^b$	+ [+]	+ [+]	+ [+]
15. $\hat{y}$	+ [+]	+ [+]	− [−]
16. $\hat{\pi}_{yw}$	0 [0]	− [0]	− [+]
17. $\hat{r} - \hat{w}$	− [−]	+ [+]	− [?]

In der Tabelle 5.2 sind in eckigen Klammern die Vorzeichen der komparativ–statischen Ergebnisse vom Modell mit linear–homogener Funktion Q^w zum Vergleich eingetragen. Wie im vorstehenden Modell mit linear–homogener Technologie Q^w untersuchen wir die komparativ–statischen Ergebnisse bei null–homogener Funktion Q^w in erster Priorität bezüglich des Indikators $(\hat{r} - \hat{w})$. Dabei zeigt ein Vergleich der 2., 14. und letzten Zeilen der Tabellen 5.1 und 5.2, daß sich die komparativ–statischen Ergebnisse hinsichtlich der Knappheit von Rohwasser bei den beiden unterschiedlichen Rohwassergütetechnologien Q^w nur geringfügig unterscheiden. Der wesentliche Unterschied besteht darin, daß bei null–homogener Funktion Q^w durch eine Erhöhung der Nachfrage nach Trinkwasser ($\hat{\gamma} > 0$) Rohwasser eindeutig weniger reichlich wird $[(\hat{r} - \hat{w})/\hat{\gamma} < 0]$, während im Fall der linear–homogenen Technologie Q^w die Rohwasserreichlichkeit nur dann zurückgeht, wenn $a_0 \cdot K_{bq} < \xi \cdot a_y(K_{eq} - K_{eh}) + a_0(1 - \xi)K_q$ ist, also das Rohwasserangebot relativ weniger steigt als die nachgefragte Trinkwassermenge.

Weiter kann mithilfe der komparativ–statischen Ergebnisse gezeigt werden, daß die Proposition 5.6 qualitativ dieselben Aussagen zur Knappheit von Rohwasser macht wie die Proposition 5.3. Und zwar sind, wie die Gleichungen (5.145) und (5.148) zeigen, die Rohwassergüte und die Menge des Zwischenproduktes im Gleichgewicht festgelegt durch $h(b_0, \gamma)$ und $q(b_0, \gamma)$. Weiter erhält man bei null–homogener Technologie Q^w mit Verwendung von (5.116) und (5.117a) wie im Falle der linear–homogenen Funktion Q^w ebenso die Beziehung (5.117b). Und aus (5.117b) resultiert mithilfe der in Proposition 5.6 formulierten Bedingung (5.128) für Rohwasserknappheit die Ungleichung

$$w^* = c(b_0, \gamma) \cdot a_0^{\beta} \geq \rho(1 - \alpha)b_0.$$

Nach Maßgabe dieser Ungleichung gibt es bei gegebenem Bodenangebot b_0 und fester Präferenz γ wie im Falle der linear–homogenen Funktion Q^w ebenfalls bei der null–homogenen Funktion Q^w einen Schwellenwert

$$\tilde{a}_\delta := \left[\frac{\rho(1 - \alpha)b_0}{c(b_0, \gamma)} \right]^{1/\beta}$$

für das Arbeitsangebot mit der Eigenschaft, daß $w^* \geq \rho(1 - \alpha)b_0$ genau dann,

wenn $a_0 \geq \tilde{a}_8$ ist.

Ferner ist, wie die Gleichung (5.153) zeigt, die gleichgewichtige Trink-wassermenge w^* bei null–homogener Funktion Q^w und gegebenem Arbeits- und Bodenangebot ebenso durch $w(a_0, b_0, \gamma)$ festgelegt. Und w steigt in a_0, b_0 und γ streng monoton. Somit gilt bei Verwendung von (5.117b) die Beziehung

$$w(a_0, b_0, \gamma) = c(b_0, \gamma) \cdot a_0^{\beta} \geq \rho(1 - \alpha)b_0.$$
$$+ \quad + \quad + \qquad + \quad +$$

Nach Inversion der Funkion w resultiert der Nachfrageschwellenwert

$$\tilde{\gamma}^6 := w^{-1}[a_0, b_0, \rho(1 - \alpha)b_0],$$

mit der Eigenschaft, daß $w^* \geq \rho(1 - \alpha)b_0$ genau dann, wenn $\gamma \geq \tilde{\gamma}^6$ ist.

5.4 Der Wasserpfennig
5.4.1 Erhebungsausgestaltung des Wasserpfennigs

Im Zuge der fünften Novellierung des WHG vom 25. Juli 1986 wurde der Ab-satz 4 in den § 19 des heute in der sechsten Novellierung gültigen WHG auf-genommen. Diesem Absatz zufolge werden Landwirte für solche Ertragsein-bußen, die ihnen durch eine verstärkte Ausweisung von Wasserschutzgebieten entstehen, finanziell durch Ausgleichszahlungen entschädigt. Wie es Linde (1988, S. 66) richtig betont, haben nach Maßgabe des § 19 Abs. 4 WHG de facto "die Landwirte das 'Verschmutzungsrecht' am Grundwasser, für dessen 'Hergabe' ihnen eine Entschädigung zusteht."

Der Wasserpfennig[22] wird seit dem 1. Januar 1988 in Baden–Würtemberg und seit dem 1. Juli 1992 in Niedersachsen und in jüngster Zeit in nahezu allen

---

[22]Im folgenden verwenden wir den Terminus 'Wasserpfennig', der sich in der Literatur weit gehend durchgesetzt hat (Linde 1988, S. 65 ff.; Hansmeyer 1989, S. 47 ff.; Nutzinger 1994, S. 185 ff.), statt der amtlichen Bezeichnung 'Entgelt für Wasserentnahmen' (Vgl. Fn. 2 in diesem Kapitel). Dabei wird Blankart (1987, S. 1 f.) zufolge oft der gesamte Gesetzeskomplex des § 19 Abs. 4 WHG als 'Wasserpfennig' bezeichnet.

Bunderländern von den Wasserversorgungsunternehmen als 'Entgeld' für die Entnahme von Rohwasser aus Grund- und Oberflächengewässern erhoben und ist von den Gesetzgebern in erster Priorität als 'Refinanzierungsquelle' für die Kompensationszahlungen an die Landwirte geplant (Hansmeyer und Ewringmann 1988, S. 16 f.; Hansmeyer 1989, S. 64 f.; Karl 1991, S. 13 f. und Baurichter 1993, S. 7 f.).

Nach Blankart (1987a, S. 14) ist der Wasserpfennig innerhalb des Systems der öffentlichen Abgaben als *Gebühr ohne Zweckbindung* einzuordnen.[23] Dabei ist die Bemessungsgrundlage des Wasserpfennigs die Rohwasser*menge* r [m^3]. Der Gebührensatz p_{ro} beträgt z. B. für die Entnahme von Rohwasser zur öffentlichen Versorgung mit Trinkwasser p_{ro} = 0,10 DM / m^3 (Bergmann und Werry 1989, S. 4 f.; Baurichter 1993, S. 7).

In seiner Entwicklungsgeschichte unterscheidet sich der Wasserpfennig von der Abwasserabgabe, wie von Hansmeyer (1989, S. 66) betont wird: Die Abwasserabgabe ist vom Gesetzgeber ursprünglich als Anreizinstrument konzipiert worden und später im Gesetzgebungsprozeß zur Vollzugshilfe- und Finanzierungsabgabe degeneriert. Der Wasserpfennig ist dagegen aufgrund leerer Landeshaushaltskassen zunächst in erster Priorität als Finanzierungsabgabe der Ausgleichszahlungen an die Landwirte eingeführt worden (Bonka 1986, S. 544). Später stellte der Gesetzgeber ebenso den Anreiz des Wasserpfennigs zum sparsamen Umgang mit Wasser – also dessen Anreizfunktion – in den Vordergrund (Hansmeyer und Ewringmann 1988, S. 19). Das Wassersparargument – und somit die Lenkungsfunktion des Wasserpfennigs – wird durch praktische Erfahrungen mit einer Abgabe auf die Entnahme von Grundwasser, der 'pumping tax', in Texas gestützt (Howe 1979, S. 297 ff.). Nach Einführung der 'pumping tax' ging dort die Grundwasserentnahme signifikant zurück.

---

[23]Der Wasserpfennig ist ebenso aus juristischer Sicht als Gebühr einzuordnen. Rechtsgutachten von Salzwedel, Mußgnug und Kirchhof, die in Hansmeyer und Ewringmann (1988, S. 24 ff.) detailliert analysiert werden, gelangen – auf unterschiedlichen Wegen – zu dieser Kategorisierung des Wasserpfennigs.

5.4.2 Die Literaturkontroverse um den Wasserpfennig

Der 1986 in der Zeitschrift 'Wirtschaftsdienst' von Bonus verfaßte Artikel "Eine Lanze für den 'Wasserpfennig' — Wider die Vulgärform des Verursacherprinzips" löste eine kontroverse Diskussion zwischen Bonus (1986a; 1986b; 1987a und 1987b) und den Autoren Brösse (1986), Scheele und Schmidt (1986; 1987a und 1987b) und Blankart (1987b) aus.

Der Angelpunkt dieser von Karl (1988, S. 27 ff.) ausführlich dargestellten 'Wasserpfennigdebatte' war dabei im wesentlichen die Frage, ob der Wasserpfennig mit dem Verursacherprinzip und mit Allokationseffizienz vereinbar ist.

Bonus (1986a; 1986b; 1987a und 1987b) arbeitete in seinen Artikeln heraus, daß der Wasserpfennig nicht gegen das Verursacherprinzip verstößt. Denn die Landwirte und die Wasserwerke stehen seiner Auffassung nach beide in Nutzungskonkurrenz zueinander um die knappe Ressource 'sauberes Grundwasser' und sind somit beide als Verursacher der Knappheit von sauberem Grundwasser anzusehen.[24] Dann ist es nach Bonus unter Bezugnahme auf das Coase—Theorem bei Abwesenheit von Verhandlungstransaktionskosten allokativ unerheblich, ob die Wasserwerke die Landwirte entschädigen oder umgekehrt. Beide Kompensationsvarianten führen zu einer paretoeffizienten Grundwasserallokation.

Dieser Argumentation widersprechen Brösse (1986) sowie Scheele und Schmidt (1986; 1987a und 1987b), indem sie betonen, daß die Preise landwirtschaftlicher Produkte keine Marktpreise, sondern politisch gesetzte Preise sind und zudem wegen EG—Subventionsmaßnahmen überhöht sind. Infolgedessen können auf diesen überhöhten Preisen basierende Anpassungsreaktionen bei einer Einführung des Wasserpfennigs nicht zu einer effizienten Allokation führen. Vielmehr haben die Verbraucher nicht nur für Agrarprodukte, sondern auch für Trinkwasser einen überhöhten Preis zu zahlen. Dabei wird durch die Ausgleichszahlungen das Einkommen der Landwirte auf

---

[24]Pethig (1989a, S. 232) führt für diese Nutzungskonkurrenz den umweltpolitischen Grundsatz des Nutzerprinzips ein: Und zwar sind die Wasserwerke als Nutznießer unterlassener Schadstoffemissionen und die Landwirte als Verursacher von Schadstoffbelastungen beide (konkurrierende) Nutzer der Wasserresource als knappes Gut und müssen folglich beide ein und denselben positiven Knappheitspreis zahlen.

kosten des Verbrauchers subventioniert, ohne daß sich die Gewässergüte verbessert.

Ergänzend zu dieser bereits in die angelsächsische Literatur (Nutzinger 1994, S. 185 f.) eingegangenen Wasserpfennigdiskussion wendet Karl (1987, S. 156) gegen den Wasserpfennig ein, daß dieser ein staatlich administrierter Preis ist, der nur 'zufällig' — nämlich bei vollständiger Information der öffentlichen Hand — auf das effiziente Niveau gesetzt werden kann. Ebenso führt nach Bergmann und Kortenkamp (1988, S. 196) eine staatlich vorgegebene Grundwasserabgabe nur dann zu einer effizienten Allokation, "wenn der 'richtige' Preis festgesetzt wurde". Zammenfassend kann, wie es Karl (1988, S. 30) betont, die Einführung des Wasserpfennigs somit nicht mithilfe des Coase–Theorems gerechtfertigt werden. "Denn sowohl die Entscheidung über den Kompensationspreis als auch über Bewirtschaftungsauflagen werden im politischen System und nicht auf Märkten gefällt" (Karl 1988, S. 28).

Die vorstehend zitierte Literatur stützt ihre Argumente für und wider den Wasserpfennig jedoch nur durch sehr einfache Partialmodelle oder verwendet keine Modelle.[25] Wir untersuchen im folgenden die Wirkung des Wasserpfennigs im Kontext unserer Trinkwassertotalmodelle mit vollständigen Märkten hinsichtlich der Erreichung einer produktionseffizienten Allokation.

5.4.3 Ein Trinkwassertotalmodell mit Wasserpfennig

Im folgenden verwenden wir das Trinkwassermodell mit null–homogener Technologie für Rohwassergüte. Dann ergibt sich folgende Konstruktion zur Erhebung des Wasserpfennigs: Eine Wasserwirtschaftsbehörde erhebt vom Wasserwerk für jede aus dem Wasserschutzgebiet b_q entnommene Rohwassereinheit r einen Gebührensatz p_{ro}, der formal an die Stelle des Rohwasserknappheitspreises $p_r > 0$ tritt und umweltpolitisch vorgegeben ist. Das Aufkommen $p_{ro} \cdot r$ des Wasserpfennigs transferiert die Behörde im Unter-

---

[25]Eine Ausnahme macht Linde (1988, S. 67 ff.), der ein normatives Referenztotalmodell — aber kein Totalmodell mit vollständigen Märkten verwendet — und daraus Effizienzaussagen über den Wasserpfennig ableitet.

schied zur Gesetzgebung des § 19 Abs. 4 WHG nicht an die Landwirte[26], sondern entsprechend unserer Modellkonstruktion an das Rohwasserwerk, das — wie vorstehend mithilfe der Abb. 5.2 erläutert — Rohwasser (zum Preis p_r) an das Wasserwerk verkauft. Weiter unterstellen wir wieder, daß das Wasserwerk wie in der Proposition 5.5 einen Preis p_q^0 in der Höhe des Wertgrenzproduktes $(p_w^0 - p_{ro})W_q$ für Rohwassergüte einkalkuliert. Ansonsten gelten die Verhaltensmaximen wie im Modell mit null–homogener Technologie Q^w.

Definition 5.3. *Ein Gleichgewicht ist determiniert durch eine erreichbare Allokation* $(a_w^0,\ a_y^0,\ b_q^0,\ b_h^0,\ e_q^0,\ e_h^0,\ h_y^0,\ h^0,\ q_w^0,\ q^0,\ r^0,\ w^0\ ,\ w_d^0,\ y_d^0,\ y^0)$ *und einen nicht–negativen Preisvektor* $(p_a^0,\ p_b^0,\ p_e^0,\ p_h^0,\ p_q^0,\ p_w^0,\ p_y^0)$ *und den Wasserpfennig* $p_{ro}\cdot r^0$ *derart, daß*

1. *$(b_q^0,\ e_q^0)$ der Kostendeckungsvorschrift $[-(p_b^0 - p_{ro}\cdot\rho - p_e^0\cdot\eta)\cdot b_q - p_e^0\cdot e_q] = 0$ genügt;*

2. *$(b_h^0,\ e_h^0,\ h^0) = arg\ max\ (p_h^0\cdot h - b_h - p_e^0\cdot e_h)$ u. d. B. $h \leq H(b_h,\ e_h)$;*

3. *$(a_w^0,\ q_w^0,\ w^0) = arg\ max\ [(p_w^0\cdot w - p_a^0\cdot a_w - p_q^0\cdot q_w - p_{ro}\cdot r)]$ u. d. B. $w = min[r,\ W(a_w,\ q_w)$;*

4. *$(a_y^0,\ h_y^0,\ y^0) = arg\ max\ (p_y^0\cdot y - p_a^0\cdot a_y - p_y^0\cdot h_y)$ u. d. B. $y \leq Y(a_y,\ h_y)$;*

5. *$(w_d^0,\ y_d^0)$ der Gleichung $w_d = \gamma\cdot y_d$ genügt;*

6. *die Gleichgewichtsbedingungen $h_y^0 = h^0$, $q_w^0 = q^0$, $w_d^0 = w^0 = r^0$ und $y_d^0 = y^0$ und*

7. *die Ressourcenrestriktionen $a_y^0 + a_w^0 = a_0$, $b_h^0 + b_q^0 = b_0$, $e_h^0 + e_q^0 = b_q^0\cdot\eta$ und $r^0 = \rho\cdot b_q^0$ erfüllt sind.*

---

[26]Als den Landwirtschaftssektor kann man den Zulieferbetrieb interpretieren, der durch Einsatz von Boden b_h und Düngemittelemission e_h das Agrarprodukt H in der Menge h produziert. Eine vergleichbare Modellierung findet man bei Linde (1988, S. 67).

Wir setzen voraus, daß das Gleichgewicht aus Definition 5.3 existiert und eindeutig ist. Mithin impliziert die Definition 5.3 in der ersten Produktionsstufe die Bedingungen:

$$\frac{H_e(b_h^\varrho,\ e_h^\varrho)}{H_b(b_h^\varrho,\ e_h^\varrho)} = p_e^0 \qquad (5.160\text{a})$$

$$\frac{Q_e^w(b_q^0,\ e_q^0)}{Q_b^w(b_q^0,\ e_q^0)} = -\frac{b_q^0}{e_q^0} = \frac{p_e^0}{p_b - p_{ro}\cdot\rho - p_e^0\cdot\eta};\ \text{für alle } p_{ro} > 0 \qquad (5.160\text{b})$$

In der zweiten Stufe gilt nach Maßgabe der Definition 5.3:

$$\frac{Y_h(a_y^0,\ h_y^0)}{Y_a(a_y^0,\ h_y^0)} = \frac{p_h^\varrho}{p_a^0} \qquad (5.161\text{a})$$

$$\frac{W_q(a_w^0,\ q_w^0)}{W_a(a_w^0,\ q_w^0)} = \frac{p_q^0}{p_a^0} \qquad (5.161\text{b})$$

$$\frac{W_q(a_w^0,\ q_w^0)}{W_a(a_w^0,\ q_w^0)}\cdot\frac{Q_e^w(b_q^0,\ e_q^0)}{H_e(b_h^\varrho,\ e_h^\varrho)} = \frac{Y_h(a_y^0,\ h_y^0)}{Y_a(a_y^0,\ h_y^0)} = \frac{p_h^\varrho}{p_a^0};\ \text{für alle } p_{r0} > 0 \qquad (5.161\text{c})$$

Basierend auf den Bedingungen (5.160) und (5.161) ist die allokative Wirkung des Wasserpfennigs wie folgt zu beurteilen:

1. Falls Rohwasser knapp ist, kann mithilfe des Wasserpfennigs Produktionseffizienz erreicht werden, wenn die Wasserwirtschaftsbehörde den Gebührensatz p_{ro} 'zufällig' auf die Höhe von $p_r = \lambda_r = \lambda_\rho > 0$ der Produktionseffizienzbedingungen (5.67a) und (5.67b) setzt. Dann nämlich stimmen die Bedingungen (5.160) und (5.161) mit den Produktionseffizienzbedingungen (5.67) und (5.69) überein, wenn für die übrigen Preise $p_b^\varrho = p_b = \lambda_b$, $p_e^0 = p_e = \lambda_e$, $p_a^0 = p_a = \lambda_a$ und $p_h^\varrho = p_h = \lambda_h$ gilt. Da die Behörde jedoch aufgrund mangelnder Information über die Höhe von p_r

den Gebührensatz im allgemeinen nicht auf das Niveau p_r setzen kann, kann mithilfe des Wasserpfennigs grundsätzlich keine Produktionseffizienz erreicht werden.

2. Falls Rohwasser reichlich ist ($p_r = 0$), jedoch institutionell ein Entgelt $p_{ro} > 0$ auf Wasserentnahmen erhoben wird, tritt durch den Wasserpfennig auf jeden Fall eine Allokationsverzerrung ein.

Diese Sachverhalte ergänzen unserer Erachtens nach die Argumentation von Karl (1987) und Bergmann und Kortenkamp (1988), nämlich daß bei Erhebung des Wasserpfennigs nicht nur die Kenntnis des 'richtigen' Preises für eine effiziente Allokation erforderlich ist, sondern auch die Infomation darüber, ob Rohwasser knapp oder ein freies Gut ist.

Falls Rohwasser knapp ist, $r = w$ und $p_r > 0$, erhöht die Einführung des Wasserpfennigs die Fläche des Wasserschutzgebietes, die Assimilationskapazität und die Rohwassermenge. Ebenso steigt die Trinkwassermenge und die Menge des Konsumgutes, also der gesellschaftliche Wohlstand (Nutzen des repräsentativen Konsumenten). Diese Sachverhalte weisen wir nach: Differentiation der Beziehung (5.130b) ergibt mit Berücksichtigung von (5.66b)–(5.66d), (5.129) unter Beachtung von $db_0 = d\eta = d\rho = d\gamma = 0$ nach einigen Umformungen:

$$db_q = \frac{b_h \cdot \rho \cdot b_q}{b_0(p_b - p_{ro} \cdot \rho)} \cdot dp_{ro}, \qquad \text{wobei } p_{ro} \neq p_b/\rho \qquad (5.162)$$

Aus diesem Differentialausdruck gewinnen wir mit $p_{ro} = 0$, $de\xi = \eta \cdot db_q$, $dr = \rho \cdot db_q$, $dr = dw$ und $dw = \gamma \cdot dy$:

$$\left.\frac{db_q}{dp_{ro}}\right|_{p_{ro}=0} = \frac{b_h \cdot \rho \cdot b_q}{b_0 \cdot p_b} > 0 \qquad (5.163a)$$

$$\left.\frac{de\xi}{dp_{ro}}\right|_{p_{ro}=0} = \frac{\eta \cdot b_h \cdot \rho \cdot b_q}{b_0 \cdot p_b} > 0 \qquad (5.163b)$$

$$\frac{dr}{dp_{r0}}\bigg|_{P_{ro=0}} = \frac{dw}{dp_{r0}}\bigg|_{P_{ro=0}} = \frac{\rho \cdot b_h \cdot \rho \cdot b_q}{b_0 \cdot p_b} > 0 \qquad (5.163c)$$

$$\frac{dy}{dp_{ro}}\bigg|_{P_{ro=0}} = \frac{\rho \cdot b_h \cdot \rho \cdot b_q}{\gamma \cdot b_0 \cdot p_b} > 0 \qquad (5.163d)$$

Weiter sind aus (5.162) im Fall $p_{ro} > 0$ unter Beachtung von $de\beta = \eta \cdot db_q$, $dr = \rho \cdot db_q$, $dr = dw$ und $dw = \gamma \cdot dy$ folgende komparativ–statische Wirkungen des Wasserpfennigs ersichtlich ($p_{ro} \neq p_b/\rho$):

$$\frac{db_q}{dp_{ro}} = \frac{b_h \cdot \rho \cdot b_q}{b_0(p_b - p_{ro} \cdot \rho)} \gtrless 0 \Leftrightarrow p_{ro} \lessgtr p_b/\rho \qquad (5.164a)$$

$$\frac{de\beta}{dp_{ro}} = \frac{\eta \cdot b_h \cdot \rho \cdot b_q}{b_0(p_b - p_{ro} \cdot \rho)} \gtrless 0 \Leftrightarrow p_{ro} \lessgtr p_b/\rho \qquad (5.164b)$$

$$\frac{dr}{dp_{ro}} = \frac{dw}{dp_{ro}} = \frac{\rho \cdot b_h \cdot \rho \cdot b_q}{b_0(p_b - p_{ro} \cdot \rho)} \gtrless 0 \Leftrightarrow p_{ro} \lessgtr p_b/\rho \qquad (5.164c)$$

$$\frac{dy}{dp_{ro}} = \frac{\rho \cdot b_h \cdot \rho \cdot b_q}{b_0(p_b - p_{ro} \cdot \rho)\gamma} \gtrless 0 \Leftrightarrow p_{ro} \lessgtr p_b/\rho \qquad (5.164d)$$

Nach Maßgabe von (5.164) verringert (erhöht) sich bei einer Erhöhung des Gebührensatzes p_{ro} die Fläche des Wasserschutzgebietes, die bereitgestellte Assimilationskapazität, die Roh– und die Trinkwassermenge sowie die Menge des Konsumgutes, wenn der Gebührensatz in der Ausgangslage relativ hoch, $p_{ro} > p_b/\rho$, (niedrig, $p_{ro} < p_b/\rho$,) ist.

Den 'richtigen', also den effizienten Gebührensatz p_{ro}, kann die Wasserwirschaftsbehörde in diesem Wasserpfennigmodel finden, indem sie von der Ausgangslage $p_{ro} = 0$ den Gebührensatz sukzessive solange erhöht, bis die Trinkwassermenge und somit gemäß $w = \gamma \cdot y$ das Konsumgut nicht mehr steigt. Der Ausgestaltungsspielraum eines solchen Verfahrens wird jedoch Fürst (1994, S. 41) zufolge durch hohe politische, institutionelle und sogar

abgabepsychologische Widerstände, von denen unser Modell abstrahiert, stark
eingeschränkt.

5.5 Abschließende Bemerkungen zum Kapitel 5

In einem Modell mit vollständigen und teilweise fiktiven Märkten — fiktiv
sind die Märkte für Rohwassergüte und Selbstreinigungsdienste — haben wir
die Knappheit bzw. die Reichlichkeit von Rohwasser bei linear–homogener
und null–homogener Rohwassergütetechnologie analysiert.

In diesem Modellkontext kann man Rohwasser zu Trinkwasser aufbereiten,
indem man alternativ größere Wasserschutzgebiete ausweist, die Schadstoffemission reduziert bzw. den Arbeitseinsatz im Wasserwerk erhöht. Dabei
erfordert Effizienz, daß der Trinkwasserpreis die Arbeitskosten des
Wasserwerks bei knappem Rohwasser um die Kosten der Rohwassergüte und
den Knappheitspreis der Rohwassermenge überschreitet. Ferner 'verknappt'
sich das Rohwasser bei steigendem Trinkwasserbedarf und 'wachsender' mit
Trinkwasser zu versorgender Bevölkerung (= Arbeitsangebot). Dabei gibt es
ausgehend von reichlichem Rohwasser Schwellenwerte für die Trinkwasserpräferenz und das Arbeitsangebot, ab denen die nachgefragte Trinkwassermenge das Rohwasserdargebot erreicht bzw. überschreitet, also
Rohwasser knapp ist.

Abschließend halten wir als Ergebnis für die allokative Wirkung des
Wasserpfennigs fest: Dieses Instrument wirkt bei reichlichem Rohwasser, der
effiziente Rohwasserpreis beträgt $p_r = 0$, allokationsverzerrend. Bei knappem
Rohwasser kann mithilfe des Wasserpfennigs aufgrund von Informations-
mangel nur 'zufällig' der produktionseffiziente Preis für Wasserentnahmen
vorgegeben werden.

Ferner ist zu beachten, daß unsere Aussagen über eine effiziente Trink-
wasserpreissetzung und die allokative Wirkung des Wasserpfennigs unter
Abstraktion von institutionellen, politischen und ordnungsrechtlichen
Rahmenbedingungen sowie ohne Berücksichtigung von Steuerwiderständen
(Fürst 1994, S. 41) gewonnen wurden.

Steuerpolitsche Widerstände bedeuten Fürst (ebd.) zufolge, daß selbst tastende Annäherungen im Sinne eines Versuch–und–Irrtum–Verfahrens an eine 'ideale Höhe' des Wasserpfennigsatzes weitgehend ausgeschlossen sind und dessen Höhe somit deutlich unter dem idealen Betrag bleibt.

6 Abschließende Bemerkungen

Das Hauptziel dieser Arbeit ist, Nutzungskonkurrenzen an der natürlichen
Ressource Wasser in Totalmodellen mit vollständigen und teilweise fiktiven
Wettbewerbsmärkten zu untersuchen. Effiziente Preise, welche die Nutzungs—
konkurrenzen lösen, fungieren als Referenz für die Beurteilung der allokativen
Wirkung von Entwässerungsgebühr, Abwasserabgabe und Wasserpfennig. Bei
der Analyse der Nutzungskonkurrenzen werden folgende neue Wege einge—
schlagen:

1. Es werden stationäre Selbstreinigungsfunktionen aus naturwissen—
    schaftlichen Selbstreinigungsmodellen, und daraus wiederum eine
    stationäre ökologische Gleichgewichtsfunktion hergeleitet.

2. Das Klärwerk wird basierend auf der stationären ökologischen Gleichge—
    wichtsfunktion als Produzent von Gewässergüte modelliert.

3. Das Gewässergüteproblem wird mithilfe von Totalmodellen analysiert,
    welche einen Markt für Selbstreinigungsdienste als knappen Pro—
    duktionsfaktor zur Internalisierung der Schadstoffemission als (negative)
    Externalität einführen.

Auch wenn in der aktuellen gewässerschutzrechtlichen Gesetzgebung unseres
Erachtens ein Gewässergütemanagement über Ge— und Verbote die markt—
wirtschaftliche Steuerung durch pretiale Instrumente überwiegt (Wolf 1988;
Storm 1995, S. 191; Kloepfer 1994), so scheint sich — insbesondere im Zuge
der zunehmenden Privatisierung von Klär— und Wasserwerken (Karl und
Klemmer 1994; Spulber und Sabbaghi 1994) das marktwirtschaftliche Prinzip
bzw. das Nutzerprinzip (Pethig 1989a) zunehmend in der Wasserwirtschaft zu
etablieren.

Innerhalb dieser Schlußbetrachtung referieren wir nicht noch einmal unsere
Analyseergebnisse, die bereits in den einzelnen Kapiteln zusammengefaßt
sind, sondern versuchen Wege aufzuzeigen, 'wo es weiter gehen kann':

1. Aus naturwissenschaftlicher Sicht ist in der Analyse explizit die Größe der Selbstreinigungsfläche zu berücksichtigen, um den Einfuß der Fläche auf den Ablauf stationärer Selbstreinigungsprozesse zu ermitteln. Auf dieser Basis kann dann eine Produktionsfunktion für Rohwassergüte im Rohwasserwerk des Trinkwassermodells konstruiert werden.

2. Bei der Analyse der allokativen Wirkung von Entwässerungsgebühr, Abwasserabgabe und des Gewässergütestandards ist das Modell so konstruiert, daß die Gebühr endogen ist, während der Standard und der Abwasserabgabensatz exogen vorgegeben sind. Alternativ zu dieser Konstruktion kann man die Abgabe und die Gebühr als exogene Variablen modellieren, durch die der (endogene) Standard festegelegt wird.

3. Die allokative Wirkung des Wasserpfennigs sollte — bei linear–homogener Rohwassergütetechnologie — ebenso wie die Abwasserabgabe und die Entwässerungsgebühr bei den alternativen Vorgaben der kostendeckenden und kostenminimierenden Einhaltung eines Standards für Rohwassergüte untersucht werden.

Literatur

Abwassertechnische Vereinigung e. V. Fachausschuß 2.4 (1985), *Instrumente zur Handhabung des Abwasserabgabengesetzes*, Erich Schmidt Verlag, Berlin

Ahlander, A.S. (1994), "Environmental Policies in the former Soviet Union", in: Sterner, T. (Hrsg.), *Economic Policies for Sustainable Development*, Kluwer Academic Publishers, Dordrecht u. a., 68–81

Ahlers, J.; Arnold, A.; v. Döhren, Fr. R. und Peter, H.W. (1982), *Enzymkinetik*, Gustav Fischer Verlag, Stuttgart, New York

d'Arge, R.C. (1972), "Economic Growth and the Natural Environment", in: Kneese, A.V. and Bower, B.T. (Hrsg.), *Environmental Quality Analysis*, John Hopkins Press, Baltimore und London, 11–34

d'Arge, R.C. und Kogiku (1973), "Economic Growth and the Environment", *Review of Economic Studies* 40, 61–77

Allen, R.G.D. (1972), *Makroökonomische Theory*, Dunker & Humblot, Berlin

Amalyan, N. (1994), "Problems of Sustainability in Ukraine", *Paper zur 5. EAERE Konferenz in Dublin*

Andrews, J.F. (1978), "The Development of a Dynamic Model and Control Strategies for the Anaerobic Digestion Process", in: James, A. (Hrsg.), *Mathematical Models in Water Pollution Control*, John Wiley & Sons, Chichester u. a., 281–302

Atkinson, A.B. und Stiglitz, J.E. (1980), *Lectures on Public Economics*, McGraw–Hill, New York u. a.

Bain, J.S.; Caves, R.E. und Margolis, J. (1966), *Northern California's Water Industry (The Comparative Efficiency in Developing a Scarce Natural Resource)*, John Hpkins Press, Baltimore

Bank, M. (1993), *Basiswissen zur Umwelttechnik*, Vogel Buchverlag, Würzburg

Barbier, E.B. und Markandya, A. (1990), "The Conditions for Achieving Environmentally Sustainable Development", *European Economic Review* 34, 659–669

Batra, R.N. und Casas, F.R. (1973), "Intermediate Products and the Pure Theory of International Trade: A Neo–Heckscher–Ohlin Framework", *American Economic Review* 63, 297–311

Batra, R.N. und Casas, F.R. (1976), "A Synthesis of the Heckscher–Ohlin and the Neoclassical Models of International Trade", *Journal of International Economics* 6, 21–38

Baumol, W.J. und Oates W.E. (1971), "The Use of Standards and Prices for Protection of the Environment", *Swedish Journal of Economics* 73, 42–54

Baumol, W.J. (1972), "On the Taxation and the Control of Externalities", *The American Economic Review* 62, 307–322

Baumol, W.J. und Oates W.E. (1988), *The Theory of Environmental Policy*, Cambridge University Press, New York u. a.

Baurichter, F. (1993), "Wasserwirtschaft und Wasserpfennig", *Arbeitspapier* Nr. 29 (Trier)

Beck, M.B. (1978), "Modelling of Dissolved Oxygen in a Non–Tidal Stream", in: James, A. (ed.), *Mathematical Models in Water Pollution Control*, John Wiley & Sons, Chichester u. a., 137–166

Bender, D. (1976), *Makroökonomik des Umweltschutzes*, Vandenhoeck & Ruprecht, Göttingen

Bergmann, E. und Kortenkamp, L. (1988), *Ansatzpunkte zur Verbesserung der Allokation knapper Grundwasserressourcen*, Westdeutscher Verlag, Opladen

Bergmann, E. und Werry, S. (1989), *Der Wasserpfennig – Konstruktion und Auswirkungen einer Wasserentnahmeabgabe –*, Erich Schmidt Verlag, Berlin

Berkes, F.; Folke, C. und Gadgil, M. (1993), "Traditional Ecological Knowledge, Biodiversity, Resilience and Sustainability", *Beijer Discussion Paper* 31

Berndt, E.R. und Christensen, L.R. (1973), "The Internal Structure of Functional Relationships: Separability, Substitution , and Aggregation", *Review of Economic Studies* 40, 403–410

Bever, J.; Stein, A. und Teichmann, H. (1990), *Weitergehende Abwasser- reinigung*, Oldenbourg Verlag, München und Wien

Blankart, C.B. (1980), *Ökonomie der öffentlichen Unternehmen*, Verlag Franz Vahlen, München

Blankart, C. B. (1987a), "Der Wasserpfennig aus ökonomischer Sicht", Vortrag vor dem Finanzwissenschaftlichen Ausschuß des Vereins für Socialpolitik am 11. Juni in Lübeck

Blankart, C.B. (1987b), "Eine verfügungsrechtliche Betrachtung des Wasserpfennigs", *Wirtschaftsdienst* 67, 151–154

Blümel, W.; Pethig, R. und von dem Hagen (1986), "Theory of Public Goods: A Survey of Recent Issues", *Journal of Institutional and Theoretical Economics* 142, 241–309

Blümel, W. (1987), *Die Allokation öffentlicher Güter in unterschiedlichen Allokationsverfahren*, Duncker & Humblot, Berlin

Boadway, R.W. und Bruce, N. (1991), *Welfare Economics*, University Press, Cambridge

Böhler, H. (1991), "Das Indirekteinleiterkataster", in: Jäger, W.: *Abwasserpraxis*, Maier Verlag, Rottenburg, 35–40

Bös, D. (1981), *Economic Theory of Public Enterprise*, Springer–Verlag, Berlin u. a.

Bös, D. (1985), "Public Sector Pricing", in: Auerbach, A.J. und Felstein, M. (Hrsg.), *Handbook of Public Economics* 1, North–Holland, Amsterdam u. a., 129–211

Bös, D. (1986), *Public Enterprise Economics*, North–Holland, Amsterdam u. a.

Bohley, P. (1980), "Gebühren und Beiträge", in: Neumark, F. (Hrsg.), *Handwörterbuch der Finanzwissenschaft* Bd. 2, 3, JCB Mohr Tübingen, 915–947

Bohm, P. und Russel, C. (1985), "Comparative Analysis of Alternative Policy Instruments", in: Kneese, A.V. und Sweeney, J.L. (Hrsg.), *Handbook of Natural Resource and Energy Economics* 1, North–Holland, Amsterdam u. a., 395–460

Bohn, T. (1993), *Wirtschaftlichkeit und Kostenplanung von kommunalen Abwasserreinigungsanlagen*, Expert Verlag, Ehningen

Bonka, H. (1986), "Die Bedeutung aktueller Novellierungen im Wasserrecht für die Wasserversorgungswirtschaft", *gwf–wasser/abwasser* 127, 541–547

Bonse, G. und Metzler, M. (1978), *Biotransformation organischer Fremdsubstanzen*, Georg Thieme Verlag, Stuttgart

Bonus, H. (1986a), "Eine Lanze für den 'Wasserpfennig' – Wider die Vulgärform des Verursacherprinzips", *Wirtschaftsdienst* 66, 451–455

Bonus, H. (1986b), "Don Quichotte, Sancho Pansa und der Wasserpfennig", *Wirtschaftsdienst* 66, 625–629

Bonus, H. (1987a), "Die Lust am effizienten Untergang: Notizen zum Wasserpfennig", *Wirtschaftsdienst* 67, 199–203

Bonus, H. (1987b), "Der eine Charme und der andere Charme: Schlußbemerkungen zum Wasserpfennig", *Wirtschaftsdienst* 67, 207

Bovenberg, A.L. und Mooij (1994), "Environmental Tax Reform and Endogenous Growth", *Paper zur 5. Konferenz der EAERE in Dublin*

Braden, J.B. und Kolstad (1991), *Measuring the Demand for Environmental Quality*, North–Holland, Amsterdam u. a.

Brännlund, R. und Löfgren, K.–G. (1994), "Emission Standards and Stochastic Waste Load", *Paper zur 5. Konferenz der EAERE in Dublin*

Breuer, R. 1987, *Öffentliches und privates Wasserrecht*, Verlag C.H. Beck, München

Brockhoff, K. und Salzwedel, J. (1978), *Korrekte Maßstabsbildung für Entwässerungsgebühren*, Erich Schmidt Verlag, Berlin

Brösse, U. (1986), "Wasserzins statt Wasserpfennig", *Wirtschaftsdienst* 66, 566–569

Brown, G.M. Jr. und Johnson, R.W. (1984), "Pollution Control by Effluent Charges: It Works in the Federal Republic of Germany, Why Not in the U.S.", *Natural Resources Journal* 24, 929–966

Buchanan, J.M. (1969), "External Diseconomies, Corrective Taxes, and Market Structure" *American Economic Review* 59, 174–177

Buck, W. (1983), *Lenkungsstrategien für die optimale Allokation von Umweltgütern (Theoretische Grundlagen einer rationalen Konzeption der Umweltpolitik)*, Peter Lang, Frankfurt a. M. u. a.

Bundesumweltministerium (1993), "Privatwirtschaftliche Lösungen für die kommunale Abwasserentsorgung", *Umwelt* 4/1993, 150–151

Bundesumweltministerium (1994a), "Internationale Aktivitäten zur externen Qualitätssicherung", *Umwelt* 1/1994, 22

Bundesumweltministerium (1994b), "Zielvorgaben für die Bewertung von Schadstoffen im Rhein", *Umwelt* 1/1994, 24

Bundesumweltministerium (1994c), "Deutsch–Ungarisches Symposium (Kommunales Abwassermanagement)", *Umwelt* 1/1994, 25

Bundesumweltministerium (1994d), "Rückführung des Betriebsabwassers als Brauchwasser", *Umwelt* 2/1994, 66

Bundesumweltministerium (1994e), "4. Novelle zum Abwasserabgabengesetz endgültig verabschiedet", *Umwelt* 6/1994, 242

Burrows, P. (1977), "Pollution Control with Variable Production Processes", *Journal of Public Economics* 8, 357–367

Burrows, P. (1979), *The Economic Theory of Pollution Control*, Billings & Sons Limited, Guildford u. a.

Byrne, R.F. und Spiro, M.H. (1973), "On Taxation as a Pollution Control Policy", *Swedish Journal of Economics* 75, 105–109

Cansier, D. (1993), *Umweltökonomie*, Gustav Fischer Verlag, Stuttgart, Jena

Cesar, H. und de Zeeuw, A. (1994), *"Sustainability and the Greenhouse Effect: Robustness Analysis of the Assimilation Function", Paper zur 5. Konferenz der EAERE in Dublin*

Clark, C.W. (1976), *Mathematical Bioeconomics*, John Wiley & Sons, New York u. a.

Coase, R.H. (1960), "The Problem of Social Cost", *Journal of Law & and Economics* 3, 1–44

Committee on Ground Water Quality Protection (1986), *Ground Water Quality Protection (State and Local Strategies)*, National Academy Press, Washington D.C.

Common, M. und Perrings, C. (1992), "Towards an Ecological Economics of Sustainability", *Beijer Discussion Paper* 2

Connel, D.W. und Miller, G.J. (1984), *Chemistry and Ecotoxicology of Pollution*, John Wiley & Sons, New York u. a.

Conrad, K. (1985), "The Use of Standards and Prices for Environment Protection and their Impact on Costs", *Journal of Institutional and Theoretical Economics* 141, 390–400

Conrad, K. (1993), "Taxes and Subsidies for Pollution–Intensive Industries as Trade Policy", *Journal of Environmental Economies and Management* 25, 121–135

Conrad, J.M. und Clark, C.W. (1987), *Natural Resource Economics*, Cambridge University Press, Cambridge u. a.

Cornes; R. und Sandler, T. (1986), *The Theory of Externalities, Public Goods, and Club Goods*, Cambridge University Press, Cambridge u. a.

Cropper, M.L. und Oates, W.E. (1992), "Environmental Economics: A Survey", *Journal of Economic Literature* 30, 675–740

Dales, J. H. (1968a), "Land, Water and Ownership", *Canadian Journal of Economics* 1, 791–804

Dales, J.H. (1968b), *Pollution Property and Prices*, University of Toronto Press, Toronto

Dasgupta, P. (1969), "On the Concept of Optimum Population", *Review of Economic Studies* 36, 295–318

Dasgupta, P. (1990), "The Environment as a Commodity", *Oxford Review of Economic Policy* 6, 51–67

Demsetz, H. (1964), "The Exchange and Enforcement of Property Rights", *Journal of Law and Economics* 7, 11–26

Demsetz, H. (1968), "Why Regulate Utilities", *Journal of Law and Economics* 11, 55–65

Demsetz, H. (1969), "Information and Efficiency: Another Viewpoint", *Journal of Law and Economics* 12, 1–22

Der Rat von Sachverständigen für Umweltfragen (1974), *Die Abwasser-abgabe (Wassergütewirtschaftliche und gesamtökonomische Wirkungen)*, Verlag W. Kohlhammer GmbH, Stuttgart und Mainz

Diewert, W.E. (1982), "Duality Approaches to Microeconomic Theory", in: Arrow, K.J. und Intrilligator, M.D. (Hrsg.), *Handbook of Mathematical Economics* 2, North–Holland, Amsterdam u. a., 535–599

Dorfman, R. und Jacoby, H.D. (1972), "An Illustrative Model of River Basin Pollution Control", in: Dorfman, R. Jacoby, H.D. und Thomas Jr., H.A. (Hrsg.), *Models for Managing Regional Water Quality*, Harvard University Press, Cambridge und Massachusetts

Drews, I. (1986), *Chemie des Wassers*, VEB Deutscher Verlag für Grundstoffindustrie, Leipzig

van Dunné, J.M. (1994), "The Rotterdam Rhine Inquiry Project", *Paper zur Konferenz "Governing Our Environment" in Kopenhagen*

Ebert, U. (1991a), "On the Effects of Effluent Fees under Oligoply: Comparative Static Analysis", *Diskussionspapier* V–82–91 (Oldenburg)

Ebert, U. (1991b), "Pigouvian Tax and Market structure: The Case of Oligoply and Different Abatement Technologies", *Finanzarchiv* 49, 154–166

Ebert, U. (1994), "Naive Use of Environmental Instruments", *Paper zur 5. Konferenz der EAERE in Dublin*

Eisele, G. (1991), "Die Aufgabe eines Planers bei der Erweiterung von Kläranlagen zur Erfüllung der neuen behördlichen Forderungen", in: Jäger, W. (Hrsg.), *Abwasserpraxis*, Maier Verlag, Rottenburg, 41–53

Endres, A. (1977), "Die Coase–Kontroverse", *Zeitschrift für die gesamte Staatswissenschaft* 133, 637–651

Engelhardt, D.; Senger, G.; Spillecke, H. und Treunert, E. (1993), *Abwasserrecht und Abwassertechnik (Gesetze – Verordnungen, Vor-schriften – Richtlinien)*, VDI Verlag, Düsseldorf

Escriit, L.B. (1984), *Sewerage and Sewage Treatment (International Practice)*, John Wiley & Sons, New York u. a.

Ewringmann, D.; Hansmeyer, K.H.; Hoffmann, V. und Kibat, K. (unter Mitarbeit von H. Irmer und H. Dönmez) (1981), *Auswirkungen des Ab-wasserabgabengesetzes auf industrielle Indirekteinleiter*, Erich Schmidt Verlag, Berlin

Ewringmann, D. und Schafhausen, F. (1985), *Abgaben als ökonomischer Hebel in der Umweltpolitik (Ein Vergleich von 75 praktizierten oder erwogenen Abgabenlösungen im In- und Ausland)*, Erich Schmidt Verlag, Berlin

Faber, M.; Niemes, H. und Stephan, G. (1983), *Umweltschutz und Input–Output–Analyse – Mit zwei Fallstudien aus der Wassergütewirtschaft*, J. C. B. Mohr (Paul Siebeck), Tübingen

Faber, M.; Stephan, G. und Michaelis, P. (1989), *Umdenken in der Abfallwirtschaft (Vermeiden, verwerten, beseitigen)*, Springer–Verlag, Berlin u. a.

Faber, M. und Proops, J.L.R. (1990), *Evolution, Time, Production and the Environment*, Springer–Verlag, Berlin u. a.

Faucheux, S. (1994), "Enery Analysis and Sustainable Development", in: Pethig, R. (Hrsg.), *Valuing the Environment: Methodological and Measurement Issues*, Kluwer Academic Publishers, Dodrecht u. a., 325–346

Feenberg, D. und Mills, E. (1980), *Measuring the Benefits of Water Pollution Abatement*, Academic Press, New York u. a.

Feichtinger, G. und Hartl, R.F. (1986), *Optimale Kontrolle ökonomischer Prozesse (Anwendungen des Maximumprinzips in den Wirtschaftswissenschaften)*, Walter de Gruyter, Berlin u. a.

Fiedler, K. (1994a), "Naturwissenschaftliche Grundlagen natürlicher Selbstreinigungsprozesse in Wasserressourcen", *Zeitschrift für Umweltpolitik & Umweltrecht* 17, 323–355

Fiedler, K. (1994b), "The Conditions for Ecological Sustainable Development in the Context of a Double–Limited Selfpurification Model of an Aggregate Water Resource", in Steen, U. und Lauritsen, L. (Hrsg.), *Governing Our Environment*, AkA–Print A/S, Dänemark, 7–18 [Erscheint in überarbeiteter und erweiterter Fassung 1996 im Journal *'Environmental and Resource Economics'*]

Förstner, U. (1990), *Umweltschutztechnik (Eine Einführung)*, Springer–Verlag, Berlin u. a.

Foley, D. (1970), "Lindahl's Solution and the Core of an Economy with Public Goods", *Econometrica* 38, 66–72

Folke, C. und Kaberger, T. (1991), "Recent Trends in Linking the Natural Environment and the Economy", in: Folke, C. und Kaberger, T. (Hrsg.), *Linking the Natural Environment and the Economy (Essays from the Eco–Eco Group)*, Kluwer Academic Publishers, Dordrecht u. a., 273–300

Forster, B.A. (1972), "A Note on Economic Growth and Environmental Quality", *Swedish Journal of Economics* 74, 281–286

Forster, B.A. (1973), "Optimal Capital Accumulation in a polluted Environment", *Southern Economic Journal* 39, 544–547

Forster, B.A. (1975), "Optimal Pollution Control with a Non–Constant Exponential Rate of Decay", *Journal of Environmental Economics and Management* 2, 1–6

Franke, S.F. (1991), "Hindernisse im Verfassungsrecht für Öko–Abgaben", *Zeitschrift für Rechtspolitik* 24, 24–28

Freeman III, A.M., *The Benefits of Environmental Improvement (Theory and Practice)*, Johns Hopkins University Press, Baltimore u. a.

Fried, J.J. (1975), *Groundwater Pollution (Theory, Methodology, Modelling and Practical Rules)*, Elsevier Scientific Publishing Company, Amsterdam u. a.

Fürst, D. (1994), "Abgabenlösungen – Schritte zu einem neuen Konzept staatlicher Steuerung", in: Mackscheidt, K.; Ewringmanm, D. und Gawel, E. (Hrsg.), *Umweltpolitik mit hoheitlichen Zwangsabgaben*, Duncker & Humblot, Berlin, 33–46

Furobotn, E. und Pejovisch, S. (1972), "Property Rights and Economic Theory: A Survey of Recent Literature", *Journal of Economic Literature* 10, 1137–1162

Gandolfo, G. (1986), *International Economics*, Springer–Verlag, Berlin u. a.

Gawel, E. (1991), *Umweltpolitik durch gemischten Instrumenteneinsatz*, Duncker & Humblot, Berlin

Gawel, E. (1993), "Novellierung des Abwasserabgabengesetzes", *Zeitschrift für Umweltrecht* 4, 159–164

Gawel, E. (1993), "Umweltabgaben und Verrechnungsmöglichkeiten von Umweltschutzinvestitionen", *Konjunkturpolitik* 39, 376–397

Gawel, E. (1994), "Marktorientierung der kommunalen Abwasserbeseitigung: Chance für die Gewässergütepolitik", *gwf Wasser Abwasser* 135, 166–137

Gawel, E. und van Mark, M. (1993), *Marktorientiertes Gewässergütemanagement* (Kompensations– und Lizenzkonzepte im Indirektleiterbereich – eine Fallstudie), Erich–Schmidt Verlag, Berlin

Gawel, E. und Ewringmann, D. (1994), *Abwasserabgabengesetz und Indirekteinleitung (Zur Bedeutung und möglichen Ausgestaltung einer Indirekteinleiterabgabe)*, Dunker & Humblot, Berlin

Gebauer, H. (1985), *Regionale Umweltnutzungen in der Zeit*, Peter Lang, Frankfurt a. M., u. a.

Götz, V. (1993), "Umweltschutz und Landwirtschaft: Agrarumwandlungsrecht der Europäischen Gemeinschaft", in: Rengeling, H.–W. (Hrsg.), *Umweltschutz und andere Politiken der Europäischen Gemeinschaft*, Carl Heymanns Verlag KG, Köln u. a., 173–206

Goldman, M.I. und Tsuru S. (1985), "Economics of Environment and Renewable Resources in Socialist Systems", in: Kneese, A.V. und Sweeney, J.L. (Hrsg.), *Handbook of Natural Resource and Energy Economics*, Bd. II, North–Holland, Amsterdam, 725–749

Green, J.H.A. (1964), *Aggregation in Economic Analysis (An Introductory Survey)*, Princeton University Press, Princeton, New Jersey

Gronych, R. (1980), *Allokationseffekte und Außenhandelswirkungen der Umweltpolitik*, J.C.B. Mohr, Tübingen

Günthert, F.W. und Hajek, P.–M. (1988), "Industrial Wastewater Pretreatment of a Dental–Pharmaceutical Company", in: Hahn, H.H. und Klute, R. (Hrsg.), *Pretreatment in Chemical Water and Wastewater Treatment*, Springer–Verlag, Berlin u. a., 179–200

Habeck–Tropfke, H.–H. (1980), *Abwasserbiologie*, Werner Verlag, Düsseldorf

Hahn, H.H. und Hartmann, K.–H. (1988), "Pretreatmeant of Industrial Wastewater: Legal and Planning Aspects – A Case Study", in: Hahn, H.H. und Klute, R. (Hrsg.), *Pretreatment in Chemical Water and Wastewater Treatment*, Springer–Verlag, Berlin u. a., 125–149

Hahn, R.W. und Stavins, R.N. (1992), "Economic Incentives for Environmental Protection: Integrating Theory and Practice", *American Economic Review* 82, 464–468

Haken, H. (1983), *Synergetik*, Springer–Verlag, Berlin u. a.

Hammer, M.J. (1986), *Water and Wastewater Technology*, John Wiley & Sons, New York u. a.

Hansmeyer, K.–H. (1987), "Abgaben und steuerliche Instrumente der Umweltpolitik – Wirkungsweise, Erfahrungen, Möglichkeiten", *Zeitschrift für Umweltpolitik & Umweltrecht* 3, 251–266

Hansmeyer, K.–H. und Ewringmann, D. (1988), *Der Wasserpfennig*, Duncker & Humblot, Berlin

Hansmeyer, K.–H. (1989), "Finanzpolitik im Dienste des Gewässerschutzes", in: Schmidt, K. (Hrsg.), *Öffentliche Finanzen und Umweltpolitik II*, Duncker & Humblot, Berlin, 47–76

Hansmeyer, K.–H. und Schneider, H.K. (1989), "Zur Fortentwicklung der Umweltpolitik unter marktsteuernden Aspekten", Abschließender und ergänzender Bericht zum Forschungsvorhaben des Umweltbundesamtes Nr. 101 03 107

Harberger, A.C. (1962), "The Incidence of the Corporation Income Tax", *Journal of Public Economics* 70, 215–240

Hardin, G. (1968), "The Tragedy of the Commons", *Science* 162, 1243–1248

Hartinger, L. (1991), *Handbuch der Abwasser– und Recycling–Technik*, Carl Hanser Verlag, München, Wien

Hartmann, L. (1989), *Biologische Abwasserreinigung*, Springer–Verlag, Berlin u. a.

Hartmann, L. (1992), *Ökologie und Technik*, Springer—Verlag, Berlin u. a.

Hass, J.E., "Optimal Taxing for the Abatement of Water Pollution", *Water Resources Research* 6, 353–365

Heathwaite, A.L. (1993), "Nitrogen Cycling in Surface Waters and Lakes", in: Burt, T.P., Heathwaite, A.L. und Trudgill, S.T. (Hrsg.), *Nitrate: Processes, Patterns and Management*, John Wiley & Sons, Baffins Lane, Chichester, 99–140

Hediger, W. (1991), Opportunitätskosten der Umweltnutzung (Eine dynamische ökologisch–ökonomische Analyse), Verlag Rüegger, Chur und Zürich

Helfand, G.E. (1991), "Standars versus Standards: The Effects of Different Pollution Restrictions", *American Economic Review* 81, 622–634

Henderson, J.M. und Quandt, R.E., *Mikroökonomische Theorie (Eine mathematische Darstellung)*, Verlag Franz Vahlen, München

Henry, L. (1976), "Legislation and Standards: Status, Trends, and Significance", in: Azad, H.S. (Hrsg.), *Industrial Wastewater Management Handbook*, McGraw—Hill, New York u. a., 1–2–1–27

Hettelingh, J.–P.; Downing, R.J. und de Smet, P.A.M. (1991), "European Critical Load Maps", in: Hettelingh, J.–P.; Downing, R.J. und de Smet, P.A.M. (Hrsg.), *Mapping critical Loads for Europe*, ISBN, Luxemburg u. a., 5–30

Hirshleifer, J.; de Haven, J.C. und Milliman, J.W. (1969), *Water Supply (Economics, Technology, and Policy)*, The University of Chicago Press, Chicago & London

Hoevenagel, R. (1994), "A Comparison of Economic Valuation Methods", in Pethig, R. (Hrsg.), *Valuing the Environment: Methodological and Measurement Issues*, Kluwer Academic Publishers, Dordrecht u. a., 251–270

Hollemann, A.F. und Wiberg, E. (1976), *Lehrbuch der anorganischen Chemie*, Walter de Gruyter Verlag, Berlin, New York

Howarth, R. B. und Norgaard, R.B. (1992), "Environmental Valuation under Sustainable Development", *American Economic Review (Papers and Proceedings)* 82, 473–477

Howe, C.W. (1979), *Natural Resource Economics: Issues, Analysis, and Policy*, John Wiley & Sons, New York

Howe, C.W. (1993), "The U.S. Environmental Policy Experience: A Critique with Suggestions for the European Community", *Environmental & Resource Economics* 4, 359–379

Hübler, K.–H. und Schablitzki (1991), Volkswirtschaftliche Verluste durch Bodenbelastung in der Bundesrepublik Deutschland, Erich–Schmidt Verlag, Berlin

Huhtala, A. (1994), "A Dynamic Model of Renewable Resource Extraction and Waste Accumulation", *Paper zur 5. Konferenz der EAERE in Dublin*

Hurwicz, L. (1973), "The Design of Mechanisms for Resource Allocation", *American Economic Review (Papers and Proceedings)* 63, 1–31

Hutzinger, O.; Tulp, M. TH. und Zitko, V. (1977), "Chemicals with Pollution Potential", in Hutzinger, O; Van Lelyveld, I.H. und Zoeteman, B.C.J. (Hrsg.), *Aquatic Pol– lutants*, Pergamon Press, Oxford u. a., 13–30

Illc, P. (1989), "Indirekteinleitung aus Industriebetrieben", in: Abwassertechnische Vereinigung E.V. (Hrsg.), *Umwelttechnik für Juristen Umweltrecht für Ingenieure (Technische Regeln – Umsetzung in die Praxis)*, Carl Weyler KG, Bonn, 183–194

Inman, R.P. (1987), "Markets, Governments, and 'The New Political Economy' ", in: Auerbach, A.J. und Feldstein, M. (Hrsg.), *Handbook of Public Economics*, Bd. II, North–Holland, Amsterdam, 647–777

Intrilligator, M.D. (1971), *Mathematical Optimization and Economic Theory*, Prentice–Hall und Englewood Cliffs, London u. a.

James, A. (1993), "Modelling the Fate of Pollutants in Natural Waters – Processes and Mechanisms", in: James, A. (Hrsg.), *An Introduction to Water Quality Modelling*, John Wiley & Sons, Chichester u. a., 79–114

Jass, M. (1990), *Erfolgskontrolle des Abwasserabgabengesetzes*, Peter Lang, Frankfurt a. M. u. a.

Johann, H.P. (1989), "Einfluß von Emissionsstandards und Genehmigungsauflagen auf den Produktionsprozeß", in: Abwassertechnische Vereinigung E.V. (Hrsg.), *Umwelttechnik für Juristen Umweltrecht für Ingenieure (Technische Regeln – Umsetzung in die Praxis)*, Carl Weyler KG, Bonn, 111–144

Johansen, L. (1963), "Some Notes on the Lindahl Theory of Determination of Public Expenditures", *International Economic Review* 4, 346–358

Johansen, L. (1972), *Production Functions (An Integration of Micro and Macro, Short Run and Long Run Aspects)*, North–Holland, Amsterdam und London

Johansson, P.–O. (1994), "Valuation and Aggregation", in: Pethig, R. (Hrsg.), *Valuing the Environment: Methodological and Measurement Issues*, Kluwer Academic Publishers, Dodrecht u. a., 59–80

Jones, R.W. (1965), "The Structure of a Simple General Equilibrium Model", *Journal of Political Economy* 73, 557–572

Jones, R.W. (1971), "Distortions in Faktor Markets and the General Equilibrium Model of Produktion", *Journal of Political Economy* 79, 437–459

Jones, G.L. (1978), "A Mathematical Model of Bacterial Growth and Substrate Utilisation in the Activated Sludge Process", in: James, A. (ed.), *Mathematical Models in Water Pollution Control*, John Wiley & Sons, Chichester u. a., 269–283

Jorgensen, S.E. und Mejer, H. (1977), "Ecological Buffer Capacity", *Ecological Modelling* 3, 39–61

Jorgensen, S.E. (1983), "Physical and Chemical Processes of Ecological Modelling", in: Jorgenson, S.E. (ed.), *Application of Ecological Modelling in Environmental Management*, Part A, Elsevier Scientific Publishing Company, Amsterdam u. a., 107–129

Jorgensen, S.E. (1988), *Fundamentals of Ecological Modelling 9*, Elsevier, Amsterdam u. a.

Kabelitz, K. R (1984), *Eigentumsrechte und Nutzungslizenzen als Instrumente einer ökonomisch rationalen Luftreinhaltepolitik*, Ifo–Studien zur Umweltökonomie, Bd. 5, Köln

Kallaste, T. (1994), "Economic Instruments in Estonian Environmental Policy", in: Sterner, T. (Hrsg.), *Economic Policies for Sustainable Development*, Kluwer Academic Publishers, Dordrecht u. a., 132–147

Kamien, M.L. und Schwartz, N.L. (1981), *Dynamic Optimization (The Calculus of Variations and Optimal Control in Economics and Management)*, North–Holland, New York

Kanowski, S. (1985), "Abwälzung der Abwasserabgabe und Bemessung von Entwässerungsgebühren nach verursachergerechten Maßstäben", *gwf Wasser Abwasser* 126, 11–24

Karl, H. (1987), "Ökonomie des Grundwasserschutzes", *Wirtschaftsdienst* 67, 154–157

Karl, H. (1988), "Die Auseinandersetzung um den Wasserpfennig. Darstellung einer Debatte vor dem Hintergrund des Coase Theorems", *Wirtschaftswissenschaftliches Studium* 17, 27–30

Karl, H. (1989), "Kommunale Umweltpolitik", *Wirtschaftswissenschaftliches Studium* 18, 249–251

Karl, H. (1991), "Ökonomische Analyse des Wasserpfennigs und der Ausgleichszahlungen gemäß § 19 Abs. 4 Wasserhaushaltsgesetz", *Diskussionsbeitrag* Nr. 16 (Trier)

Karl, H. und Klemmer, P. (1994), *Volkswirtschaftliche Effekte privatwirtschaftlich organisierter öffentlicher Investitionen im Bereich der Abwasserentsorgung*, Eigenverlag der Universität Witten/Herdecke

Karlson, P. (1980), *Kurzes Lehrbuch der Biochemie für Mediziner und Naturwisenschaftler*, Georg Thieme Verlag, Stuttgart, New York

Katalyse e. V. (Institut für angewandte Umweltforschung) (1987), *Das Wasserbuch*, Kiepenheuer & Witsch, Köln

Keim, B.; Barczewski, B. und Juraschek, M. (1994), "Überwachung von Wasserbeschaffenheit und Schüttung von Quellen – Aufbau der Pilotmeßstationen und erste Ergebnisse aus dem Quellnetz Baden–Würtemberg", *Wasserwirtschaft* 84, 250–255

Kennedy, P.W. (1994), "Equilibrium Pollution Taxes in Open Economies with Imperfect Competition", *Journal of Environmental Economics and Management* 27, 49–63

Kinzelbach, W. (1992), *Numerische Methoden zur Modellierung des Transports von Schadstoffen im Grundwasser*, Oldenbourg Verlag, München, Wien

Kirchhof, P. (1983), *Verfassungsrechtliche Beurteilung der Abwasserabgabe des Bundes*, Erich Schmidt Verlag Berlin

Kirzner, I.M. (1978), *Wettbewerb und Unternehmensform*, J.C.B. Mohr, Tübingen

Kitabatake, Y. (1989), "The Backward Incidence of Pollution Damage Compensation Policy", *Journal of Environmental Economics and Management* 17, 171–180

Klevorick, A.K. und Kramer, G.H. (1973), "Social Choice on Pollution Management: The Genossenschaften", *Journal of Public Economics* 2, 101–146

Kleopfer, M. (1989), *Umweltrecht*, Beck'sche Verlagsbuchhandlung, München

Kloepfer, M. (1994), "Grundrechtsfragen der Umweltabgaben", in: Mackscheidt, K.; Ewringmanm, D. und Gawel, E. (Hrsg.), *Umweltpolitik mit hoheitlichen Zwangsabgaben*, Duncker & Humblot, Berlin, 161–179

Kneese, A.V. (1964), *The Economics of Regional Water Quality Management*, Johns Hopkins University Press, Baltimore, Maryland

Kneese, A.V. (1971), "The Political Economy of Environmental Quality (Environmental Pollution: Economics and Policy)", *American Review* 61, 153–166

Kneese, A.V. und Bower, B.T. (1972), *Die Wassergütewirtschaft*, R. Oldenbourg Verlag, München, Wien

Kolm, S.–G. (1974), "Qualitative Returns to Scale and the Optimum Financing of Environmental Policies", in: Rothenberg, J. und Heggie, I.G. (Hrsg.), *The Management of Water Quality and the Environment*, John Wiley & Sons, New York, Toronto, 151–171

Kobus, Damrath, Schötter und Zipfel (1979), *Wasserinhaltsstoffe im Grundwasser*, (Berichte 4/79 Umweltbundesamt), Erich Schmidt Verlag, Berlin

Kohn, R.F. und Aucamp, D.C. (1976), "Abatement, Avoidance and Non-convexity", *American Review* 66, 947–952

Kotlikoff, L.J. und Summers, L.H. (1987), "Tax Incidence", in: Auerbach, A.J. und Feld– stein, M. (Hrsg.), *Handbook of Public Economics* 2, North–Holland, Amsterdam u. a., 1043–1091

Kraft, L. (1991), "Wasser und Gewässerschutz" (2. Teil), *Unterrichtsblätter der Deutschen Bundespost*

Kramer, J.M. (1987), "The Environmental Crisis in Poland", in: Singleton, F. (Hrsg.), *Environmental Problems in the Soviet Union & Eastern Europe*, Lynne Rienner Publishers, Boulder & London, 149–167

Krüsselberg, H.–G. (1983), "Property Rights–Theorie und Wohlfahrts–ökonomik", in: Schüller, A. (Hrsg.), *Property Rights und ökonomische Theorie*, Vahlen, München, 45–77

Kummert, R. und Stumm, W. (1992), *Gewässer als Ökosysteme: Grundlagen des Gewässerschutzes*, Verlag der Fachvereine, Zürich und B.G. Teubner, Stuttgart

Kunz, P. (1988), *Prozeßführung von Kläranlagen (Technisch–wirtschaftliche Optimierung am Beispiel der biologischen Vorklärung)*, Springer–Verlag, Berlin u. a.

Kunz, P. (1992), *Umwelt–Bioverfahrenstechnik*, Vieweg & Sohn, Braun-schweig u. a.

Kuylenstierna, J.C.I. und Chadwick, M.J. (1989), "The Relative Sensitivity of Ecosystems in Europe to the Indirect Effects of Acidic Depositions", in: Kämäri, J.; Brakke, D.F.; Jenkins, A.; Norton, S.P.; Wright, R.F. (Hrsg.), *Regional Acidification Models*, Springer–Verlag, Berlin u. a., 1–21

Landesamt für Wasser und Abfall (1985), *LWA–Materialien*, 1/85

Lange, K.P. und Uhlmann, D. (1989), "Dynamik der Ökosysteme, Stabilität und Belastbarkeit", in: Busch, K.–H.; Uhlmann, D. und Wiese, G., *Ingenieurökologie*, VEB Gustav Fischer Verlag, Jena, 97–106

Lienig, D. (1979), *Wasserinhaltsstoffe*, Akademie–Verlag, Berlin

Lindahl, E. (1919), *Die Gerechtigkeit der Besteuerung*, Jena

Linde, R. (1988), "Wasser als knappe Ressource (Überlegungen zur Dis–kussion um den Wasserpfennig)", *Zeitschrift für Umweltpolitik & Umweltrecht* 11, 65–80

Luken, R.A. (1990), *Efficiency in Environmental Regulation*, Kluwer Academic Publishers, Boston u. a.

Maas, C. (1987), "Einfluß des Abwasserabgabengesetzes auf Emissionen und Innovationen", *Zeitschrift für Umweltpolitik & Umweltrecht* 1, 65–85

Mäler, K.–G. (1974), *Environmental Economics: A Theoretical Inquiry*, Johns Hopkins University Press, Baltimore

Mäler, K.–G. (1977), "A Note on the Use of Property Values in Estimating Marginal Willingness to Pay for Environmental Quality", *Journal of Environmental Economics and Management* 4, 355–389

Mäler, K.–G. (1989), "The Acid Rain Game 2", Papier zum Workshop on Economic Analysis and Environmental Toxicology, Noordwijkerout, May

Mäler, K.–G. (1990), "International Environmental Problems", *Oxford Review of Economic Policy* 6 (1), 80–108

Mäler, K.–G. (1991), "Critical Loads and International Environmental Cooperation", Papier für das Symposium über "Conflicts and Cooperation in Managing Environmental Resources" in Siegen

Markofsky, M. (1980), *Strömungsmechanische Aspekte der Wasserqualität*, Oldenbourg Verlag, München, Wien

McConnel, K.E. (1985), "The Economics of Outdoor Recreation", in: Kneese, A.V. und Sweeney, J.L. (Hrsg.), *Handbook of Natural Resource and Energy Economics*, Bd. II, North–Holland, Amsterdam, 677–722

McLure Jr., C.E. (1974), "A Diagrammatic Exposition of the Harberger Model with one Immobile Factor", *Journal of Political Economy* 82, 56–82

Meier, J.R. und Bishop, D.F. (1985), "Evaluation of Conventional Treatment Processes for Removal of Mutagenic Activity from Municipal Wastewaters", *Journal Water Pollution Control Federation* 57, 999–1005

Mestelmann, S. (1978), "Competition and the Optimal Control of Externalities", *Journal of Public Economics* 9, 395–403

Mestelmann, S. (1982), "Production Externalities and Corrective Subsidies: A General Equilibrium Analysis", *Journal of Environmental Economics and Management* 9, 186–193

Michaelis, L. und Menten, M.L. (1913), "Die Kinetik der Invertinwirkung", *Biochemische Zeitschrift* 49, 333–369

Milliman, S.R. und Prince. R. (1989), "Firm Incentives to Promote Technological Change in Pollution Control", *Journal of Environmental Economics and Management* 17, 247–265

Mills, E.S. und Graves, P.E. (1978), *The Economics of Environmental Quality*, W W Norton & Company INC, New York

Mishan, E.J. (1977), "Property Rights and Amentity Rights", in: Dorfman, R. und Dorfman, N.S. (Hrsg.), *Economics of the Environment (Selected Readings)*, W W Norton & Company INC , New York, 245–251

Mishan, E.J. (1969), "The Relationship between Joint Products, Collective Goods, and External Effects", *Journal of Political Economy* 77, 329–348

Monissen, H.G. (1980), "Externalitäten und ökonomische Analyse", in: Streißler, E. und Watrin, C. (Hrsg.), *Zur Theorie marktwirtschaftlicher Ordnungen*, J.C.B. Mohr (Paul Siebeck), Tübingen, 342–377

Monod, J. (1942), *Recherches sur la Croissance des Culture Bacteriennes*, Hermann, Paris

Moore, J.W. (1989), *Balancing the Needs of Water Use*, Springer–Verlag, Berlin u. a.

Morris, J.G. (1972), *A Biologist's Physical Chemistry*, William Clowes & Sons, London u. a.

Mortensen, J.B. und Larsen, A. (1994), "Rates of Substitution, Sustainability and the Energy Sector", in Steen, U. und Lauritsen, L. (Hrsg.), *Governing Our Environment*, AkA–Print A/S, Dänemark

Mortimer, C.E. (1983), *Chemie*, Georg Thieme Verlag, Stuttgart, New York

Nilsson, J. (1986), "Introduction (to Critical Loads for Sulphur and Nitrogen)", in: Nilsson, J., (Hrsg.), *Critical Loads for Sulphur and Nitrogen*, The Nordic Council of Ministers, Report 1986: 11 Copenhagen, 4–29

Nutzinger, H.G. (1994), "Economic Instruments for Environmental Protection in Agriculture: Some Basic Problems of Implementation", in: Opschoor, J.B. und Turner, R.K. (Hrsg.), *Economic Incentives and Environmental Policies: Principles and Practice*, Kluwer Academic Publishers, Dordrecht u. a.

Oberleitner, F. (1994), "Das österreichische Wasserrecht im Überblick", *Österreichische Wasser–und Abfallwirtschaft* 46, 124– 133

OECD (1987), *Pricing Water Services*, Paris

OECD (1991), *Environmental Policy: How to Apply Economic Instruments*, Paris

OECD (1993), *Taxation and the Environment (Complementary Policies)*, Paris

OECD (1994), *Biotechnology for a Clean Environment (Prevention, Detection, Remediation)*, Paris

Ohgaki, S. und Wantawin, C. (1989), "Nitrification", in: Jorgenson, S.E. und Gromiec, M.J. (Hrsg.), *Mathematical Submodells in Water Quality Systems*, Elsevier, Amsterdam u. a., 247–330

Ohne Autor (1991), "Tendenz steigend, Gewässergütekarte 1990 unterscheidet sich deutlich von der aus dem Jahr 1975", *Umweltmagazin* 3/1991, 62

Ohne Autor (1991), "Klärschlamm (Entsorgung im Kraftwerk)", *Umweltmagazin* 3/1991, 92

Ohne Autor (1995), Bayer Umweltbericht

Ohne Autor (1995), "Metallhaltige Schlämme vermeiden", *Umweltmagazin* 11/1995, 61

Opschoor, J.B. und Vos, H.B. (1989), *Economic Instruments for Environmental Protection*, Publications Service OECD, Paris

Opschoor, J.B. und Vos H.B. (1991), *Economic Instruments for Environmental Protection*, OECD, Paris

Ott, W.R. (1978), *Environmental Indices*, Ann Arbor Science, Michigan

Paulus, J.B. (1989), "Water Resources Management and the Environment: Economic Incentives in the Netherlands", in: OECD (Hrsg.), *Renewable Natural Resources (Economic Incentives for Improved Management)*, OECD, Paris, 65–74

Pearce, D.W. (1976), *Environmental Economics*, Longman, London und New York

Pearce, D.W. und Turner, R.K. (1990), *Economics of Natural Resources and the Environment*, Harvester Wheatsheaf, New York u. a.

Pearce, D.W.; Barbier, E.B. und Markandya A. (1990), *Sustainable Development (Economics and Environment in the Third World)*, Edward Elgar, London

Pearce, D.W. (1994), "Reflections on Sustainable Development", *Paper zur 5. Konferenz der EAERE in Dublin*

Peeters, M.G.W.M. (1991), "Legal Aspects of Marketable Pollution Permits", in: Dietz, F.J.; van der Ploeg, F. und van der Straaten, J. (Hrsg.), *Environmental Policy and the Economy*, North Holland, Amsterdam u. a., 151–165

Pestieau (1975), "A Note on Optimal Taxation of Environmental Spillovers", *Journal of Environmental Economics and Management* 2, 34–39

Pethig, R. (1975), "Umweltverschmutzung, Wohlfahrt und Umweltpolitik in einem Zwei–Sektoren–Gleichgewichtsmodell", *Zeitschrift für Nationalökonomie* 35, 99–124

Pethig, R. (1976a), "Pollution, Welfare, and Environmental Policy in the Theory of Comparative Advantage", *Journal of Environmental Economics and Management* 2, 160–169

Pethig, R. (1976b), "Environmental Aspects of Trade Models", in: Walter, I. (Hrsg.), *Studies in International Environmental Economics*, John Wiley & Sons, New York u. a., 117–120

Pethig, R. (1978), "Das Freifahrerproblem in der Theorie der öffentlichen Güter", in: Helmstädter, E. (Hrsg.), *Neuere Entwicklungen in den Wirtschaftswissenschaften*, Duncker & Humblot, Berlin, 75–100

Pethig, R. (1979), *Umweltökonomische Allokation mit Emissionssteuern*, J.C.B. Mohr, Tübingen

Pethig, R. (1981), "Freifahrerverhalten und Marktversagen in einer privatisierten Umwelt", in: Wegehenkel, L. (Hrsg.), *Marktwirtschaft und Umwelt*, J.C.B. Mohr (Paul Siebeck), Tübingen, 150–165

Pethig, R. (1988a), "Ansatzpunkte einer ökonomischen Theorie konkurrierender Nutzungen von Wasserressourcen", in: Siebert, H. (Hrsg.), *Umweltschutz für Luft und Wasser*, Springer–Verlag, Berlin u. a., 197–240

Pethig, R. (1988b), "Efficiency versus Self–Financing in Water Quality Management", *Diskussionspapier* V–29–88 (Oldenburg)

Pethig, R. (1989a), "Trinkwasser und Gewässergüte (Ein Plädoyer für das Nutzerprinzip in der Wasserwirtschaft)", *Zeitschrift für Umweltpolitik & Umweltrecht* 12, 211–236

Pethig, R. (1989b), "Efficiency versus Self–Financing in Water Quality Management", *Journal of Public Economics* 38, 75–93

Pethig, R. (1991), "Problems of Irreversibility in the Control of Persistent Pollutants", in: Opschoor, J.B. und Pearce, D.W. (Hrsg.), *Persistent Pollutants (Economics and Policy)*, Kluwer Academic Publishers, Dodrecht, 93–103

Pethig, R. (1994a), "Ecological Dynamics and the Valuation of Environmental Change", in: Pethig, R. (Hrsg.), *Valuing the Environment: Methodological and Measurement Issues*, Kluwer Academic Publishers, Dodrecht u. a., 3–22

Pethig, R. (1994b), "Optimal Pollution Control, Irreversibilities, and the Value of Future Information", *Annals of Operations Research* 54, 217–235

Pethig, R. (1994c), "Efficient Management of Water Quality", *Discussion Paper* No. 47–94 (Siegen)

Pethig, R. und Fiedler, K. (1989), "Effluent Charges on Municipal Wastewater Treatment Facilities: In Search of Their Theoretical Rationale", *Journal of Economics* 49, 71–94

Pethig, R. und Fiedler, K. (1991), "Efficient Pricing of Drinking Water", *Discussion Paper* No. 18–91 (Siegen)

Pethig, R. und Fiedler, K. (1992), "Efficient Pricing of Drinking Water", *Finanzarchiv* 49, 481–500

Pezzey, J. (1989), "Economic Analysis of Sustainable Growth and Sustainable Development", *World Bank Environment Department Working Paper* 15, Washington DC

Philps, L., *Applied Consumption Analysis*, North–Holland Publishing Company, Amsterdam u. a. und American Elsevier Publishing Co., INC., New York

Pigou, A.C. (1920), *The Economics of Welfare*, Macmillan, London

Pitkethly, A.S. (1990), "Integrated Water Management in England", in: Mitchell, B. (Hrsg.), *Integrated Water Management: International Experiences and Perspectives*, Belhaven Press, London und New York, 119–147

Pittman, R.W. (1981), "Issue in Pollution Control: Interplant Cost Differences and Economics of Scale", *Land Economics* 57, 1–17

Plourde, C.G. (1970), "A Simple Model of Replenishable Natural Resource Exploition", *The American Economic Review* 60, 518–522

Point, P. (1994), "The Value of Non–Market Natural Assets as Production Faktor" in: Pethig, R. (Hrsg.), *Valuing the Environment: Methodological and Measurement Issues*, Kluwer Academic Publishers, Dodrecht u. a., 23–58

Pommerehne, W.W. (1987), *Präferenzen für öffentliche Güter*, J.C.B. Mohr, Tübingen

Pommerehne, W.W. und Römer, A.U. (1988), "Ansätze zur Erfassung der Präferenzen für öffentliche Güter", *Wirtschaftswissenschaftliches Studium* 17, 222–227

Rat von Sachverständigen für Umweltfragen (1974), *Die Abwasserabgabe*, 2. Sondergutachten, Verlag W. Kohlhammer, Stuttgart u. a.

Requate, T. (1993a), "Pollution Control in a Duopoly via Taxes or Permits", *Journal of Economics* 58, 255–291

Requate, T. (1993b), "Pollution Control under Imperfect Competition: Asymmetric Bertrand Duopoly under Linear Technologies", *Journal of Institutional and Theoretical Economics* 149, 415–442

Reuss, J.O. und Johnson, D.W. (1986), *Acid Deposition and the Acidification of Soils and Waters*, Springer Verlag, Berlin u. a.

Roberts, D.J. (1974), "The Linahl Solution for Economics with Public Goods", *Journal of Public Economics* 3, 23–42

Rose, K. und Sauernheimer, K. (1992), *Theorie der Außenwirtschaft*, Verlag Franz Vahlen, München

Rose–Ackermann, S. (1977), "Market Models for Water Pollution Control: Their Strengths and Weaknesses", *Public Policy* 25, 383–406

Rüffer, H. und Rosenwinkel, K.–H. (1991), *Taschenbuch der Industrieabwasserreinigung*, Oldenbourg Verlag, München, Wien

Ruff, L.E. (1972), "A Note on Pollution Prices in a General Equilibrium Model", *American Economic Review* 62, 186–192

Russel, C.S. und Spofford, W.O. (1972), "A Quantitative Framework for Residuals Management Decisions", in: Kneese, A.V. and Bower, B.T. (Hrsg.), *Environmental Quality Analysis*, John Hopkins Press, Baltimore and London, 115–179

Russel, C.S. (1986), "A Note on the Efficiency Ranking of Two Second–Best Policy Instruments for Pollution Control", *Journal of Environmental Economics and Management* 13, 13–17

Samuelson, P.A. (1954), "The Pure Theory of Public Expenditure", *Review of Economics and Statistics* 36, 387–389

Schäfer, W. (1992), *Numerische Modellierung mikrobiell beeinflußter Stofftransportvorgänge im Grundwasser*, Oldenburg Verlag, München, Wien

Scheele, J. und Schmidt, G. (1986), "Der 'Wasserpfennig': Richtungsweisender Ansatz oder Donquichoterie?", *Wirtschaftsdienst* 66, 570–574

Scheele, J. und Schmidt, G. (1987a), "Streit um den 'Wasserpfennig': Abschied von der Effizienz?", *Wirtschaftsdienst* 67, 40–44

Scheele, J. und Schmidt, G. (1987b), "Der diskrete Charme der Untergangsphilosophie", *Wirtschaftsdienst* 67, 203–207

Schumann, J. (1987), *Grundzüge der mikroökonomischen Theorie*, Springer–Verlag, Berlin u. a.

Seierstad, A. und Sydsaeter, K. (1987), *Optimal Control Theory with Economic Applications*, North–Holland, Amsterdam u. a.

Shell, G.L. (1976), "Industrial Wastewater Treatment Technology", in: Azad, H.S. (Hrsg.), *Industrial Wastewater Management Handbook*, McGraw–Hill, New York u. a., 3-2-3-40

Siebert, H. (1974), "Environmental Protection and International Specialization", *Weltwirtschaftliches Archiv* 110, 494–508

Siebert, H. (1976a), "Environmental Control, Economic Structure, and International Trade", in: Walter, I. (Hrsg.), *Studies in International Environmental Economics*, John Wiley & Sons, New York u. a., 29–56

Siebert, H. (1976b), "Erfolgsbedingungen einer Abgabenlösung (Steuern/Gebühren) in der Umweltpolitik", in: Issing, O. (Hrsg.), *Ökonomische Probleme der Umweltschutzpolitik*, Duncker & Humblot, Berlin, 35–97

Siebert, H. (1977), "Environmental Quality and the Gains from Trade", *Kyklos* 30, 657–673

Siebert, H. (1982), "Nature as a Life Support System. Renewable Resources and Environmental Disruption", *Journal of Economics* 42, 133–142

Siebert, H. (1987), *Economics of the Environment*, Springer–Verlag, Berlin u. a.

Siebert, H.; Eichberger, J.; Gronych, R. und Pethig, R. (1980), *Trade and Environment (A Theoretical Enquiry)*, Elsevier, Amsterdam u. a.

Silberberg, E. (1990), *The Structures of Economics (A Mathematical Analysis)*, McGraw–Hill, INC., New York u. a.

Sinn, H.–W. (1993), "Pigou and Clarke join hands", *Public Choice* 75, 79–91

Smith, S. (1992), "Taxation and the Environment: A Survey", *Fiscal Studies* 13 (4), 21–57

Smith, V. (1972), "Dynamics of Waste Accumulation: Disposal versus Recycling", *Quarterly Journal of Economics* 86, 600–616

Solt, G. (1987), "Natural Waters", in: Lorch, W. (Hrsg.), *Handbook of Water Purification*, John Wiley & Sons, New York u. a., 67–83

Sontheimer, H.; Jekel, M. und Roberts, P. (1981), "Probleme der Wasserqualität bei Verwendung von aufbereitetem Abwasser zur Grundwasseranreicherung", in Aurand, K. (Hrsg.), *Bewertung chemischer Stoffe im Wasserkreislauf*, Erich Schmidt Verlag, Berlin, 136–153

Sorensen, P.B.; Pedersen, L.H. und Nielsen, S.B. (1994), "Taxation, Pollution, Unemployment and Growth: Could there be a 'Triple Divident' from a Green Tax Reform?", in Steen, U. und Lauritsen, L. (Hrsg.), *Governing Our Environment*, AkA–Print A/S, Dänemark, 398–424

Spulber, N. und Sabbaghi, A. (1994), *Economics of Water Resources: From Regulation to Privatisation*, Kluwer Academic Publishers, Boston u. a.

Starrett, D.A. (1972), "Fundamental Non–Convexities in the Theory of Externalities", *Journal of Economic Theory* 4, 180–199

Straskraba, M. und Gnauck, A. (1985), *Freshwater Ecosystems*, Elsevier, Amsterdam u. a.

Streeter, H.W. und Phelps, E.D. (1925), "A Study of the Pollution and Natural Purification of the Ohio River", Public Health Bulletin 146, U.S. Public Health Service, Washington, D.C.

Ströbele, W. (1987), *Rohstoffökonomik*, Vahlen, München

Ströbele, W. (1992), "Ill—Behaviour of Transformation—Frontiers with Environmental Quality versus Pollution", *Environmental and Resource Economics* 2, 19–32

Storm, P.—C. (1995), *Umwelt—Recht*, Deutscher Taschenbuch Verlag, München

Taiwan Handbuch (1993), *Die Republik China*, Kwang HWA Verlag, Taipei u. a.

Tahvonen, O. und Withagen, C. (1994), "Optimality of Irreversible Pollution Ac— cumulation", *Paper zur 5. Konferenz der EAERE in Dublin*

Tahvonen, O. (1989), *On the Dynamics of Renewable Resource Harvesting and Optimal Pollution Control*, Helsinki School of Economics, Helsinki

Tassin, B. und Thevenot, D.R. (1989), "Microbial Decomposition", in: Jorgenson, S.E. und Gromiec, M.J. (Hrsg.), *Mathematical Submodels in Water Quality Systems*, Elsevier, Amsterdam u. a., 217–246

Tietenberg, T.H. (1973a), "Specific Taxes and the Control of Pollution: A General Equilibrium Analysis", *The Quarterly Journal of Economics* 87, 503–522

Tietenberg, T.H. (1973b), "Controlling Pollution by Price and Standard Systems: A General Equilibrium Analysis", *Swedish Journal of Economics* 75, 193–203

Tietenberg, T.H. (1985), *Emissions Trading (An Exercise in Reforming Pollution Policy)*, Resources for the Future, INC., Washington, D.C.

Tietenberg, T.H. (1988), *Environmental and Natural Resource Economics*, Scott, Foresman and Company, Glenview u. a.

Tietenberg, T.H. (1990), "Economic Instruments for Environmental Regulation", *Oxford Review of Economic Policy* 6 (1), 17–33

Toman, M.A.; Pezzey, J. und Krautkraemer (1994), "Neoclassical Economic Growth Theory and 'Sustainability'", *Paper zur 5. Konferenz der EAERE in Dublin*

Tsur, Y. und Zemel, A. (1995), "Uncertainty and Irreversibility in Groundwater Resource Management", *Journal of Environmental Economics and Management* 29, 149–161

Uhlmann, D. (1988), *Hydrobiologie*, Gustav Fischer Verlag, Stuttgart u. a.

Van der Ploeg, F und Withagen, C. (1991), "Pollution Control and the Ramsey Problem", *Environmental and Resource Economics* 1, 215–236

Van der Ploeg, F und de Zeeuw, A.J (1991), "International Aspects of Pollution Control", *Environmental and Resource Economics* 3, 117–139

Varian, H.R. (1992), *Microeconomic Analysis*, W W Norton & Company, New York und London

Vogt, W. (1981), *Zur intertemporal wohlfahrtsoptimalen Nutzung knapper natürlicher Ressourcen (Eine kontrolltheoretische Analyse)*, J.C.B. Mohr (Paul Siebeck), Tübingen

Wang, L.F.S. (1990), "Unemployment and the Backward Incidence of Pollution Control", *Journal of Environmental Economics and Management* 18, 292–298

Wassergesetz für das Land Baden–Würtemberg in der Fassung vom 01. Januar 1988

WCED (1987), *Our Common Future*, Oxford University Press, Oxford

Webb, M.G. und Woodfield, R. (1981), "Standards and Charges in the Control of Trade Effluent Discharges to Public Sewers in England and Wales", *Journal of Environmental Economics and Management* 8, 272–286

Weimann, J. (1991), *Umweltökonomik*, Springer–Verlag, Berlin u. a.

Weitzman, M.L. (1994), "On the 'Environmental' Discount Rate", *Journal of Environmental Economics and Management* 26, 200–209

Wenders, J.T. (1975), Methods of Pollution Control and the Rate of Change in Pollution Abatement Technology", *Water Resources Research* 11, 393–396

Westerlund, S. (1994), "Twenty Years of Failure — A Critical View on Humanity's Efforts to Achieve Even Basic Environmental Goals", *Paper zur Konferenz "Governing Our Environment" in Kopenhagen*

Wetstone, G. und Rosencranz, A. (1982), *Acid Rain in Europe and North America: National Responses to an International Problem*. Final Report (Draft). A Study for the German Marshall Fund of the United States

White, I.D.; Mottershead, D.N. und Harrison, S.J. (1993), *Environmental Systems*, Chapman & Hall, London u. a.

Wicke, L. (1981), "Zur Bedeutung der Abwasserabgabe und Entwässerungsgebühren für die Effizienz der kommunalen Entwässerung", *Finanzarchiv* (Neue Folge) 39, 99–133

Wicke, L. und Huckestein, B. (1991), "Der Einsatz marktwirtschaftlicher Instrumente in der Umweltpolitik der Europäischen Gemeinschaft", in: Wicke, L. und Huckestein, B. (Hrsg.), *Umwelt Europa — der Ausbau zur ökologischen Marktwirtschaft*, Verlag Bertelsmann Stiftung, Güthersloh, 21–185

Wilen, J. (1985), "Bioeconomics of Renewable Recource Use", in: Kneese, A.V. und Sweeney, J.L. (Hrsg.), *Handbook of Natural Resource and Energy Economics*, Bd. I, North–Holland, Amsterdam, 61–124

Windisch, R. (1980), "Staatseingriffe in marktwirtschaftliche Ordnungen", in: Streißler, E. und Watrin, C. (Hrsg.), *Zur Theorie marktwirtschaftlicher Ordnungen*, J.C.B. Mohr (Paul Siebeck), Tübingen, 297–341

Windisch, R. (1981), "Das Anreizproblem bei marktlicher Koordinierung der Nutzung knapper Umweltressourcen", in: Wegehenkel, L. (Hrsg.), *Marktwirtschaft und Umwelt*, J.C.B. Mohr (Paul Siebeck), Tübingen, 105–149

Windisch, R. (1987), *Privatisierung natürlicher Monopole im Bereich von Bahn, Post und Telekommunikation*, J.C.B. Mohr (Paul Siebeck), Tübingen

Willis, R. und Yeh, W. W.–G. (1987), *Groundwater Systems and Management*, Prentice–Hall, Inc. Englewood Cliffs, New Jersey

Winje, D. und Lühr, H.–P. (1991), *Der Einfluß der Gewässergüteverschmutzung auf die Kosten der Wasserversorgung in der Bundesrepublik Deutschland*, Erich–Schmidt Verlag, Berlin

Wissenschaftsrat (1994), *Stellungnahme zur Umweltforschung in Deutschland*, ISBN 3–923203–54–3 (Bd. 1), Köln

Withagen, C. und Toman, M. (1995), "*Cumulative Pollution with a Backstop*", *Paper zur 2. Konferenz der Fondazione Eni Enrico Mattei in Venedig*

Wolf, S.M. (1988), *Pollution Law Handbook (A Guide to Federal Environmental Laws)*, Quorum Books, New York u. a.

Xepapadeas, A.P. (1991), "Environmental Policy under Imperfect Information: Incentives and Moral Hazard", *Journal of Environmental Economics and Management* 20, 113–126

Xepapadeas, A.P. (1992), "Environmental Policy, Adjustment Costs, and Behavior of the Firm", *Journal of Environmental Economics and Management* 23, 258–275

Xepapadeas, A.P. und Zilberman (1994), "Water Use, Technology Adoption, and Efficient Policy Schemes under Asymetric Information", *Paper zur 5. Konferenz der EAERE in Dublin*

Yohe, G.W. (1979), "The Backward Incidence of Pollution Control – Some Comparative Statics in General Equilibrium", *Journal of Environmental Economics and Management* 6, 187–198

Young, R.A. und Haveman, R.H. (1985), "Economics of Water Resources: A Survey", in: Kneese, A.V. und Sweeney, J.L. (Hrsg.), *Handbook of Natural Resource and Energy Economics* 2, North–Holland, Amsterdam u. a., 465–529

Yu, E.S.H. (1979), "The Backward Incidence of Pollution Control in a Rigid—Wage Economy", *Journal of Environmental Economics and Management* 9, 304—310

Zimmermann, H. und Henke, K.-D. (1987), *Finanzwissenschaft (Eine Einführung in die Lehre von der öffentlichen Finanzwirtschaft)*, Verlag Franz Vahlen, München

Zylicz, T. (1994a), "Environmental Policy Reform in Poland", in: Sterner, T. (Hrsg.), *Economic Policies for Sustainable Development*, Kluwer Academic Publishers, Dordrecht u. a., 82—112

Zylicz, T. (1994b), "Poland's National Environmental Policy (Outline of Economic Instruments after 4 Years)", *Paper zur 5. Konferenz der EAERE in Dublin*

Sachverzeichnis

Abwasserabgabe 3,72, 155,
158—168, 170, 171, 175,
177—180, 185, 188, 191—199,
202, 203, 205, 212, 213, 306,
315, 316
Abwasserabgabengesetz 155,
Assimilationskapazität 7, 20,
24, 32, 34, 41, 42, 64, 79, 82,
84, 87, 94—98, 101, 102, 113,
113, 115—117, 119, 123, 153,
163, 170, 171, 175—177, 202,
224, 237, 248, 254, 257, 263,
266, 280, 281, 312
Biologische Selbstreinigungsmodelle 21
Bumerangmodell 2, 3, 48
Chemische Selbstreinigungsmo-
modelle 9
Direkteinleiter 74, 155—157,
180, 213
Emission 2, 62, 232
Entwässerungsgebühr 3, 138, 140,
141, 143, 144, 146, 154—158,

160, 161, 165, 167, 169, 179,
180, 185—187, 192, 198—201,
213, 212, 315, 316
Gewässergütestandard 3, 71,
120—125, 128—130, 133, 138,
143—150, 156, 158, 162, 167,
170, 212
Indirekteinleiter 74, 156, 179,
180, 213, 216
Klärwerk 71—74, 79, 80—87,
91—100, 113, 115, 118, 120,
123, 125, 127, 130, 131, 135,
137—150, 153—157, 162—173,
178—182, 185—201, 205,, 206,
209—213, 217, 229, 231, 237,
238, 244, 267, 287, 315
Kooperatives Selbstreinigungs—
modell 38
Kosten
— deckung 71, 72, 137, 140—144,
147, 148, 150, 153, 167, 168,
171, 176, 178, 186, 212, 213,

– minimierung 71, 72, 130, 138,
140, 146, 149, 150, 162, 165,
167, 174, 212

Laissez–faire–Modell 117, 119

Massenerhaltungsgesetz 7, 25

Meßkonzept 4,40, 41

Monod–Modell 25, 28, 29, 33, 38,
44, 45

Nutzerprinzip 98, 100, 315

Ökologisch tragfähige Entwick–
lung 46, 65, 88, 92, 101,
118–120, 125, 186,

Produktionsfunktion 52, 75, 83,
103 – 105, 144, 150, 170, 189,
– für das Konsumgut 52, 75, 152,
206, 202, 218, 223, 273
– für Gewässergüte 76, 82–88,
125, 131, 148, 189, 207, 213,
225, 232, 238–241, 251, 257,
271, 298, 316
– für Trinkwasser 245, 273, 291

Reaktionspartner 9–23, 28, 29,
39, 44, 45

Regenerationsfunktion 4, 42, 43,
47, 52, 76, 77, 211,236, 238

Rohwasserwerk 234, 237, 238,
244–248, 257, 258, 262, 263,
279–293, 309, 316

Sauerstoffbestand 21–29, 33–35

Schadstoffbestand 4, 5, 8, 10,
12, 13, 15, 17, 20, 22, 23, 26,
29, 30, 34, 35, 37, 40, 44, 45,
53

Selbstreinigungsdienste 87–100,
103, 106, 107, 115, 119, 123,

124, 130,137, 138, 141–143, 150,
154, 155, 162, 165, 168, 170,
172–174, 179, 180, 185–192,
199, 211, 212, 229, 231, 234,
236–238, 244, 247, 248, 257,
258, 263, 264, 281, 282, 313,
315

Streeter–Phelps–Modell 21, 25,
38

Transformationsfunktion 51–53,
108, 126

Trinkwasser 2, 231, 245–248,
252, 253, 261, 262, 267, 278,
279, 281, 282, 287, 296, 304,
306, 310

Wasserhaushaltsgesetz 72, 123

Wasserpfennig 3, 232, 305–311,
312, 316

Wasserschutzgebiet 231–238,
241, 244–246, 254–257, 261,
282, 305, 308, 311–313

Zeitpfad 55, 56, 65–68, 70

Zwei–Sektoren–Zwei–Faktoren–
Struktur 87

Zwei–Sektoren–Drei–Faktoren–
Modell 232

Springer
und
Umwelt

Als internationaler wissenschaftlicher
Verlag sind wir uns unserer besonderen
Verpflichtung der Umwelt gegenüber
bewußt und beziehen umweltorientierte
Grundsätze in Unternehmens-
entscheidungen mit ein. Von unseren
Geschäftspartnern (Druckereien,
Papierfabriken, Verpackungsherstellern
usw.) verlangen wir, daß sie sowohl
beim Herstellungsprozess selbst als
auch beim Einsatz der zur Verwendung
kommenden Materialien ökologische
Gesichtspunkte berücksichtigen.
Das für dieses Buch verwendete Papier
ist aus chlorfrei bzw. chlorarm
hergestelltem Zellstoff gefertigt und im
pH-Wert neutral.

Springer